普通高等教育实验实训系列教材

电力技术类

600MW超临界压力火电机组系统与仿真运行

主　编　杨成民
编　写　吴　琼　马　岩　付佳静
　　　　张玉江　李凌宴　高玉祥
主　审　朱长河　徐庆山　张绍楠

中国电力出版社
CHINA ELECTRIC POWER PRESS

内 容 提 要

本书从机组实际运行的角度出发，以文图并茂的形式详细讲述了600MW超临界压力火电机组启动、停止、运行维护和事故处理的全过程；对机组机、炉、电系统的构成原理也进行了详尽的阐述，使学生熟悉系统，掌握机组运行的实际操作方法，提高理论知识和实际运行技能。

本书可作为高职高专电力类院校火电厂热能动力装置专业、火电厂集控运行专业和发电厂及电力系统专业学生的实训教材，也可作为电厂运行人员的培训教材和从事集控运行专业工程技术人员的参考资料。

图书在版编目（CIP）数据

600MW超临界压力火电机组系统与仿真运行/杨成民主编. —北京：中国电力出版社，2010.1（2025.1重印）

普通高等教育实验实训规划教材. 电力技术类

ISBN 978-7-5083-9765-8

Ⅰ.①6… Ⅱ.①杨… Ⅲ.①超临界—压力—火力发电—发电机—机组—电力系统运行—高等学校—教材 Ⅳ.①TM621.3

中国版本图书馆CIP数据核字（2009）第214500号

中国电力出版社出版、发行

（北京市东城区北京站西街19号 100005 http://www.cepp.sgcc.com.cn）

固安县铭成印刷有限公司印刷

各地新华书店经售

*

2010年1月第一版 2025年1月北京第十一次印刷

787毫米×1092毫米 16开本 17.5印张 429千字

定价 **58.00** 元

前　言

本书是专为高职高专电力技术类火电厂热能动力装置专业、火电厂集控运行专业和发电厂及电力系统专业学生学习600MW超临界压力火电机组运行所编写的实训教材。书中详细讲解了机组各主要系统的工作原理，全面阐述了机组的启动、停止、运行维护和事故处理的过程和操作方法，其目的是让学生在有限的实训期间内，最大限度的掌握机组系统的构成和理论，学会运行操作及主要的事故分析和处理，以提高其专业技能和素质。

本书由哈尔滨电力职业技术学院教师和哈尔滨热电厂运行工程师共同编写。电气系统与运行的内容由吴琼编写，锅炉系统部分由马岩编写，汽轮机系统部分由付佳静编写，机组事故处理部分由李凌宴编写，自动调节、连锁保护和参数定值等内容由高玉祥编写，机组的启、停和运行维护等内容由杨成民和张玉江编写。本书由杨成民主编并负责全书的统稿工作。

华能鹤岗发电有限公司运行部工程师朱长河、徐庆山、张绍楠担任本书的主审并提出了许多宝贵的意见。本书在编写过程中，得到省内外600MW机组运行工程技术人员诸多宝贵建议，并参考了兄弟院校和北京同方电子科技有限公司的诸多文献和资料，在此一并表示衷心的感谢。

由于编者水平所限，书中难免存在不妥之处，恳请读者批评指正。

编　者

2009年12月

前　言

目　　录

第一章 机 组 概 述

本仿真机组的仿真对象为国产600MW超临界压力火电机组，仿真程度为火电机组运行的全过程。仿真对象的锅炉由东方锅炉厂生产，汽轮机、发电机分别由上海汽轮机厂和上海电机厂制造，控制系统由ABB集团公司配套。

第一节 锅炉主要设备参数

一、锅炉概述

机组锅炉为东方锅炉厂引进技术制造的国产超临界参数、变压、直流、本生型锅炉，型号为DG1900/25.4-Ⅱ1型。锅炉为单炉膛，一次中间再热，尾部双烟道，固态排渣，全钢构架，全悬吊结构，平衡通风，露天布置，采用内置式启动分离系统的直流炉。

锅炉设计燃用混煤（贫煤与烟煤），发热量 $Q_{net,ar}$＝22 570kJ/kg。锅炉在最大连续蒸发量（BMCR）工况下运行，燃料消耗量约为245t/h。

过热汽温主要通过燃料和给水配比并配合一、二级减温水调整。再热汽温主要通过置于尾部烟道的调温烟气挡板调节，必要时也使用事故喷水减温调节。

机组带基本负荷并参与调峰，30%～90%额定负荷段滑压运行，其余负荷段定压运行。

采用双进双出钢球磨煤机冷一次风正压直吹式制粉系统，每台炉配置6套制粉系统，5套运行1套备用。

采用HT-NR3旋流燃烧器，前后墙布置、对冲燃烧。在炉膛前后墙各分3层，每层4只，全炉共布置24只燃烧器。每只燃烧器均设有小出力点火油枪，在中层各燃烧器中心设有启动油枪，用于启动和维持低负荷燃烧。在最上层燃烧器的上部布置了燃尽风喷口，防止火焰贴墙，实现充分燃烧。

机组配置两台50%BMCR汽动给水泵，一台30%BMCR容量的电动调速给水泵；配置了30%BMCR容量高、低压串联的汽轮机旁路系统。

锅炉设计最低不投油稳燃负荷不大于45%BMCR负荷。

二、锅炉主要设备参数

1. 锅炉主要设计参数

锅炉主要设计参数见表1-1。

表1-1　　锅炉主要设计参数

负荷 项目	单位	锅炉额定工况 (BRL)	锅炉最大连续蒸发量工况 (BMCR)
过热蒸汽出口流量	t/h	1810.6	1913
过热器蒸汽出口压力	MPa	25.3	25.4
过热器蒸汽出口温度	℃	571	571

续表

项目 \ 负荷	单位	锅炉额定工况（BRL）	锅炉最大连续蒸发量工况（BMCR）
再热蒸汽流量	t/h	1493.5	1582.1
再热蒸汽进口压力	MPa	4.087	4.336
再热蒸汽出口压力	MPa	3.907	4.146
再热器蒸汽进口温度	℃	305	311
再热器蒸汽出口温度	℃	569	569
给水温度	℃	277	281
过热器一级喷水量	t/h	72.4	76.5
过热器二级喷水量	t/h	72.4	76.5
再热器喷水量	t/h	0	0
空气预热器进口一次风温	℃	28	30
空气预热器进口二次风温	℃	21	22
空气预热器出口一次风温	℃	321	325
空气预热器出口二次风温	℃	334	339
空气预热器出口烟气温度（未修正）	℃	123	127
空气预热器出口烟气温度（修正）	℃	118	122
实际燃料消耗量	t/h	234.21	245.21
锅炉计算热效率（按低位发热量）	%	93.13	92.99
炉膛出口过剩空气系数		1.14	1.14
省煤器出口过剩空气系数		1.15	1.15

2. 燃烧设备

燃烧设备规范见表1-2。

表1-2　燃烧设备规范

设备名称	项目	单位	设计数据
启动油枪	形式		伸缩式、蒸汽雾化
	数量	层×只	2×4
	布置方式		前后墙布置
	单只油枪出力	kg/h	约4700
	工作油压	MPa	2.06
	雾化蒸汽压力	MPa	1.04～1.33
	雾化蒸汽温度	℃	220～250
点火油枪	形式		伸缩式、机械雾化
	数量	层×只	6×4
	布置方式		前后墙布置
	单只枪出力	kg/h	约250
	工作油压	MPa	1.08

续表

设备名称	项 目	单 位	设计数据
煤燃烧器	形式		HT-NR3 旋流燃烧器
	数量	层×只	6×4
	布置方式		前、后墙布置
	实际煤耗量	kg/s	68.1

3. 安全门参数

安全门动作参数见表 1-3。

表 1-3　　安全门动作参数

安装位置	整定压力（MPa）	回座比（%）	温度（℃）
高温过热器出口	30.68	4～7	571
左屏式过热器进口 1	31.56	4～7	448
左屏式过热器进口 2	31.67	4～7	448
右屏式过热器进口 1	31.46	4～7	448
右屏式过热器进口 2	31.74	4～7	448
左侧高温再热器出口	4.95	4～7	569
右侧高温再热器出口	4.91	4～7	569
左侧低温再热器进口 1	5.04	4～7	311
左侧低温再热器进口 2	5.27	4～7	311
左侧低温再热器进口 3	5.21	4～7	311
右侧低温再热器进口 1	5.25	4～7	311
右侧低温再热器进口 2	5.29	4～7	311
右侧低温再热器进口 3	5.21	4～7	311
左 PCV	27	3	571
右 PCV	27	3	571

第二节　汽轮机主要参数

一、汽轮机概述

汽轮机为上海汽轮机厂生产的超临界压力、单轴、三缸四排汽、一次中间再热、凝汽式汽轮机，型号为 N600-24.2/566/566。汽轮机具有冲动式调节级和反动式压力级的混合形式。汽轮机转子共 48 级叶轮，其中高压缸 1+11 级，中压缸 8 级，低压缸 2×2×7 级，具有 8 段不调整抽汽。主蒸汽通过汽轮机两侧的高压主汽阀—调节阀组件进入汽轮机，其中高压进汽管两根接在上缸，两根接在下缸，分别经进汽套管连接到高压缸上。

二、汽轮机主要参数

1. 汽轮机主要设计参数

汽轮机主要设计参数见表 1-4。

表1-4 汽轮机主要设计参数

项 目	单位	额定工况	最大连续工况	高压加热器切除
功率	MW	600.2	647.3	600.2
主蒸汽流量	t/h	1810.5	1810.5	1461.5
主汽阀前蒸汽压力	MPa	24.2	24.2	24.2
主汽阀前蒸汽温度	℃	566	566	566
再热蒸汽流量	t/h	1493.4	1502.5	1433.4
再热蒸汽压力	MPa	3.845	3.873	3.767
再热蒸汽温度	℃	566	566	566
排汽压力	kPa	11.8	5.4	5.4
给水温度	℃	278.8	279.1	187.3
设计循环水温度	℃	20		
最高循环水温度	℃	33		
大轴绝对振动	mm	≤0.076		
热耗率	kJ/(kW·h)	8102	7513	7791
汽耗率	kg/(kW·h)	3.016	2.797	2.43

2. 汽轮机抽汽参数

额定工况下汽轮机各级抽汽参数见表1-5。

表1-5 额定工况汽轮机各级抽汽参数

抽汽点位置	抽汽压力（MPa）	抽汽温度（℃）	抽汽量（t/h）
高压10级（一抽）	6.336	358.2	119
高压12级（二抽）	4.272	307.3	169
中压5级（三抽）	1.919	454.7	66
中压8级（四抽）	0.982	357.8	88
低压缸Ⅰ2级（五抽）	0.402	247.9	91
低压缸Ⅱ4级（六抽）	0.123	122.9	46
低压5级（七抽）	0.06	85.96	63
低压6级（八抽）	0.018	57.8	8

3. 轴系临界转速

汽轮机轴系临界转速及其振动值见表1-6。

表1-6 汽轮机轴系临界转速及其振动值

	实测值（r/min）	设计值（r/min）	前侧轴振动（μm）	后侧轴振动（μm）
高中压转子	1500～1536	1550	1x—90	2x—59
Ⅰ低压转子	1356～1430	1540（1阶）	3x—22	4x—17
	2166～2199	—	3x—15	4x—21

续表

	实测值（r/min）	设计值（r/min）	前侧轴振动（μm）	后侧轴振动（μm）
Ⅱ低压转子	1318～1394	1530（1阶）	5x—22	6x—22
	2199～2232	—	5x—34	6x—28
发电机转子	825	840（1阶）	7x—37	8x—31
	2166～2271	2180（2阶）	7y—32	8x—44
滑环短轴	2738～2898		8x—56	9x—168

第三节 发电机主要参数

一、发电机概述

600MW发电机为上海电机厂生产的QFSN-600-2水—氢—氢汽轮发电机。发电机定子铁芯采用高导磁、低损耗的无取向冷轧硅钢板冲制并绝缘叠装而成，紧固成整体。发电机定子共设42槽，每槽设上、下两层线棒，绕组由空实心铜线由1∶2的比例交叉组成线棒。为保证氢气的冷却并防止氢气外漏，在两端各设有两组氢气冷却器和一个双流双环式密封瓦。发电机励磁系统采用静态自并励方式：发电机出口励磁变压器经励磁功率柜整流调节后由磁场开关通过发电机集流器送入发电机转子。励磁调节器为双自动通道加双手动通道。励磁功率柜按$n-1$方式配置，共设5柜。定子线圈采用水内冷，定子铁芯及定子端部采用氢外冷，转子采用氢内冷。

二、发电机主要参数

发电机主要参数见表1-7。

表1-7 发电机主要参数

项　目	单位	设计数据
形式		三相交流隐极式同步发电机
型号		QFSN-600-2
冷却方式		水—氢—氢
额定容量	MV·A	667
功率（最大连续/额定）	MW	680/600
额定功率因数		0.9（滞后）
额定定子电压	kV	20
定子电流（最大功率/额定）	A	19 245
额定励磁电压（计算值）	V	407
额定励磁电流（计算值）	A	4145
空载励磁电压	V	139
空载励磁电流	A	1480
额定效率（计算值）	%	98.85
额定频率	Hz	50

续表

项　　目	单位	设计数据
额定转速	r/min	3000
定子绕组连接方式		YY
绝缘等级		F级
定子槽数		42
转子槽数		32
短路比		0.54
发电机负序承载能力	%	I_2（最大稳态值）：10
	s	$I_2^2 \cdot t$（最大暂态值）：10
定子绕组每相对地电容 C_{ph}	μF	0.213
转子绕组电感 L	H	0.701
发电机飞轮力矩	kg·m^2	38 000
发电机临界转速（一阶/二阶）	r/min	760/2120
定子绕组每相直流电阻（75℃）	Ω	1.51×10^{-3}
转子绕组直流电阻（75℃）	Ω	0.0936
直轴同步电抗 X_d	%	215.5
直轴瞬变电抗 X_d'（非饱和值/饱和值）	%	30.1/26.5
直轴超瞬变电抗 X''_d（非饱和值/饱和值）	%	22.3/20.5
交轴同步电抗 X_q	%	210
交轴瞬变电抗 X'_q（非饱和值/饱和值）	%	44.8/26.5
交轴超瞬变电抗 X''_q（非饱和值/饱和值）	%	21.8/20.1
零序电抗 X_0（非饱和值/饱和值）	%	10.1/9.59
负序电抗 X_2（非饱和值/饱和值）	%	22.1/20.3
定子绕组出水温度	℃	85
定子绕组层间温度	℃	90
定子铁芯温度	℃	120
定子端部结构件温度	℃	120
发电机总质量	kg	490×10^3
制造厂家		上海汽轮发电机有限责任公司

第二章　锅　炉　系　统

第一节　超临界压力锅炉的整体布置与工作原理

仿真对象机组锅炉为东方锅炉厂生产的DG1900/25.4-Ⅱ1型国产600MW超临界参数变压直流本生型锅炉。该锅炉为一次中间再热，用减温水调节过热汽温，用烟道挡板调节再热汽温，单炉膛双尾部烟道，燃烧器前后墙布置对冲燃烧，固态排渣，全悬吊结构，平衡通风，露天布置的直流锅炉。设计燃用山西省晋城贫煤与河南省平顶山烟煤的混煤。

一、超临界压力锅炉的整体布置

超临界压力直流锅炉本体布置见图2-1（彩图见图5-126）。

锅炉采用Π型布置。Π型布置是普遍采用的传统方式，烟气由炉膛经水平烟道进入尾部烟道，在尾部烟道通过各受热面后排出。其主要优点是锅炉高度相对较低，尾部烟道烟气向下流动有自生吹灰作用，各受热面易于布置成逆流形式，对传热有利等。

锅炉的水循环系统由启动分离器、储水罐、下降管、下水连接管、水冷壁上升管及汽水连接管等组成。在负荷达到25%BMCR后，锅炉转直流运行，工质一次上升，完全变成蒸汽，启动分离器入口具有一定的过热度。机组带基本负荷并参与调峰，30%～90%ECR负荷段滑压运行，其余负荷段定压运行。

省煤器布置在尾部后竖井水平低温过热器的下方，单烟道布置。

炉膛水冷壁分上下两部分。其中，下部水冷壁采用全焊接的螺旋上升膜式管屏，上部水冷壁采用全焊接的垂直上升膜式管屏，下部螺旋围绕水冷壁与上部垂直上升水冷壁之间采用中间混合联箱进行过渡。螺旋水冷壁管采用了内螺纹管结构，整体膜式结构保证了炉膛的严密性。由于管子以相同方式绕过炉膛，吸热均匀，所以水冷壁出口处的工质温度和金属温度也非常均匀，这为机组调峰时的安全可靠运行提供了保证。

过热器及再热器受热面采用了辐射—对流联合布置，这种布置方式可确保锅炉在允许的最低运行负荷下也可达到额定的蒸汽参数，并获得良好的汽温特性。过热器主要由布置在尾部竖井后烟道内的卧式对流低温过热器和布置在炉膛上部的屏式过热器及末级过热器等组成。再热器由布置在尾部竖井前烟道的卧式对流低温再热器及位于末级过热器后的高温再热器组成。过热汽温采用二级喷水减温调节；再热汽温通过尾部双烟道平行烟气挡板调节，必要时也使用事故喷水减温调节。

省煤器、卧式低温过热器和卧式低温再热器均悬吊到炉顶大板梁上，利用包墙系统引出部分管作为他们的悬吊管。

燃烧系统采用旋流燃烧器，前后墙布置、对冲燃烧；每面墙3层，每层4只燃烧器，每只燃烧器都配备有一阀双枪控制的小出力点火油枪，前、后墙中层各燃烧器中心还配置有大出力的启动油枪；在3层燃烧器上方，前、后墙各布置了一层燃尽风口，以实现分阶段按需送风、合理组织炉内气流结构、防止火焰贴墙、达到充分燃烧的目的。

锅炉设计最低不投油稳燃负荷：不大于45%BMCR负荷。

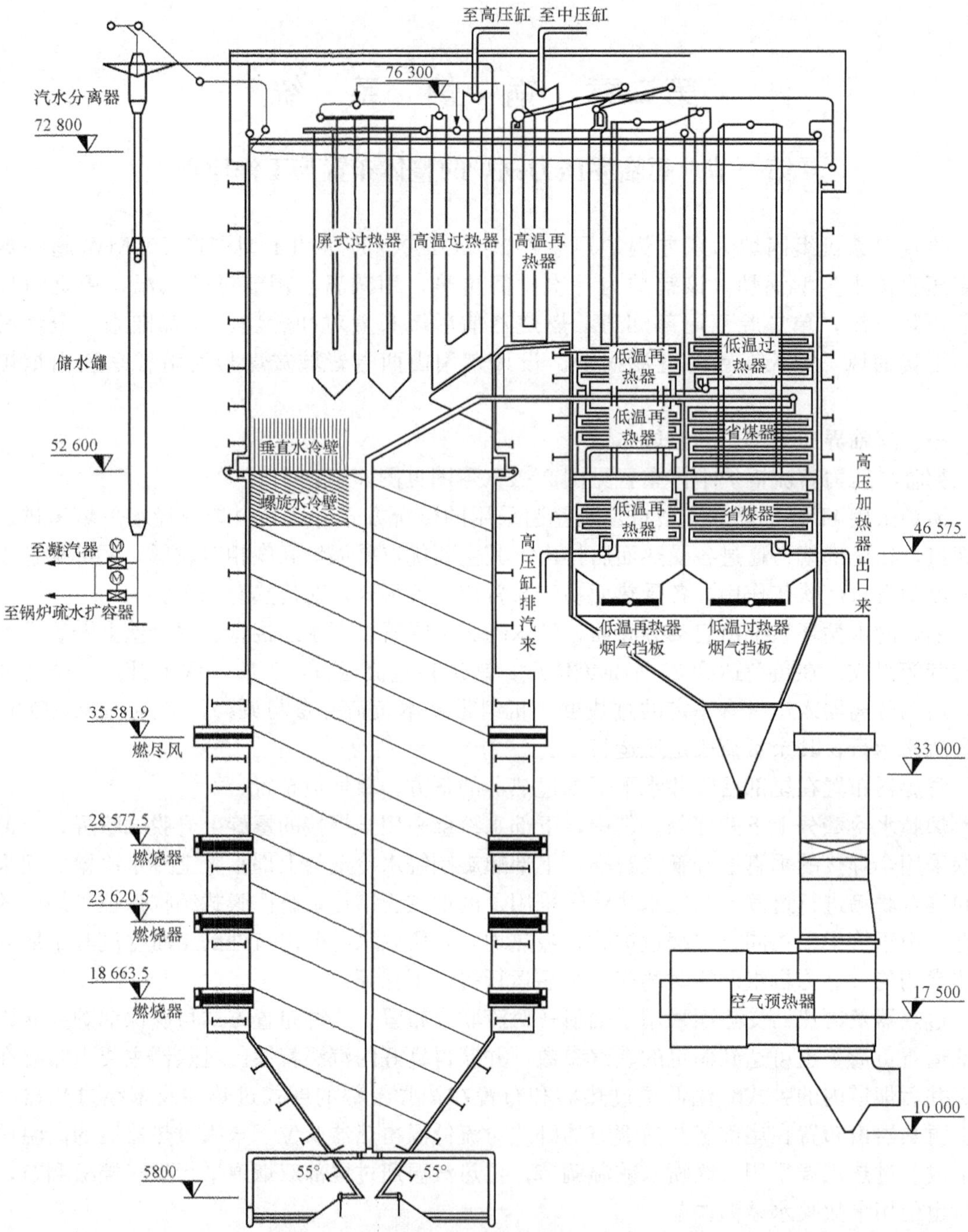

图 2-1 超临界压力直流锅炉本体布置示意

二、超临界压力锅炉工作原理

依靠给水泵的压头将锅炉给水一次通过各受热面预热、蒸发、过热而变成蒸汽的锅炉称为直流锅炉，超临界压力锅炉均为直流锅炉。直流锅炉的工作原理如图 2-2 所示。

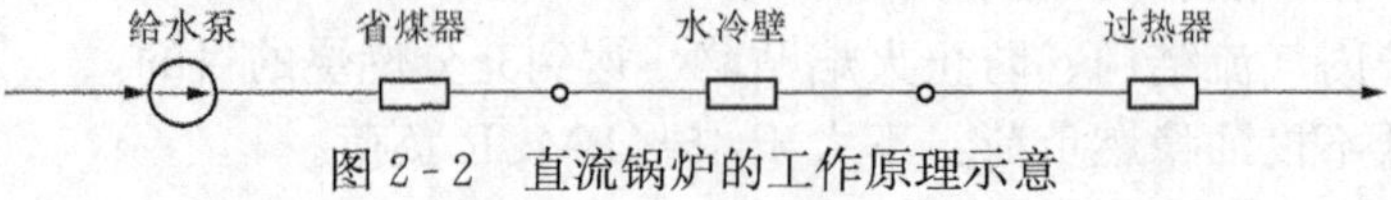

图 2-2 直流锅炉的工作原理示意

在直流锅炉蒸发受热面中，工质的流动不依靠汽水密度差来推动，而是通过给水泵的压头来实现的。在锅炉转直流运行后，工质一次通过各受热面，锅炉蒸发量 D 等于给水量 G，故一般认为直流锅炉的循环倍率 $K=G/D=1$。

直流锅炉没有汽包，进口工质是水，出口工质是过热蒸汽，在加热受热面和蒸发受热面间及蒸发受热面和过热受热面间无固定的分界点，在工况变化时，各受热面长度会发生变化。

沿直流锅炉各受热面流动时，工质的状态和参数的变化情况示于图 2-3。由于要克服流动阻力，工质的压力 p 沿受热面长度不断降低；由于不断吸热，工质的焓值 h 沿受热面长度不断增加；工质温度 t 在预热段由于被加热而不断上升，而在蒸发段工质吸热比例较少，由于压力不断下降，工质温度 t 在此时受压力影响较大而略有降低，在过热段工质温度又不断上升；由于体积增大，工质的比体积 v 沿受热面长度不断上升。

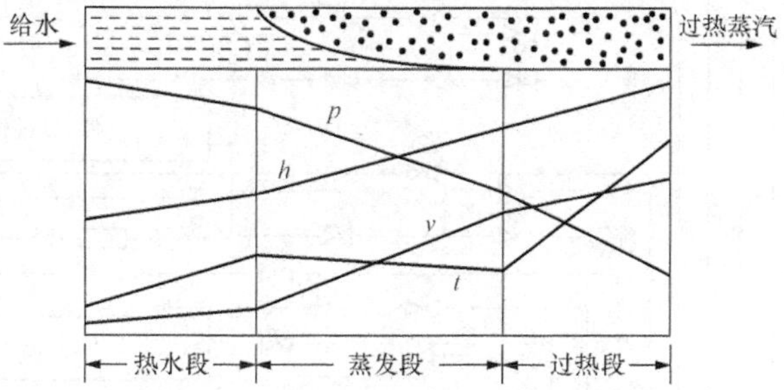

图 2-3　直流锅炉工质状态和参数变化

三、超临界压力锅炉的特点

水的临界状态点的参数为 22.115MPa、374.15℃。当锅炉的设计压力等于或超过临界压力时，由于蒸汽的密度与水的密度一样，不能靠工质的汽水密度差进行自然循环，只能采用直流锅炉，因此超临界压力机组均为直流锅炉。

直流锅炉与自然循环锅炉相比，直流锅炉的省煤器、过热器、再热器、空气预热器及燃烧器等与其相似。所不同的是直流锅炉没有汽包，在锅炉的蒸发受热面和过热器之间没有用于汽水分离的容器，工质在给水压头的作用下一次通过各受热面而完全变成蒸汽，各受热面之间无固定的分界点，并且随着锅炉负荷和工况的变动而变动。

直流锅炉没有汽包，不能进行锅内水处理，给水带来的盐分除一部分被蒸汽带走外，其余将沉积在受热面上影响传热，且这些盐分只有停炉清洗时才能除去，因此直流锅炉对给水的品质要求较高。为了确保受热面的安全和较高的蒸汽品质，在凝汽器和低压加热器之间，设有精处理装置，对凝结水进行 100%的除盐处理。

直流锅炉由于无汽包且蒸发受热面管径小，使得直流锅炉的蓄热能力较低。当负荷发生变化时，直流锅炉必须同时调节给水量和燃料量，以保证物质平衡和能量平衡，才能稳定汽压和汽温，适应负荷的变化。所以直流锅炉对燃料量和给水量的自动控制系统要求很高。

同时，还是由于直流锅炉没有汽包且蒸发受热面管径小，直流锅炉通常可节省 20%～30%的钢材。但由于采用小直径蒸发管后流动阻力增加，给水泵电耗增加，因此直流锅炉的耗电量比自然循环锅炉要大。

由于直流锅炉没有汽包，加热和冷却较快，因此直流锅炉启停速度较快。

第二节　超临界压力锅炉的汽水系统

锅炉汽水系统由给水系统、水冷壁系统、锅炉启动系统、361 阀暖管系统、过热蒸汽系统、再热蒸汽系统，疏水、排气及充氮系统和超压保护阀等组成。各系统和设备的安装位置及汽水系统的工作流程见图 2-1 和图 2-4。

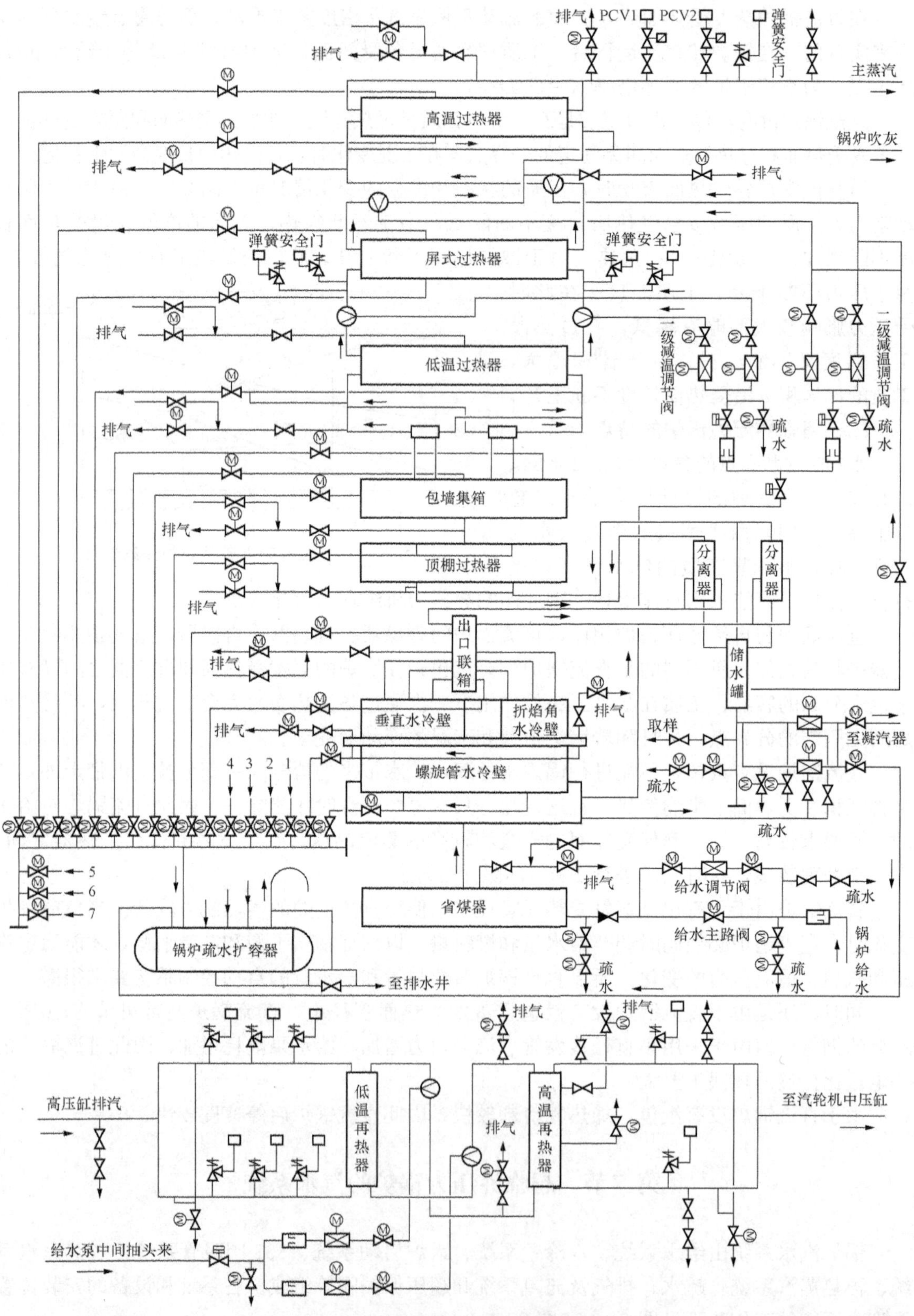

图 2-4　超临界压力锅炉汽水系统原理

一、锅炉给水、水冷壁系统

来自高压加热器出口的给水经给水流量测量装置，给水旁路调节门或给水主路门，省煤器入口联箱，进入布置在后竖井烟道内的省煤器。经省煤器加热后的给水从省煤器出口联箱引出，通过单根下水连接管引至两个下水连接管分配联箱，再由螺旋盘绕水冷壁引入管引入两个螺旋盘绕水冷壁入口联箱。水沿着与其入口联箱相连的螺旋水冷壁盘旋上升并吸收热量后，通过螺旋水冷壁出口联箱和垂直水冷壁入口联箱，进入炉膛上部的垂直水冷壁进一步吸热。

炉膛内的水冷壁有两种布置形式，从炉底冷灰斗到折焰角水冷壁下方标高处均为螺旋水冷壁，从此标高处至炉墙上端为垂直水冷壁，两种形式的水冷壁间用过渡段水冷壁管转接。螺旋水冷壁、垂直水冷壁和过渡段水冷壁见图 2-5。

炉膛下部采用螺旋盘绕水冷壁，在各种工况特别是启动和低负荷工况下，让各水冷壁管内具有足够的质量流速，管间吸热均匀，防止亚临界压力下出现偏离核沸腾，超临界压力下出现类膜态沸腾，减小炉膛出口工质温度偏差以及水动力不稳定等传热恶化工况。水冷壁具有足够的运动压头，也可避免如停滞、倒流、流动多值性等水循环不稳定问题的发生。

采用螺旋盘绕水冷壁，结构简单，维护工作量小，既不需要变径的节流圈或阀门，也无需在水冷壁进口设置给水流量平衡分配装置。

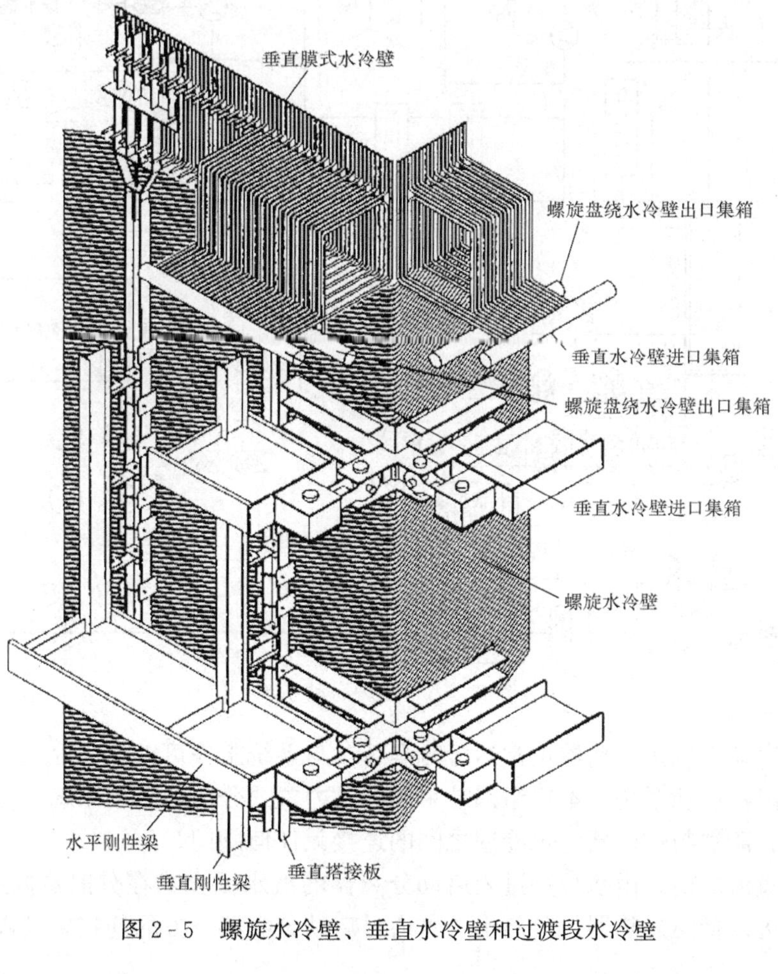

图 2-5　螺旋水冷壁、垂直水冷壁和过渡段水冷壁

采用螺旋盘绕水冷壁，由于同一管带中管子以相同方式绕过炉膛的四角部分和中间部分，因此所有水冷壁管的流量和受热情况均相同，从而保证了沿炉膛四周的吸热基本相同，使得水冷壁出口的介质温度和金属温度非常均匀，为机组调峰时安全可靠运行提供了保证。

炉膛上部采用了垂直水冷壁，一方面是考虑已离开高热负荷区域，用垂直水冷壁也不会产生较大的温度偏差；另一方面是垂直水冷壁结构较简单且成本低廉。

两种形式的水冷壁间用过渡段水冷壁连接，其结构如图 2-5 的上三分之一部分所示。螺旋盘绕水冷壁前墙、两侧墙出口管全部抽出炉外，后墙出口管则是 4 根抽出 1 根直接上升成为垂直水冷壁后墙凝渣管，另 3 根抽出到炉外。抽出炉外的所有管子均进入螺旋盘绕水冷壁出口联箱，由连接管从螺旋盘绕水冷壁出口联箱引入位于锅炉左右两侧的两个混合联箱，再通过连接管从混合联箱引入到垂直水冷壁进口联箱，然后由进口联箱引出光管形成垂直水冷壁管屏。这种结构的过渡段水冷壁可以把螺旋盘绕水冷壁的荷载平稳地传递到上部水冷壁。

二、锅炉启动系统

锅炉启动系统主要由启动分离器、储水罐、水位控制阀（361 阀 A、361 阀 B）、截止阀、管道及附件等组成，锅炉启动系统见图 2-5A 的相关部分。

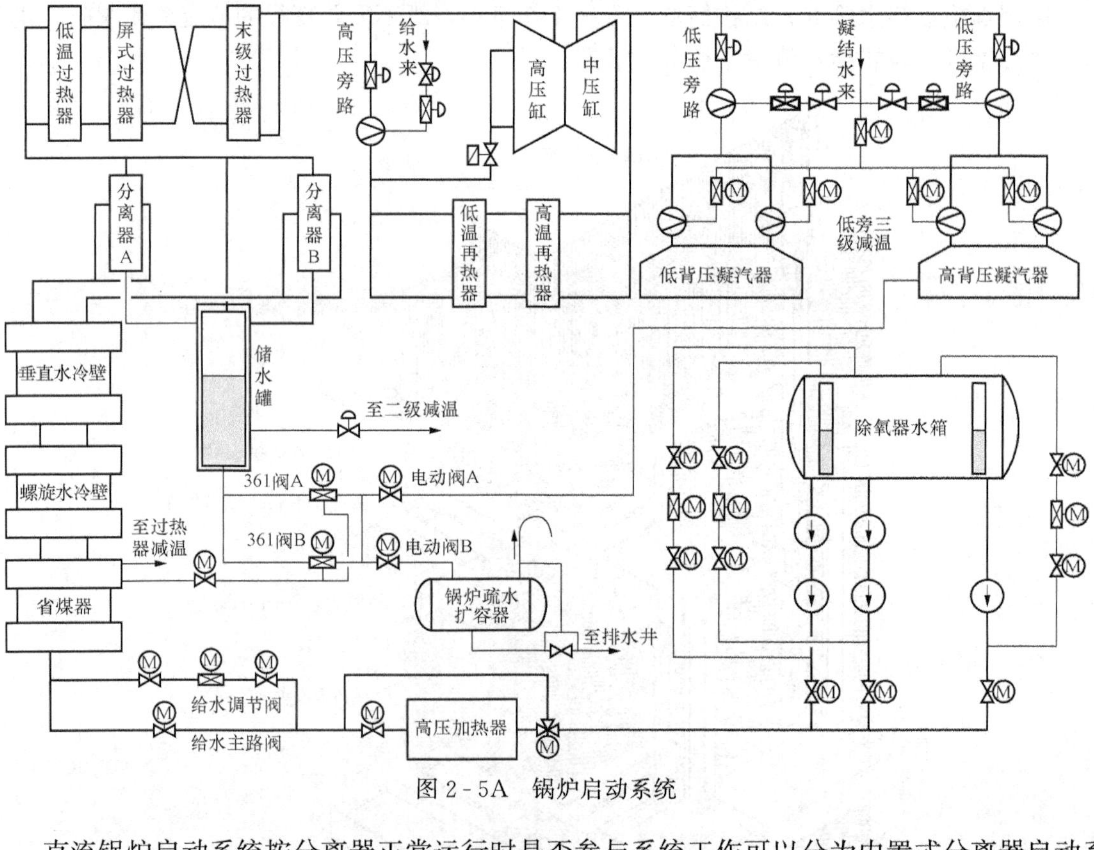

图 2-5A 锅炉启动系统

直流锅炉启动系统按分离器正常运行时是否参与系统工作可以分为内置式分离器启动系统和外置式分离器启动系统，本机组锅炉采用的是内置式分离器启动系统。在内置式分离器启动系统中，分离器与过热器、水冷壁之间的连接无任何阀门。

在锅炉转直流之前，由水冷壁进入启动分离器的汽水混合物在分离器内进行汽水分离，分离出的蒸汽进入低温过热器，分离出的水通过启动分离器下方的连接管进入储水罐。储水罐的水位由361阀A和361阀B控制。在锅炉水质合格前，通过361阀的水经电动截止阀B排入锅炉疏水扩容器；锅炉水质合格后，通过361阀的水经电动截止阀A排入凝汽器。在锅炉转直流之后，从垂直水冷壁出来的微过热蒸汽经过分离器，直接进入过热器，不进行汽水分离，此时分离器仅起到连接通道的作用。

锅炉启动系统的功能有以下几个。

1. 辅助锅炉启动

(1) 辅助建立冷态和热态循环清洗工况。

(2) 辅助建立启动压力与启动流量，或建立水冷壁质量流速。

(3) 辅助工质膨胀。

(4) 辅助管道系统暖管。

2. 协调机炉工况

(1) 满足直流锅炉启动过程自身要求的工质流量与工质压力。

(2) 满足汽轮机启动过程需要的蒸汽流量、蒸汽压力与蒸汽温度。

3. 热量与工质回收

借助启动旁路系统回收启动过程锅炉排放的热量与工质。

4. 安全保护

启动系统能辅助锅炉、汽轮机安全启动。有的启动系统还能用于汽轮机甩负荷保护、带厂用电运行或停机不停炉等。

本机组锅炉启动系统分离器的特点如下所述。

(1) 启动分离器为圆形筒体结构，直立式布置。分离器的设计除考虑汽水的有效分离外，还考虑启动时汽水膨胀现象。

(2) 启动分离器汽水混合物入口位置、角度和流速的选取有利于汽水分离，汽和水的引出方向与汽水引入管的旋转方向一致，以减少阻力。分离器内设有阻水装置和消旋器。

(3) 启动分离器的结构、材料的选取及制造工艺，能适应变压运行、锅炉快速负荷变化和频繁启停的要求。

(4) 分离器的设计参数按全压设计，并充分考虑由于内压力、温度及外负荷变化引起的疲劳。

(5) 分离系统中设置了压力测点、内外壁温度测点、排气装置等。

启动分离器布置在炉前，垂直水冷壁混合联箱出口；分离器采用旋风分离形式。分离器直段高度为2.89m，总长为4.08m，数量为2个。经水冷壁加热以后的工质分别由6根连接管沿切向向下倾斜15°进入两分离器，分离出的水通过连接管进入分离器下方的储水罐，蒸汽则由连接管引入顶棚入口联箱。分离器下部水出口设有阻水装置和消旋器。启动分离器端部采用锥形封头结构，封头开孔与连接管相连。

储水罐有足够的水容积和蒸汽扩散空间，设置有必要的疏水接头及排蒸汽接头、水位测点。储水罐直段高度为17.5m，总长为18.95m，数量1个。储水罐端部采用锥形封头结构，封头开孔与连接管相连。储水罐上部蒸汽连接管、下部出水连接管上各布置有一个取压孔，其对应提供压差给差压变送器，进行储水罐的水位控制。储水罐上有设定的高报警水位、361阀全开水位、正常水位（上水完成水位）、361阀全关水位及基准水位，根据各水位不同的差压值来控制储水罐水位控制阀（361阀）调节水位。

系统中的调节阀，前后压差很大，有良好的调节特性，能抗蒸汽蚀、防泄漏、承受高压差。所有调节阀能在各种启动工况下，满足不同组合运行方式时排放流量的要求。截止阀能承受高压差、关闭严密、不泄漏。

三、直流锅炉启动时的水洗及361阀暖管

（一）直流锅炉启动时的水洗

在机组停用期间，直流锅炉的汽水系统和炉前系统会有一些腐蚀产物和其他杂质。若机组启动时未除去这些杂质，会影响直流锅炉的给水品质及锅炉的安全运行。因此，机组每次启动时应进行直流锅炉的清洗工作。

机组启动时的水洗有冷态清洗和热态清洗两种方式。

1. 冷态清洗

直流锅炉的冷态清洗是指在锅炉点火前，用除盐水或凝结水冲洗包括低压加热器、除氧器、高压加热器、省煤器、水冷壁及启动分离器等在内的汽水系统。

冷态清洗分两阶段进行，第一阶段为低压系统的清洗，第二阶段为高压系统的清洗。

（1）低压系统的清洗是对凝结水系统和除氧器系统的清洗。

（2）高压系统的清洗。当清洗给水泵以后的高压系统时，按下列大循环进行：

凝汽器→凝结水泵→前置过滤器→混合床除盐装置→凝结水箱→凝结水升压泵→低压加热器→除氧器→给水泵→高压加热器→锅炉本体汽水系统→启动分离器→凝汽器。
　　　　　　　　　　　　　　　　　　　　　　　　　　　　　　└→排地沟

高压系统的冷态清洗又分为开式清洗和循环清洗两个阶段。

冷态开式清洗：清洗水经疏水扩容器放水至除灰渣池（不循环）。

冷态循环清洗：清洗水经疏水扩容器再回收至凝汽器（循环使用）。

冷态开式清洗方法：

（1）开启分离器储水箱至疏水扩容器大口径溢流阀；

（2）用辅助蒸汽加热除氧器，维持除氧器出口水温在80℃左右；

（3）锅炉冷态开式清洗过程中，疏水扩容器排水至凝汽器调节站应关闭，开启储水罐大口径溢流阀排水到疏水扩容器，并开启疏水扩容器至除灰渣池电动门。直至分离器储水罐下部出口水质Fe$<500\mu g/L$，冷态开式清洗结束。

冷态循环清洗方法如下：

（1）投入疏水扩容器排水至凝汽器调节站，关闭疏水扩容器排水至除灰渣池电动门，清洗水由排往除灰渣池切换至凝汽器；

（2）维持420t/h（25%BMCR）清洗流量进行循环清洗，分离器排水水质电导率小于$1\mu S/cm$，Fe$<100\mu g/L$，冷态循环冲洗结束。

冷态清洗能除去很多杂质，为了保证直流锅炉点火时有良好的给水水质，必须进行冷态清洗。冷态清洗结束后，锅炉可开始点火。

2. 热态清洗

锅炉点火后，随着启动过程的进行，水温和水压逐渐上升，于是会把残留在汽水系统内的杂质冲洗出来，使水中杂质含量增加，影响锅炉启动后的汽水品质，因此应该在锅炉启动过程中设法将它们除去。

在锅炉启动过程中，当水温升高到一定值后，应暂时停止升温，并在一段时间内维持锅

内水温，使水仍然沿着高压系统冷态清洗时的循环回路流动。在此期间内，锅炉本体汽水系统中的杂质可被流动着的热水清洗出来，清洗出的杂质在水通过前置过滤器和混合床除盐装置时不断被除去，这种清洗过程称为热态清洗。

由于铁的氧化物在高温水中的溶解度很小，锅炉热态清洗时，若水温过高，易发生铁的氧化物重新沉积现象，因此，在进行热态清洗时，锅炉本体汽水系统出口水温不高于290℃。

当包覆管出口水的含铁量小于50μg/L时，热态清洗工作结束。热态清洗结束后，可继续提高水温，并进行锅炉启动过程中的其他步骤。

（二）361阀暖管

361阀暖管管路指省煤器出口连接管→361阀→储水罐→过热器二级减温水的管路，主要目的是对361阀及储水罐至361阀管道进行暖管，以防止361阀及储水罐至361阀管道出现热冲击，对阀和管道产生疲劳伤害。

在锅炉启动过程中，361阀暖管管路必须在锅炉实现直流转换、361阀完全关闭后才允许启用，此管路设计流量约为1.2t/h。在锅炉正常运行过程中应确保361阀暖管管路正常投入使用。在锅炉停炉过程中，361阀暖管管路应在361阀开启前关闭。

锅炉25%BMCR负荷实现干/湿态转变（循环转直流）后，361阀关闭，361阀后的第一个电动闸阀应随后关闭，因为361调节阀不能作为保护凝汽器的关断用，当出现误操作而开启361阀或361阀泄漏时，361阀后闸阀对凝汽器起保护作用。锅炉正常停炉时，当锅炉负荷下降到30%BMCR左右时，可关闭361阀暖管管路，开启361阀后闸阀，当负荷继续下降到储水罐出现凝结水后，由361阀控制储水罐水位，直至停炉。

四、过热蒸汽系统

DG1900/25.4-Ⅱ1型锅炉过热器系统由顶棚、后竖井烟道四壁、后竖井分隔墙棚辐射过热器、布置在尾部竖井后烟道内的水平对流低温过热器、位于炉膛上部的屏式过热器及位于折焰角上方的高温过热器组成。

启动分离器出口的蒸汽由连接管通过顶棚过热器入口联箱进入顶棚过热器吸热，然后再从顶棚过热器出口联箱引出。顶棚过热器出口联箱通过48根/14根/2根不同管径的连接管分别将蒸汽引入水平烟道两侧包墙过热器及后竖井两侧包墙过热器，中隔墙过热器，前、后包墙入口联箱，通过包墙管加热后汇入包墙出口联箱。

所有包墙过热器均为全焊接膜式壁结构。水平烟道侧包墙由43根管子组成。后竖井前包墙、中隔墙下部由169根管子组成管屏，上部烟气进口段均拉稀成前后两排，光管布置，由前排管子承载重量。后竖井侧包墙由148根管子组成管屏，后竖井后包墙由169根管子组成管屏。

后竖井下部环形联箱引出汽吊管，前烟道吊挂管支吊低温再热器蛇形管，后烟道吊挂管支吊低温过热器、省煤器蛇形管，重量由汽吊管吊杆传递到炉顶大板梁上。汽吊管共336根，汽吊管规格随低温再热器、低温过热器、省煤器管外径的不同而变径，蒸汽经汽吊管后进入前后烟道吊挂管出口联箱。

低温过热器蛇形管布置在后竖井后烟道内，分为水平段和垂直出口段。蒸汽从汽吊管前后烟道出口联箱两侧端部由连接管引出后分别合并成单侧单根连接管，再从两端送入低温过热器进口联箱，整个低温过热器为顺列布置，蒸汽与烟气逆流换热。

低温过热器水平段共1段，由4根管子绕成，共168排；低温过热器垂直段管子与水平段出口管相连，由水平段的两排管合成垂直段的一排管，起降低烟气流速、减小磨损的作用，共84排。

低温过热器水平段管组通过包墙过热器汽吊管悬吊在大板梁上，垂直出口段通过与低温过热器出口联箱相连而由联箱悬吊在大板梁上。

经过低温过热器加热后，蒸汽经低温过热器出口连接管、一级减温器及屏式过热器进口连接管后引入屏式过热器分配联箱，分配联箱与每片屏式过热器进口联箱相连。

屏式过热器布置在炉膛上部区域，为辐射受热面，在炉深方向布置了2排，两排屏紧挨着布置，每一排管屏沿炉宽方向布置13片，共26片。每片屏由24根管组成，管屏入口段与出口段采用不同的管子壁厚，内外圈管采用不同的管子规格。

每片屏式过热器出口联箱与汇集联箱相连，蒸汽在汇集联箱中混合，并经屏式过热器出口连接管、二级减温器及高温过热器进口连接管后引入高温过热器。为减小流量偏差，使同屏各管的壁温比较接近，在管排的入口处、屏式过热器进口联箱上设置了不同尺寸的节流圈。

高温过热器的蛇形管由位于折焰角上部的一组悬吊受热管组成，沿炉宽方向布置有31片，每片管屏由20根管子并联绕制而成，管屏内外圈管采用不同的管子规格。

高温过热器蛇形管屏入口段重量由中间两排管承重并传递到入口联箱上，其余管子重量均通过U形承重块逐根传递到中间两管。管屏出口段重量由一过渡梁支撑，由吊杆传递到高温过热器出口联箱上。

为减小流量偏差使同屏各管的壁温比较接近，在管排的入口处、高温过热器进口联箱上设置了不同尺寸的节流圈。整个过热器系统进行一次左右交叉布置，即屏式过热器出口至末级过热器进口进行一次左右交叉，有效地减少了烟气沿锅炉宽度流量、流速不均匀的影响。

锅炉的过热蒸汽流程见图2-1和图2-4。其流程为：

来自分离器的蒸汽→顶棚过热器及包墙管过热器→低温过热器进口联箱→低温过热器→低温过热器出口联箱→一级喷水减温器→屏式过热器进口联箱→屏式过热器→屏式过热器出口联箱→二级喷水减温器→高温过热器进口联箱→高温过热器→过热器出口联箱→汽轮机高压缸。

在过热器出口管道上装设了两只动力控制泄放阀（又称PCV阀），一只安全阀，在屏式过热器进口管道上装设了4只安全阀。出口管道PCV阀和安全阀的整定压力幅度低于进口管道安全阀的整定压力幅度，因此当锅炉超压引起出口管道PCV阀和安全阀启跳时，能确保整个过热器系统中总有足够的蒸汽流过。而出口管道PCV阀的整定压力幅度低于过热器出口安全阀，使安全阀免于经常动作而得到保护。在PVC阀前设置了一个闸阀，以供PVC阀检修时隔离用。

过热器系统温度的监视是通过设置在系统管道上不同位置的热电偶来实现的，管子金属壁温的监视是通过装设在过热器各级受热面出口段的壁温测点来实现的。

过热蒸汽温度是由水/煤比和两级喷水减温来控制的。水/煤比的控制温度取自设置在汽水分离器前的水冷壁出口联箱上的三个温度测点，通过取中间温度进行控制。

两级减温器均布置在锅炉的炉顶罩壳内，第一级减温器位于低温过热器出口联箱与屏式过热器进口联箱的连接管上，其作用是保护屏式过热器不超温，同时也可调节低温过热器左、右侧的蒸汽温度偏差，作为过热汽温的粗调；第二级减温器位于屏式过热器与末级过热器进口联箱的连接管上，其作用是保护末级高温过热器不超温，并作为过热汽温的细调；正常运行时转向室出口处两侧烟温差小于50℃，维持主蒸汽温度为（571±5）℃，这样既可以保证过热器的安全，又可以减少迟延，提高调节的灵敏度，同时还可有效减小左右两侧蒸汽温度偏差，使过热蒸汽出口温度维持在额定值。同时每一级各有两只减温器，分左右两侧分别喷入，可左右分别调节，以减少烟气偏差的影响。两级减温器均采用多孔喷管式，喷管上有许多小孔，减温水从小孔喷出并雾化后，与相同方向流动的蒸汽进行混合，达到降低汽温的目的，调温幅度通过调节喷水量加以控制。

过热蒸汽减温水取自省煤器出口连接管，过热器减温水总管路上设有1只电动闸阀（进口），后分成两路，一路至一级减温器，一路至二级减温器，各设置有流量测量装置和1只气动快关阀；一级、二级减温水又分别分成两路，每路上均设置有1只气动调节阀（进口），供调节减温水流量用，在调节阀后设置有1只电动截止阀（进口）。系统设计一级减温水最大流量为152t/h，二级减温水最大流量为152t/h。

五、再热蒸汽系统

DG1900/25.4-Ⅱ1型锅炉的再热器系统由低温再热器、高温再热器及两者间的过渡管组成。再热蒸汽系统的设备位置和工作流程见图2-1和图2-4的再热蒸汽部分。

汽轮机高压缸排汽通过连接管从两端进入低温再热器进口联箱。再热蒸汽经过低温再热器加热后进入低温再热器出口联箱，并经连接管、再热器减温器后从两端引入高温再热器。

低温再热器蛇形管由水平段和垂直段两部分组成，根据烟温的不同和系统阻力的要求，低温再热器的不同管组采用了不同的节距和管径。

低温再热器水平段分三组水平布置于后竖井前烟道内，由6根管子绕制而成，每组之间留有足够的空间便于检修使用。低温再热器沿炉宽方向共布置168排。

低温再热器出口垂直段由两片相邻的水平蛇形管合并而成，横向84排。低温再热器水平段由包墙过热器吊挂管悬挂支撑并传递到大板梁，低温再热器垂直出口段重量由中间三排管承重并传递到出口联箱上，其余管子重量均通过U形承重块逐根传递到中间三管，通过低温再热器出口联箱悬吊在大板梁上。为防止吹灰蒸汽对受热面的冲蚀，在吹灰器附近蛇形管排上均设置了防磨盖板。

高温再热器布置于末级过热器后的水平烟道内，蒸汽从高温再热器进口联箱经蛇形管屏加热后进入高温再热器出口联箱，高温再热器蛇形管屏共84片，每片管屏由10根管子并列绕成U形。

高温再热器蛇形管屏入口段的质量由中间4排管承重并传递到入口联箱（联箱底部两排管接头设计为平行的斜向开孔）上，其余管子重量均通过承重块逐根传递到中间两管。管屏出口段质量由一过渡梁支撑，由吊杆传递到高温再热器出口联箱上。为防止吹灰蒸汽对受热面的冲蚀，在吹灰器附近蛇形管排上也设置有防磨盖板，为减小流量偏差，使同屏各管的壁温比较接近，在高温再热器进口联箱上设置了两种规格的节流孔。

再热蒸汽的流程为：

高压缸排汽经两根再热蒸汽冷管道→事故喷水减温器→再热器进口联箱→低温再热器管组→高温再热器管组→再热器出口联箱→经再热蒸汽热管道进入汽轮机中压缸。

再热器进、出口管道上分别设置了6只和2只弹簧安全阀（见图2-4）。再热器出口管道上安全阀的整定压力幅度低于再热器进口管道上的安全阀整定压力幅度，因此安全阀动作时，再热器中有足够的蒸汽流过，确保再热器得到有效保护。再热蒸汽温度的监视是通过设置在再热器系统上的热电偶来实现的，管子金属壁温的监视是通过再热器管出口的壁温测点来实现的。

机组采用高、低压两级串联旁路系统，可保证再热器在任何工况都有蒸汽通过，可有效地保护再热器系统。另外，在锅炉启动初期，还通过对炉膛出口烟温探针的监控来实行对过热器和再热器的保护。当炉膛出口烟温超温时，烟温探针能自动退回，报警温度为 540℃，退回温度为 580℃。

本机组锅炉再热蒸汽温度控制在（569±5)℃范围内，两侧汽温偏差小于 15℃。其主要控制手段是通过配合调整低温段过热器侧和低温段再热器侧烟气挡板开度，改变流过再热器侧烟道的烟气流量，达到控制再热蒸汽温度的目的。保证调温挡板的开度不小于 30%，防止由于阻力增大而积灰。在两级再热器之间设置了喷水减温器，喷水减温调节只作为再热蒸汽温度的粗调，一般是在事故情况使用，即再热器入口汽温超过允许值时，而烟气挡板已调至极限位置，这时投入再热蒸汽喷水减温调节，用以控制再热汽温，保护设备安全。减温水取自给水泵中间抽头，主路上设置流量测量装置和 1 只气动快关阀（进口）后分成两路，每路上均设置 1 只电动调节阀（进口)，调节阀后设置有电动闸阀。锅炉在正常运行状况时，一般此系统不投入运行。

正常情况下通过烟气调节挡板来调节再热汽温，另外在低负荷时还可以适当增大炉膛进风量，作为再热蒸汽温度调节的辅助手段。

六、疏水排气及充氮系统

在锅炉各汽水设备及管道上均设置了疏水系统，其作用是在锅炉停炉后或启动过程中排掉相关容器和管道内的存水，一是便于停炉检修，二是防止启动过程中水遇蒸汽后汽化产生振动损坏设备。各处疏水经锅炉疏水扩容器扩容降压后排至排水井。

在锅炉汽水系统的各联箱和管道上，多处设有空气门，其作用是在锅炉上水和升温升压过程中排出各容器和管道内的空气；锅炉放水时须开启，以便放净炉水。

锅炉汽水系统中还多处设有充氮门，用于长期停炉时充氮进行炉水置换和防腐。

第三节 风 烟 系 统

600MW 机组的风烟系统主要包括送风系统、引风系统、一次风系统，见图 2-6。其主要设备有两台三分仓回转式空气预热器，两台动叶可调轴流式送风机，两台静叶可调轴流式引风机，两台动叶可调轴流式一次风机。

上述各风机均为水平对称、露天布置，垂直进风，水平出风；风烟系统还配备有两台互为备用的离心式火检风机和密封风机，分别用于冷却火检探头和向制粉系统提供密封风。

该风烟系统采用平衡通风方式，即维持系统中某一点的通风压力为零，也就是使此点的静压等于外界的大气压。送风机吸入空气口到燃烧器出口之间的流动阻力由送风机克服，而经由炉膛、各对流受热面、空气预热器、除尘器最后一直到烟囱的阻力，由引风机克服。

一、送风系统

送风系统是由送风机、送风机出口风门、风量测量装置、空气预热器、二次风管总调节门和二次风箱系统等组成，见图 2-6 和图 2-7。送风系统的作用是向炉膛提供满足燃料燃烧所必需的空气。

锅炉燃烧所需的空气由两台送风机供给，经送风机出口风门送至两台三分仓回转式空气预热器加热。从空气预热器出来的二次风经二次风管总调节门后分成两路，一路送至前、后墙燃尽风箱和对应各层粉的二次风箱（见图 2-7)；另一路作为再循环风分别送至送风机入口和一次风机入口。从各二次风箱引出的风分别为辅助风、燃尽风和周界风。辅助风的作用

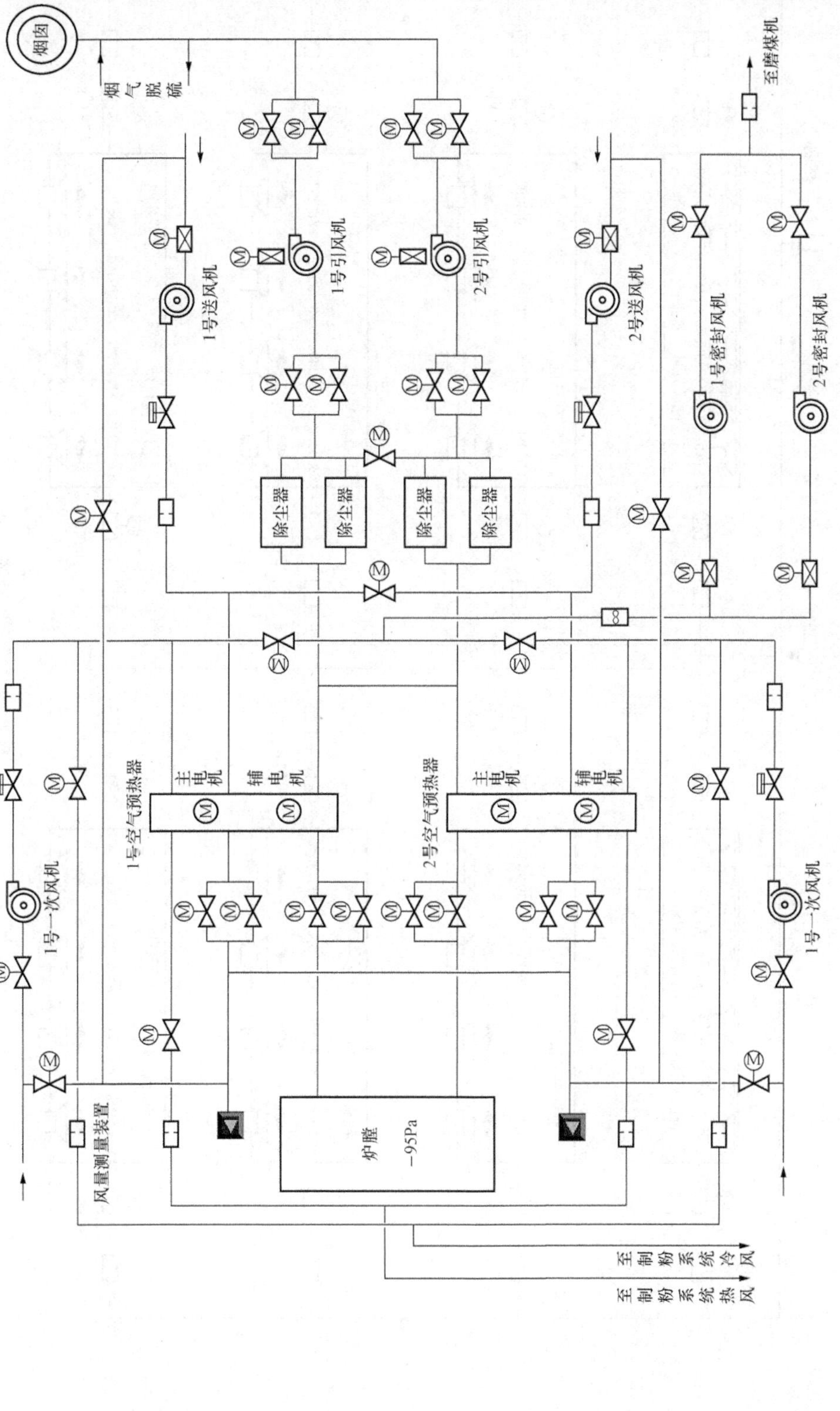
烟囱
烟气脱硫
1号送风机
1号引风机
2号引风机
2号送风机
至磨煤机
1号密封风机
2号密封风机
除尘器
除尘器
除尘器
除尘器
1号空气预热器
主电机
辅电机
2号空气预热器
主电机
辅电机
1号一次风机
1号一次风机
炉膛
−95Pa
风量测量装置
至制粉系统冷风
至制粉系统热风

图 2-6　锅炉风烟系统

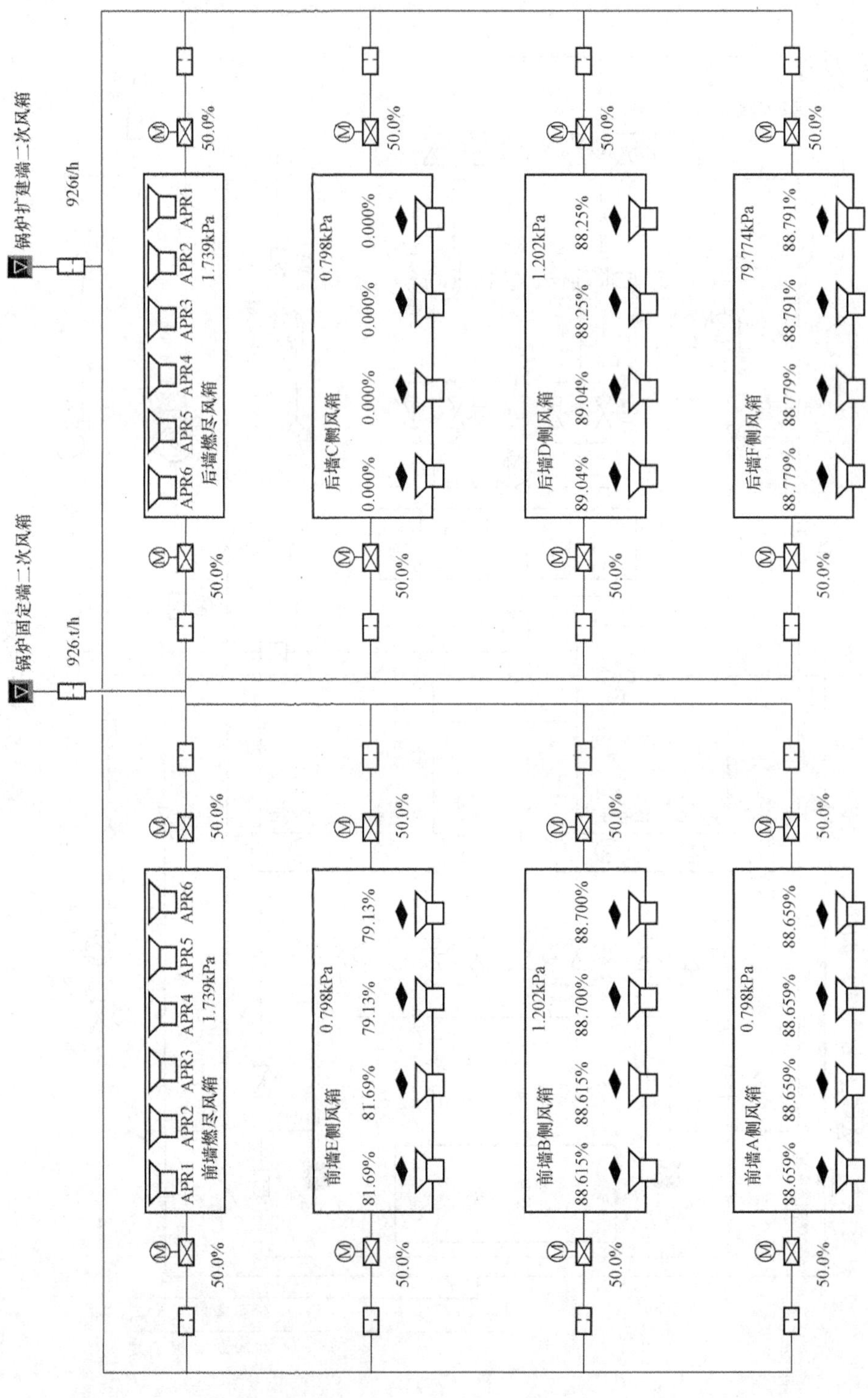
锅炉扩建端二次风箱
926t/h
锅炉固定端二次风箱
926.t/h
后墙燃尽风箱
APR6 APR5 APR4 APR3 APR2 APR1
1.739kPa
后墙C侧风箱
0.798kPa
0.000% 0.000% 0.000% 0.000%
后墙D侧风箱
1.202kPa
89.04% 89.04% 88.25% 88.25%
后墙F侧风箱
79.774kPa
88.779% 88.779% 88.791% 88.791%
前墙燃尽风箱
APR1 APR2 APR3 APR4 APR5 APR6
1.739kPa
前墙E侧风箱
0.798kPa
81.69% 81.69% 79.13% 79.13%
前墙B侧风箱
1.202kPa
88.615% 88.615% 88.700% 88.700%
前墙A侧风箱
0.798kPa
88.659% 88.659% 88.659% 88.659%
50.0%

图 2-7 二次风系统

是为燃料的着火和燃烧提供充足的氧量；燃尽风的作用是为燃料的燃尽阶段提供氧气，并改变火焰中心高度；周界风的作用是为燃料着火初期提供氧气，卷吸高温烟气使燃料更易着火，并冷却燃烧器喷口，避免烧坏，还可防止火焰偏斜。

燃尽风喷口设在三层燃烧器上方，前、后墙各布置一层，以实现分阶段按需送风，组织合理的炉内气流结构，防止火焰贴墙，达到完全燃烧的目的。

热风再循环管设在二次风出口挡板后与送风机入口间，通过调节再循环挡板的开度来保证送风机进口风温，一方面可以在寒冬天气改善风机运行条件，尽快提高二次风温，另一方面避免由于进入到空气预热器入口的空气温度过低而造成空气预热器的低温腐蚀。

二、引风系统

引风系统是由引风机、引风机出入口烟气挡板、两烟道间的联络挡板、除尘器、空气预热器和空气预热器入口烟气挡板等组成。引风系统的作用是将炉膛里燃烧所产生的烟气经除尘、脱硫后排出，同时维持炉膛负压运行。

燃烧后的烟气，在引风机的作用下，经屏式过热器、高温过热器、高温再热器、低温过热器、低温再热器、空气预热器和省煤器进入后烟井。该机组采用尾部烟气挡板调节再热汽温，因此进入后烟井的烟气分为两路：一路进入低温过热器及省煤器，另一路进入低温再热器。两路烟气在调温挡板后混合，进入两台并列运行的空气预热器，再经由 4 台静电除尘器除尘后被引风机通过烟囱排入大气。为克服烟气流经各受热面、烟道及静电除尘器的阻力，并使炉膛出口处维持微负压，引风机的抽力应足够大。

三、一次风系统

一次风系统是由一次风机、一次风机出口风门、总一次风量测量装置、一次风系统的联络风门、空气预热器、空气预热器出口一次风门、冷一次风门、冷热一次风量测量装置和一次风道系统等组成，其作用是为煤粉的磨制和输送提供足够的风量和风压。

由图 2-6 所示的一次风系统部分可见，两台一次风机出口的冷一次风分为两路，一路经空气预热器加热后送至磨煤机，另一路则作为冷一次风也送至磨煤机，用于调节磨煤机的一次风温。

与送风系统相同，在二次风出口挡板后与一次风机入口间，也设有热风再循环管，通过调节热风再循环挡板的开度来保证一次风机进口温度，在寒冬天气尽快提高一次风温来改善风机运行条件和避免空气预热器的低温腐蚀。

四、密封风系统

密封风系统是由密封风机、密封风机出入口门和流量测量装置等组成，其作用是为直吹式制粉系统的工作提供密封风。

密封风是从一次风机后引出，再经密封风机提高风压后送至制粉系统作为密封风，其风压高于一次风压，能可靠地防止制粉系统漏粉。

在风烟系统中的送风机出口、一次风机出口、引风机进出口和空气预热器烟气入口、一次风出口、二次风出口以及密封风机出入口均设有电动挡板，以便当设备发生故障时，将该设备从运行的系统中隔离出来。这样既便于检修，又可使风烟系统保持单侧运行。在两台送风机出口风道之间、两台一次风机出口风道之间和两台引风机入口烟道之间均设有电动联络挡板，用来平衡两侧风道压力或烟道压力。

五、空气预热器

本锅炉设置了两台 50%容量、三分仓回转式空气预热器。整个空气预热器的转子由若干个分隔板分成多个扇形区，整个受热面由排列整齐的金属波形板组成。烟气自上而下，一次风、二次风自下而上，逆流换热。整个转子通过转子轴，由转子下轴承（支持轴承）支撑，并由位于热端的上轴承（导向轴承）起定位作用。其驱动装置主要由主、辅电机，空气马达，液力耦合器，减速箱，传动齿轮等组成。

每台空气预热器配备了2台电动马达和一台气动马达，其中一台电动马达作为主马达，通过液力耦合器与减速箱相连，驱动空气预热器的转子。使用液力耦合器主要是为了减少启动力矩，使启动电流比较平坦。另一台电动马达作为备用，当主马达故障跳闸时，备用马达自启动。气动马达作为电动马达的后备保护，当两台电动马达均故障不能启动时，气动马达用来盘动空气预热器转子；当空气预热器检修或进行水冲洗时，也用气动马达来盘动转子。

空气预热器旋转的转子与静止的壳体之间有间隙，工作和停运状态下的膨胀量以及烟风间的差压将使空气预热器存在较大的漏风。由于分隔仓、分隔板与上、下端板间的间隙以及烟气与空气侧的差压，会使空气通过这一径向间隙进入烟气侧（即所谓的径向漏风），因此在空气预热器的冷端和热端都设置了径向密封。又由于空气预热器的直径较大并主要依靠转子轴支撑，在冷态情况下，转子外缘也会有一定的挠度；在工作情况下，空气预热器冷端、热端间存在较大的温差，径向的相对膨胀使空气预热器呈"蘑菇"形，且膨胀量随锅炉负荷不同而不同，因此空气预热器热端的径向密封采用可调式的扇形板。

为减少空气预热器热端的漏风，设有漏风控制系统，可实现间隙调节，扇形板定时向下跟踪转子的变形，以减少其与转子径向密封面之间的间隙，维持间隙在给定值－0.2～0.3mm范围内以减少漏风；空气预热器漏风控制系统还具有过电流调节功能，当因密封间隙过小摩擦增大，达到过电流设定值且持续0.5s时，系统自动提升该空气预热器所有扇形板，至电流恢复正常值后，继续提升6s停止。

空气预热器的受热面始终反复流经烟气和空气，当炉内燃烧空气欠佳时，特别是在锅炉启动阶段煤油混烧时，未能燃尽的油渣或油质残炭会沉积在热端的受热面上，待它转入空气侧时与高温空气接触，使受热面上沉积的可燃物可能产生燃烧，导致受热面因超温而烧坏。

为及时发现沉积在空气预热器的未完全燃烧燃料的再次燃烧，空气预热器还设有红外热点检测装置。该装置利用红外线信号来检测空气预热器内部温度，温度检测是通过位于空气预热器风道入口截面上的四个特制红外探头摆动扫描完成的。当检测到温度超限达150～200℃则发出报警。另外，为了保证探头透镜表面清洁，特配备了一套风力自动除尘装置，用清洁的压缩空气每20min对镜头吹扫30s；空气预热器还装有吹灰器，以除去传热元件上的沉积物，保持受热面的清洁。空气预热器吹灰汽源有两路，锅炉负荷低于30%时，采用辅助蒸汽作为汽源，锅炉负荷大于30%时，采用屏式过热器的蒸汽作为汽源。在锅炉启动和低负荷运行阶段，采用油枪升温升压或煤油混烧，因此应投入空气预热器连续吹灰，以防止空气预热器热端受热面积油。

若空气预热器受热面因积油积灰而引起二次燃烧，则空气预热器出口二次风温度就会有较大变化或二次风温较高，空气预热器监视系统就会发出报警，两台空气预热器还各设置了一套消防水系统，用于空气预热器灭火。水源来自全厂消防水系统。

空气预热器受热面处于锅炉的尾部，尤其是空气预热器的冷端，烟气温度较低，已接近烟气的露点，极易造成空气预热器的积灰和低温腐蚀，堵塞空气预热器，导致空气预热器的进出口差压增大，影响锅炉及其辅机的安全、稳定运行。因此在其热端和冷端都设置了冲洗水管道，水源为全厂的服务水，用于在锅炉停运阶段对空气预热器受热面的冲洗。

第四节 制 粉 系 统

煤粉系统是锅炉设备的一个重要系统，其任务是将原煤破碎、干燥，并磨制成为具有一定细度和水分的煤粉，送入炉内进行燃烧。每台炉共配有 24 个 BHDB 公司生产的 HT-NR3 型旋流煤粉燃烧器，与之配套的是 6 台沈阳重型机械厂生产的 BBD4060 双进双出磨煤机。设计燃用山西省晋城贫煤与河南省平顶山烟煤的混煤。

本 600MW 机组的锅炉配置了 6 套冷一次风正压直吹式双进双出钢球磨煤机制粉系统。和负压制粉系统相比，减少了制粉系统漏风；和热一次风制粉系统相比，延长了一次风机的使用寿命。每台磨煤机通过两个煤粉分离器引出的 4 根送粉管道将磨好的煤粉送至同一层的 4 个煤粉燃烧器。本炉的 6 套制粉系统，则对应锅炉的 6 层 24 个煤粉燃烧器。机组满负荷运行时，5 套制粉系统运行，一套制粉系统备用。

燃用设计煤种并在最佳钢球装载量下，$R_{90}=9.5\%$时，制粉系统总的出力不小于锅炉 BMCR 工况时的燃煤消耗量的 115%，5 台磨煤机的连续出力能满足汽轮机额定工况的出力要求。

每台磨煤机配有 1 台辅传电机，以适应检修、惰化、筛球等需要。

每套制粉系统均是由原煤斗、给煤机、磨煤机、磨煤机减速器、煤粉分离器、一次风风粉管道、密封风、润滑油站及相关驱动设备与连接管道等组成，见图 2-8。

一、工作原理

图 2-8 所示的双进双出钢球磨煤机制粉系统由两个独立对称的回路构成。每个回路的流程为：原煤依靠自重从原煤斗进入给煤机，经给煤机进入混料箱，经高温旁路风干燥后与分离器的回粉汇合，再通过落煤管进到磨煤机进煤管的螺旋输送装置中。螺旋输送装置随磨煤机筒体同步旋转，使原煤通过中空轴进入磨煤机。磨煤机是利用圆筒的滚动，将钢球带到一定的高度，通过落下的钢球对煤的撞击以及由于钢球与钢球之间、钢球与滚筒衬板之间的研压而将煤磨碎的。

热一次风通过中空轴内的中心管进到磨煤机筒体，完成对煤的干燥，并把磨好的煤粉沿着进煤的反方向带出磨煤机，煤粉、一次风和混料箱出来的旁路风混合在一起，进到磨煤机上部的分离器内。煤粉分离器内装有可调叶片，可以根据要求通过改变分离器内导向叶片的倾角调节煤粉的细度。粗粒的煤粉靠重力的作用落回到中空轴入口，与原煤混合在一起重新进行研磨；磨好的煤粉悬浮在一次风中，从分离器出口输送到燃烧器，喷进炉膛燃烧。

双进双出钢球磨煤机的出力与给煤量是单独控制的。磨煤机的出力通过调整磨煤机的通风量来实现。当磨煤机的出力增加时，先要增加磨煤机的通风量，然后再调整给煤机的转速增加给煤量。由于此时筒体内存有大量的煤粉，通过调整一次风阀门的开度增加一次风量，就可以使磨煤机出口的风粉量同时增加，并始终保持煤粉浓度不变。在此方式下，由于风、粉量的同步变化，磨煤机出口风煤比较为稳定。

当锅炉在低负荷下运行时，磨煤机中的通风量和给煤量都较少，会导致煤粉管内气粉混合物的流速降低，可能造成煤粉沉积。为了使管路中输粉通畅，在锅炉低负荷运行时，应补充一定量的旁路风，使煤粉管道内始终保持最佳风速。一次风量、磨煤机通风量及旁路风量

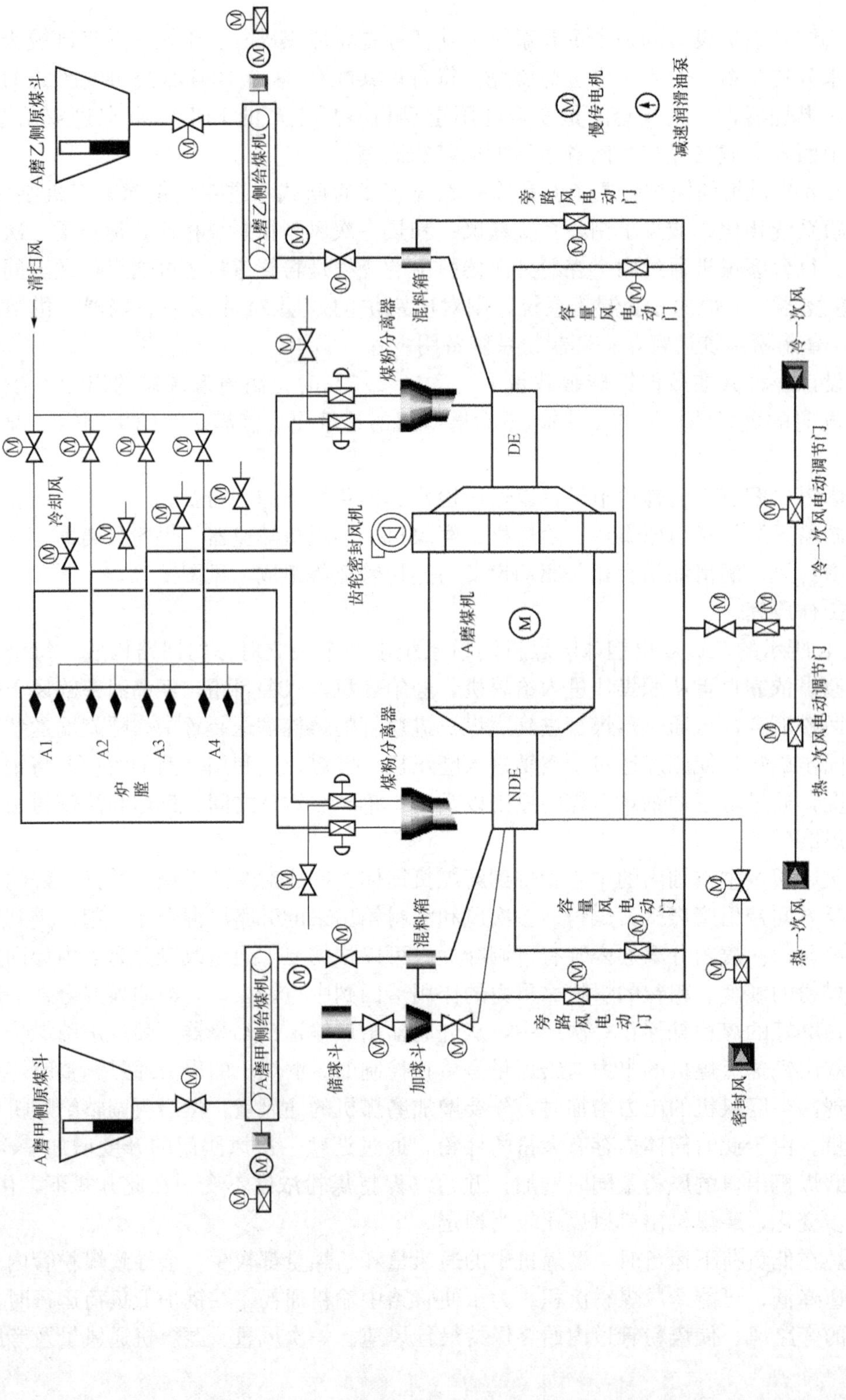

图2-8 双进双出钢球磨煤机制粉系统

与磨煤机出力的关系如图 2-9 所示。从图中可知，在低负荷运行时，磨煤机的容量风比较低且保持不变，而旁路风的风量比较高，可以使管路中的风量和风速较高，避免了煤粉的沉积。

双进双出钢球磨煤机内煤量的控制是通过一个单独的回路来实现的，并用磨煤机内煤量信号来调节给煤量。给煤量的多少由控制给煤机电动机的转速来实现。给煤机配备有给煤量自动称量装置，磨煤机配备有断煤信号发送装置。

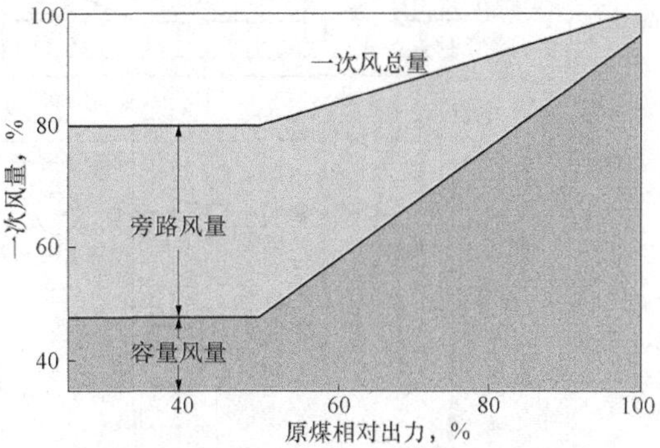

图 2-9 一次风、容量风和旁路风的关系

一次风有两个主要控制量，即磨煤机出口温度和一次风流速。前者既要保证燃煤在磨煤机内充分干燥，又不会因温度过高而引起磨煤机内部燃烧；后者则为保证适当的煤粉细度，并且不会因风速过高而使煤粉着火不稳定，也不会因风速过低而烧坏燃烧器。磨煤机出口温度和一次风流速两个控制量均由磨煤机出口一次风温度控制器分别控制冷一次风门和热一次风门来实现。

轴承密封风：由于磨煤机处于正压下工作，为防止煤粉泄漏，系统中配备了密封风机，用以产生高压空气，送往磨煤机转动部件的轴承，防止煤粉漏出。

齿轮密封风：防止杂物进入磨煤机驱动齿轮而产生振动，风源取自室内风。

慢传电机：可使磨煤机在停机期间和维修操作时以额定速度的 1%进行旋转，可实现任意位置停机。

加球系统：钢球在工作一段时间后会变小，变小的钢球会改变磨煤机的出力和煤粉细度，加球系统可以在不停磨煤机的情况下加入钢球，每台磨煤机均配有加球系统。

灭火系统：当有火警信号时，可向磨煤机内喷水。

清扫风：启、停磨煤机时对风管进行清扫，防止风管堵塞。风源取自冷一次风。

冷却风：在风管停止运行时，用来冷却一次风燃烧器，防止烧坏燃烧器。风源取自二次风。

惰化系统：在磨煤机停机时，向磨煤机内注入水蒸气进行惰化，以防自燃。

二、磨煤机润滑油系统

磨煤机润滑油系统是由两台低压润滑油泵、两台高压油泵、冷油器及相关驱动设备与连接管道所组成，见图 2-10。

磨煤机轴瓦采用高低压联合油站强制循环润滑、工业水强制冷却方式，两台低压润滑油泵从上部向轴瓦提供连续油流进行润滑，两台高压油泵油管从轴瓦底部接入，用于磨煤机启、停或盘车过程中及其他异常情况下建立油膜；大小齿轮啮合部位采用喷射润滑装置周期喷射油脂进行润滑、减振。

运行时，由低压油泵从油箱中吸油提压，经三通阀、过滤网、冷油器，进入磨煤机润滑，润滑后回油至油箱。油温过高时，冷油器供水电磁阀自动开启，降低油温。油压过高时，并在油泵旁的溢流阀自动开启降压。

磨煤机启动前，先启一台低压油泵，压力正常后，再启高压油泵。待磨煤机运行正常一

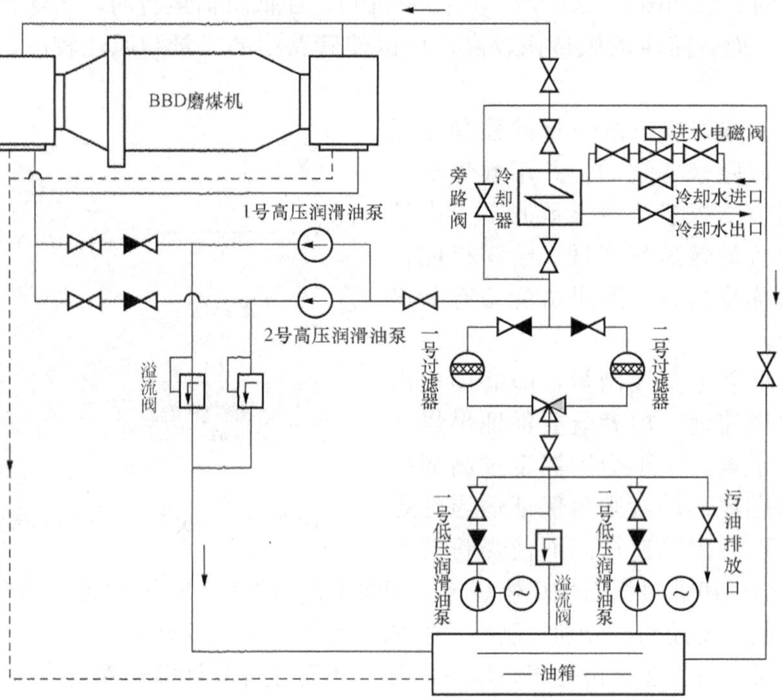

图 2-10 磨煤机润滑油系统

定时间后，高压油泵自动停止，由一台低压油泵维持供油。当润滑油系统故障，油压低时，自动联启另一台低压油泵运行。

第五节 燃 烧 系 统

燃烧系统的主要设备是炉膛和燃烧器。本机组锅炉采用的是对冲布置燃烧器的固态排渣炉膛。采用摆动燃烧器，可以调整火焰中心位置。

锅炉燃烧过程要组织得好，除了从燃烧机理和热力条件加以保证，使煤粉气流能迅速着火和稳定燃烧外，还要使煤粉与空气均匀地混合，燃料与氧化剂要及时接触，才能使燃烧猛烈，燃烧强度大，并能以最小的过量空气系数达到完全燃烧，提高燃烧效率，保证锅炉的安全经济运行。在煤粉炉中，这一切都与燃烧器的结构、布置及流体动力特性有关。燃烧器的作用就是将燃料与燃烧所需空气按一定的比例、速度和混合方式经燃烧器喷口送入炉膛，保证燃料在进入炉膛后能与空气充分混合、及时着火、稳定燃烧和燃尽。

一、燃烧器

锅炉采用 HT-NR3 旋流燃烧器，前后墙布置，对冲分级燃烧。在炉膛前后墙各布置 3 层，每层布置 4 只，全炉共设有 24 只。同时在前、后墙距最上层燃烧器喷口一定距离处各布置一层燃尽风喷口，共 12 只，前后墙各布置 6 只。其中每层 2 只侧燃尽风（SAP）喷口，4 只燃尽风（AAP）喷口。锅炉每只煤粉燃烧器设置有小流量点火油枪，用于点火、稳燃；在前后墙中间层煤粉燃烧器设置有大流量启动油枪，用于启动暖炉、带部分负荷等。各煤粉燃烧器及风箱入口处均布置有风门挡板，风门挡板配有一个执行器，用于调节挡板开度。

该燃烧器的回流区为中间环状回流区，煤粉浓度分布为外浓内淡，与其回流区相匹配，具有良好的着火及燃烧特性。实际运行表明，该燃烧系统具有很好的低 NO_x 特性，可以满足国内燃煤锅炉的低 NO_x 排放要求。

煤粉燃烧器主要由一次风弯头前冷却空气阀、一次风弯头、文丘里管、二次风装置、三次风装置（含调风器、调节机构）、煤粉浓缩器、稳燃环，三次风执行器（也叫外二次风执行器）及燃烧器壳体等零部件组成。在一次风管中装有煤粉浓缩器，用于将煤粉气流进行浓淡分离，利用浓淡燃烧技术来加强煤粉气流的着火和燃尽。在一次风出口装有火焰稳燃环，用于加强煤粉气流的着火。同时，将助燃空气分为两股（即二次风和三次风，此处三次风又称外二次风，不同于中间储仓式热风送粉系统中的乏气），这既有利于煤粉气流的着火和燃烧，又有利于减少煤粉燃烧过程中 NO_x 的生成量。燃烧器的结构见图 2-11。

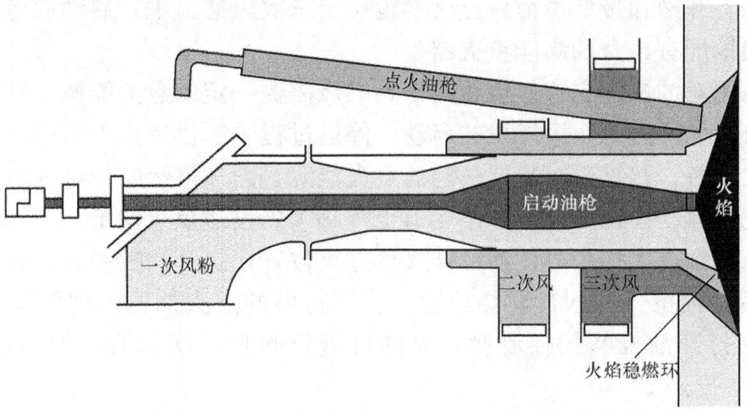

图 2-11　HT-NR3 旋流燃烧器的结构示意

在 HT-NR3 燃烧器中，助燃空气被分为三股，它们是直流一次风、直流二次风和旋流三次风。

直流一次风。一次风由一次风机提供。它首先进入磨煤机干燥原煤并携带磨制合格的煤粉通过燃烧器的一次风入口弯头组件进入燃烧器，再流经燃烧器的一次风管，最后进入炉膛。一次风管内靠近炉膛端部布置有一个锥形煤粉浓缩器，用于在煤粉气流进入炉膛以前对其进行浓缩。经浓缩作用后的一次风和二次风、三次风调节协同配合，以达到低负荷稳燃和在燃烧的早期减少 NO_x 的目的。

直流二次风、旋流三次风。燃烧器风箱为每个 HT-NR3 燃烧器提供二次风和三次风。每个燃烧器设有一个风量均衡挡板，该挡板的调节杆穿过燃烧器面板，能够在燃烧器和风箱外方便地对该挡板的位置进行调整。二次风和三次风通过燃烧器内同心的二次风、三次风环形通道在燃烧的不同阶段分别送入炉膛。三次风旋流装置设计成可调节的形式，并设有执行器，可实现程控调节。调整旋流装置的调节导轴即可调节三次风的旋流强度。

燃尽风（OFA）。燃尽风采用优化的双气流结构，燃尽风风口包含两股独立的气流，中央部位为非旋转的气流，它直接穿透进入炉膛中心；外圈气流是旋转气流，用于和靠近炉膛水冷壁的上升烟气进行混合。外圈气流的旋流强度和两股气流之间的分离程度由一个简单的调节杆来控制。可通过燃烧调整，使燃尽风沿膛宽度和深度同烟气充分混合，既可保证水冷壁区域呈氧化性特性，防止结渣；同时可保证炉膛中心不缺氧，达到高燃烧效率，同时沿炉宽方向燃尽风覆盖了整个一次风。这种布置可有效地防止出现煤粉颗粒逃逸现象，有利于减少飞灰可燃物，同时又可防止燃烧器区域靠近两侧墙处结焦。

各层燃烧器总风量的调节通过风箱入口风门执行器来实现调节。

调节二次风门、燃烧器风量均衡挡板开度，以实现前后墙以及各燃烧器之间风量均衡；调节各燃烧器的内、外二次风风量分配比例及外二次风旋流强度，保证各燃烧器燃烧稳定，着火距离适中。

二、炉前燃油系统

每只煤粉燃烧器布置有一只 250kg/h 的简单机械雾化点火油枪，即共 3 层点火枪，每层 4 只，共 24 只，用于启动油枪和煤粉燃烧器的点火及维持煤粉燃烧器的稳燃；前墙中排、后墙中排每只燃烧器中心布置有蒸汽雾化启动油枪，单只出力 4700kg/h，共 8 只。用于点火初期升温升压、并网和带低负荷。点火油枪位于三次风通道中，启动油枪位于煤粉燃烧器的中心，每只油枪配有自身的高能点火器。

由于锅炉采用对冲燃烧方式，煤粉的初始燃烧需要一定的点火能源，且在单只燃烧器低负荷阶段还需要助燃，因此，磨煤机的启动、停运过程中要投运点火油枪。同样，启动油枪本身也没有点火设备，其投运时需要一定的点火能源，而在停运吹扫过程中也需要有一定的点火能源，因此，启动油枪的投运和停运前也都必须先投运点火油枪。

当点火油枪收到点火指令时，油枪伸入至点火位置，打开油控制阀，高能点火器开始点火，点火成功后，油枪又伸入自燃烧位置。当运行中的点火油枪收到停运的指令时，首先关闭油控制阀，打开油枪吹扫控制阀，对油枪进行吹扫，吹扫后油枪退出，关闭吹扫控制阀。

启动油枪（又称低负荷油枪）本身没有点火装置，启动和停运时，主要靠点火油枪来点火。当启动油枪收到点火指令时，如对应的点火油枪未投运，则先去投运点火油枪，点火油枪投运成功后，启动油枪伸进至燃烧位置，开启雾化蒸汽控制阀和油控制阀，点火成功后，可退出点火油枪运行。当低负荷油枪收到停运指令后，同样，先投运对应的点火油枪，点火油枪点火成功后，关闭油控制阀，开启吹扫控制阀，对油枪进行吹扫，吹扫完成后退至退出位置，自动停运对应的点火油枪。

为了准确监视炉膛内的燃烧情况，在每一个燃烧器上均装备了两个火焰监测器，用来监视燃烧器的火焰情况，一个用于火检，一个用于煤检。由于火焰处于高温的工况下，设置了火检冷却风系统对火焰监测器进行不间断地冷却，以保证火检系统安全、可靠运行。

锅炉燃油分成两条回路进入炉膛，一路是小油量的点火油管路，分别进入炉膛三层油枪；另一路是大油量的启动油管路，只供给第二层的启动油枪。点火前要进行炉膛吹扫，点火油枪要经过吹扫防止堵枪，启动油要通过蒸汽雾化成小油滴，才有利于点燃。雾化燃油的蒸汽要具有一定的压力和温度，如图 2-12 所示。

锅炉炉前燃油系统主要由点火油燃油跳闸阀、启动油燃油跳闸阀、点火油压力调节阀、启动油流量调节阀、点火油回油调节阀、启动油回油调节阀及各组油枪的油控制阀等组成。

燃油跳闸阀的作用主要是在事故的情况下快速可靠切断进入炉膛的燃油。

点火油压力调节阀的控制。在点火油母管上装有压力变送器，系统根据压力变送器的测定值和压力设定值得到偏差信号，产生调节阀的开度指令，对调节阀进行调节。

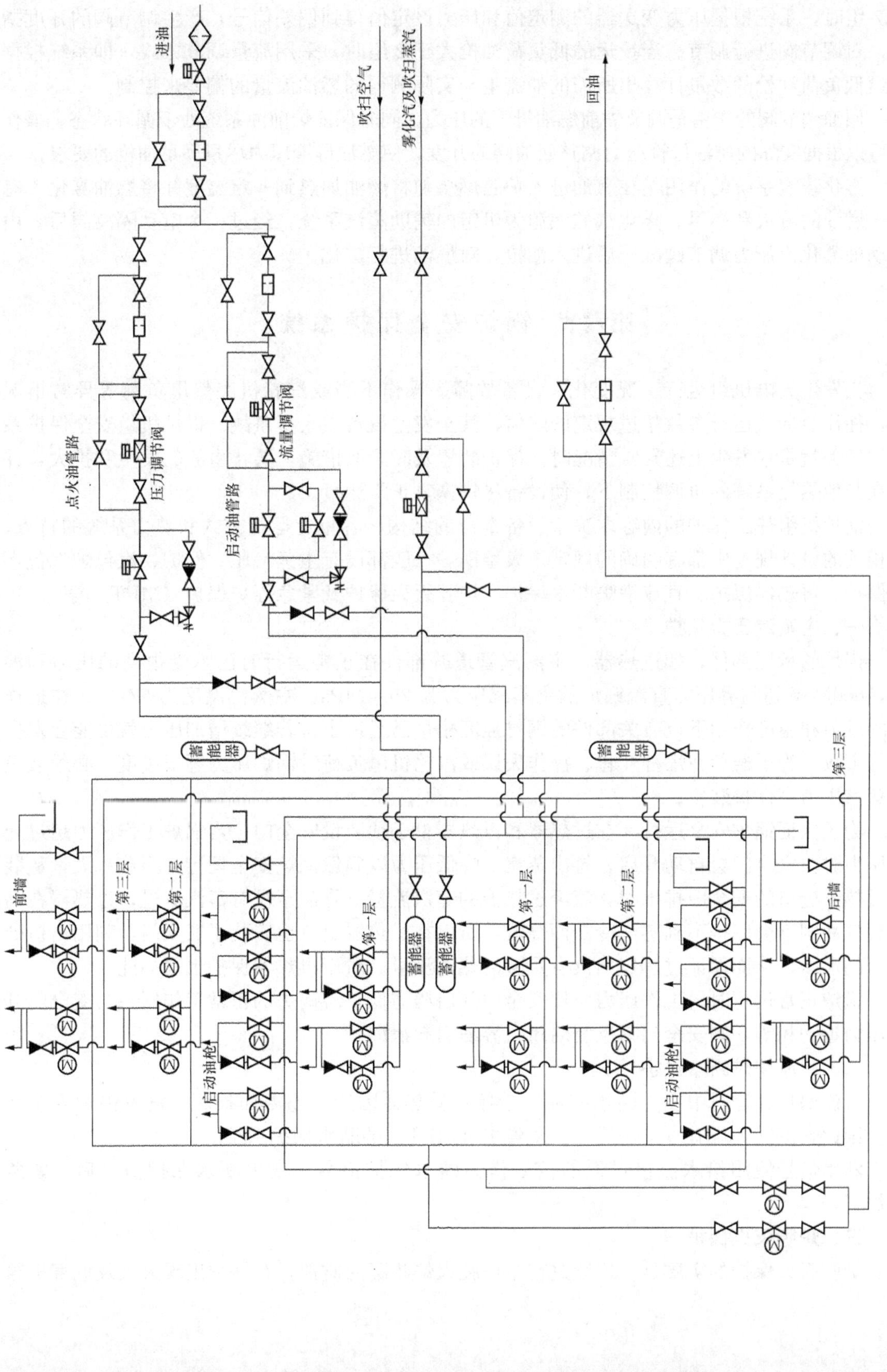
进油
吹扫空气
雾化汽及吹扫蒸汽
回油
点火油管路
压力调节阀
启动油管路
流量调节阀
蓄能器
蓄能器
前墙
第三层
第二层
第一层
启动油枪
第一层
蓄能器
蓄能器
第一层
第二层
启动油枪
后墙
第三层

图2-12 炉前燃油系统

启动油流量调节阀的控制。在启动油母管上装有压力变送器，当启动油枪投运的数量小于2组时，系统根据压力变送器的测定值和压力设定值得到偏差信号，产生调节阀的开度指令，对调节阀进行调节。当投运的低负荷油枪大于2组时，采用流量调节方式，即系统根据投运低负荷油枪的数量计算出所需的油流量与实际测得的燃油流量的偏差来控制。

回油调节阀的作用是调节炉前燃油母管的压力，同时保证炉前油系统处于循环状态。操作员可以根据实际的燃油母管压力调整回油阀的开度，使燃油母管压力尽量满足油枪的要求。

雾化蒸汽系统的作用是在燃油进入炉膛燃烧前将燃油加热到一定温度并将燃油雾化，有利于燃油的着火和燃尽。雾化汽的汽源为机组的辅助蒸汽系统，经过一个电动隔离阀后，由启动油雾化汽压力调节阀减压后进入油枪，对燃油进行雾化。

第六节　锅炉安全保护系统

当发生火电机组运行工况变化、设备故障、操作不当或汽轮机突然甩负荷等异常情况时，往往会造成运行参数超过规定的限值，甚至发生设备或人身事故。锅炉机组安全保护系统的任务就是在发生上述异常情况时，保护装置及时采取措施，防止事故的发生和扩大，并且在其他热控系统的协调控制下，使设备尽快恢复正常运行。

锅炉机组热工保护的内容取决于设备本身的结构、容量、运行方式和热力系统的特点，在相关的设计规范中都有明确的规定。大型锅炉一般都设有主蒸汽压力保护、汽包炉汽包水位保护、再热器保护、直流锅炉断水保护、炉膛灭火保护及紧急停炉保护（MFT）等。

一、主蒸汽压力保护

锅炉的承压部件，如过热器、主蒸汽管道等部件在正常运行时已承受很高的压力和温度，600MW超临界压力直流锅炉的主蒸汽压力为25.4MPa，主蒸汽温度为571℃。在这样高的压力和温度作用下，有关部件的钢材强度裕量已经极小，若继续增加压力就可能会发生爆管事故。为了避免在煤种变化、操作失误或汽轮机甩负荷时锅炉压力超限过度，必须装设主蒸汽压力高保护装置。

为了保证锅炉安全运行，在过热器和再热器上必须装设安全门。当锅炉工作压力超过允许压力时，安全门会自动开启，排出蒸汽，降低压力以确保锅炉安全运行。当蒸汽大量从装于过热器进口的安全门排出时，流经过热器的蒸汽流量下降甚至没有蒸汽流过，过热器在高温烟气冲刷下会因得不到蒸汽冷却而烧毁，所以在过热器出口也安装了安全门，利用出口处安全门泄压，从而保证过热器内具有足够的蒸汽流量。对于再热器保护也是如此。

锅炉正常运行时，工作压力应比安全门开启压力低。若锅炉的正常工作压力与安全门开启压力近乎相等，则安全门易反复启闭，容易引起泄漏。

二、直流锅炉断水保护

直流锅炉在运行中发生断水故障，会导致受热面因严重超温而损坏，危及锅炉安全运行。因此直流锅炉设有直接作用于紧急停炉（MFT）的断水保护系统。

断水信号使用给水流量过低的信号作为断水保护信号。发出断水保护信号后，紧急停炉。

三、炉膛灭火保护

炉膛灭火保护的实质是：连续进行全炉膛火焰状况的监视，在锅炉出现灭火及危害机组安全的异常情况时，及时通过保护逻辑回路的动作切断进入炉膛的全部燃料，并进行必要的炉膛吹扫，防止炉膛爆燃，确保炉膛安全。为了保证锅炉的安全运行，机组配置了 FSSS 系统，炉膛灭火保护是其中主要功能之一。有关灭火保护的功能这里主要介绍其中的四个方面：①启动前和停炉后的炉膛吹扫；②油泄漏试验；③全炉膛火焰监视；④主燃料跳闸保护(MFT)。

（一）*炉膛吹扫*

对炉膛进行吹扫，以清除所有积存在炉膛内的可燃气和可燃物，这是防止炉膛爆燃的最有效方法之一。炉膛吹扫包括锅炉点火前和停炉后连续吹扫。

在锅炉点火前进行炉膛吹扫时，应先启动回转式空气预热器，然后再顺序启动引风机和送风机，使风烟系统具备一定的通风容积流量。此举的目的一是为炉膛吹扫提供足够的风量，二是防止着火后出现回转式空气预热器因受热不均而发生变形的问题，三是可对回转式空气预热器进行吹灰清扫。

吹扫开始和吹扫过程中必须满足一定的吹扫条件，以保证锅炉炉膛和烟道内不会积聚任何可燃物。吹扫时必须切断进入炉膛的所有燃料源，并至少有 30%～40%额定空气量的通风量。计时是在油系统泄漏试验成功后开始的，以保证 10min 的炉膛吹扫是在不存在燃料泄漏的前提下进行的。在吹扫计时时期内，若吹扫条件中任何一条件不满足，则认为吹扫失败，再次吹扫时需重新计时。炉膛吹扫条件为图 2-13 中所示的几个方面。

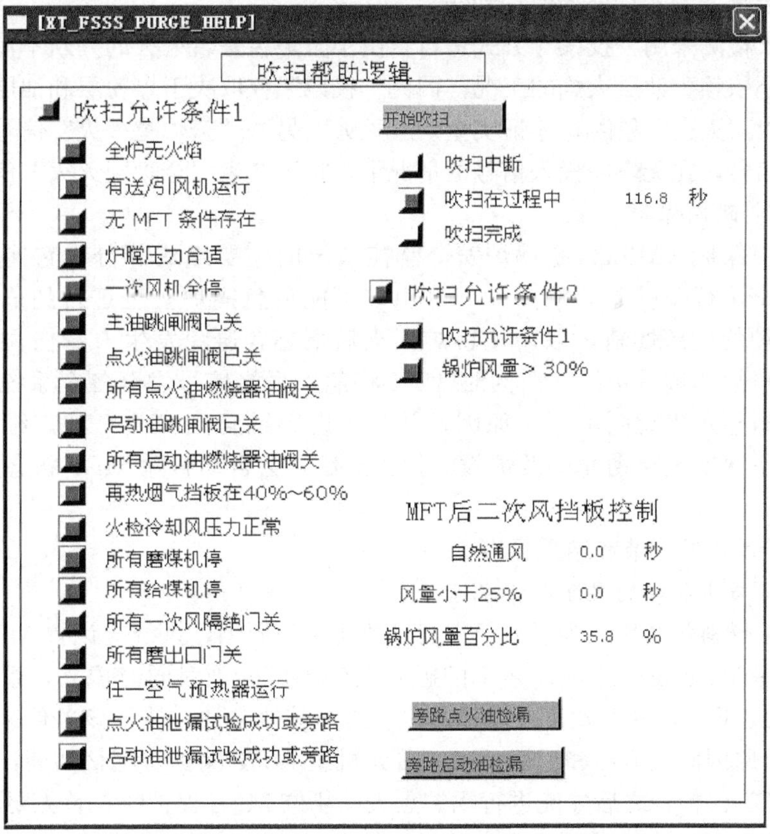

图 2-13 锅炉吹扫帮助

（二）油泄漏试验

FSSS的油泄漏试验功能主要是检查暖炉油母管、母管油跳闸阀及各油角阀是否严密，确保油枪停止时，无油漏入炉膛。油泄漏试验检查是保证炉膛点火安全、不产生爆燃的重要措施之一。

油泄漏试验的程序根据油管路的不同而略有不同，一般试验分为两个阶段。第一阶段，首先打开母管跳闸阀向油枪充油，然后关闭油跳闸阀，在一定时间内观察油压力的变化，从而确定油枪是否严密。如果油枪没有泄漏，就继续进行第二阶段的试验，否则系统发出“油泄漏试验失败”的信号。第二阶段，在母管跳闸阀关闭的情况下，打开油再循环阀把油放掉，关闭再循环阀，在一定时间内观察油压力的变化，从而确定母管跳闸阀是否严密。如果母管跳闸阀没有泄漏，系统即发出“油泄漏试验完成”的信号，否则发出“油泄漏试验失败”的信号。如果油泄漏试验合格，则允许点火；如果不合格，说明炉前油系统有泄漏，需对相关设备进行检修，排除故障后重新进行试验，直至试验合格后方能点火。

（三）全炉膛火焰监视

炉膛火焰检测通过检测火焰有无，为炉膛灭火保护提供信号，其主要作用有两方面：①向运行人员提供全炉膛火焰分布的指示信号，使其能直观地判断炉膛火焰燃烧工况及稳定程度，判断是否会出现全炉膛灭火现象，以便运行人员决定是否采取稳定燃烧或人为停炉的措施；②当炉膛火焰已经不能维持稳定燃烧（即将出现全炉膛灭火）时，将全炉膛灭火信号发给跳闸连锁装置，以实行灭火保护动作。

全炉膛灭火检测采用“投票”方式进行。由于全炉膛是否灭火的判断不仅依赖于煤粉层火焰的工况，还依赖于油层火焰的工况，因此“投票”权取决于煤粉层和油层。只有在煤粉层和油层同时投“灭火”票时，才证实全炉膛灭火。另外“全炉膛灭火”信号的获得必须要具备煤粉投入信号，在无煤粉投入信号的情况下，将不产生“全炉膛灭火”信号。

（四）主燃料跳闸保护

主燃料跳闸保护（MFT）是锅炉安全监控系统的主要组成部分，它连续地监视预先确定的各种安全运行条件是否满足，一旦出现可能危急锅炉安全运行的危险情况，就立即切断供给锅炉的全部燃料，以防止锅炉灭火后爆燃，避免发生人身伤亡和设备损坏事故，或者限制事故的进一步扩大。同时MFT将危急报警信号发至各个系统，进行必要的安全操作，同时显示出跳闸的第一原因，并将主燃料跳闸（MFT）状态维持到下次锅炉启动。只有在下次安全启动允许及炉膛清扫完成后才会自动解除MFT状态的记忆（MFT复置）。

锅炉MFT动作的调节和结果见表2-1。

（五）MFT首出原因的显示和记忆

机组发生主燃料跳闸后，为了方便查找导致跳闸的原因，系统应设置MFT首出原因的显示和记忆。在MFT发生之前，诸多的触发条件不可能绝对同时成立，系统将最先触发MFT的条件记忆下来，发出光显示信号，并且闭锁其他条件，使得该条件成为唯一的触发了MFT的首出原因而被显示和记忆下来。单元机组MFT保护有记忆功能，在下次启动前必须先复位MFT保护，之后才能进行锅炉点火。复位MFT保护时，首先要消除引起MFT保护动作的故障，然后在锅炉再次点火前对炉膛进行吹扫，吹扫完毕后，由“吹扫结束”信号自动复位MFT保护。

表 2-1　　锅炉 MFT 保护

	项　　目	判　　据
MFT动作条件	1. 手动 MFT	
	2. 主蒸汽压力高	≥28.3MPa，三取二逻辑，延时 20s
	3. 炉膛压力高Ⅱ值	≥+3000Pa，三取二逻辑
	4. 炉膛压力低Ⅱ值	≤−2000Pa，三取二逻辑
	5. 炉膛风量低Ⅱ值	负荷>30%且总风量≤25%，三取二逻辑
	6. 主给水流量低Ⅰ值	给水流量≤281t/h，延时 20s，三取二逻辑
	7. 主给水流量低Ⅱ值	给水流量≤241t/h，延时 3s，三取二逻辑
	8. 两台空气预热器全停	无运行信号
	9. 两台引风机跳闸	
	10. 两台送风机跳闸	
	11. 无油燃烧时两台一次风机跳闸	无油层运行证实，且任一给煤机运行 35s 后一次风机全停
	12. 丧失火检冷却风	风压低至 5kPa 延时 1min，三取二逻辑
	13. 全部给水泵跳闸	
	14. 锅炉负荷>30%ECR 时，汽轮机跳闸	
	15. 全炉膛灭火	任意给煤机曾运行 35s，现无任一煤层有火（煤层 3/4 无火检且无任一油层 3/4 油角投运）
	16. 失去所有燃料	任意层油燃烧器曾投运，现所有油角阀全关或油跳闸阀全关或 OFT/SUOFT 动作且所有给煤机停运达 10min 或一次风机全停
	17. 再热器失去保护	纯油燃烧且锅炉负荷≥30%时，出现再热器断流；或有任一煤层运行时，出现再热器断流
	18. 再吹扫请求	吹扫完成 60min 内无任一油角阀开
	19. FSSS 电源丧失	
MFT动作结果	1. 汽轮机跳闸	
	2. 所有汽动给水泵跳闸或机组负荷大于 90MW 时电泵跳闸	
	3. 锅炉、汽轮机主控切手动	
	4. 关闭所有油枪角阀、油跳闸阀、回油电动门	
	5. 退所有油枪和点火枪，点火器停止打火	
	6. 跳所有一次风机、密封风机、磨煤机和给煤机	
	7. 关闭所有粉管关断门及粉管吹扫电动门，开启所有燃烧器三次风门	
	8. 脱硫系统相关设备停运	
	9. 关闭过热器和再热器减温水	
	10. 电除尘器全停	
	11. 吹灰器全停	
	12. 如系炉膛压力异常造成的 MFT，跳引、送风机	

第七节 炉膛安全监控系统

炉膛安全监控系统（Furnace Safeguard Supervisory System，FSSS），也被称作燃烧器管理系统（Burner Management System，BMS），它是现代大型机组自动控制系统的重要组成部分，对炉膛的正常燃烧、锅炉的安全运行起着决定性的作用。FSSS系统能在锅炉正常工作和启停等各种运行方式下，连续地密切监视燃烧系统的大量参数和状态，不断地进行逻辑判断和运算，必要时发出动作指令，通过各种顺序控制和连锁装置，使燃烧系统中的有关设备（如磨煤机、给煤机、油枪、火检冷却风机等）严格按照一定的逻辑顺序进行操作或处理未遂事故，以保证锅炉的安全。同时炉膛安全监控系统还具有燃烧管理功能，它通过对锅炉的各层燃烧器进行投切控制，满足机组启停和增减负荷的需要，对锅炉的运行参数和状态进行连续监视，并自动地完成各种操作和保护动作，如紧急切断燃料供应和紧急停炉，以防止事故扩大。

FSSS不仅能自动地完成各种操作和保护动作，还能避免运行人员在手动操作时的误动作，并能执行手动来不及的快动作。FSSS和CCS是保障锅炉运行的两大支柱，FSSS和CCS相互有一定关系和制约，CCS主要起调节作用，而FSSS主要起安全保护作用。

一、炉膛安全监控系统的功能

炉膛安全监控系统在锅炉启停阶段，按运行要求启停油燃烧器和煤燃烧器。在机组事故情况下，FSSS与CCS配合完成主燃料跳闸（MFT）、机组快速甩负荷（Fast Cut Back，FCB）及主要辅机局部故障自动减负荷（Run Back，RB）等功能。即当机组发生严重故障而需主燃料跳闸时，由炉膛安全监控系统发出MFT指令，并指出跳闸原因，由CCS完成相应的调节任务，实行紧急停炉。当电网、发电机或汽轮机故障而需FCB时，炉膛安全监控系统迅速将一层油投入，并将与该油层不相邻的煤层磨煤机全部切除，使锅炉带最低稳定负荷运行，实现停机不停炉。当锅炉辅机故障而发生RB时，炉膛安全监控系统将与MCS配合按要求迅速切除部分磨煤机，使机组负荷降低到预先规定的负荷目标值。

炉膛安全监控系统不实现调节功能，不直接参与燃料量和送风量的调节，仅完成锅炉及其辅机的启停监视和逻辑控制功能，但是它能行使超越运行人员和过程控制系统的作用，可靠地保证锅炉安全运行。锅炉的调节功能（如燃料量控制、风量控制）等是由CCS完成的，炉膛安全监控系统与CCS之间有着一定联系与制约，其中炉膛安全监控系统的安全连锁功能的等级是最高的。例如在锅炉启动后，只要出现风量低于启动允许的最低值情况，炉膛安全监控系统就会自动发出主燃料跳闸信号将锅炉停掉。同样，如果运行人员违反安全规程操作，设备也将自动停掉；又如点火油枪过早撤出，也会引起有关主燃料自动切除。

二、炉膛安全监控系统的组成

FSSS主要由人机操作界面、逻辑控制柜和现场设备三大部分组成。

1. 人机操作界面

人机操作界面是人机联系的接口，包括集控室操作界面和就地操作盘。集控室操作界面位于集控室内，运行人员在集控室内通过它即可完成对设备的远方控制和状态监视。若FSSS包含在DCS中，则FSSS一般不设专用的操作控制盘，FSSS的相关操作通过DCS操作员站进行，反馈信号为一些特殊设备的运行状态以及运行操作情况，通过CRT显示器显示。如果采用专门的FSSS，则应设专门FSSS操作站和操作控制盘。控制盘上设有操作机构（按钮、开关），可对燃烧设备的安全运行提供必要的操作，如吹扫开始、开启燃油跳闸阀、点火器启动等。燃烧设备的运行状态由反馈信号返回到操作盘，由指示灯指示阀门、挡板的开或关，电机的启或停。

就地控制通常限制在最低程度，主要用于维修、测试和检验现场设备。如设有给煤机就地盘、磨煤机控制盘、油枪及点火器就地盘等。在正常运行时，所有现场控制开关均放置在“遥控”位置，从而使得这些设备处在逻辑系统的控制之下。

2. 现场设备

现场设备包括驱动装置和敏感元件。驱动装置用于控制和隔离进入炉膛的燃料和空气，相当于FSSS的“手脚”。燃烧系统的驱动装置包括：①电动、气动和液动的阀门、挡板驱动器，如燃油跳闸阀、热风门等；②电动机启动器，如给煤机、磨煤机、密封风机；③点火器、油枪推进装置等。运行人员通过逻辑系统监控这些装置。FSSS是逻辑控制系统，因此逻辑系统给这些驱动装置的指令属于开关量，不是“开”就是“关”，不是“投入”就是“退出”。某些燃烧控制，如燃料风和辅助风调节挡板的开度大小则由CCS控制。

FSSS的指令和安全连锁要靠这些驱动装置执行和实现，因此必须对所有现场设备进行定期监视、检验和测试，并保持这些设备的清洁。设备停运后，要定期活动所有的阀门和挡板。

敏感元件是用来监测炉内燃烧和燃料、空气系统状态的装置，如炉内有无火焰和空气，燃料的压力、温度以及阀门、挡板的开关情况等，它相当于FSSS的“耳目”。敏感元件包括压力开关、温度开关、流量（差压）开关、限位开关以及火焰检测器等。压力开关用于反映燃料、空气、炉膛压力；温度开关用于反映燃料、空气的温度；流量开关用于指示燃料、空气系统的流量，或指示通过对流管束、空气预热器、风机的介质压降；限位开关用于限制阀门和挡板的行程，以保证其运行在规定的安全限度内，防止阀门、挡板开关过紧而卡死，同时利用限位开关触点提供阀门开关位置或推进机构伸进、缩回位置信号；火焰检测器主要用于监视炉膛和暖炉油枪的火焰。

敏感元件通常与一些反馈装置，如运行操作盘的指示灯、报警屏上的光字牌指示相连接。

3. 逻辑控制柜

逻辑控制柜是FSSS的“大脑”。它对操作控制盘发来的各种操作指令和现场设备送来的状态信号进行检测处理，运行人员发出的指令只有通过逻辑系统验证，满足一定的安全许可条件后才能送到驱动装置上，当出现危及设备和机组安全运行的情况，逻辑系统会停掉有关的设备。逻辑控制柜可以是DCS的一个或几个工作站，也可以用PLC实现。

第三章　汽轮机系统

本章主要介绍采用一次中间再热的600MW汽轮机组的蒸汽系统、水系统、油系统、真空系统及汽轮机的危急遮断系统。蒸汽系统主要介绍了主蒸汽系统、再热蒸汽系统、回热抽汽系统、旁路系统、轴封蒸汽系统、辅助蒸汽系统等；水系统主要介绍了凝结水系统、主给水及除氧系统、循环冷却水及工业水系统等；油系统主要介绍了汽轮机润滑油系统及高压抗燃油系统。另外，汽轮机的危急遮断系统及发电机的冷却系统，也在最后作了介绍。

第一节　主、再热蒸汽及旁路系统

一般我们把进入汽轮机高压缸的蒸汽称为主蒸汽，把高压缸排汽送到锅炉的再热器重新加热后进入中压缸的蒸汽称为再热蒸汽。主蒸汽系统是指从锅炉过热器联箱出口至汽轮机高压主汽门进口的主蒸汽管道、阀门、疏水管等设备、部件组成的工作系统。再热蒸汽系统是指汽轮机高压缸排汽经锅炉再热器至汽轮机中压缸之间的蒸汽管道和与此管道相连的用汽管路及疏水系统。

一、主蒸汽系统

（一）系统概述

如图3-1所示，600MW汽轮机组的高压缸设有两个自动主汽门及四个调速汽门，主蒸汽由锅炉过热器出口联箱经两根支管接出，汇流成一根母管送往汽轮机，在汽轮机主汽门前用斜插三通分为两根管道，分别接至汽轮机高压缸的左右两侧主汽门。主汽门直接与汽轮机调速汽门蒸汽室相连接。主汽门的主要作用是在汽轮机正常停机或事故停机时迅速切断进入汽轮机的主蒸汽，防止水、其他杂物或无用的蒸汽通过主汽门。一个主汽门连接两个调速汽门，用于调节进入汽轮机的蒸汽流量，以适应机组负荷变化的需要。锅炉过热器出口管道上设置水压试验用堵阀，在锅炉水压试验时隔离锅炉和汽轮机。

600MW机组从锅炉出口到汽轮机房的主蒸汽管道只用了一根，在进入汽轮机自动主汽门前才一分为二，这种布置方式有利于减小进入汽轮机两侧的蒸汽温度偏差，减少汽缸的温差应力、轴封摩擦；并且有利于减少主蒸汽的压降，以及由于管道布置阻力不同产生的压力偏差；同时还可以节省管道投资费用。

另外，为了减小蒸汽的流动阻力损失，在主汽门前的蒸汽管道上不装设电动隔离门，因为汽轮机进口处的自动主汽门具有可靠的严密性，也不装设流量测量装置，主蒸汽流量根据主蒸汽压力与汽轮机调节级后的蒸汽压力之差确定。

（二）保护系统

在锅炉过热器的出口主蒸汽管上设有一只弹簧安全阀和两只电磁泄压阀。弹簧安全阀可以为过热器提供超压保护。两只电磁泄压阀，作为过热器起压保护的附加措施，可以避免弹簧安全阀过于频繁动作或拒动，所以电磁泄压阀的设定值低于弹簧安全阀的动作压力。当主蒸汽压力达到电磁泄压阀的设定值时，电磁泄压阀会自动开启泄压。电磁泄压阀也可在集控室内进行远动操作。电磁泄压阀前装设一只隔离阀，供泄压阀隔离检修用。所有安全阀都装有消音器。

（三）主蒸汽管道疏水

蒸汽遇冷凝结的水称为疏水，疏水主要来源于冷态蒸汽管道的暖管，蒸汽长期停滞在某管段或附件而冷却凝结，蒸汽经过较冷的管段或部件，蒸汽带水或减温减压器喷水过量等。若蒸汽管道中的疏水不能及时排出，运行时会引起水冲击，使管道或设备发生振动，甚至使管道破裂或设备损坏，若疏水进入汽轮机，还会引起汽轮机进水事故，损坏整个机组。所以，必须及时将蒸汽管道的疏水排出。用于收集和疏泄全厂疏水的管道系统及其设备，称为汽轮机的疏水系统。

主蒸汽管道上设有疏水系统。其作用之一是在机组启动期间使蒸汽迅速流经主蒸汽管道，加快暖管升温，提高启动速度。第二个作用是机组启动前或停机后，及时排除管道内的凝结水。

主蒸汽管道上设有三个疏水点。一点位于主蒸汽管道末端靠近分支处，另外两点分别位于主汽门前。每根疏水支管上沿疏水流经方向设置一个截止阀和一个气动薄膜调节阀。疏水最终排至本体疏水扩容器。当汽轮机的负荷低于额定负荷的15%运行时，疏水阀自动开启，以确保汽轮机本体及相应管道的可靠疏水。

二、再热蒸汽系统

该600MW超临界压力机组的再热蒸汽系统冷热段均采用双管—单管—双管布置方式，即汽轮机高压缸排汽先经高压缸两侧两根排汽管引出，后汇集到一根单管，到再热器减温器前再经双管，把排汽送至锅炉再热器入口联箱，从锅炉再热器出口联箱出来的高温再热蒸汽先经两根支管接出，后汇流成一根单管通向汽轮机中压缸，在汽轮机中压联合汽门前用一个斜插三通分为两根管道，高温再热蒸汽通过这两根管道送至汽轮机中压联合汽门，这种双管—单管—双管的布置方式能够有效地降低压损，保障蒸汽的做功能力。此外，还能消除进入汽轮机中压缸的高温再热蒸汽的温度偏差。

中压联合汽门是由一个中压主汽门和两个中压调节汽门组成的组合式阀门。中压主汽门的作用是当汽轮机跳闸时快速切断从锅炉再热器到汽轮机中压缸的高温再热蒸汽，以防止汽轮机超速。

再热蒸汽系统包括冷再热蒸汽系统和热再热蒸汽系统。冷再热蒸汽系统是指汽轮机高压缸排汽口至锅炉低温再热器入口联箱间的管道和阀门，同时还包括管道上的疏水、排汽系统。热再热蒸汽系统是指从锅炉再热器出口输送高温再热蒸汽到汽轮机中压缸联合汽门进口的管道和阀门，同时还包括管道上的疏水、排气系统。

1. 冷再热蒸汽系统

在高压缸排汽口与高压旁路出口间的主管道上装有气动止回阀。在止回阀后的冷再热蒸汽管道上接出若干支管，它们分别通往辅助蒸汽系统、汽轮机轴封系统、2号高压加热器、驱动给水泵的小汽轮机。以便在机组低负荷时，向辅助蒸汽系统和小汽轮机供给冷再热蒸汽，作为备用汽源。气动止回阀则用于防止高压旁路运行期间其排汽倒入汽轮机高压缸和汽轮机事故停机主汽门关闭后，再热蒸汽、二段抽汽倒流回汽轮机。止回阀采用气动控制能够保证该阀门动作可靠迅速。

为了保护再热器的安全，防止再热器超压超温，在再热器进口联箱前的两根冷再热蒸汽管道上，分别装有弹簧安全阀和喷水减温器，喷水减温器减温水来自给水泵中间抽头。但采用再热器喷水减温会降低整个热力循环的热效率，所以不宜作正常减温手段。

此外，汽轮机在暖管、冲转及停机过程中，冷再热蒸汽管道里会产生蒸汽凝结水，若不及时排出有可能引起汽轮机进水。为了防止进水事故的发生，在高压缸排汽管道的最低位置处也设有疏水管道及相应的疏水截止阀。如图 3-1 所示，在高压缸排汽口止回阀前后分别设置了疏水点，当机组负荷小于 15%或汽轮机跳闸时，疏水阀自动开启，排放疏水；当负荷大于 15%时疏水阀自动关闭。疏水最终排至本体疏水扩容器。

2. 热再热蒸汽系统

在锅炉再热器出口的双管上各设有一只弹簧安全阀及消音器，为再热器提供超压保护。再热器出口安全阀的整定值低于再热器进口安全阀，以便超压时再热器出口安全阀的开启先于再热器进口安全阀，保证安全阀动作时有足够的蒸汽通过再热器，防止再热器管束超温。

在机、炉侧再热蒸汽管道上均设有疏水系统。如图 3-1 所示，疏水点分别位于再热器出口联箱后和中压联合汽门前。当机组负荷小于 15%额定负荷或汽轮机跳闸时，疏水阀自动开启，排放疏水。而当负荷大于 15%时疏水阀自动关闭。疏水最终排至疏水扩容器。调节阀前的截止阀用于隔离疏水调节阀，在机组启动前必须打开；在机组正常运行时，也必须保证全开。

三、旁路系统

机组在某些事故情况下或启、停机的某一阶段，全部或部分蒸汽不进入汽轮机做功，而是通过与汽轮机并列的减温减压器，将降了参数后的蒸汽送入低一级参数的管道或凝汽器的系统，称为汽轮机旁路系统。

本机组采用高、低压两级串联的旁路系统，如图 3-1 中的旁路系统所示，新蒸汽不进入汽轮机高压缸，而是经降压减温后直接进入再热器冷段的系统，称为高压旁路。再热器出来的蒸汽不进入汽轮机的中低压缸，而是经降压减温后直接排入凝汽器的，称为低压旁路。

（一）旁路系统的作用

旁路系统是为了适应再热式机组启停、事故情况下的一种调节和保护系统。根据不同机组的设计要求和运行特点，旁路系统的作用各不相同，但其主要作用可归纳如下。

（1）保证锅炉最小蒸发量。旁路系统的基本功能就是协调单元式机组机炉之间的不平衡流量，汽轮机空载汽耗率仅为额定值的 5%～7%，但锅炉满足水动力循环可靠性及燃烧稳定性要求的最低负荷一般为额定负荷的 30%左右，设置旁路系统可以使锅炉和汽轮机独立运行。

（2）保护再热器。正常工况时，汽轮机高压缸的排汽通过再热器将蒸汽再热至额定温度，并使再热器得以冷却保护。在机组启停、停机不停炉、电网事故甩负荷等工况时，汽轮机高压缸没有排汽冷却再热器，则由高压旁路将降压减温后的蒸汽引入再热器使其得以保护。

（3）加快机组的启动时间，改善启动条件，延长使用寿命。通过旁路系统可在汽轮机冲转前维持主蒸汽和再热蒸汽参数达到一个预定的水平，以适应各种启动方式的需要，而在汽轮机启动过程中，旁路系统又可以迅速地调整新汽温度，以适应汽缸温度的要求，从而加快

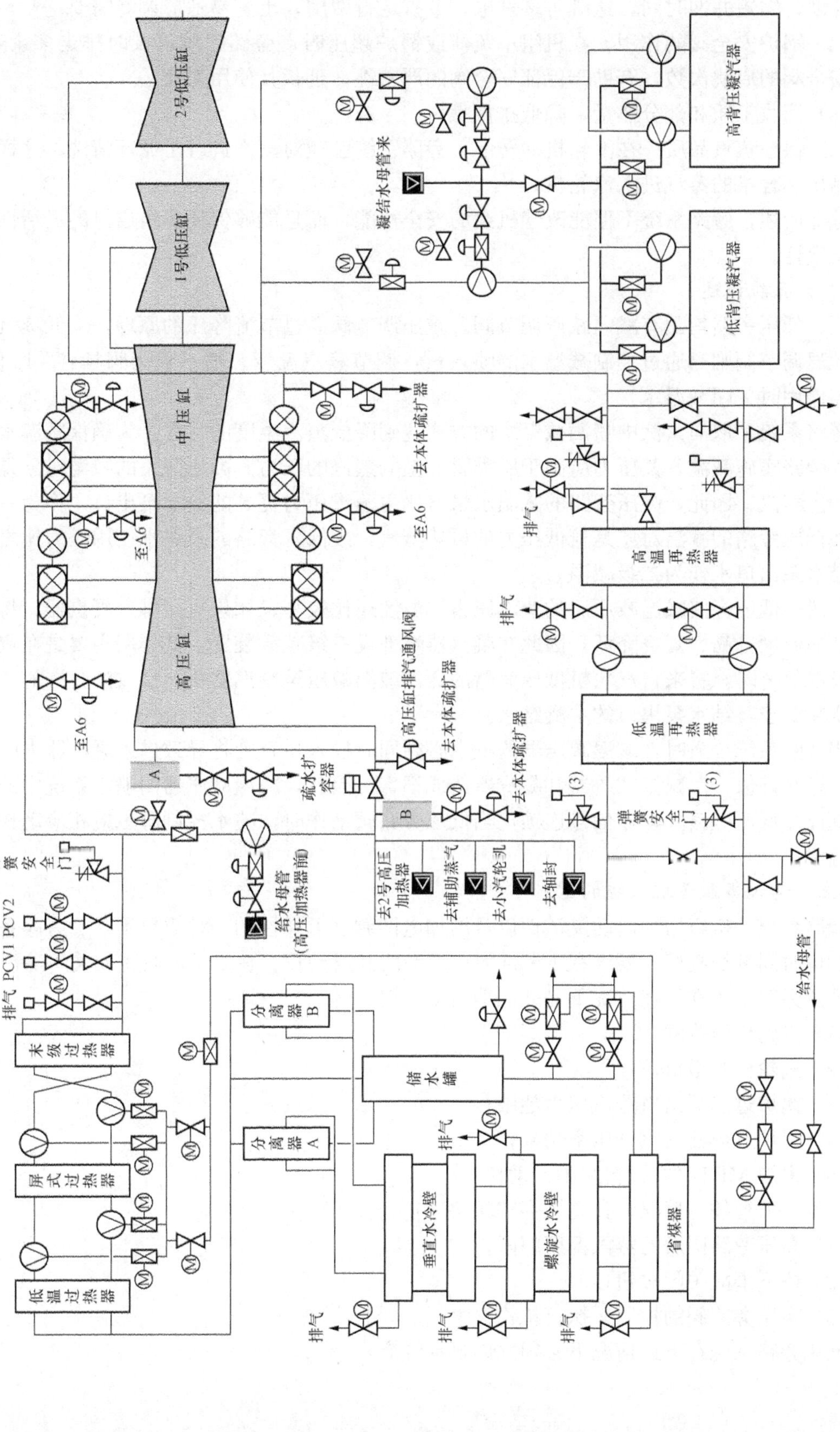
2号低压缸
1号低压缸
中压缸
高压缸
高背压凝汽器
低背压凝汽器
凝结水母管来
去本体疏扩器
至A6
A
B
疏水扩容器
高压缸排汽通风阀
去本体疏扩器
去2号高压加热器
去辅助蒸气
去小汽轮机
去轴封
给水母管(高压加热器前)
弹簧安全门
排气
PCV1
PCV2
末级过热器
屏式过热器
低温过热器
低温再热器
高温再热器
分离器A
分离器B
储水罐
垂直水冷壁
螺旋水冷壁
省煤器
给水母管
(3)

图3-1　主、再热蒸汽系统

启动速度，缩短并网时间，这既可多发电，节省运行费用，也容易适应调峰需要。

（4）锅炉安全阀的作用。在机组甩负荷或锅炉超压时，旁路系统可及时排走多余蒸汽，减少安全阀的启跳次数，有助于保证安全阀的严密性，延长其使用寿命。

（5）回收工质和部分热量，降低排汽噪声。

（6）保证蒸汽品质。在汽轮机冲转前，旁路系统已经对蒸汽进行了循环清洗，这样就避免了品质不合格的蒸汽进入汽轮机。

综上所述，旁路系统不但能改善机组的安全性能，而且能够保证机组启停的灵活性和运行的稳定性。

（二）系统概述

高、低压旁路均配有减温减压调节阀。减压调节阀通过节流降压的原理，降低蒸汽的压力。减温调节阀则是通过控制减温水的喷入量，调节蒸汽温度。喷水隔离阀具有关断作用，在旁路停用时关闭减温水。

旁路系统采取向蒸汽中喷洒减温水的方式达到降低蒸汽温度的目的。为确保减温水能顺利进入旁路实施减温，其压力应高于所需要减温的蒸汽的压力。高压旁路的减温对象是高温高压的主蒸汽，因此，高压旁路的减温水来自比主蒸汽压力更高的给水泵出口，作为一级减温。而低压旁路的减温对象是较低压力的再热蒸汽，故低压旁路的减温水使用压力比之稍高的凝结水泵出口水作为二级减温。

一般经低压旁路减温减压后的蒸汽压力、温度还比较高，如果直接排入凝汽器，将造成凝汽器的温度升高、真空降低，因此在凝汽器喉部设三级减温装置，其作用主要是在汽轮机启动及甩负荷时，将来自汽轮机低压旁路的蒸汽减温减压至凝汽器所能接收的允许值。三级减温水来源于凝结水泵出口的主凝结水。

当旁路系统投入时，减温减压器的喷水必须同时投入，否则将导致进入凝汽器内的蒸汽温度超过允许值，对减温减压器和凝汽器造成损害。因此，减温减压器的喷水系统中的喷水控制阀应与低压旁路阀动作信号连锁，当低压旁路阀动作时，喷水控制阀也应相应动作，喷入减温水。

（三）两级串联旁路系统的运行

旁路系统是机组增加启动灵活性以及增加电网调度可靠性的一种重要手段。旁路系统的动作响应时间越快越好，要求在 1～2s 内完成旁路开通动作，在 2～3s 内完成关闭动作。

高压旁路系统在下述情况下必须立即自动开启：

（1）汽轮机组跳闸；

（2）汽轮机组甩负荷；

（3）锅炉过热器出口蒸汽压力超限；

（4）锅炉过热器蒸汽升压率超限；

（5）锅炉 MFT（主燃料跳闸）动作。

当发生下列任一情况时，高压旁路阀快速自动关闭：

（1）高压旁路阀后的蒸汽温度超限；

（2）按下事故关闭按钮；

（3）高压旁路阀的控制、执行机构失电。

低压旁路系统在下述情况下必须立即自动开启：

(1) 汽轮机组跳闸；

(2) 汽轮机组甩负荷；

(3) 再热热段蒸汽压力超限。

当发生下列任一情况时，低压旁路系统应立即关闭：

(1) 旁路阀后的蒸汽压力超限；

(2) 低压旁路系统减温水压力太低；

(3) 凝汽器压力太高；

(4) 减温器出口的蒸汽温度太高；

(5) 按下事故关闭按钮。

旁路系统具有连锁保护手段。当旁路喷水调节阀打不开时，旁路阀应关闭。高压旁路喷水调节阀不能超前旁路阀开启，而应稍滞后开启。高压旁路阀关闭时，其喷水调节阀则应同时或超前关闭，并应自动闭锁温度自控系统。当低压旁路阀打开时，其喷水阀应稍超前开启。当低压旁路阀关闭时，高压旁路需随动，但可手动或遥控关闭。

投入旁路时，先投低压旁路，再投入高压旁路。停运时则相反，先关高压旁路，待再热器出口压力降至负压后再关闭低压旁路。

值得注意的是，旁路的设置只是用于机组启动过程和汽轮机失去负荷时的应急设施。机组正常运行时，旁路系统一直处于备用状态。由于旁路的设置，投资增加，机组的系统安装和维护都增加了许多工作量，机组的事故率也增加了。因此，目前有些电厂已不再设置旁路系统了。

第二节　回 热 抽 汽 系 统

回热抽汽系统是指汽轮机各段抽汽的管道及设备，其作用是采用汽轮机未做完功的各段抽汽加热进入锅炉的给水（凝结水），提高机组的热经济性。

一、系统概述

本 600MW 超临界压力机组的回热抽汽系统见图 3-2。该机组具有八段非调整抽汽。一段抽汽从高压缸的第十级抽出，送至 1 号高压加热器；二段抽汽从再热蒸汽冷段（高压缸第十二级）引出，为 2 号高压加热器供汽；三段抽汽从中压缸第五级引出，供给 3 号高压加热器；四段抽汽从中压缸第八级引出，分别供给除氧器、给水泵汽轮机和辅助蒸汽系统；五段抽汽从低压Ⅰ缸第二级引出，送至 5 号低压加热器；六段抽汽从低压Ⅱ缸第四级引出，送至 6 号低压加热器；七段抽汽分别从两低压缸第五级引出，送至 7 号低压加热器；八段抽汽分别从两低压缸第六级引出，送至 8 号低压加热器。

回热抽汽系统设置了具有保护功能的电动隔离阀和止回阀，用于防止系统中的汽、水介质倒流进入汽轮机，造成汽轮机超速或水冲击。

汽轮机各段抽汽管道将汽轮机与除氧器或各级加热器等用汽设备相连。当汽轮机甩负荷或跳机时，机内蒸汽压力急剧降低，致使除氧器和各级加热器内的饱和水闪蒸成蒸汽，与各抽汽管道内滞留的蒸汽一同返回汽轮机。这些返回的蒸汽在汽轮机内会继续做功，在发电机已跳闸的情况下，可能会造成汽轮机超速。另外，加热器内泄漏，加热器疏水不畅，在加热器水位保护失灵的情况下，也可能使水倒入汽轮机，发生水冲击事故。

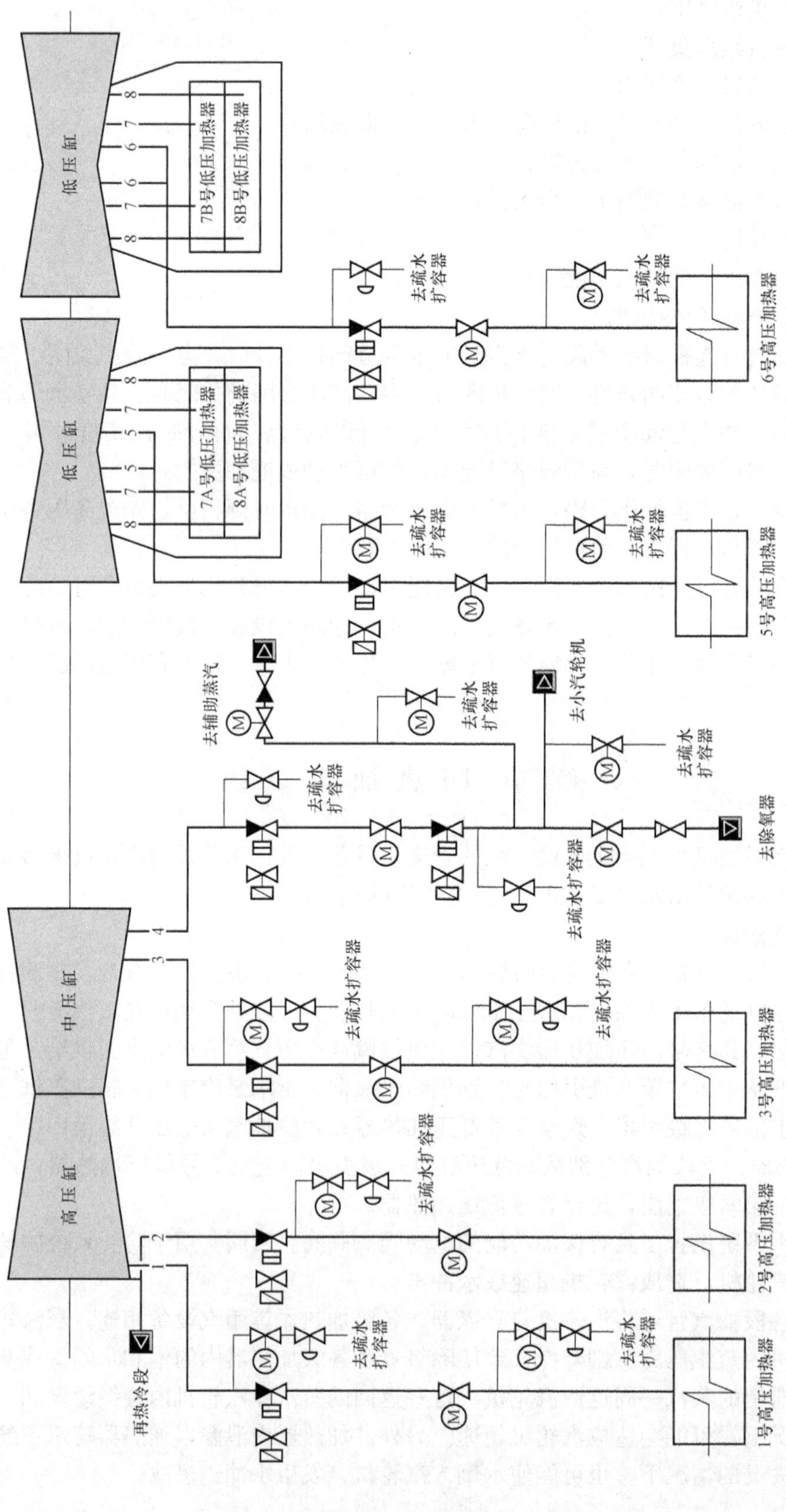
低压缸
7B号低压加热器
8B号低压加热器
低压缸
7A号低压加热器
8A号低压加热器
中压缸
高压缸
再热冷段
去辅助蒸汽
去小汽轮机
去除氧器
去疏水扩容器
1号高压加热器
2号高压加热器
3号高压加热器
5号高压加热器
6号高压加热器

图3-2 回热抽汽系统

为避免这些事故的发生，抽汽管道上安装电动隔离阀和气动止回阀。其中气动止回阀安装在汽轮机抽汽口附近，电动隔离阀的位置则靠近加热器。电动隔离阀作为防止汽轮机进水的一级保护，气动止回阀作为防汽轮机超速保护并兼作防止汽轮机进水的二级保护。电动隔离阀的另一个作用是在加热器切除时，切断加热器的汽源。

四段抽汽管道连接着除氧器，还接有众多设备（包括备用高压汽源），当机组突降负荷、甩负荷或停机时，发生闪蒸倒流造成汽轮机超速的可能性更大，因此在四段抽汽总管靠近汽轮机抽汽口位置串联安装了两个气动止回阀，起到了双重保护的作用。

四段抽汽去除氧器的蒸汽支管上，在靠近除氧器侧再安装一个电动隔离阀和一个止回阀，防止除氧器里的蒸汽倒流进入汽轮机。

四段抽汽去辅助蒸汽系统的支管上，沿汽流方向安装电动隔离阀和止回阀，以防止辅助蒸汽系统的高压蒸汽进入抽汽系统。

四段抽汽去小汽轮机的管路在小汽轮机前被分成两根支管，每一支管上安装一个电动隔离阀、一个止回阀和一个流量测量喷嘴（见图 6 - 10 小汽轮机汽源及疏水系统），止回阀的作用是防止汽源切换时，高压蒸汽串入抽汽系统。

7、8 号低压加热器各分为两半，布置在凝汽器 A、B 的喉部，四根七段抽汽和四根八段抽汽管道布置在凝汽器内部。因此，在七、八段抽汽管道上，不设止回阀和隔离阀。这两段抽汽压力较低，汽水倒流的危害性较小，且这时蒸汽已接近膨胀终了，容积流量很大，抽汽管道较粗，阀门的尺寸大，不易制造。在加热器的进汽口装有挡板，可以减少返回汽轮机的汽流带水。

各段抽汽管道具有完善的疏水措施，防止在机组启动、停机及加热器故障时有水积聚。回热抽汽系统中的每个电动隔离阀和气动止回阀前后均设有疏水阀，疏水排至疏水扩容器。各疏水支管上沿疏水流向设置截止阀和气动薄膜调节阀。

二、加热器的运行

1. 疏水流动方式

在正常情况下，高压加热器的疏水逐级自流，即由 1 号高压加热器流入 2 号高压加热器再到 3 号高压加热器，最后流入除氧器；低压加热器的疏水也是逐级自流的，即从 5 号低压加热器到 6 号低压加热器，再到 7 号低压加热器，8 号低压加热器，最后流入凝汽器。

在事故情况下，每一只加热器都有危急疏水口，此时疏水分别直接流入凝汽器。

2. 加热器排气管道的设置

在加热器的汽侧和水侧，都设有排气管道。在正常情况下，高压加热器的排气分别独立排入除氧器，低压加热器的排气则分别独立排入凝汽器。在启动期间，高压加热器的排气另有一路可分别独立排入凝汽器。加热器内的汽侧还设置有充氮管接头，以便在机组停机时间较长时，为加热器进行充氮保养。

3. 加热器保护

在机组运行过程中，由于疏水调节阀失灵、加热器间压差太小、超负荷、管子损坏等原因，都会导致加热器水位不正常。然而，加热器水位过高或过低，都会影响机组的安全运行。

加热器水位太低，会使疏水冷却段的吸水口露出水面，使蒸汽进入该段，这将破坏该段的虹吸作用，造成疏水端差变化和蒸汽热量损失，还会冲击冷却段的 U 形管，造成振动，甚至发生汽蚀现象破坏管束。

加热器的水位过高，将使部分管子浸在水中，从而减小了换热面积，降低加热器的效率，甚至引起水倒灌入汽轮机和蒸汽管道发生水击等事故。为此，每台加热器除了设有逐级自流的疏水阀外，还设有事故疏水阀，以便个别加热器疏水水位过高时，进行事故放水。另外，5、6 号低压加热器都采用小旁路，7 号和 8 号低压加热器采用大旁路，高压加热器则采用给水大旁路，以便加热器事故解列时，仍能满足锅炉的供水需求。

第三节 凝结水系统

凝汽器至除氧器之间输送凝结水的管路和与此相关的设备与支路称为主凝结水系统。主凝结水系统的主要作用是将凝结水从凝汽器热水井送至除氧器，同时通过精处理装置进行除盐净化和各换热器加热。此外，主凝结水系统还对凝汽器热水井水位和除氧器水箱水位进行必要的调节，以保证整个系统安全可靠运行。

一、系统概述

凝结水系统包括凝汽器、凝结水泵、凝结水精处理装置、轴封加热器、低压加热器、凝结水补水箱和凝结水补水泵。为保证系统在启动、停机、低负荷和设备故障时运行的安全可靠性，系统设置了为数众多的阀门和阀门组。600MW 超临界压力机组的主凝结水系统见图 3-3。

凝结水泵将凝汽器热井中的凝结水打入凝结水精处理装置，经精处理除盐后品质合格的凝结水依次流经轴封加热器，8、7、6、5 号低压加热器，最后进入除氧器。

5 号低压加热器水侧出口管道上引出一路排水管接至循环水排水管道，排水管道上设有一个电动闸阀和一个止回阀，见图 3-4。该管道只在机组启动期间使用，以排放水质不合格的凝结水，并对主凝结水系统进行冲洗。当凝结水的水质符合要求时，关闭排水阀，开启 5 号低压加热器出口阀门，凝结水进入除氧器。止回阀的作用是防止机组启动期间某些原因引起的凝结水压力过低，循环水倒流进凝结水系统。

在凝结水精处理装置出口的主凝结水管上引出多路分支，供给热力系统的不同设备，见图 3-3。这些分支主要包括：

（1）低压旁路的二、三级减温水；

（2）汽轮机低压缸的低负荷喷水；

（3）凝汽器一、二号疏水扩容器减温水；

（4）汽轮机轴封高、低压减温水；

（5）轴封加热器水封补充水；

（6）发电机定子冷却水；

（7）凝汽器真空破坏阀密封水；

（8）给水泵轴封供水；

（9）小汽轮机轴封供汽减温水；

（10）油区加热吹扫减温水；

（11）炉前燃油雾化蒸汽减温水。

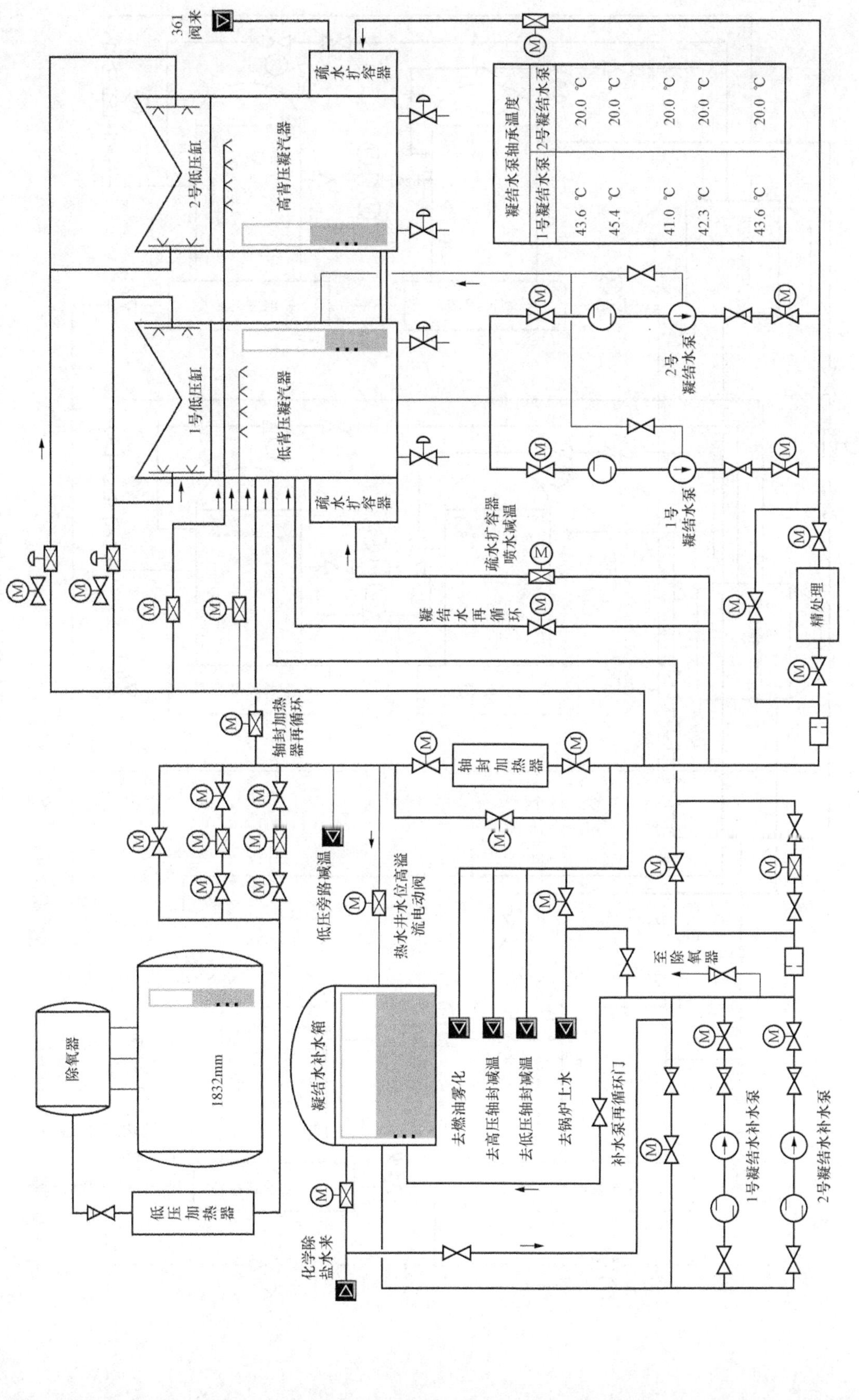
361阀来
疏水扩容器
2号低压缸
高背压凝汽器
1号低压缸
低背压凝汽器
疏水扩容器
凝结水泵轴承温度
1号凝结水泵
2号凝结水泵
43.6 ℃
20.0 ℃
45.4 ℃
20.0 ℃
41.0 ℃
20.0 ℃
42.3 ℃
20.0 ℃
43.6 ℃
20.0 ℃
2号凝结水泵
1号凝结水泵
疏水扩容器喷水减温
凝结水再循环
精处理
轴封加热器再循环
轴封加热器
低压旁路减温
热水井水位高溢流电动阀
至除氧器
除氧器
1832mm
凝结水补水箱
去燃油雾化
去高压轴封减温
去低压轴封减温
去锅炉上水
补水泵再循环门
1号凝结水补水泵
2号凝结水补水泵
低压加热器
化学除盐水来

图 3-3　主凝结水系统

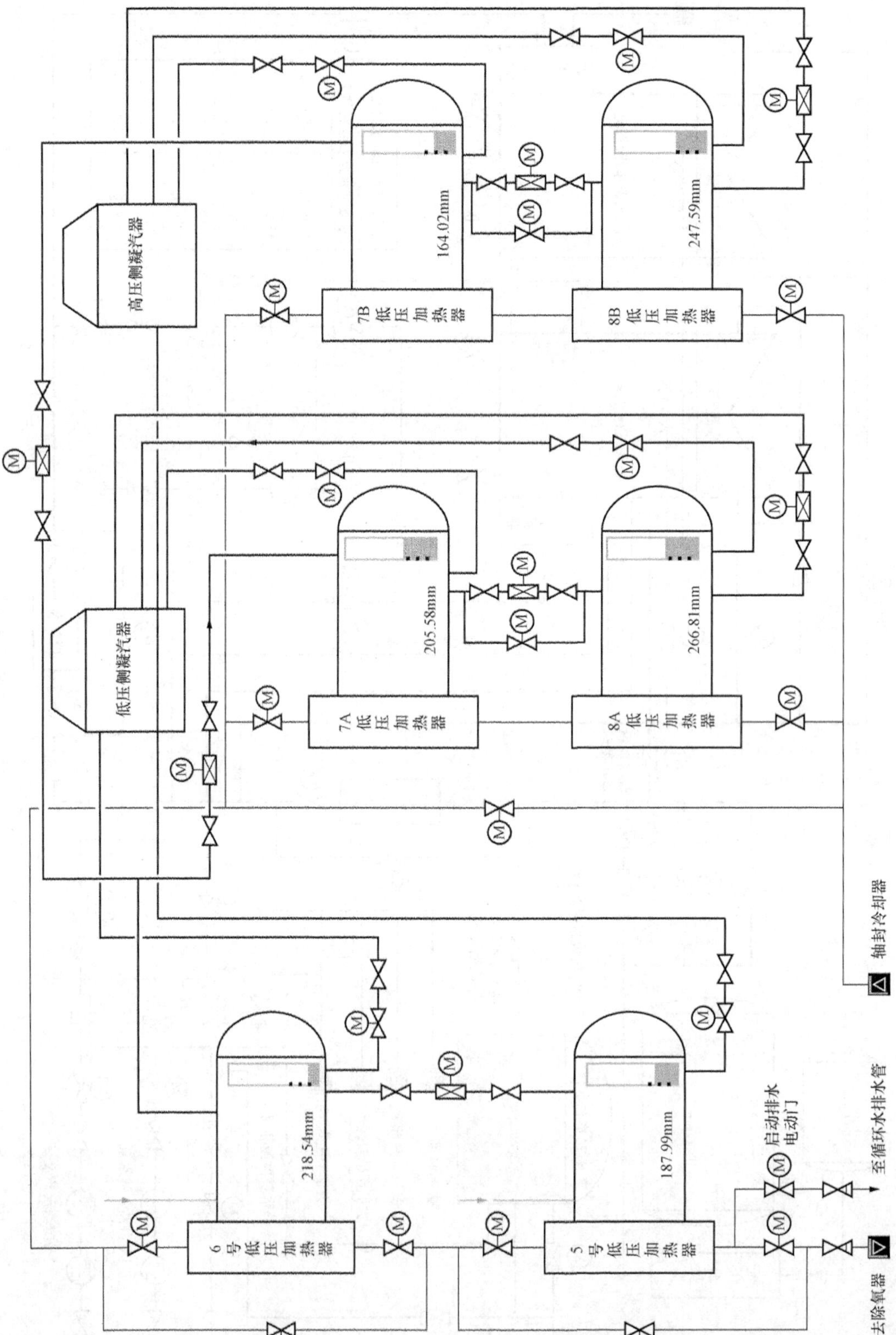

图 3-4 低压加热器及其疏水系统

二、系统组成

1. 凝汽器

凝汽器主要是用来在汽轮机的排汽部分建立低背压，并将汽轮机的排汽凝结为水，并予以回收。

凝汽器主要由壳体、管板、管束、中间管板等部件组成。管板将凝汽器壳体分割为蒸汽凝结区和循环冷却水进出口水室，管束之间用中间管板支持和定位。凝汽器下部设有热井，用于收集汽轮机排汽凝结水。

2. 凝结水泵及其管道

凝结水泵主要是将凝汽器热井中的凝结水输送到除氧器的水箱。凝结水泵在输送到除氧器之前，还要经过精处理，清除杂质后再经过低压加热器，送至除氧器。

系统设有两台100%容量的电动凝结水泵，一台正常运行，一台备用。凝结水从低背压凝汽器热井经一总管引出，然后分两路接至两台凝结水泵的进口，经升压后再合并成一路去凝结水精处理装置。每台泵的进口管道上装有闸阀和滤网。闸阀用于水泵检修时的隔离，在正常运行时应保持全开。滤网能防止热井中可能积存的残渣进入泵内。每台泵的出口管道上装有一只止回阀和一只电动闸阀。止回阀能够防止凝结水倒流入水泵。两台凝结水泵及其出口管道上均设置抽空气管，在泵启动时将空气抽至低背压凝汽器，在泵运行时也要保持此管畅通，用以防止凝泵汽蚀。

作为超临界参数机组，对锅炉给水的品质要求很高，因此在主凝结水系统设置了凝结水精处理装置，用于防止各种原因造成的凝结水含盐量增大。

凝结水精处理装置采用中压系统的连接方式，即无凝结水升压泵而直接将凝结水精处理装置串联在凝结水泵出口。这种系统的优点是设备少，阀门少，凝结水管道短，简化了系统，便于运行。

凝结水精处理装置的进、出口管道上各装有一只电动隔离阀，同时与之并联一条旁路管道，装有电动旁路阀。这样设计的目的是便于精处理装置的检修。

3. 轴封加热器

经凝结水精处理装置后的凝结水的一部分进入轴封加热器。轴封加热器为表面式热交换器，用于凝结轴封漏汽和门杆漏汽。轴封加热器以及与之相连的汽轮机轴封汽室依靠轴封风机维持微负压状态，以防止蒸汽漏出或漏入汽轮机润滑油系统。为维持其汽侧微负压，降低轴封风机的功率，必须有足够的凝结水量流过轴封加热器，保证上述漏汽完全凝结。

4. 凝结水最小流量再循环

在机组启动或低负荷时，主凝结水的流量远小于额定值，但如果凝结水泵的流量小于允许的最小流量，水泵有发生汽蚀的可能。同时轴封加热器的蒸汽是来自汽轮机轴封漏汽，无论是启动还是负荷变化，这些蒸汽都要有足够的凝结水来使其凝结，因此为兼顾不同运行工况下机组、凝结水泵和轴封加热器等各自对凝结水流量的需求，轴封加热器后设有再循环管，必要时使部分凝结水经再循环阀返回凝汽器，以加大通过凝结水泵和轴封加热器的凝结水流量。再循环流量取凝结水泵或轴封冷却器最小流量的较大值。而连接轴封加热器进出口管道的旁路阀则能够调节通过凝结水泵和轴封加热器的凝结水流量，使其分别满足两者的要求。

5. 低压加热器及其疏水、放气系统

低压加热器均采用全容量表面式加热器。5、6号低压加热器为卧式，每个加热器有单独的旁路，当加热器水位过高或因其他故障需要隔离检修时，关闭该加热器进、出口电动闸阀，电动旁路阀自动开启，单独解列该加热器运行。7、8号低压加热器为卧式组合结构置于凝汽器喉部，两个加热器共用一个旁路。当其中任何一个故障时，进、出口电动闸阀自动关闭，电动旁路阀自动开启，解列该组热器运行。低压加热器及其疏水系统见图3-4。

5号低压加热器出口的主凝结水经过一个止回阀进入除氧头。止回阀可以防止机组降负荷或甩负荷时，除氧器内蒸汽倒入凝结水系统，造成管系振动。

由于600MW超临界参数机组采用双背压凝汽器，7、8号低压加热器也各分为两个部分。7A和8A共用一个分隔的壳体，安装在低背压凝汽器喉部，7B和8B共用一个分隔的壳体，安装在高背压凝汽器喉部。七段和八段抽汽管道分别布置在凝汽器内部，因此无法装设隔离阀和止回阀。为防止7号和8号低压加热器满水造成汽轮机进水，在水侧7号和8号低压加热器串联体的进、出口设置了电动隔离阀，并与该加热器高—高水位信号联动。当7号和8号低压加热器出现高水位时，在控制室报警；当水位继续升高达到高—高水位时，在控制室报警的同时，进出口电动闸阀关闭，电动旁路阀开启，凝结水经旁路运行。

图3-5是典型的600MW超临界压力机组的低压加热器的疏水与放气系统。

正常运行时，四台低压加热器的疏水采用逐级自流的方式，即5号低压加热器的疏水流入6号低压加热器，6号低压加热器疏水到7号低压加热器，7号低压加热器疏水到8号低压加热器，最后从8号低压加热器排入凝汽器。

各级低压加热器的正常疏水管道上设置电动疏水调节阀，每个调节阀前后都设置隔离阀。各级低压加热器均设有单独的事故疏水管道接至凝汽器侧的疏水扩容器。事故疏水管道上装设电动阀和截止阀。所有加热器的疏水冷却段的疏水调节阀尽量靠近下一级加热器布置，使调节阀前管道不发生汽化。

低压加热器壳体底部也设置放水管道，可供启动时放出水质不合格的疏水和停机检修时彻底放干加热器和管道内的疏水用。

各级低压加热器的汽侧均设置启动排气和连续排气装置。以便从加热器和除氧器中排出不凝结的气体，提高效率和防止腐蚀。启动排气管道上设隔离阀，直接排至大气。连续排气管道上设隔离阀和节流孔板，排至凝汽器。

5、6号低压加热器设置一个壳体安全阀和一个水室安全阀，7、8号低压加热器设置水室安全阀，其作用与高压加热器相同。

6. 补充水系统

凝结水补充水箱用来储存经化学处理后的除盐水，并用作凝结水的水源及补给水。水箱水位由进水管上的调节装置控制。调节装置由一个气动薄膜调节阀和其前后的隔离阀以及与之并联的旁路阀组成，见图3-3补充水系统部分。

与补充水泵及其管道并联的是机组正常运行时的补充水管道，管道上装设一个电动闸阀和一个止回阀。机组正常运行期间，停运凝结水补水泵，通过这根旁路管道，依靠补充水箱和凝汽器真空之间的压差向凝汽器补水。在进入凝汽器前的补水管路上设有流量测量喷嘴和用以维持热井水位的水位调节装置。凝汽器水位调节装置由一个电动调节阀、两个隔离阀和一只电动旁路阀组成。

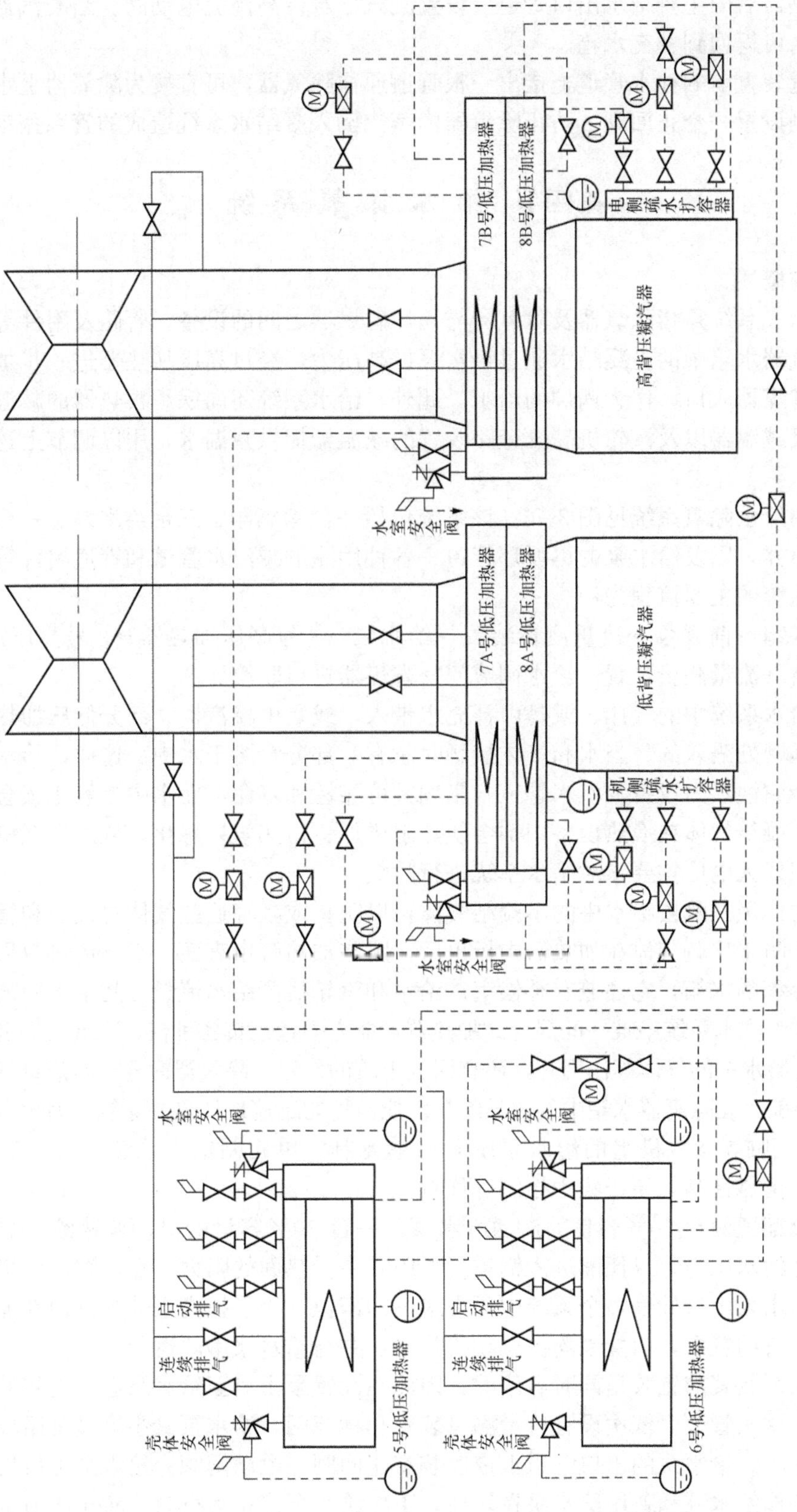

图 3-5　低压加热器的疏水与放气系统

轴封加热器后的主凝结水出口管道上设置凝汽器水位高溢流电动阀。当凝汽器热井水位高时，凝结水可返回到补充水箱。

流量测量装置前的补水管道上接出一根管道通往除氧器，可直接为除氧器上水。管道在靠近除氧器侧设置一个止回阀，防止除氧器内蒸汽倒入凝结水系统造成的管系振动。

第四节 给水除氧系统

一、系统概述

主给水除氧系统是指除氧器及除氧器与锅炉省煤器之间的设备、管路及附件等。其主要作用是将除氧器水箱中的主凝结水通过给水泵提高压力，经过高压加热器进一步加热后，输送到锅炉的省煤器入口，作为锅炉的给水。此外，给水系统还向锅炉再热器的减温器、过热器的一、二级减温器以及汽轮机高压旁路装置的减温器提供减温水，用以调节上述设备出口蒸汽的温度。

本机组的给水除氧系统见图3-6。该系统包括一台除氧器、三台给水泵、三台前置泵和三台高压加热器，以及给水泵的再循环管道、各种用途的减温水管道和管道附件等。

主给水系统的主要流程为：

除氧器水箱→前置泵→流量测量装置→给水泵→3号高压加热器→2号高压加热器→1号高压加热器→流量测量装置→给水调节门→省煤器进口联箱。

溶解于给水系统中的气体，或是由补充水带入，或是由凝汽器、部分低压加热器及管道附件等的不严密处漏入的。当水和气体接触时总有一部分会溶于水中。这样，给水溶解气体中的氧气，会腐蚀热力设备及汽水管道，影响其可靠性和寿命，而水中二氧化碳会加速氧的腐蚀。所有不凝结气体在换热设备中均会使热阻增加、传热效果恶化，从而降低机组的热经济性。所以现代火电厂均要求对给水系统进行除氧。

除氧器的作用是除去给水中的不凝结气体，以防止或减轻这些气体对设备和管路系统的腐蚀，同时还防止这些气体在加热器中析出后，附在加热管束表面，影响传热效果。除氧器配有一定水容积的水箱，它还兼有补偿锅炉给水和汽轮机凝结水流量之间不平衡的作用。

除氧器作为汽水系统中唯一的混合式加热器，能方便地汇集各种汽、水流，因此它除了加热给水、除去给水中的气体等作用外，还有回收工质的作用。除氧器配置一台启动循环泵，以便在机组启动前，使除氧器水箱中的化学除盐水能被均匀迅速地加热并除氧，缩短启动时间。

600MW超临界参数机组的给水系统采用单元制。单元制给水系统具有管道短，阀门少，阻力小，可靠性高，便于集中控制等优点。

给水系统配置两台50%容量的汽动给水泵，一台30%容量的电动调速给水泵。给水泵的作用是提升给水压力，以便能进入锅炉后克服其中受热面的阻力，在锅炉出口得到额定压力的蒸汽。给水泵出口处是整个系统中压力最高的部位。为了提高泵的抗汽蚀性能，每台给水泵前均配置有前置泵，前置泵均由电动机拖动，并与给水泵串联运行。

由于给水泵及其前置泵是同时启停的，因此在前置泵出口至给水泵进口之间的管道上不设隔离阀门。这段管道上依次设有流量测量装置和精滤网，给水泵最小流量再循环控制阀的信号就取自这里。给水泵的出口管道上依次装有止回阀、电动闸阀。给水泵出口设置止回阀的作用是当工作给水泵和备用给水泵在切换，工作给水泵停止运行时，防止压力水倒流，引

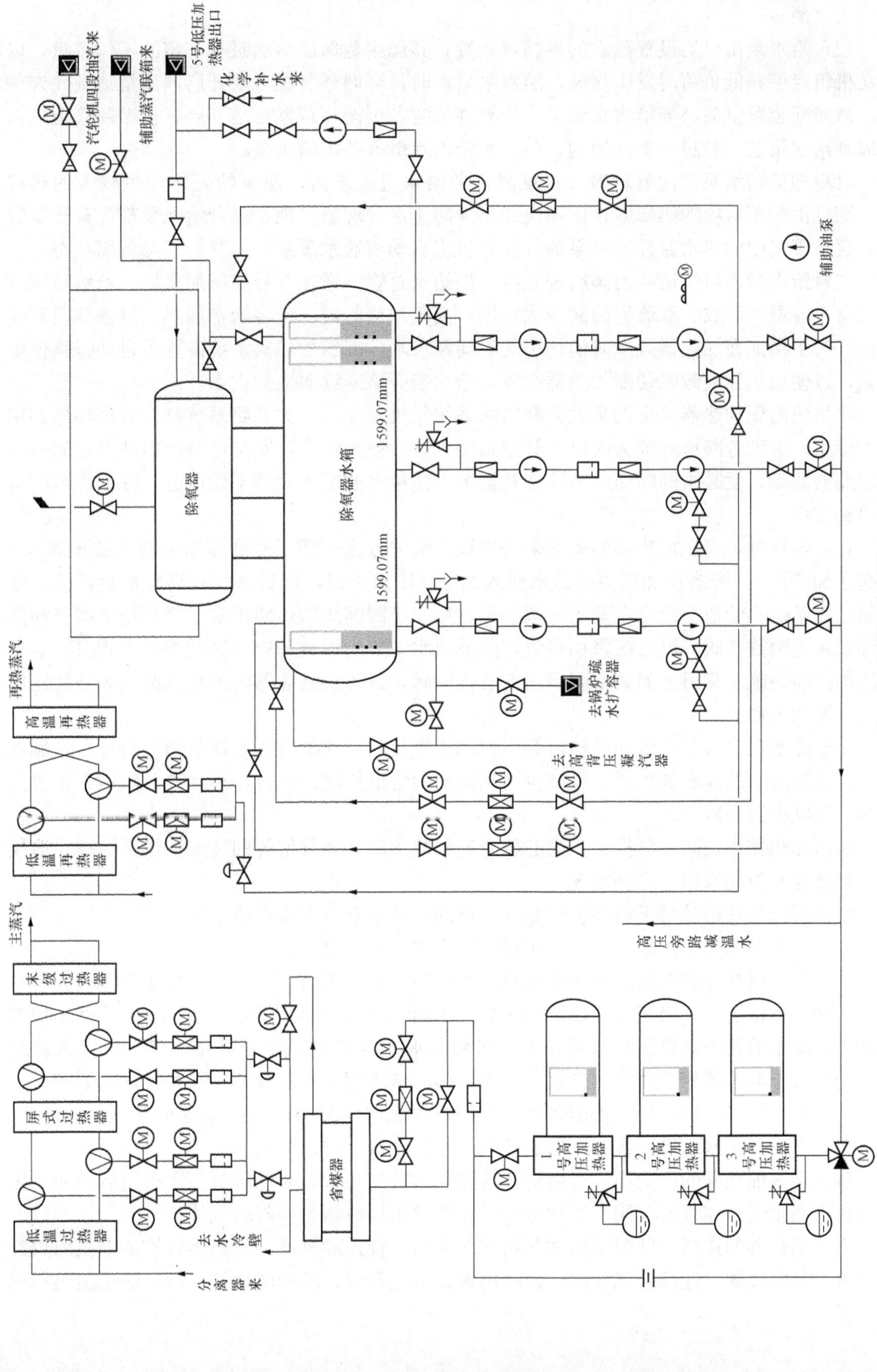
汽轮机四段抽汽来
辅助蒸汽联箱来
5号低压加热器出口
化学补水来
辅助油泵
除氧器
除氧器水箱
1599.07mm
1599.07mm
去锅炉疏水扩容器
去高背压凝汽器
再热蒸汽
高温再热器
低温再热器
主蒸汽
末级过热器
屏式过热器
低温过热器
省煤器
去水冷壁
分离器来
高压旁路减温水
1号高压加热器
2号高压加热器
3号高压加热器
M

图3-6　给水除氧系统

起给水泵倒转。

三台给水泵出口均设置独立的再循环装置，其作用是保证给水泵有一定的工作流量，以免在机组启停和低负荷时发生汽蚀。给水泵启动时，再循环装置自动开启，流量达到允许值后，再循环装置全关，当给水泵流量小于允许值时，再循环装置自动开启。再循环管道进入除氧器给水箱前，经过一个止回阀，防止水箱内水倒入备用给水泵。

已冷却的给水泵再次启动时，温度较高的给水流入泵内，使泵的壳体产生较大的热应力，而且由于不对称的热膨胀，出现挠曲。为防止这种现象出现，每台给水泵都设有暖泵管路。暖泵管路中的热水循环通过泵的外壳，机组启动前通水暖泵，使其处于热备用状态。

三台给水泵出口管道在闸阀后合并成一根给水总管，通往3号高压加热器。给水系统设置三台全容量、卧式、双流程的高压加热器。高压加热器进一步将给水加热，以提高循环经济性。为了保证在加热器故障时锅炉仍能不间断供水，高压加热器系统设置了自动旁路保护装置，以便加热器故障时切断加热器水流，给水经旁路继续向锅炉供水。

本机组高压加热器采用的是大旁路给水系统，见图3-7。大旁路系统是多台加热器共用一个旁路。这种旁路形式较为简单，管道附件少，设备投资小，安全性高，但缺点是如果一台加热器故障，就必须同时切除高压加热器组，使给水温度大大低于设计值，降低机组的运行热经济性。

正常运行时，高压加热器的疏水采用逐级自流的方式，即1号高压加热器的疏水流入2号高压加热器，2号高压加热器的疏水流入3号高压加热器，最后从3号高压加热器接入除氧器。每条疏水管道上设有电动疏水调节阀，用于控制高压加热器正常水位。每个调节阀前后都设置电动截止阀，以备该级加热器切除或疏水调节阀因故障需隔离检修时关断用。3号高压加热器的疏水管道上的调节阀后还安装止回阀，以防止除氧器内的水汽倒入3号高压加热器，造成振动。

由于疏水在进入下一级加热器时会迅速降压汽化，因此所有疏水调节阀的布置尽量靠近下一级接受疏水的高压加热器，以减少两相流动的管道长度。并且，疏水调节阀后管径放大一级，以减少流动阻力。

高压加热器水位高Ⅰ值报警，高Ⅱ值开紧急放水门，高Ⅲ值解列高压加热器运行。造成高压加热器水位高有以下三种情况：

（1）高压加热器的管子破裂或管板焊口泄漏，给水进入壳体造成水位升高；

（2）正常疏水调节阀故障，疏水不畅造成壳体水位升高；

（3）下一级高压加热器或除氧器水箱高水位后，事故关闭上一级来的疏水调节阀。

出现上述情况，开启相关加热器的事故疏水阀，将疏水排入疏水扩容器。1号高压加热器的事故疏水通往与高背压凝汽器相连的机侧疏水扩容器，2、3号高压加热器的事故疏水通往与低背压凝汽器相连的电侧疏水扩容器。事故疏水管道上装设截止阀和气动调节阀。

机组启动初期，高压加热器的疏水通过加热器壳体底部的放水管道排至有压放水母管。待水质合格后，疏水可经事故疏水管道流向疏水扩容器，进入凝汽器。

各级高压加热器的汽侧均设有启动排气和连续排气装置。启动排气用于机组启动和水压试验时迅速排气，连续排气用于正常运行时连续排出加热器内不凝结气体。

高压加热器的连续排气管道从加热器汽侧引出，接入除氧器。每根排气管道上在加热器侧设置一只隔离阀。连续排汽管内，设有内置式节流孔板，用于限制排气量，防止加热蒸汽

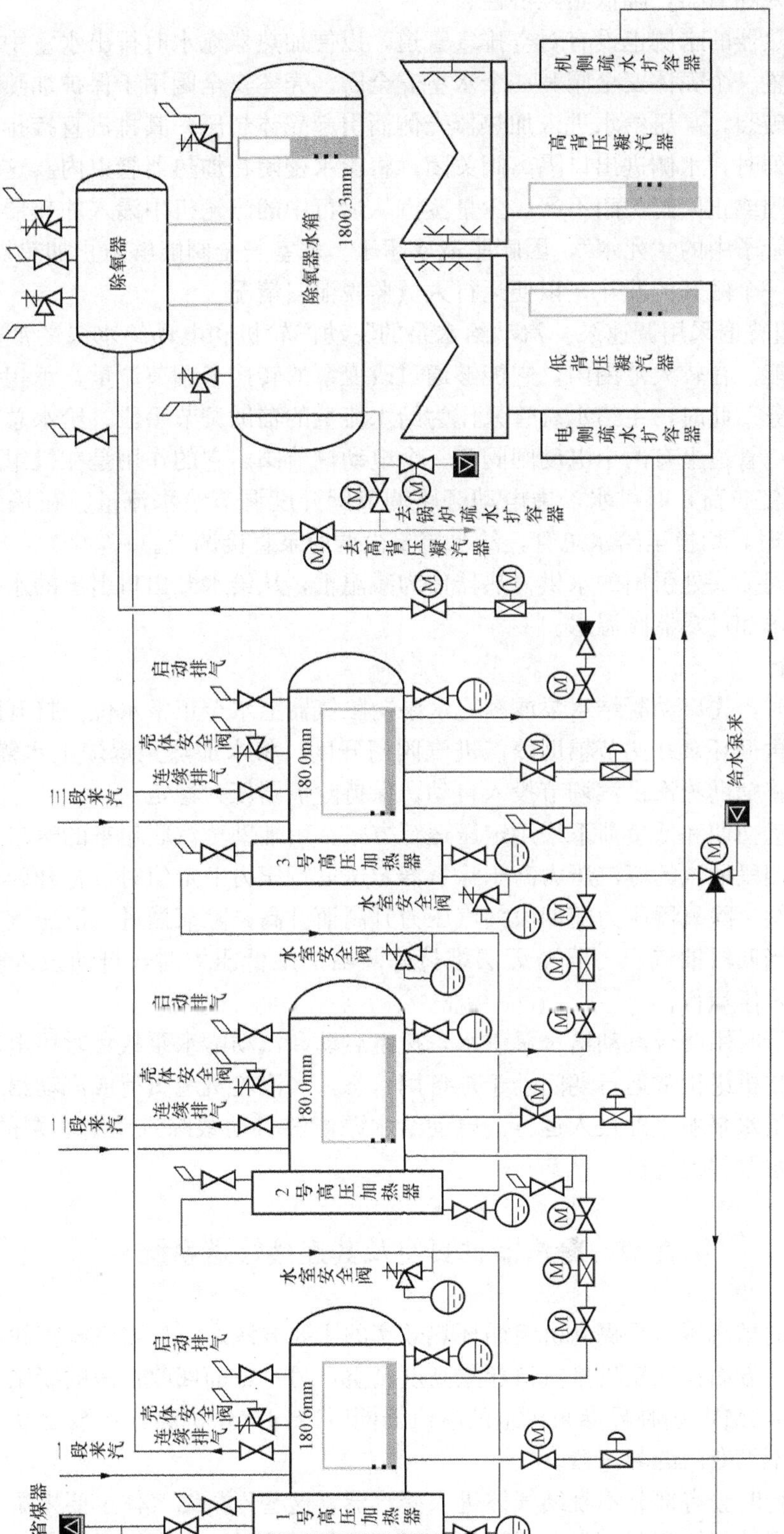

图 3-7 高压加热器疏水放气系统

通过排气管道串入除氧器，降低热经济性。

各级高压加热器的水侧也设有对空排气管道，以便加热器充水时排出水室中的空气。每个高压加热器设置一个壳体安全阀和一个水室安全阀。壳体安全阀用于保护加热器壳体，避免因加热器管子破裂，高压给水进入加热器壳侧而引起壳体超压，其排汽直接排入大气。

当加热器解列时，水侧进出口隔离阀关闭，将给水密闭在加热器管束内。这时，如果抽汽管道上的隔离阀或止回阀关闭不严，少量蒸汽从运行中的汽轮机中漏入加热器，会逐渐加热密闭在加热器管子中的“死水”，因膨胀造成超压。水室安全阀能够防止加热器水侧超压。安全阀出口接至一个敞开的漏斗，以便运行人员监视泄漏情况。

600MW机组普遍采用调速泵。汽动给水泵的驱动汽轮机和电动给水泵的液力联轴器具有可靠的调节性能，在较大范围内，它能够通过改变泵的转速来调节流量，承担了大部分的给水流量调节任务。此时，主给水总管只作为给水流量的辅助调节手段。给水总管上有一根小流量旁路管道，管道上有两个电动闸阀和一个电动调节阀。它的作用是在机组启停和低负荷（小于15%额定负荷）时供水，由电动旁路调节阀开度调节给水流量。在锅炉给水量大于15%额定负荷时，切换至给水总管，给水流量由调速泵直接调节。

从给水泵中间抽头处引出的水供再热器作为减温水，从给水泵出口引出的水作为汽轮机高压旁路的减温水和过热器减温水。

二、系统运行

启动除氧器时，先启动凝结水泵或补充水泵向除氧器上水至正常水位，打开除氧器的排气阀，然后启动再循环泵并调节辅助蒸汽进汽阀门开度，将水加热至锅炉上水需要的温度。锅炉上水完成后将辅助蒸汽供汽调节投入自动，保持除氧器压力稳定。

除氧器在启动初期和低负荷下采用定压运行方式，由辅助蒸汽联箱来的蒸汽来维持除氧器定压运行。当四段抽汽的蒸汽压力高于除氧器定压运行压力一定值时，打开四段抽汽至除氧器的供汽电动阀，除氧器压力随四段抽汽压力升高而升高，除氧器进入滑压运行阶段。机组正常运行时，当四段抽汽压力降至无法维持除氧器的最低压力时，自动投入辅助蒸汽供汽，维持除氧器定压运行。

机组正常运行时用两台汽动给水泵供水，机组启动和汽动给水泵故障时用电动给水泵供水。电动给水泵在机组正常运行期间处于热备用状态，当汽轮机甩负荷或汽动给水泵突然出现故障时，电动给水泵能立即投入运行。电动给水泵能够自动跟踪汽动给水泵的运行状态，并可以与汽动给水泵并列运行。

第五节　凝汽器抽真空及其连接管道系统

降低汽轮机的排汽压力是提高机组循环热效率的主要方法之一。凝汽式汽轮机均配有完备的凝汽系统，一方面在汽轮机排汽口建立高度真空，另一方面回收洁净的凝结水作为锅炉给水循环使用。600MW超临界参数机组的凝汽器同时冷却汽轮机和给水泵驱动小汽轮机的排汽，小汽轮机不设专门的凝汽器。

机组正常运行时会有部分不凝结气体进入凝汽器，这些不凝结气体主要来源于锅炉给水中溶解的一些不凝结气体和漏入真空系统的空气。这些气体无法在凝汽器内凝结，如果不及时除去，就会积聚在凝汽器加热管束表面，阻碍蒸汽凝结放热，影响凝汽器的真空度，并且使凝结水的过冷度增大。故机组设有真空系统，用来建立和维持汽轮机组的低背压和凝汽器的真空。真空抽气系统主要包括汽轮机的密封装置、抽气器以及相应的阀门、管路等设备和部件。对于600MW机组，目前真空抽气系统采用的抽气设备大多是水环式真空泵和射气式抽气器相结合。本机组采用的是水环式真空泵系统。

一、系统概述

图3-8所示为600MW超临界参数机组的凝汽器抽真空及其连接管道系统。系统配有三台50%容量的水环式真空泵组。泵组由水环式真空泵、汽水分离器、机械密封水冷却器、泵组内部有关连接管道、阀门及电气控制设备等组成。

高、低背压凝汽器壳体上均有两个抽空气的接口，抽空气管道上均安装水封截止阀（正常运行时常开）。各真空泵入口依次装设水封阀（正常运行时常开，仅在其中一台需要检修时才关闭）、气动蝶阀和止回阀。

水环式真空泵属于机械式抽气器，具有性能稳定效率高等优点，广泛用于大型汽轮机的凝汽设备上，但它的结构复杂，维护费用较高。

由凝汽器抽吸来的气体经气动蝶阀进入由低速电机驱动的水环式真空泵，被压缩到微正压时排出，通过管道进入汽水分离器。分离后的气体经汽水分离器顶部的对空排气口排向大气；分离出的水与补充水一起进入机械密封水冷却器。被冷却后的工作水一路喷入真空泵进口，使即将吸入真空泵的气体中的可凝结部分凝结，提高真空泵的抽吸能力，另一路直接进入泵体，维持真空泵的水环厚度和降低水环的温度。

真空泵内的机械密封水由于摩擦和被空气中带有的蒸汽加热，温度升高，且随着被压缩气体一起排出，因此真空泵的水环需要新的冷机械密封水连续补充，以保持稳定的水环厚度和温度，确保真空泵的抽吸能力。水环除了有使气体膨胀和压缩的作用之外，还有散热、密封和冷却等作用。

汽水分离器顶部接对空排气管道，以排出分离出的空气。排气管道上可设置止回阀，用于防止外界空气经备用泵组倒入凝汽器。

汽水分离器的水位由进口阀进行调节，分离器水位低时，通过进口阀补水；水位高时，通过排水阀，将多余的水排出。

汽水分离器的补充水来自凝结水泵出口，通过水位调节阀进入汽水分离器，经冷却后进入真空泵，以补充真空泵的水耗。机械密封水冷却器的冷却水直接取自开式循环冷却水系统，冷却器冷却水出口接入开式循环冷却水系统回水管。

凝汽器壳体上接有真空破坏系统，其主要设备是一个电动真空破坏阀和其入口装设的水封系统和滤网。当汽轮机紧急事故跳闸时，真空破坏阀开启，使凝汽器与大气连通，快速降低汽轮机转速，缩短汽轮机转子的惰走时间。

凝汽器有关管道及抽真空系统的另一个重要作用是收集主蒸汽系统、再热蒸汽系统、汽轮机旁路系统、回热抽汽系统、辅助蒸汽系统、汽轮机轴封系统、加热器疏放水系统等地的所有疏水。疏水通过与凝汽器相连的疏水扩容器降压降温后，进入凝汽器。为防止水进入汽轮机，并防止疏水管路之间相互连通，所有疏水管道与凝汽器的接口均设在凝汽器热井最高水位以上。

二、系统运行

正常运行时，即凝汽器良好、机组及热力系统漏汽正常时，两台真空泵运行即可维持凝汽器真空，满足在机组的各种运行工况下抽出凝汽器内的不凝结气体的需要。如果运行真空

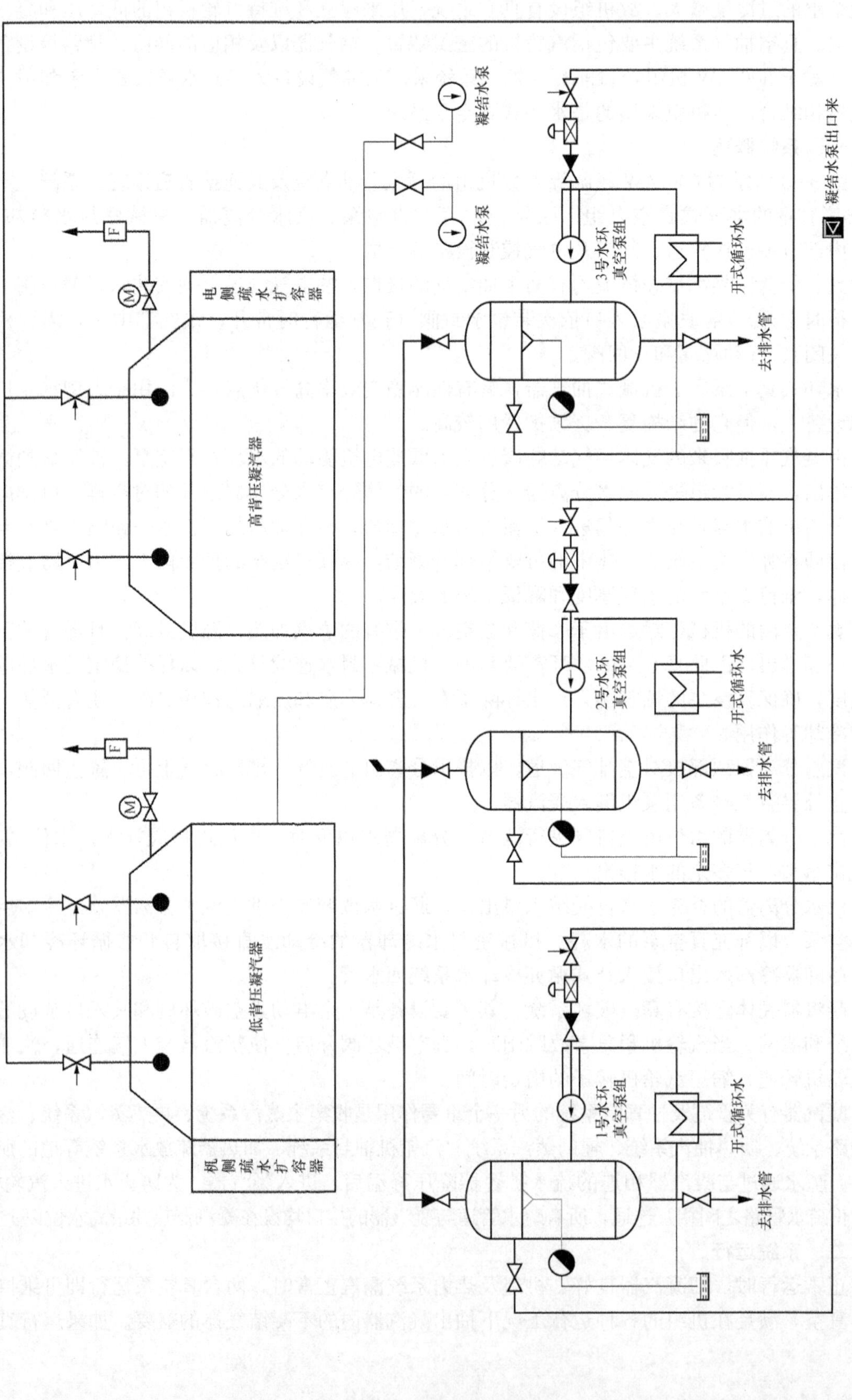

图 3-8 凝汽器抽真空及其连接管道系统

泵抽吸能力不足或因其他原因凝汽器真空下降时，可启动备用泵，三台真空泵同时运行，从而保证真空泵始终保持在设定的抽汽压力范围内运行，确保凝汽器的真空。

启动时，为加快凝汽器抽真空的过程，同时开启三台真空泵。在设计条件下，三台真空泵同时运行，可在较短时间内在凝汽器内建立需要的真空。当凝汽器真空达到汽轮机冲转条件时，其中一台真空泵可停止运行，作为备用，并关闭其进口蝶阀。

泵组启动前，通过汽水分离器向泵组充机械密封水。当泵体注入一定高度的密封水以后，启动真空泵，密封水在真空泵内形成水环，并将真空系统内的气体排出。真空泵空气吸入口处的气动蝶阀起隔离作用。气动蝶阀的前后压力信号接入压差开关，它通过压差整定值来控制蝶阀开关。只有当实际压差小于该整定值时，气动蝶阀才开启，凝汽器真空系统内的气体通过蝶阀吸入真空泵。这样，可防止真空泵启动时大量空气由真空泵倒灌入凝汽器，以确保凝汽设备及系统的正常运行。

第六节 循环冷却水系统

火电机组的循环冷却水系统包括循环水系统，开式循环冷却水系统和闭式循环冷却水系统。

凝汽式发电机组，为了使汽轮机的排汽凝结，凝汽器需要大量的循环水。发电厂中还有许多转动机械因轴承摩擦而产生大量热量，发电机和各种电动机运行因存在铁损和铜损也会产生大量的热量。为确保这些设备的安全运行，根据冷却对象的需要，分别用开式冷却水或闭式冷却水进行冷却。

一、循环水系统

在凝汽器里，用于冷却和凝结汽轮机排汽的水系统称为循环水系统。循环水系统主要由循环水泵，凝汽器换热系统，凝汽器出、入口门，胶球清洗系统等组成。

循环水系统见图 3-9。循环水的来水经循环水泵升压后，通过循环水母管进入主厂房，在进入凝汽器之前分为两路，分别经过凝汽器循环水进口电动阀进入低压凝汽器的两侧，然后流入高压凝汽器。在凝汽器内冷却汽轮机的排汽后，通过凝汽器循环水出口电动阀，接至循环水排水母管。

循环水系统长期运行会引起管束脏污、结垢，降低传热效果，影响凝汽器真空。因此，在凝汽器的两侧各设一套胶球清洗系统，定期清洗凝汽器换热管束。

在循环水系统里，分别引出了开式冷却水系统的去水和回水管路。

二、开式循环冷却水系统

用开式循环水泵将循环水升压后直接去冷却一些对水质要求不高、需要水温较低而用水量大的设备的系统称为开式循环冷却水系统。如供给汽轮机润滑油冷却器、小汽轮机润滑油冷却器、闭式水冷却器等。

开式循环冷却水系统见图 3-10。循环水进水管在进入主厂房前引出一路水源，通过开式循环冷却水泵升压后，供开式循环冷却水系统的各冷却设备。循环水在各冷却设备内吸收热量，温度升高，最后排至凝汽器循环水的出口管道。开式循环冷却水的流程为：循环水进水母管→过滤器→开式循环冷却水泵→止回阀→各设备的冷却器→循环水排水母管。

使用循环水直接冷却的设备包括发电机氢气冷却器、发电机定子水冷却器、电动给水泵

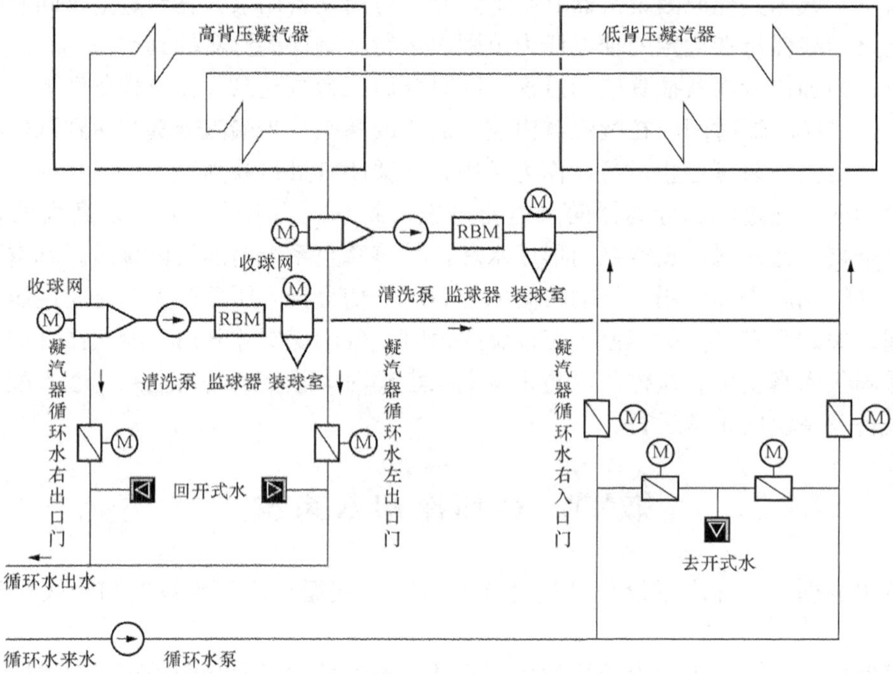

图 3-9 凝汽器循环水系统

工作油冷却器、电动给水泵润滑油冷却器、电动给水泵电机润滑油冷却器、凝结水泵电机润滑油冷却器、汽动给水泵汽轮机润滑油冷却器、水环式真空泵冷却器、主汽轮机润滑油冷却器。另外，还有一路循环水进入闭式循环冷却水热交换器，作为冷却介质去冷却闭式循环冷却水系统的冷却水。

开式循环水进水管和排水管均有两根。在两根进水管道上均装有电动蝶阀。每台机组设两台100%容量开式循环冷却水泵。正常运行时，一台运行，一台备用。泵前的进水管道上各设有一只反冲洗滤网，滤网的进、出水侧各设有一只蝶阀，用于滤网检修。跨滤网接出一只压差开关，在滤网压差高时，自动清洗滤网，并发出报警。每台水泵的进口设置一只电动蝶阀，出口设置一只止回阀和电动蝶阀。

各冷却设备的进出水管上均设置阀门。出口管道上设置的流量调节阀组能够调节冷却水量，以控制被冷却介质的出口温度。

机组启动前，开式循环冷却水系统应先投入运行。开式循环冷却水系统启动前应充水放气，充水排至循环水回水管道。系统投运前必须保证循环水泵已经运行，开式循环冷却水泵的出口阀门已打开，各冷却器的进、出口阀门已打开。之后，可手动开启一台开式循环冷却水泵。

当机组停运时，开式循环冷却水系统必须继续运行一段时间，直到设备剩余的热量完全排出为止。

三、闭式循环冷却水系统

对于冷却用水量小、水质要求高的一些设备，设置闭式循环冷却水系统。图 3-11 为本机组的闭式循环冷却水系统。系统采用凝结水作为冷却介质，可防止冷却设备的结垢和腐

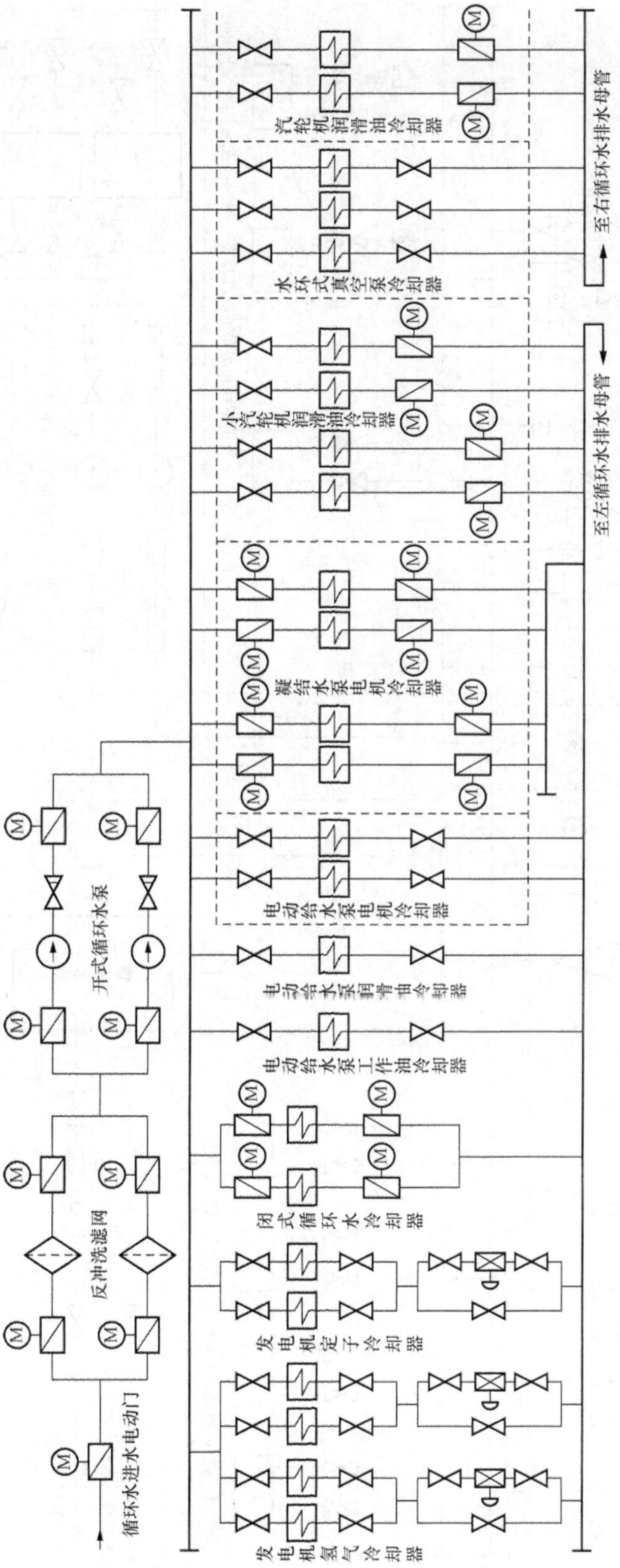

图 3-10 开式循环冷却水系统

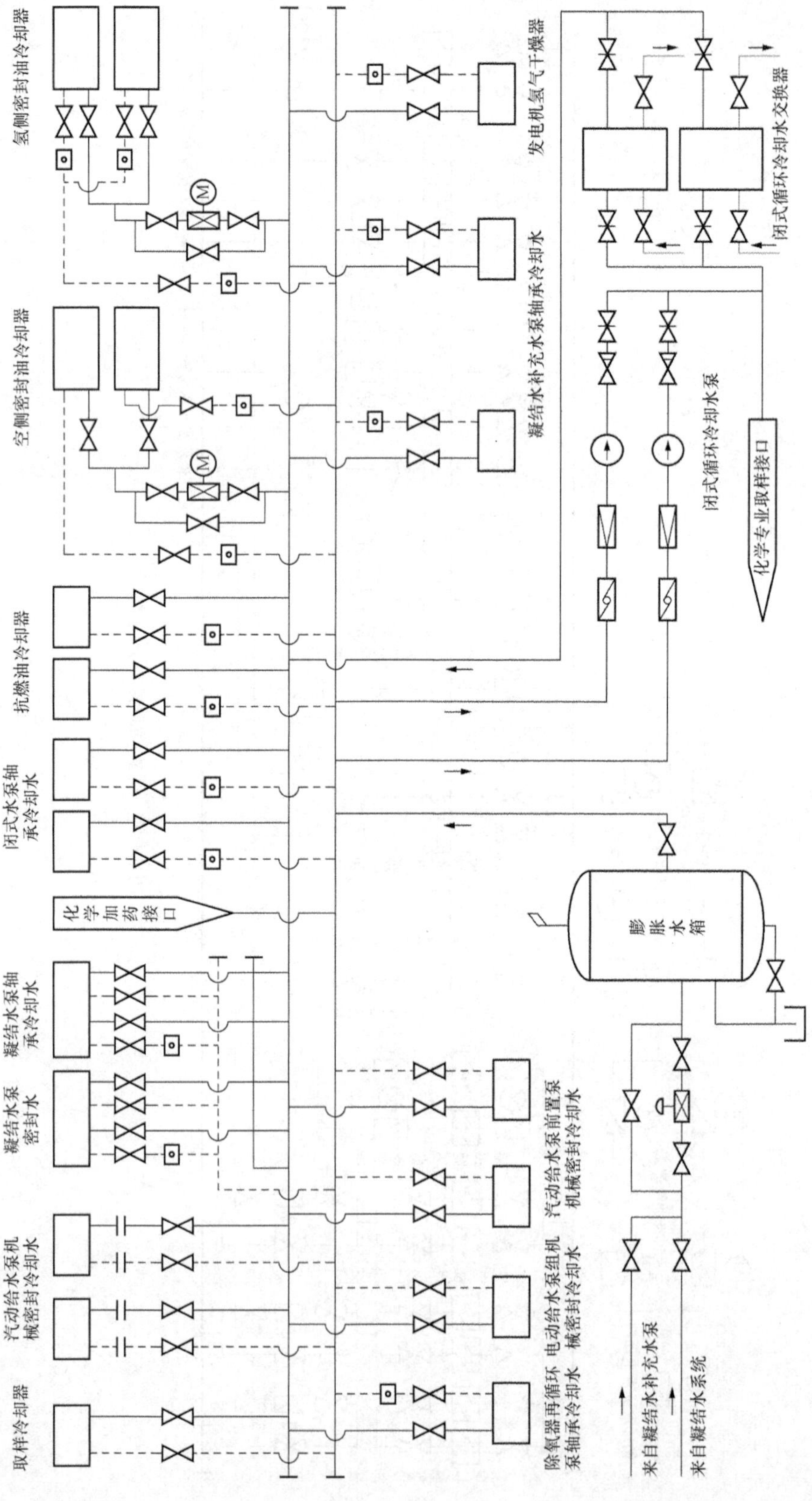

图 3-11 闭式循环冷却水系统

蚀，防止通道堵塞并保持冷却设备的良好传热性能。一般，闭式系统的水温比开式循环水的温度高 4～5℃。闭式循环冷却水系统的冷却对象为发电机氢侧密封油冷却器、发电机空侧密封油冷却器，抗燃油冷却器等。

闭式循环冷却水系统主要包括一台高位布置的闭式膨胀水箱，两台 100%容量的闭式循环冷却水泵，两台 100%容量的闭式循环冷却水热交换器，各闭式水冷却器及其管道和附件。

闭式水系统流程为：闭式膨胀水箱→闭式循环冷却水泵→闭式循环冷却水热交换器→闭式水供水母管→各闭式水冷却器→闭式水回水母管→闭式循环冷却水泵进口。正常运行时，闭式循环冷却水泵和闭式循环热交换器均一台运行，一台备用。闭式循环冷却水系统的正常补充水为凝结水，初次充水由补充水泵来的除盐水完成。补充水补入闭式膨胀水箱。补充水管道上装有气动调节阀，其前后设隔离阀，并有旁路阀供调节阀检修时通水。调节阀组的作用是调节补充水量，维持膨胀水箱水位。

闭式膨胀水箱作为闭式循环冷却水的缓冲水箱，其作用是调节整个闭式循环冷却水系统循环水量的波动，以及吸收水的热膨胀。水箱高位布置，可为闭式循环冷却水泵提供足够的净吸入压头。水箱的正常水位只维持水箱容积的一半，使其有一定的膨胀空间。水箱水位由水位控制器和补充水管道上的流量调节阀来控制。水箱为大气式，顶部设有呼吸阀，还设有溢流和放水管道。

为保证冷却水质满足使用要求和防止管道和设备的腐蚀，闭式膨胀水箱设有化学加药管道，定期将药品加入系统。

每台闭式循环冷却水泵入口设置一只手动蝶阀和一只滤网，出口设置一只止回阀和一只蝶阀。蝶阀的作用是在水泵检修时隔离水泵来水，正常运行时蝶阀应处于全开位置。滤网可以防止杂物进入泵内。在滤网上装有压差开关，当滤网受堵，压降达到整定值时向集控室报警。出口的止回阀能够防止冷却水倒灌入备用泵中。

闭式循环冷却水热交换器的作用是用开式循环冷却水冷却吸热后温度上升的闭式循环冷却水（凝结水）。热交换器的壳侧介质是凝结水，管侧介质是开式循环冷却水。为防止水质较差的循环水渗漏进水质好的凝结水，设计时保持凝结水压大于循环水压。热交换器进、出口均设闸阀。

开式循环冷却水系统运行正常后，才能开启闭式循环冷却水系统。

在闭式循环冷却水系统启动充水前，开启各冷却设备前后的隔离阀和放气阀；向膨胀水箱上水，直至其水位达到正常运行水位，投入水位调节系统。然后启动闭式循环冷却水泵，投入加药系统。通过调节各冷却器出口管道上隔离阀的开度，控制冷却水量。

机组停运后，可停止闭式循环冷却水系统的运行。系统停运后，应将设备水室和管道的存水通过放水门排尽。

第七节 辅助蒸汽系统

辅助蒸汽系统主要包括辅助蒸汽联箱、供汽汽源、用汽支管、减温减压装置、疏水装置及其连接管道和阀门等。辅助蒸汽联箱是辅助蒸汽系统的核心部件。600MW 超临界参数机组辅助蒸汽联箱的设计压力为 0.8～1.3MPa，设计温度为 300～350℃。本机组的辅助蒸汽系统见图 3-12。

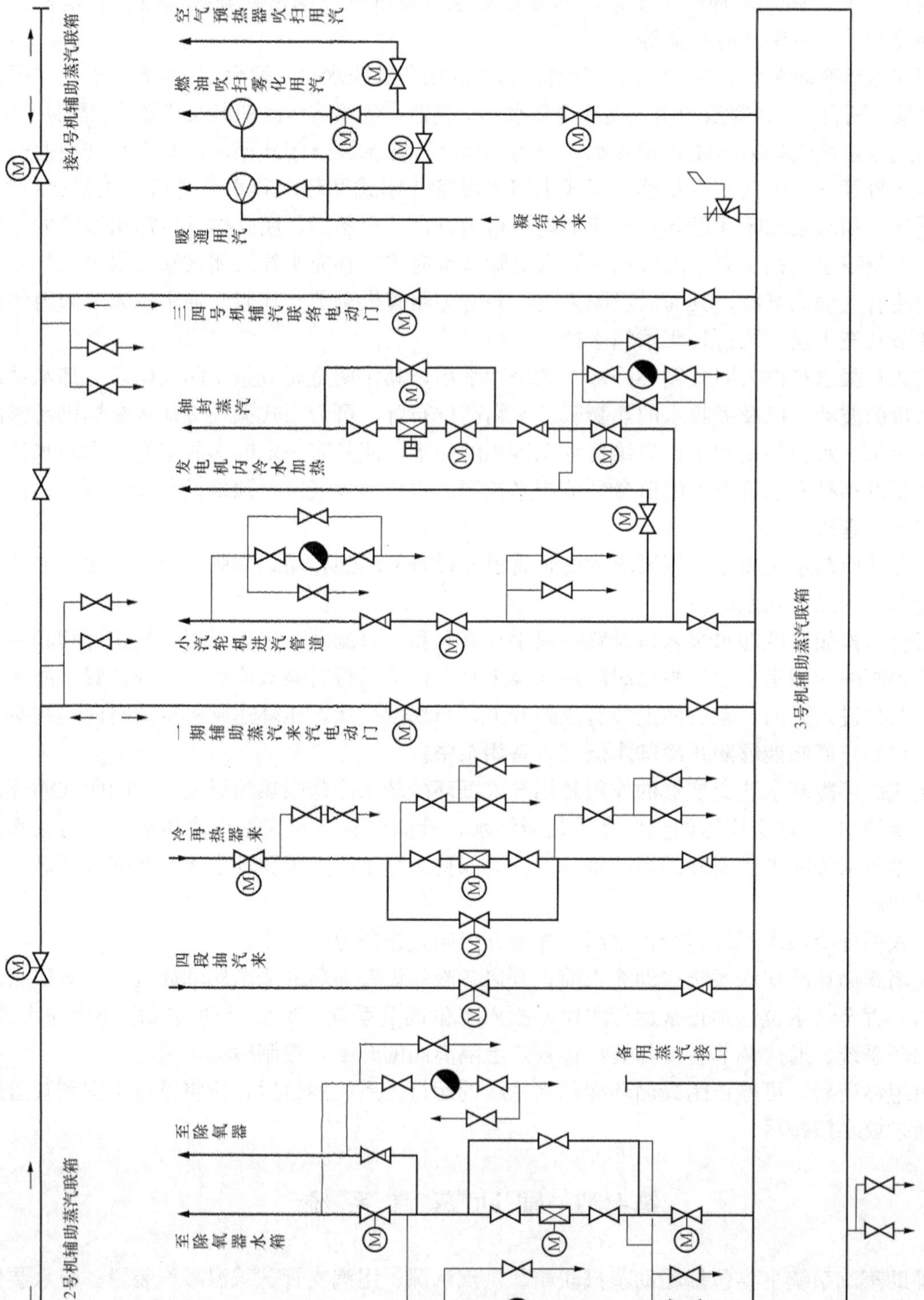

接4号机辅助蒸汽联箱
空气预热器吹扫用汽
燃油吹扫雾化用汽
暖通用汽
凝结水来
三四号机辅汽联络电动门
轴封蒸汽
发电机内冷水加热
小汽轮机进汽管道
一期辅助蒸汽来汽电动门
3号机辅助蒸汽联箱
冷再热器来
四段抽汽来
备用蒸汽接口
至除氧器
至除氧器水箱
接1、2号机辅助蒸汽联箱

图3-12 辅助蒸汽系统

考虑到机组启动、低负荷、正常运行及厂区用汽等情况，辅助蒸汽系统一般设计有三路汽源。

1. 相邻机组供汽

相邻机组供汽经一期辅汽来汽电动阀和手动截止阀进入本机辅汽联箱。在电动阀前有疏水点，将暖管疏水排至无压放水母管。

2. 再热蒸汽冷段

在机组低负荷期间，随着负荷增加，当再热蒸汽冷段压力符合要求时，辅助蒸汽由相邻机组供汽切换至本机再热蒸汽冷段供汽。

供汽管道沿汽流方向安装的阀门包括：电动阀、手动截止阀、电动调节阀、手动截止阀和止回阀。止回阀的作用是防止辅助蒸汽倒流入汽轮机。调节阀前、后各设置一个疏水点，排水至辅汽疏水扩容器和无压放水母管。

3. 汽轮机四段抽汽

当机组负荷上升到70%～85%MCR时，四段抽汽参数符合要求，可将辅助汽源切换至四段抽汽。机组正常运行时，辅助蒸汽系统也由四段抽汽供汽。采用四段抽汽为辅助蒸汽系统供汽的原因是：在正常运行工况下，其压力变动范围与辅助蒸汽联箱的压力变化范围基本接近。在这段供汽支管上，设置了电动截止阀和止回阀，未设调节阀。因此，在一定范围内，辅助蒸汽联箱的压力随机组负荷和四段抽汽压力变化而滑动，从而减少了节流损失，提高机组运行的热经济性。

辅助蒸汽系统的作用是在机组启动、停止、低负荷和异常工况下提供必要的、参数和数量都符合需要的汽源，保证机组安全可靠地运行。

当本机组处于启动阶段而需要蒸汽时，它可以将正在运行的相邻机组的蒸汽引送至本机组的蒸汽用户，如机组启停、低负荷或甩负荷时除氧器的加热用汽；机组启停及低负荷工况下汽轮机的轴封用汽；机组启动前，驱动给水泵的小汽轮机的调试用汽；锅炉暖风器、空气预热器启动吹灰、油枪吹扫、燃油伴热及燃油雾化等用汽；当本机组正在运行时，也可将本机组的蒸汽引送至相邻机组的蒸汽用户，或将本机组再热冷段的蒸汽引送至本机组各个需要辅助蒸汽的用户。

辅助蒸汽系统向锅炉燃油雾化和油区加热吹扫提供蒸汽时，先流经减温器，将温度降至250℃，以适应用汽要求。喷水减温器的水源来自主凝结水，由凝结水精处理装置后引出。辅助蒸汽联箱上安装两只弹簧安全阀，作为超压保护装置，防止辅助蒸汽超压。

为防止辅助蒸汽系统在启动、正常运行及备用状态下，管道内积聚凝结水，在各供汽支管低位点和辅助蒸汽联箱底部均设有疏水点。疏水先进入辅助蒸汽疏水扩容器，利用压差作用自流入凝汽器。水质不合格时，排放到无压放水母管。

第八节 轴封蒸汽系统

一般汽轮机的每个轴端汽封都是由几段汽封组成的，相邻两段之间设有环形腔室，并有管道与之相连。通常把轴封及与之相连的管道、阀门及附属设备组成的系统称之为轴封系统。

一、系统的作用

轴封蒸汽系统的主要功能是向汽轮机、给水泵小汽轮机的轴封和主汽阀、调节汽阀的阀杆汽封提供密封蒸汽，同时将各汽封的漏气合理导向或抽出。在汽轮机的高压区段，轴封系统是用来防止蒸汽向外泄漏，以提高汽轮机的效率；在汽轮机的低压区段，轴封系统用来防止外界空气进入汽轮机的内部，影响汽轮机的真空。

二、典型的 600MW 超临界参数机组的轴封蒸汽系统

600MW 超临界参数机组采用的是自密封轴封系统。自密封轴封系统是指在机组正常运行时，高、中压缸轴端汽封的漏汽经喷水减温后，作为低压轴端汽封供汽。多余漏汽经溢流站溢流至低压加热器或凝汽器。自密封轴封系统具有结构简单、安全可靠、工况适应性好、消耗蒸汽量小、运行经济性好的特点。在机组启动或低负荷运行期间，轴封供汽由辅助汽源提供。这样，轴封系统从机组启动到满负荷运行的全过程均能按汽轮机轴封供汽压力的要求自动进行切换，实现轴封系统的自身平衡和密封的要求。

典型的 600MW 超临界参数机组的轴封蒸汽系统见图 3－13，该系统由轴端汽封、轴封供汽压力调节站、轴封供汽母管、喷水减温器、轴封漏汽和门杆漏汽管道、轴封加热器以及上述管道和设备的疏水管道等组成。

轴封蒸汽系统的外接汽源通常有两路，一路是辅助蒸汽和再热冷段蒸汽，另一路是主蒸汽。其中，主蒸汽通过高压供汽调节站送至轴封蒸汽系统，作为机组甩负荷时的备用汽源。在机组启动或低负荷运行时，辅助蒸汽和再热冷段蒸汽经辅助汽源供汽调节阀送入轴封蒸汽系统，作为轴封供汽。辅助汽源供汽站前的两路蒸汽管道上均设置电动截止阀和止回阀，以防止启动初期高压蒸汽自轴封供汽母管倒入再热冷段和辅助蒸汽系统。在高、中压缸内腔漏汽压力满足低压缸轴封用汽要求时，高压供汽调节阀和辅助汽源供汽调节阀自动关闭，由高、中压缸内腔漏汽向低压缸供汽，达到完全自密封。这时，溢流调节站自动开启，由溢流调节阀控制供汽压力，将多余的蒸汽通过气动调节阀排入凝汽器。

高压供汽调节站、辅助汽源供汽调节站和溢流调节站都是由气动压力调节阀及其前后的电动阀、手动阀以及与这三个阀门并联的旁路阀所组成的。在机组运行时，轴封供汽母管利用轴封供汽压力调节站来自动控制轴封压力，向各轴封提供压力为 21kPa 的稳定的密封用蒸汽。

汽轮机的轴封回汽及阀杆漏汽均通过各自的管道汇集至回汽母管，排入轴封加热器，其疏水经 U 形水封排至凝汽器。轴封加热器是管式表面式加热器，其冷却水来自凝结水泵出口，在管内流动，吸热后去 8 号低压加热器；汽—气混合物在空侧流动。向汽轮机轴封供汽时，轴封加热器应立即投入运行，并有足够的冷却水量，以冷却轴封漏汽。

该轴封加热器处配有两台 100％容量的轴封风机，一台运行，一台备用，用于抽出轴封加热器中未凝结的漏汽和空气，使其汽侧产生一定的微负压，轴封加热器内形成的微负压能使轴封漏汽顺利导入轴封加热器，防止轴封蒸汽从汽轮机轴端漏入厂房，同时还将轴封排汽中所携带的不凝结气体排至大气，提高轴封加热器的冷却效果。轴封风机出口装有止回阀，防止风机切换时空气倒流。

为了保证汽轮机本体部件的安全，对轴封供汽的温度有一定要求。如果供汽温度与汽轮机本体部件温度（特别是转子的金属温度）差别太大，将使汽轮机部件产生很大的热应力，这种热应力将加剧汽轮机部件寿命损耗，同时可能造成汽轮机动、静部分的相对膨胀失调，

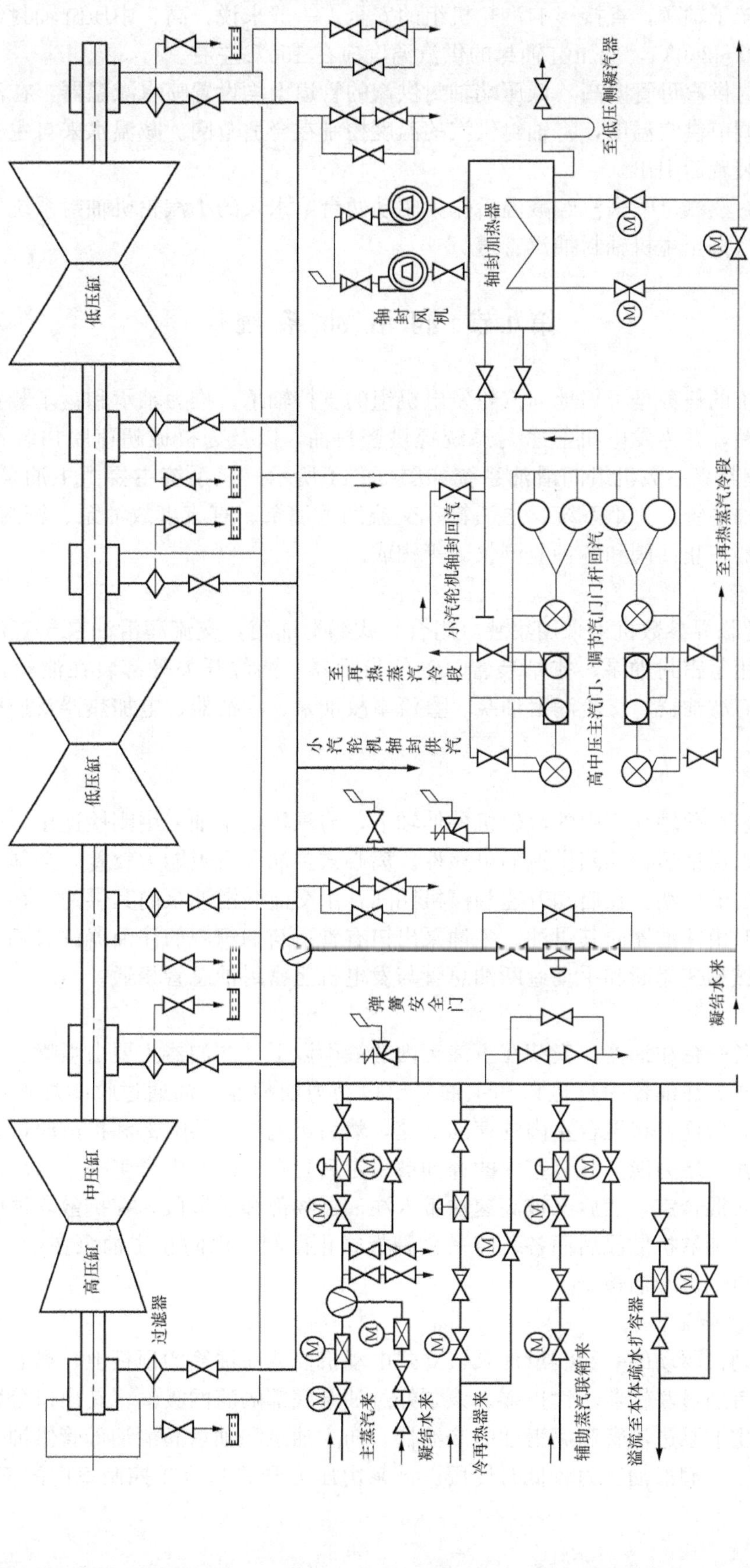

图3-13 汽轮机的轴封及门杆蒸汽系统

损坏汽封片和转子轴颈，直接影响汽轮机组的安全。一般来说，高、中压缸轴封供汽温度的合适范围是150～260℃，低压缸轴封的供汽温度应在150℃左右。

因此，轴封供汽母管向高、低压端轴封供汽的管道上均设置喷水减温器，在汽轮机运行的各种工况下调节供汽温度，将轴封供汽的温度控制在合适范围。减温水来自主凝结水，由凝结水精处理装置后引出。

另外，轴封蒸汽母管来汽经减温后作为驱动两台给水泵的小汽轮机轴封系统供汽，小汽轮机的轴封漏汽排至主机轴封抽汽管道。

第九节 润滑油系统

润滑油系统的任务是可靠地向汽轮发电机组的支持轴承、推力轴承和盘车装置提供合格的润滑、冷却油，并为发电机氢密封系统提供密封油，以及为机械超速脱扣装置提供压力油。600MW超临界参数机组润滑油系统如图3-14所示。该系统主要由主油泵、冷油器、注油器、顶轴油系统、排烟系统、主油箱、交流润滑油泵、直流事故油泵、密封油备用泵、滤网、电加热器、止回阀和各种监测仪表等构成。

1. 润滑油箱

600MW超临界参数机组采用集装（组合）式润滑油箱，交流润滑油泵与直流事故油泵的电动机、备用氢密封油泵、排烟装置、油位指示器、油位开关等都装在油箱顶部的顶板上。油箱内装有滤油器、交流润滑油泵、直流事故油泵、注油器、电加热器及连接管道、止回阀等。

2. 主油泵

主油泵安装在前轴承箱中的汽轮机外伸轴上，与汽轮机主轴采用刚性连接，由汽轮机主轴直接驱动，以保证运行期间供油的可靠性。离心式主油泵自吸能力较差，必须不断地向其入口供给充足的低压油。在启动升速和停机期间，由交流润滑油泵向其供油；在额定转速或接近额定转速时由注油器向其供油。主油泵出口有管道与油箱内的注油器进口相连，并通过一止回阀与机械超速遮断和手动遮断油总管与发电机氢密封油总管相通。

3. 注油器

该机组配备一台注油器，安装在主油箱内的液面以下。注油器主要由喷嘴、混合室、喉部和扩散段组成。注油器喷嘴进口和主油泵出口动力油相连，油通过喷嘴加速后到达混合室，通过摩擦和碰撞，将混合室内的存油加速，然后进入注油器喉部和扩散段进行扩压，将油流的动能转换为压力能。混合室内的存油被带走后，在混合室中产生一个低压区，将油箱中的油不断吸入混合室，然后又被高速油带入注油器喉部和扩散段，在扩散段油的速度能转换成压力能。注油器扩散段后面各装有一个翻板式止回阀，以防止主油泵在中、低转速时，油从注油器出口倒流回油箱。

4. 交流润滑油泵

由交流电动机驱动的一台润滑油泵，立式电动机安装在油箱的顶板上，离心油泵完全浸没在油中，两者通过联轴器刚性连接。该泵经过油泵底部的滤网吸油，其出口分别经过翻板式止回阀连至主油泵进油管和润滑油的冷油器，向主油泵和轴承润滑油母管供油。该泵只在启动和停机阶段或润滑油压力较低时使用。该泵由压力开关和装在控制室内的三位（启动、

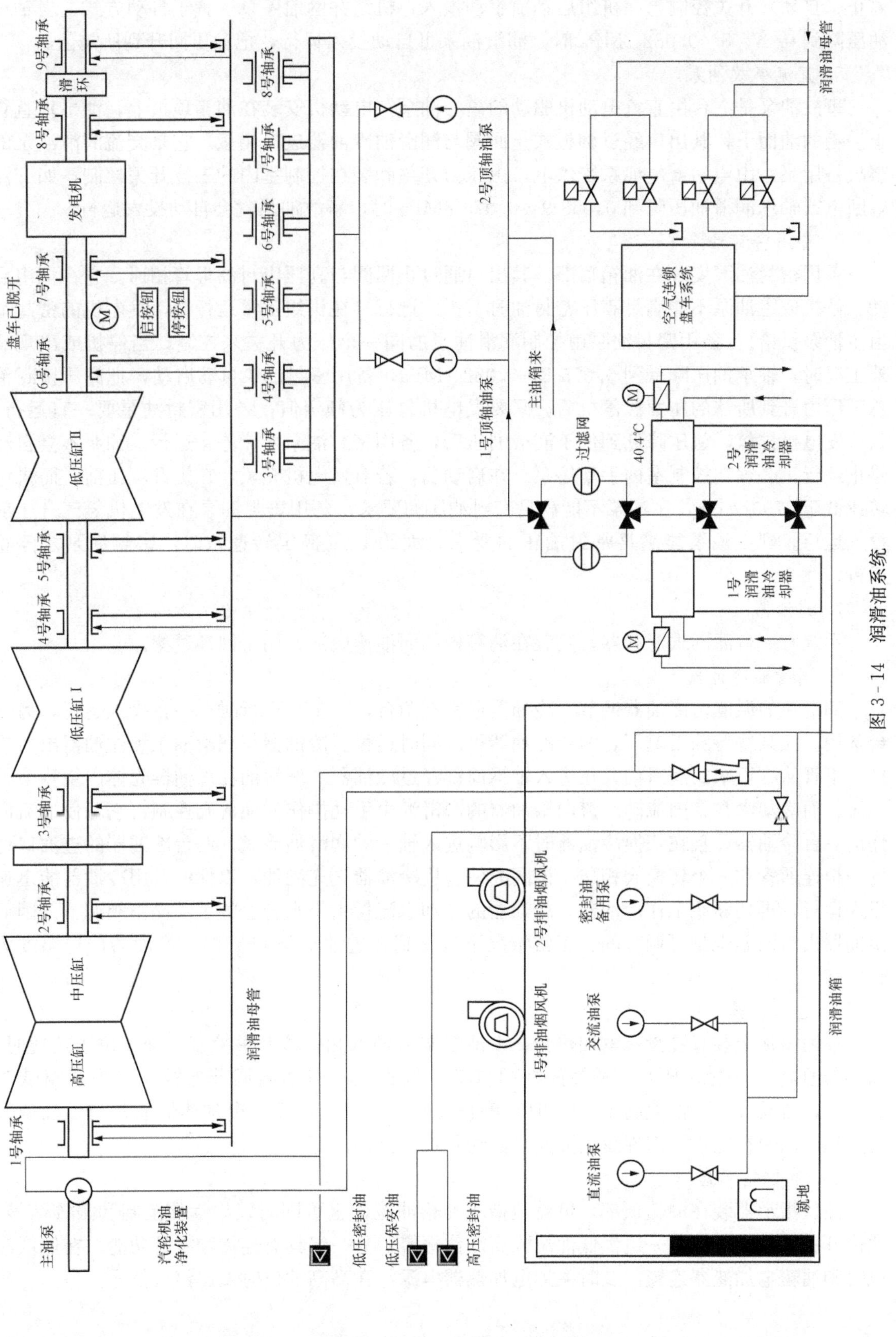
主油泵
汽轮机油净化装置
低压密封油
低压保安油
高压密封油
就地
直流油泵
交流油泵
密封油备用泵
1号排油烟风机
2号排油烟风机
润滑油箱
润滑油母管
1号轴承
高压缸
中压缸
2号轴承
3号轴承
低压缸Ⅰ
4号轴承
5号轴承
低压缸Ⅱ
6号轴承
盘车已脱开
启按钮
停按钮
7号轴承
发电机
8号轴承
滑环
9号轴承
3号轴承
4号轴承
5号轴承
6号轴承
7号轴承
8号轴承
1号顶轴油泵
2号顶轴油泵
主油箱来
过滤网
40.4°C
1号润滑油冷却器
2号润滑油冷却器
空气连锁盘车系统
润滑油母管

图 3-14　润滑油系统

停止、自动）开关控制，在机组启动前手动投入，机组并网前停泵，置于自动方式，当轴承油压降到0.075 8～0.082 7MPa时，润滑油泵可自动投入运行，把油压回升到所需值。

5. 直流事故油泵

事故油泵是一台由直流电动机驱动的离心油泵，电动机安装在油箱顶板上，油泵垂直置于油箱的油面下，其出口经过翻板式止回阀与润滑油冷油器进口相接。它是交流润滑油泵的事故备用泵，由电站蓄电池系统供电，由压力开关和装在控制室内的三位开关控制，如交流电断电或轴承润滑油压降到0.068 9～0.075 8MPa时，事故油泵就会自动投入运行。

6. 备用密封油泵

备用密封油泵安装在油箱顶部，其出口通过止回阀与高压密封油母管相通。它在机组启动、停机或主油泵不能满足高压密封油时，投入运行（在机组正常运行时，发电机的密封油由主油泵供给）。备用密封油泵由控制润滑油泵的同一个压力开关来控制，当停机或出现意外工况时，轴承油压降低到0.075 8～0.082 7MPa，备用密封油泵自动启动，把高压密封油总管压力升到所需的压力。停机后，只要发电机氢压为额定值，备用密封油泵要一直运行；只有发电机排氢，氢压降低到低于润滑油压后，备用密封油泵才能停止运行。油泵不会自动停止运行，必须在控制室内手动停泵。在启动前，若对发电机充氢，在提升氢压前，而机组转速低于2700r/min，主油泵不能满足密封油压的要求，备用密封油泵在发电机氢气升压前投入运行。到主油泵能满足密封油压的要求（大约90%额定转速）时，密封油泵才停止运行。

7. 滤油器

系统有一台滤网式滤油器，安装在油箱内的回油槽底部，用于回油过滤。

8. 润滑油冷油器

润滑油的温度由冷油器调节。冷油器通常有两台，在正常运行时，一台投入运行，另一台备用。在某些特殊工况下，两台冷油器可以同时运行。冷油器与润滑油泵和注油器出口连接，不管从哪里来的润滑油，在进入轴承前都经过冷油器。润滑油在冷油器壳体内绕管束外绕流，而冷却水在管内流动。流向冷油器的润滑油由手动操作的换向阀控制，它可使油流向任何一台冷油器，且在切换冷油器时不影响进入轴承的润滑油流量。两台冷油器的进油口通过一根连通管和一个切换阀相连，该阀能使备用冷油器先充满油，以保证备用冷油器能迅速投入运行，再切断原工作冷油器。冷油器的冷却水流量由供水管上的手动操作阀调节。因而冷油器出口油温也是可调节的。正常情况下调整到在进油60～65℃时，冷油器出口温度为43～49℃。

9. 电加热器

在油箱顶上装有浸没式电加热器，由油温调节触点和三位开关控制。开关位于接通时，加热器通电。一般情况下，开关放在“自动”位置上，由油温调节器控制。当油温低于27℃时，自动投入；油温高于38℃时，停止工作。为安全起见，电加热器通常与低油位开关连锁，以便在加热器部件露出油面之前切断加热器的电源。

10. 油位指示器

油位指示器装在油箱顶部，可就地指示油箱油位，也可同时发出远传控制和报警信号。油位开关有两组，其中一组供低油位或高油位报警，另一组具有连锁和报警功能，在低低油位时和油箱电加热器连锁，及时关掉电加热器电源，在高高油位时发出停机信号。

11. 顶轴油系统

机组在启动盘车前，先启动顶轴油泵，利用13MPa左右的高压油把轴颈顶起，离开轴瓦0.05～0.08mm，以避免两者之间的干摩擦，同时可以减少盘车的启动力矩，使盘车马达的功率减少。汽轮机的两个低压转子的轴承和发电机的两只轴承底部均设有顶轴油孔，与顶轴装置相通。顶轴油系统为母管制，配有两台柱塞泵，一台运行，一台备用，油泵的进油取自滤油器后管道。

12. 润滑油净化系统

在运行过程中，轴封漏汽可能进入轴承箱，冷油器的冷却水可能漏入其油侧，使润滑油含水。另外，管道和设备的磨损和锈蚀，使润滑油受固体污染。因此润滑油会出现水解、氧化和酸化，而且这种变化是恶性循环。为了保持润滑油的清洁度和理化性能，润滑油系统并联两套油净化装置，一套运行，一套备用。该装置是由颗粒吸附器和过滤器组成，用于去除油中的水分和降低酸值，同时对颗粒物进行过滤。

该系统也用于主油箱的充油和补油。润滑油净化系统见图3-15。

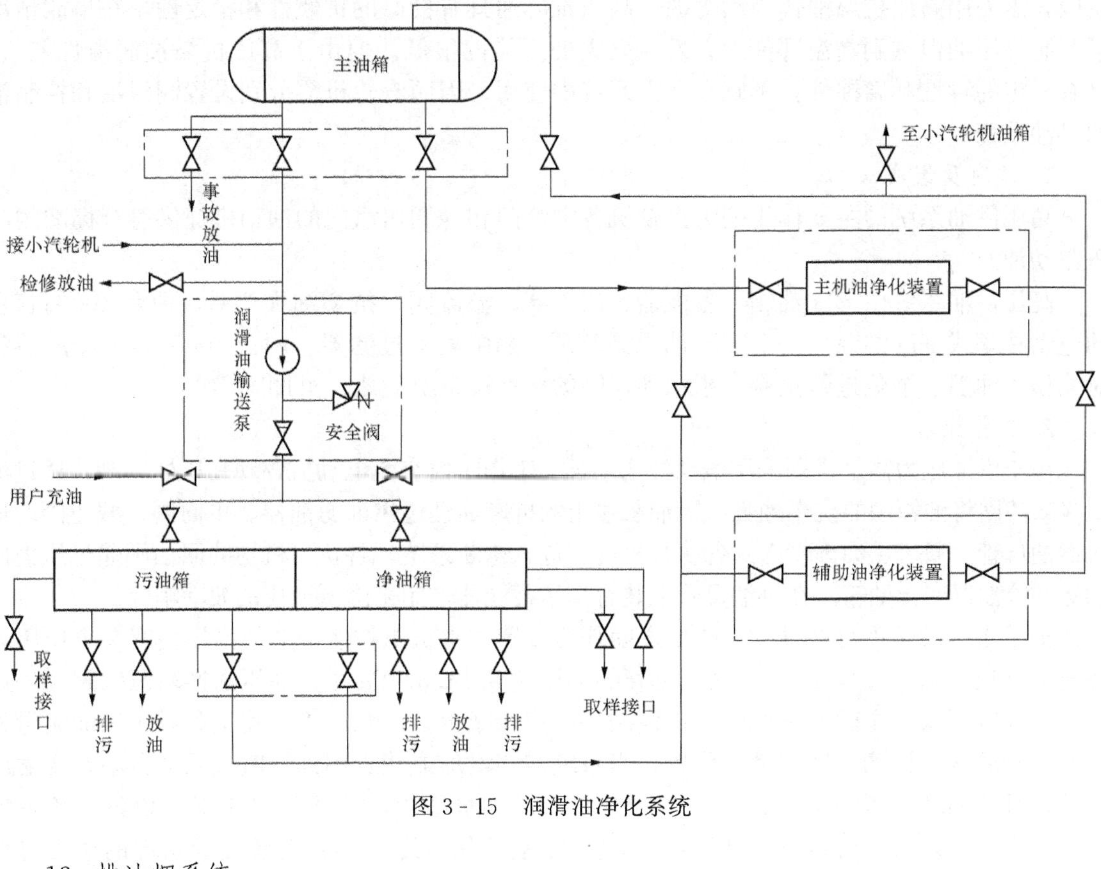

图3-15 润滑油净化系统

13. 排油烟系统

汽轮机润滑油系统中的汽轮机油，在运行中因轴承的摩擦耗功和转动部件的鼓风作用，而使其一部分受热并分解为油烟，同时由于轴承座挡油环处会漏入部分水蒸汽和空气，而使透平油中含有水分和气体。为及时有效地将上述烟气、空气和水蒸气排出系统之外，以保证透油的品质，本机组油箱顶部备有排烟系统。排烟系统由主油箱上的油烟分离器、排烟风机、交流防爆电机、风门、管路及排出口等组成。它维持主油箱在微负压状态，将主油箱中的油气排出，由管道排到主厂房外，防止危及人员和设备的安全。

第十节 高压抗燃油系统

高压抗燃油系统包括供油系统，液压控制系统和危机遮断系统。供油系统提供高压抗燃油，并由它驱动伺服执行机构。液压控制系统响应DEH送来的电信号，调节汽轮机的各主汽门和调速汽门开度。危机遮断系统由汽轮机的遮断参数所控制，当参数超过运行极限值时，该系统根据情况全部或部分关闭汽轮机进汽阀门，保证设备或运行的安全。

一、高压供油系统

600MW火电机组，由于汽轮机进汽压力、温度的提高，作用在主汽门和调节汽门上的力也相应增大，开启主汽门和调节汽门所需的提升力也越来越大，因此，必须靠提高供油系统的压力来增加油动机的提升力。但供油压力提高，油泄漏的可能性增大，容易引起火灾，所以，需采用高压抗燃油作为动力油。高压抗燃油具有良好的抗燃性和稳定性，在事故情况下若有高压油泄漏到高温部件上，发生火灾的可能性很低。但由于高压抗燃油润滑性能差，且有一定的毒性和腐蚀性，不宜在润滑系统内使用，因而汽轮机需分别设置润滑油和控制油的供油系统。

1. 作用及组成

高压供油系统的主要作用是为汽轮机各主汽门和各调速汽门的油动机提供符合标准的高压驱动油。

高压供油系统由EH油箱、蓄能器、滤油器、溢流阀、抗燃油加热器、两台100%容量的电动柱塞式EH油泵、一台EH油再循环泵、阴阳离子过滤器、两台100%容量冷油器和对油压、油温、油位进行报警、指示和控制的标准设备所组成，见图3-16。

2. 工作原理

由于供油压力高，必须采用电动柱塞油泵。工作时由交流电动机驱动高压柱塞泵，通过油泵吸入滤网将油箱中的抗燃油吸入。油泵输出的抗燃油经过供油滤油器、单向阀、截止阀，进入供油母管。通过供油母管送到各执行机构和危急遮断系统。各执行机构的回油则通过压力回油管和冷油器回至油箱。在供油母管上装有高压蓄能器，用来降低油压的波动幅度。

油泵出口的压力可在0～21MPa之间任意设置，本机组控制油系统高压柱塞泵出口压力整定为（14.5±0.5）MPa。当高压母管的油压达到14.5MPa时，高压油推动恒压阀上的控制阀，控制阀操作泵的变量机构，使泵的输出流量减少，当泵的输出流量和系统用油流量相等时，泵的变量机构维持在某一位置，当系统需要增加或减少用油量时，泵会自动改变输出流量，维持系统油压为14.5MPa，当系统瞬间用油量很大时，蓄能器将参与供油。正常情况下，高压柱塞泵一台运行，高压油集管上装有压力开关（PS）能感受油系统的压力过低信号，当压力低至11.03MPa时，触点闭合，启动备用泵。

供油母管上设有弹簧式溢流阀作为系统的安全阀，当高压母管的油压达到（17±0.2）MPa时，溢流阀动作，将压力油送回油箱，起到过压保护的作用。

液压系统各油动机的回油通过低压回油母管经过一个3μm的回油滤油器回到油箱。在低压回油母管上，接有低压蓄能器，以减小回油压力波动。除此以外，本装置还设有自成体

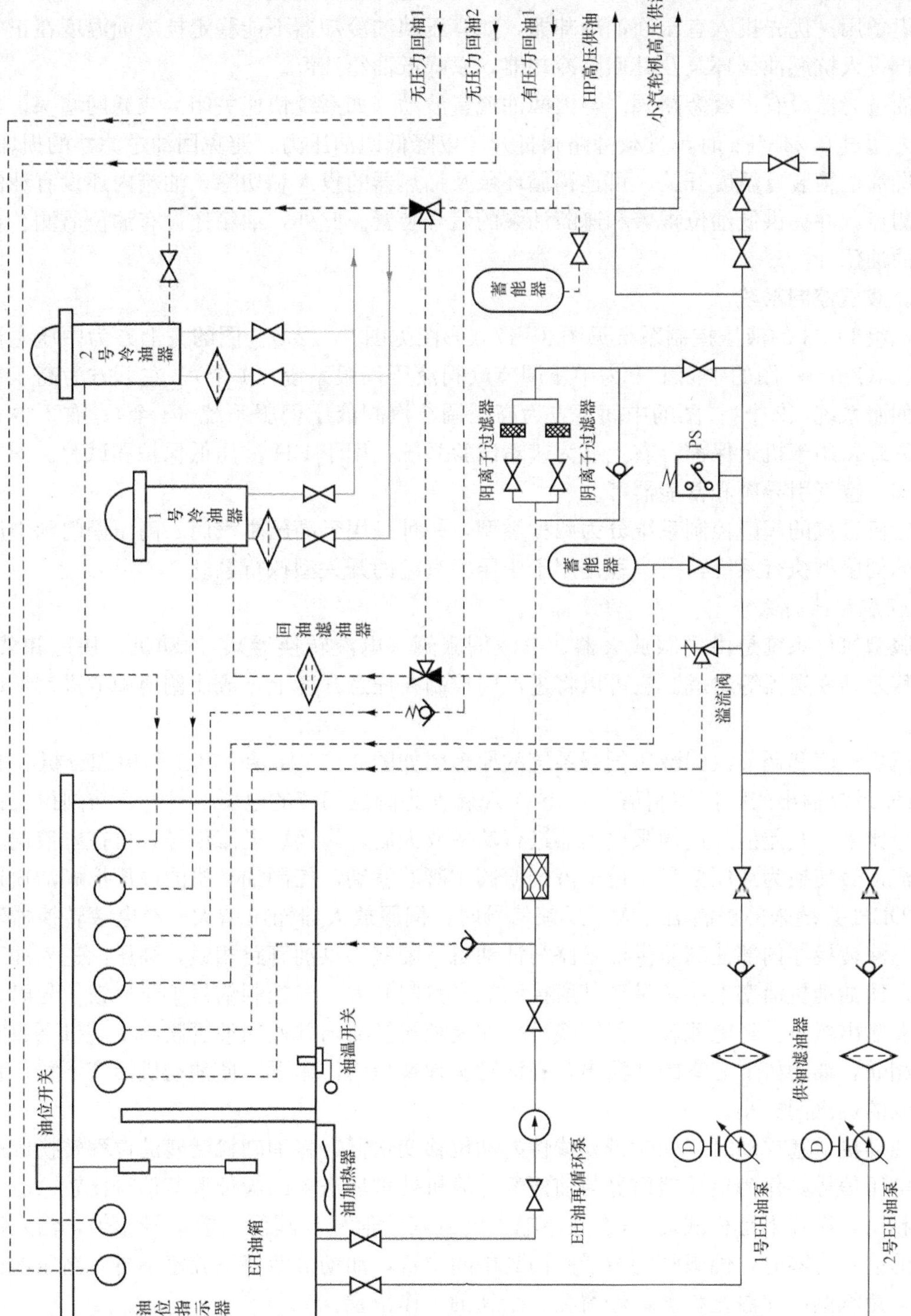
无压力回油1
无压力回油2
有压力回油1
HP高压供油
小汽轮机高压供油
蓄能器
2号冷油器
1号冷油器
阳离子过滤器
阴离子过滤器
PS
回油滤油器
溢流阀
油位开关
油温开关
油加热器
EH油箱
油位指示器
EH油再循环泵
供油滤油器
1号EH油泵
2号EH油泵
D

图 3-16 高压供油系统

系的滤油和冷油系统，配置专门的循环泵将油从油箱中吸出，进行过滤和冷却后，再返回油箱。即使伺服系统不工作，油液的冷却和过滤也可进行。正常运行时，抗燃油冷却器一组运行，一组备用。优先投入有压回油冷却器，如有压回油冷却器不能稳定抗燃油温度在正常范围内，再投入抗燃油循环泵及其回路冷却器，以降低油箱油温。

回油过滤器设有过载旁路阀。当因回油流量波动（如系统快速关闭）或滤网堵塞，致使口油压力超过 0.24MPa 时，过载旁路阀打开，以降低回油压力，避免回油过滤器的损坏。

抗燃油油箱装有温度开关，可连锁循环泵及加热器的投入和切除，油箱内还设有油温过高报警测点，并提供低油位报警和遮断油泵的信号装置。此外，油箱还设有油位监测、报警和跳闸的油位计。

二、液压控制系统

本机组 DEH 的液压控制系统见图 3 - 17（彩图见图 5 - 127）。图的左上方为中压主汽阀控制系统（2 个）；图的中间上方为中压调节汽阀液压伺服系统（4 个）；左下方为高压主汽阀液压伺服系统（2 个）；图的中间下方为高压调节汽阀液压伺服系统（4 个）；右下方为危急遮断系统，用于机组保护；右上方为遮断试验系统，用于 EH 油压低保护和试验。图中还有隔膜阀、空气引导阀和蓄能器等。

汽轮机进汽的阀门控制系统分为两种类型，一种是用于高压主汽门、高压调门和中压调门控制的伺服型执行系统，另一种是用于中压主汽门的开关型执行系统。

1. 伺服型执行系统

伺服型执行系统是由伺服放大器、电液伺服阀（电液转换器）、油动机、快速卸载阀、线性位移差动变送器等组成。它可以将进汽门控制在任意开度上，成比例地调节进汽量以适应需要。

高压主汽门和调节汽门液压伺服系统的原理图如图 3 - 18 所示，其工作原理分析如下：

DEH 系统输出的阀位控制信号，经 D/A 转换为阀位调节的电压信号，它与阀位反馈的电压信号比较，其差值经过伺服放大器进行功率放大后，转换成电流信号，再在电液伺服阀中将电流信号转换为液压信号，使电液伺服阀主阀芯移动，控制油动机的高压抗燃油通道。

当 DEH 系统来的控制信号大于反馈信号时，伺服放大器输出增大，经电液转换器转换后，在电液转换器内部使高压供油管路与油动机下腔室的供油管路相通，高压油进入油动机下腔室，使油动机活塞上移，带动其所控制的进汽门开大。当控制信号小于反馈信号时，伺服放大器输出减小，经电液转换器转换后，在电液转换器内部使回油管路与油动机下腔室的油管路相通，油动机下腔室的油泄出，在油动机弹簧力的作用下，使油动机活塞下移，带动其所控制的进汽门关小。

在油动机活塞移动时，同时带动线性差动位移变送器，将油动机活塞的位移转换成阀位测量的电压信号，作为负反馈信号与前面经计算机处理后送来的阀位调节信号比较（由于两者极性相反，实际上是相减）。只有在原输入阀位调节信号与阀位反馈信号相等，输入伺服放大器的信号为零时，伺服阀的主滑阀回到中间位置，油动机活塞下腔室不再有高压油进入或泄出，蒸汽阀门便停止移动，停留在一个新的工作位置。

中压调节阀的液压伺服系统的原理图如图 3 - 19 所示。按 DEH 信号控制中压调节阀的动作原理与控制高调阀相同，不再赘述。由于中压调节阀在 30%额定负荷下已全开，且再热器的容积很大，在危急状态时，需要以更快的速度关闭，以减小动态超速值。因此这种控

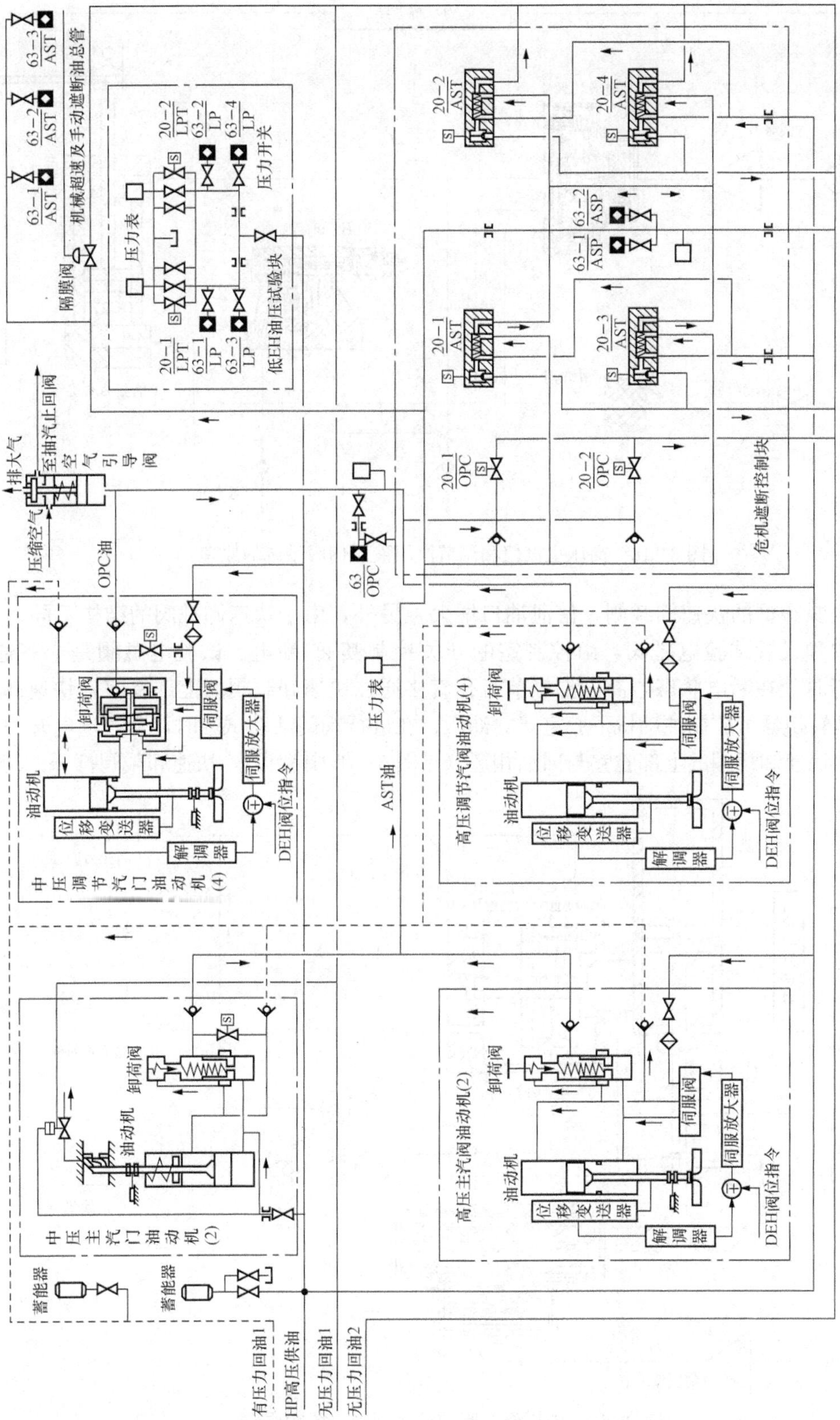

图3-17　600MW超临界参数机组DEH的液压控制系统

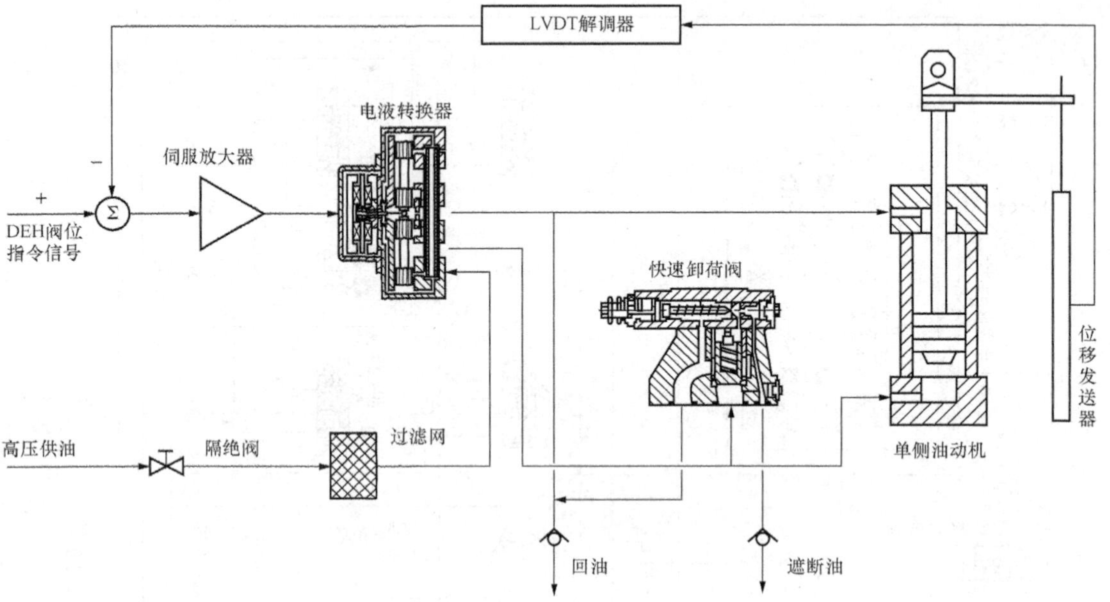

图 3-18　高压主汽门和调节汽门液压伺服系统的原理

制系统采用蝶阀型的快速卸载阀，使泄油口增大。另外，由于快速卸载阀的结构不同，在控制块内需单独设置试验电磁阀，由控制室的开关控制其通/断电。试验电磁阀是个三通阀，在机组运行时处在断电状态，高压油经节流孔直接通往快速卸载阀的上部腔室，快速卸载阀关闭，电液转换器可控制油动机下腔室建立油压；在进行阀门活动试验时，通过供电开关使电磁阀通电，快速卸载阀的上部腔室与回油相通（见图 3-19 中箭头），快速卸载阀打开，其油动

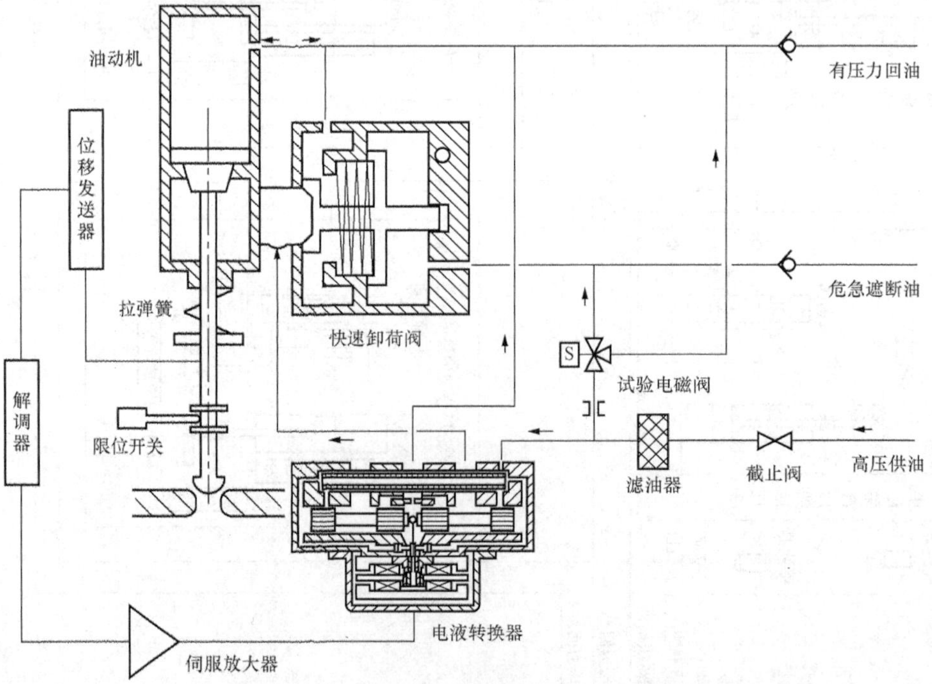

图 3-19　中压调节阀的液压伺服系统的原理

机泄油，中压调节阀关闭；电磁阀再次断电时复位，中压调节阀又开启，活动实验结束。

在伺服型执行系统和开关型执行系统中，油动机下腔室均连接一个快速卸载阀。当发生故障需紧急停机时，危急遮断装置动作，危急遮断（AST）母管油压降低，止回阀打开，使快速卸载阀打开，迅速泄去油动机活塞下腔的压力油，在弹簧力的作用下迅速关闭各高、中压主汽阀和各高、中压调节阀，以实现对机组的保护。在快速卸载阀动作的同时，工作油还可以排入油动机的上腔室，从而避免回油旁路的过载。

当机组转速超过103%额定转速时，OPC电磁阀动作，防超速保护（OPC）母管的油压降低，高、中压调节汽阀的快速卸载阀快速打开，迅速泄去其油动机活塞下腔室的压力油，在弹簧力的作用下迅速关闭高、中压调节汽阀。

2. 开关型执行系统

由于中压主汽门工作中只有全开、全关两个位置，因此配备了开关型执行机构。开关型执行机构比较简单，见图3-20。它是由快速卸载阀、油动机、隔绝阀和试验电磁阀等组成。

由于开关型执行机构没有调节功能，因此不用接受DEH的控制信号。执行机构所用的高压抗燃油自隔绝阀引入，经过一个固定节流孔板后，直接进入油动机的下腔室。中压主汽阀的开或关是油动机通过快速卸载阀，接受ETS危急遮断油压信号控制的。当DEH系统挂闸复位，危急遮断油压建立，快速卸载阀关闭，油动机活塞在控制油压的作用下，克服弹簧力移动，中压主汽阀自动全开；当危急遮断装置动作，危急遮断油压降低，快速卸载阀打开，其油动机泄油，在弹簧力的作用下中压主汽阀迅速关闭。节流孔板的作用是在快速卸载阀打开时，油动机下腔室可快速泄油，避免控制油压产生较大的波动。

系统中的二位二通电磁试验阀，用以定期进行阀门活动试验，保证该汽阀处于良好的状态。当电磁阀通电打开时，快速卸载阀上油室与回油管相通，使快速卸载阀打开，关闭中压主汽阀；当电磁阀断电关闭，中压主汽阀再逐渐打开，活动试验结束。

三、汽轮机危急遮断系统

汽轮机危急遮断系统ETS是在紧急情况下，自动迅速关闭汽轮机所有进汽门，迫使汽轮机停机的保护系统。

汽轮机危急遮断系统，由两部分组成，一是危急遮断逻辑控制部分，二是危急遮断液压控制部分。

1. 危急遮断逻辑控制系统及保护项目

危急遮断逻辑控制部分，与机组运行关系不大，这里不再赘述。危急遮断逻辑控制系统的保护项目如下，当其中的任何一项发出停机信号时，AST电磁阀失电全开，卸掉危急遮断油压，主汽门、调节汽门全部关闭停机。

（1）汽轮机超速达到3300r/min。

（2）轴向位移达到±1mm。

（3）X方向轴振大达到0.254mm。

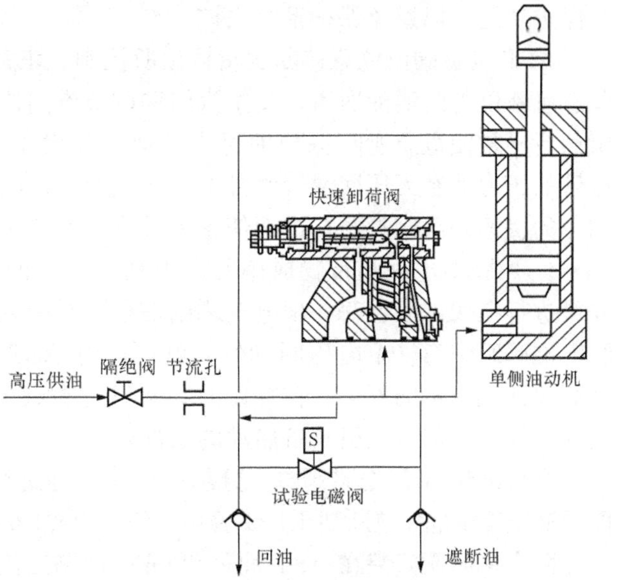

图3-20 开关型执行机构

（4）Y 方向轴振大达到 0.254mm。

（5）高压胀差达到−4.56、+10.28mm。

（6）低压胀差达到−1.02、+16mm。

（7）润滑油压低到 0.06MPa。

（8）EH 油压低到 9.3MPa。

（9）凝汽器真空低到 20.3kPa。

（10）高压缸排汽温度高至 427℃。

（11）锅炉 MFT 联跳汽轮机。

（12）手动打闸汽轮机。

（13）就地原因停机。

（14）DEH 要求停机。

2. 危急遮断液压控制系统

危急遮断液压控制系统由 4 只 AST 电磁阀、2 只 OPC 电磁阀、2 只单向阀和相关管道系统等组成，见图 3-21。

AST 电磁阀是将遮断保护装置发出的电气跳闸信号转换为液压信号的元件，4 只 AST 电磁阀两两并联后再串联组合在一起，接在危急遮断油路里。两只超速保护电磁阀 OPC 并联布置，通过两个止回阀和危急遮断油路相连接。

正常运行时两个 OPC 电磁阀断电常闭，封闭 OPC 母管的泄油通道，使高、中压调节阀油动机活塞的下腔建立油压。当机组超速至 3090r/min 时，两个 OPC 电磁阀通电开启，OPC 母管油液经无压回油管路排至油箱。此时各调节阀执行机构上的快速卸载阀开启，使各高、中压调节阀关闭，同时使空气控制阀打开，各回热抽汽的气动止回阀迅速关闭。延时 2s，OPC 电磁阀断电，OPC 母管油压恢复，高、中压调节阀重新开启。

系统设置的两个 OPC 电磁阀并联布置，即使一路拒动，另一路仍可动作，以提高超速保护控制的可靠性。另外，还可以进行在线试验，即对一个回路进行在线试验时，另一路仍有保护功能，以避免保护系统失控。

AST 电磁阀由危急遮断逻辑输出所控制。正常运行时 4 只 AST 电磁阀通电关闭，封闭危急遮断母管的泄油通道，使主汽门和调节汽门执行机构油动机的活塞下腔建立油压。当机组运行异常使危急遮断保护项目中任何一项发出停机指令时，4 只电磁阀失电全开，AST 母管的压力油经无压回油管路排至 EH 油箱。遮断油压的降低，使主汽门和调节汽门执行机构上的快速卸载阀打开，进而使各个进汽门快速关闭，机组事故停机。

4 只 AST 电磁阀布置成串并联方式，其目的是为了该系统的安全可靠，防止误动作，并可进行在线试验。每一项电气跳闸信号同时引入 4 只 AST 电磁阀的断电继电器，两个并联电磁阀组中有一个电磁阀动作，就可以将 AST 母管中的压力油泄去，使各进汽阀关闭，进而保证汽轮机的安全。在复位时，两组电磁阀中至少要有一组关闭，AST 母管中才可以建立起油压，使汽轮机具备启动的条件。

在线试验 AST 电磁阀时，分组一个一个地进行。试验前一组的电磁阀时，该阀动作后，阀后油压等于危急遮断油压；试验后一组的电磁阀时，该阀动作后，阀前油压等于回油压力。

两个单向阀安装在 AST 油路和 OPC 油路之间，当 OPC 电磁阀通电打开，单向阀维持 AST 的油压，使主汽门和再热主汽门保持全开。当转速降到额定转速，OPC 电磁阀失电关

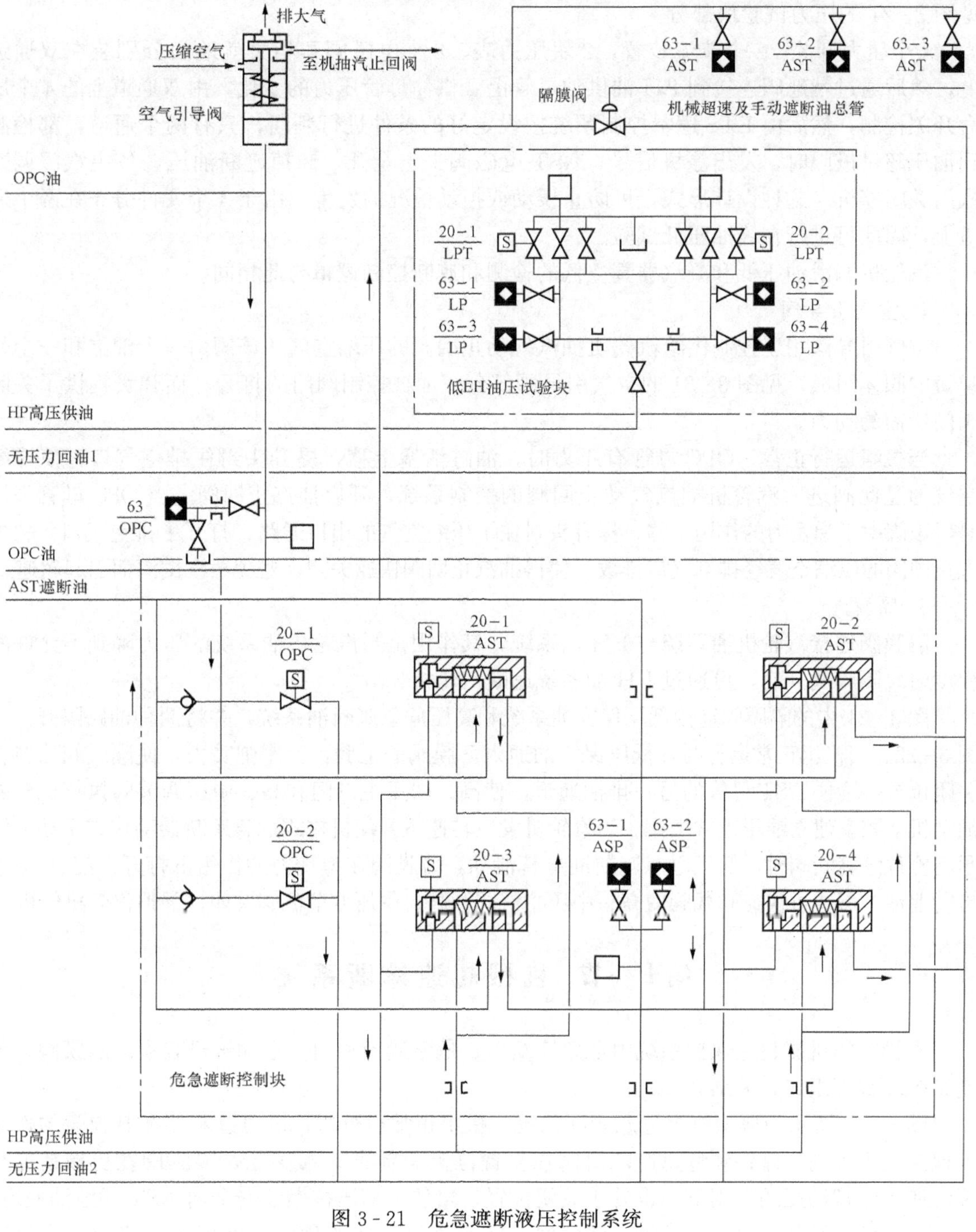

图 3-21 危急遮断液压控制系统

闭，调节阀和再热调节阀重新打开，从而由调节汽阀来控制转速，使机组维持在额定转速；当 AST 电磁阀动作，AST 油路油压下跌，OPC 油路通过两个单向阀，油压也下跌，将关闭所有的进汽阀而停机。

3. EH 低油压保护遮断试验系统

EH 低油压保护遮断试验系统由压力开关、压力表、电磁阀、节流孔和就地门等组成，见图3-21的压力试验块部分。

4个压力开关，2个节流装置，2块压力表、2个电磁阀和相关就地门分别装在双通道上，然后通过就地阀连接到EH油供油母管上。供油母管压力的变化，由双通道上的4个压力开关检测，然后由ETS逻辑控制系统按设定好的条件进行判断，只有两个通道，都检测到油压超过极限时，发出停机信号，AST电磁阀失电全开，卸掉遮断油压，各主汽门调速汽门关闭停机。这种设计形式，可防止误动或拒动情况的发生。由于4个元件分布在两个通道上，因此可进行在线油压低试验。

汽轮机润滑油压低和凝汽器真空低的检测和遮断控制逻辑与此相同。

4. 空气引导阀

空气引导阀用于控制供给汽轮机抽汽气动止回阀的压缩空气。该阀由一个油缸和一个带弹簧的阀体组成，见图3-21的空气引导阀部分。油缸控制阀门的打开，而弹簧提供了关闭阀门所需的动力。

当机组运行正常，OPC母管有压力时，油缸活塞上移，提升头封住排空气口，使压缩空气通过此阀进入汽轮机抽汽气动止回阀的控制系统，开启抽汽止回阀。当OPC母管失压时，该阀由于弹簧力的作用下移，提升头封住了压缩空气的出口通路，打开了排空气口，去抽汽止回阀的压缩空气经排空气口排放，使得抽汽止回阀快速关闭，避免蒸汽倒灌而引起超速。

5. 隔膜阀

隔膜阀连接汽轮机油系统与EH油系统，其作用是当汽轮机油系统的压力降到不允许的程度时，隔膜阀开启，可通过EH油系统遮断汽轮机。

图3-21中的隔膜阀连接低压保安油系统和高压危急遮断油系统，并将两种油路隔开，见图3-22。当机组正常运行时，低压保安油通入薄膜阀的上腔，克服弹簧力，使隔膜阀保持在关闭位置，堵住AST母管的另一排油通道，使高、中压主汽门和高、中压调节阀执行机构的油动机下腔室建立油压正常工作。当汽轮机发生转速飞升使机械式危急遮断器动作或手动前轴承箱侧危急遮断阀时，低压危急遮断油母管泄油，薄膜阀在弹簧力的作用下打开，使AST油母管泄油，可通过快速卸载阀使高、中压主汽阀和高、中压调节汽阀关闭，强迫汽轮机停机。

第十一节　机械超速遮断系统

本机组的机械超速保护系统由危急速断器、危急遮断油门、手动停机装置、隔膜阀、超速试验装置等组成，见图3-22。

图3-22所示为典型机组危急遮断系统。机组正常运行时，危急遮断器在其弹簧的作用下保持在主轴内，碰钩和危急遮断滑阀在复置位置，泄油口A关闭，隔膜阀在机械超速与手动遮断母管油压的作用下，也处于关闭位置，堵住了高压抗燃油安全油AST的泄油通道。

当汽轮机转速超过110%额定转速时，随汽轮机旋转的危急速断器向外飞出，击打碰钩，使碰钩旋转，带动危急遮断滑阀向右移动，打开机械超速与手动遮断母管的泄油口A，从而使隔膜阀在内部膜片和上下压差的作用下打开，泄去高压抗燃油的安全油AST油压，使汽轮机所有主汽阀和调节汽阀关闭，机组紧急遮断停机。也可以通过就地手动遮断手柄，直接动作危急遮断器滑阀，使机组遮断。此时，手动遮断复位手柄移动到“遮断”位置。

机组遮断后，转速下降，危急遮断器缩回轴内。挂闸时，可以通过就地手拉遮断复位手

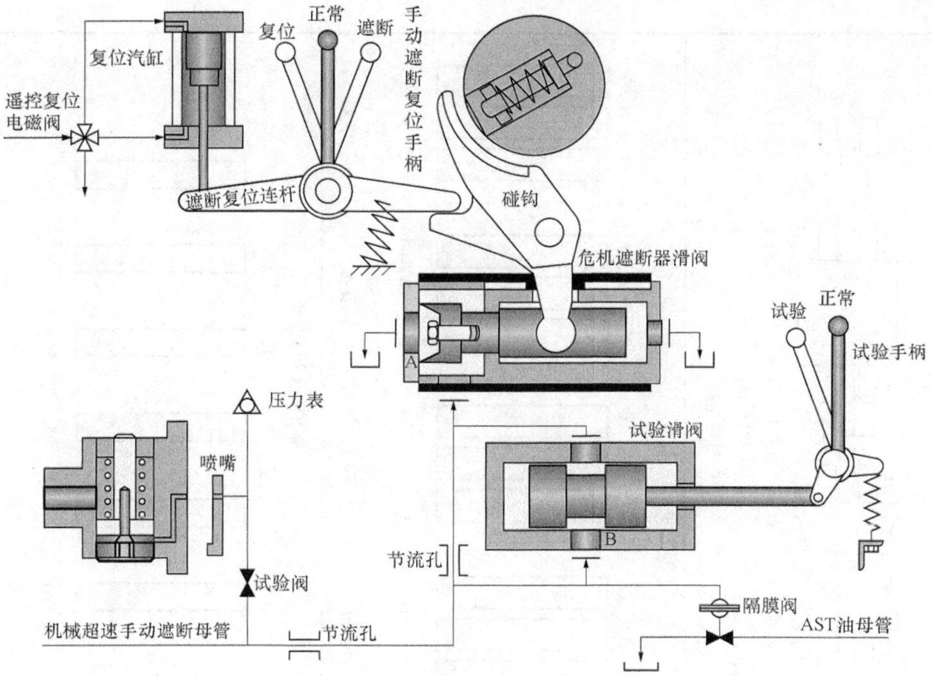

图 3-22　危急遮断系统

柄。将手动遮断复位手柄扳向“复位”位置，并保持一会儿，该手柄带动遮断复置连杆，使遮断复置连杆逆时针旋转，推动碰钩，带动危急遮断器滑阀向左移动，重新封闭机械超速与手动遮断母管的泄油口 A，使隔膜阀上部的油压上升，隔膜阀下部的 AST 油压建立，机组复置。

另外，系统中还设计了遥控复置电磁阀和复置气缸，可以在集控室内 DEH 系统界面上，实现远方挂闸。通过给遥控复置电磁阀通电，压缩空气通过该四通电磁阀，进入复置气缸的上部，气缸下部通大气，气缸活塞向下移动，推动手动遮断复位手柄转动，当限位开关检测到气缸行程终了时，电磁阀断电，气缸活塞返回，挂闸后，手动遮断复位手柄自动回到“正常”位置。

第十二节　汽轮机安全监视系统

600MW 汽轮机均配备有完善的安全监视和保护系统。汽轮机安全监视系统（TSI）用于汽轮机本体重要参数的监视，汽轮机保护系统（ETS）则用于危机情况下跳闸停机。

汽轮机安全监视系统是一种集检测、监视和保护功能于一身的全程监视系统。它对汽轮机本体在启动和运行过程中的一些重要参数进行监视和储存，不仅能指示机组运行状态，记录输出信号，实现数值越限报警等，当汽轮机出现危险信号时还能通过 ETS 系统使机组自动停机。同时还能为故障诊断提供数据，能够在机器严重受损之前，预警事故先兆，大大提高了设备的安全使用程度。

汽轮机应监视和保护的项目随蒸汽参数的升高而增多，且随机组不一而各有差异，本机组监视界面见图 3-23，主要监视参数如下。

（1）轴向位移监视。连续监视推力盘到推力轴承的相对位置，以保证转子与静止部件间

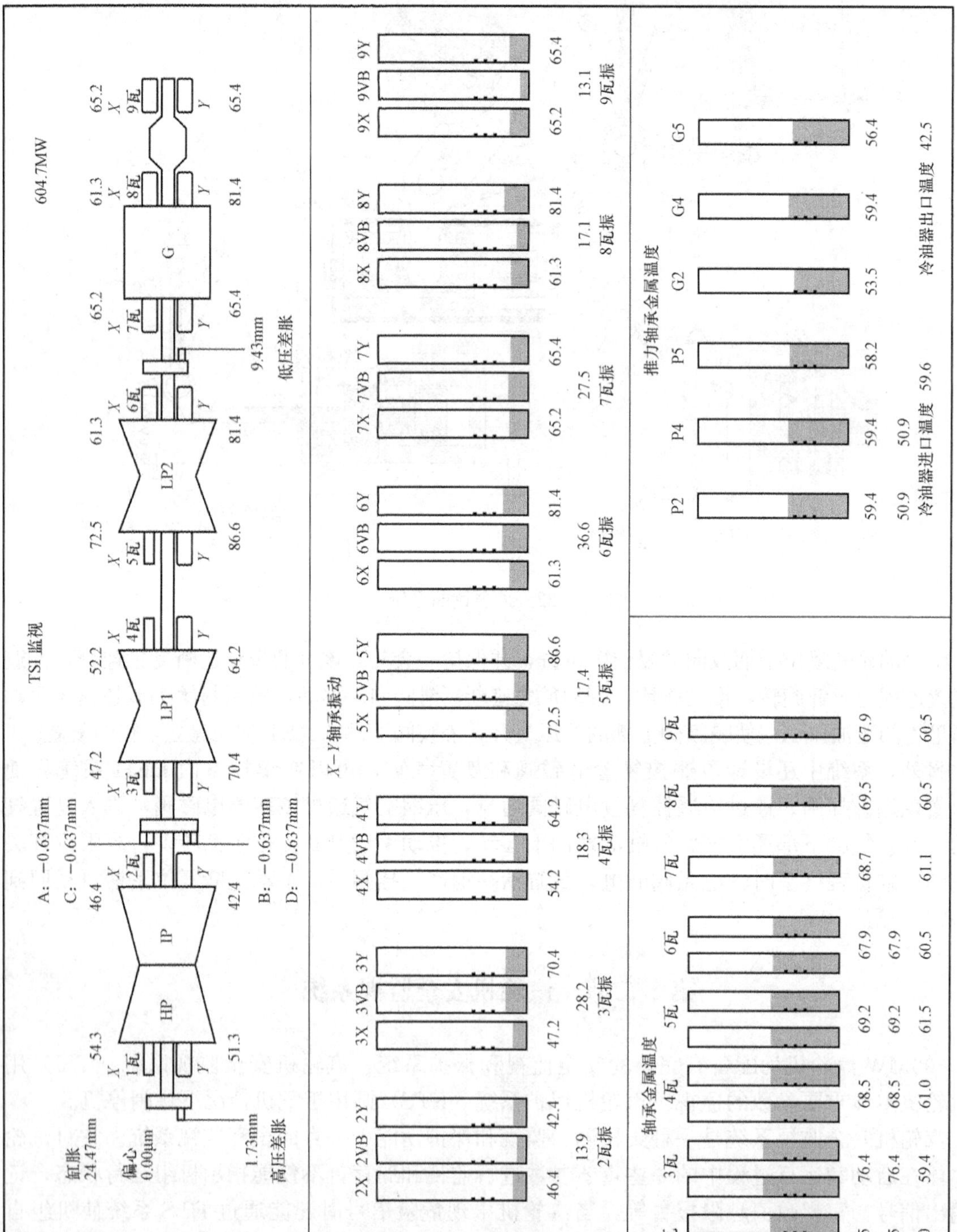

图 3 - 23 汽轮机安全监视系统

不发生摩擦，避免灾难性事故的发生。报警值：－0.9mm，＋0.9mm；停机值－1.0mm，＋1.0mm。当轴向位移过大时，发出报警或停机信号。

(2) 差胀监视。连续分别检测高压缸转子、低压缸转子相对于汽缸上某基准点（通常为推力轴承）的膨胀量。高压差胀报警值：9.52mm，－3.8mm；停机值 10.28mm，－4.56mm；低压差胀报警值：15.24mm，－0.26mm；停机值 16mm，－1.02mm。

(3) 缸胀监视。连续监测汽缸相对于基础上某一基准点（通常为滑销系统的绝对死点）的膨胀量，用于监视。

(4) 零转速监视。连续监测转子的零转速状态。当转速低于 1r/min 时报警，连锁启盘车。

(5) 转速监视。连续监测转子的转速。当转速高于 110％额定转速时报警并停机。

(6) 振动监视。监视主轴相对于轴承座的相对振动。正常值：小于 0.076mm，报警值 0.127mm，停机值：0.254mm。监视轴承盖的绝对振动，正常值：小于 0.03mm，报警值 0.05mm，停机值：0.08mm。

(7) 偏心度监视。连续监视偏心度的峰—峰值和瞬时值。当偏心度达到 0.076mm 报警。

第十三节 发电机冷却系统

运行中的发电机，输出功率越大，其绕组和铁芯产生的热量就越多，发电机温度过高，会影响其内部的绝缘。为了保证机组的运行安全，大容量的发电机组都设置了发电机冷却装置，用来带走发电机运行中产生的热量。

本机组发电机为上海电机厂生产的 QFSN-600-2 水—氢—氢汽轮发电机。发电机定子线圈采用水内冷，定子铁芯及定子端部采用氢外冷，转子采用氢内冷。由于氢气是一种非常危险的物质，大气中的含氢量达到一定的浓度极容易产生爆炸，因此必须采用相应的措施，防止氢气泄漏，目前均采用在发电机转子的轴端通以密封油，以达到防止氢气泄漏的目的。本机组采用水氢氢冷却方式，其冷却任务是由密封油系统、氢气冷却系统和定子冷却水系统完成的。

一、密封油系统

为保证氢气的冷却和防止氢气外漏，所有氢冷发电机组都装有密封油系统。在发电机两端各设有两组氢气冷却器和一个双流双环式密封瓦，一定压力的密封油注入密封瓦与转轴之间的间隙，在静止部分与转动部分的间隙中形成一层油膜。为了达到密封作用，油压应比氢压高，同时油流也对润滑密封瓦进行冷却。

发电机密封油系统见图 3-24。该系统采用双流双环式密封瓦结构，外部供油系统分氢侧和空侧两路。空侧密封油来自空侧油箱，主机润滑油系统来的高压润滑油和低压润滑油作备用。高压润滑油来自密封备用油泵出口，低压润滑油来自润滑油泵和射油器出口。

密封油系统在空侧和氢侧分别配有两台密封油泵，空侧为一台交流油泵，一台直流油泵；氢侧两台均为交流油泵。空、氢侧密封油泵均为一台工作，一台备用。

空侧密封油通过空侧密封油泵提供，一台交流油泵运行，一台直流油泵备用。空侧密封油经加热器、冷油器、过滤器后送入发电机两端。因空侧回油中含有氢气，不能直接回到汽

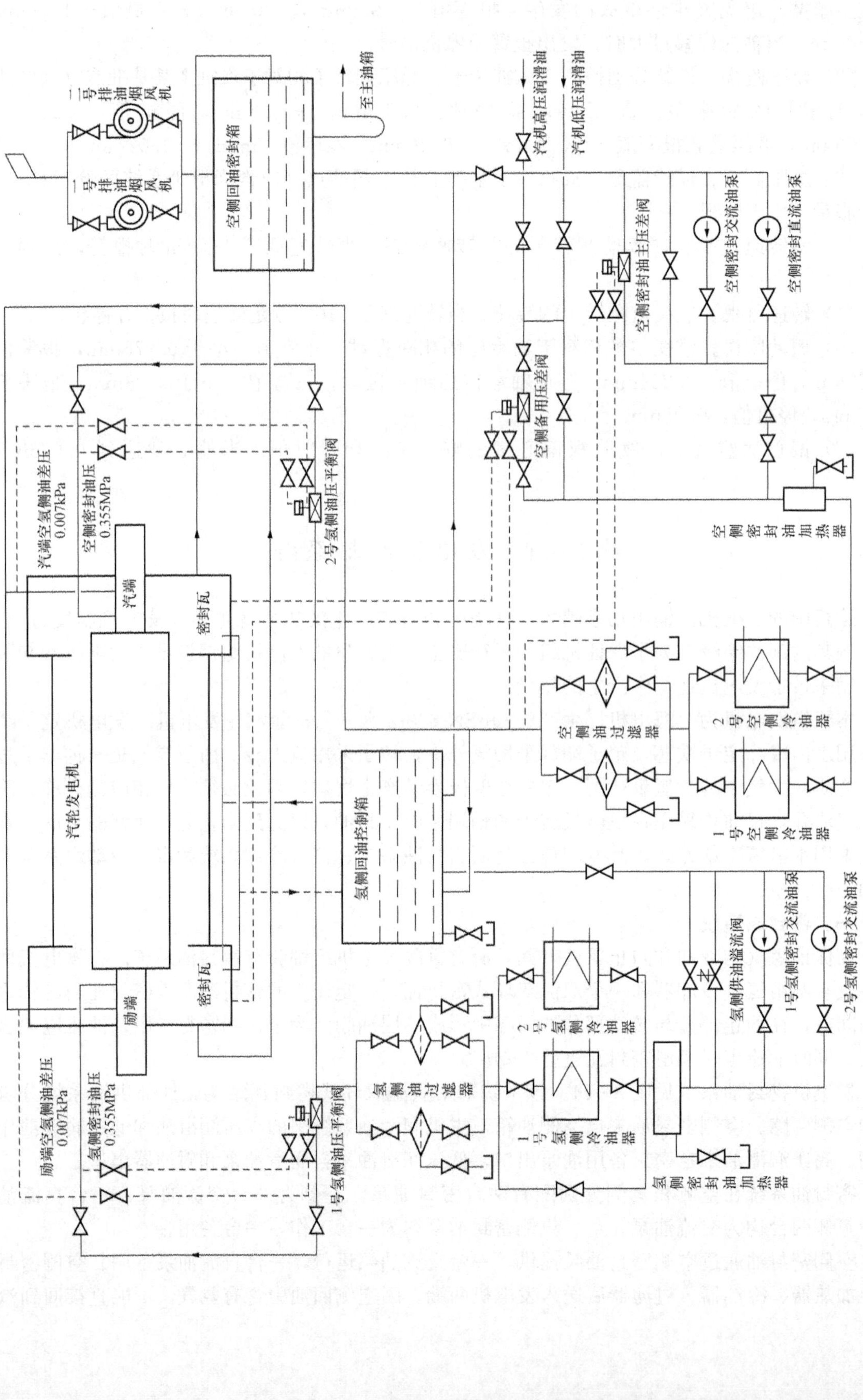

图3-24 发电机密封油系统

轮机主油箱，而是回到了专设的空侧回油密封油箱。在回油密封油箱里氢、油分离后，氢气由排油烟风机排出，回油再经 U 形油管回到汽轮机主油箱。

空侧密封油主差压阀通过控制空侧油泵回油量来调节密封瓦内空侧油压，使其始终高于机内气压一定值，从而密封住机内气体。它跟随发电机内气压的变化而动作。

空侧采用备用油源供油时，靠空侧备用差压阀调节密封瓦内空侧油压，满足运行需要。

密封油箱是氢侧油路的独立油箱。氢侧油由氢侧密封油泵提供，两台油泵，一台运行，一台作备用。氢侧管路上设两台冷油器，也是一台工作，一台备用。氢侧回油饱含氢气，回到氢侧回油控制箱后会有部分氢气分离，分离出来的氢气，通过氢侧密封油箱上部的回气管回到发电机内。

当氢侧供油压力过高时，氢侧供油溢流阀动作，维持氢侧供油压力相对稳定。

双环式密封瓦结构，允许氢侧油路短期断油运行，因此未设直流油泵。当氢侧油泵突然断油时，密封瓦以单流环式运行，可以封住机内氢气，但时间长了，发电机内氢气纯度会下降，因而增加了排油补氢的耗氢量。再就是氢侧油路中密封油箱内的油位会迅速上升，在自动排油装置失灵的情况下需运行人员手动排油。

分别设在励端和汽端的两个氢侧油压平衡阀，分别取各自端空、氢侧供油压差，自动调节密封瓦氢侧油压，使其直接跟随密封瓦空侧油压，目的是使空、氢侧油压相等或在允许范围内。

二、氢气冷却系统

氢气冷却系统见图 3-25。从制氢站来的氢气经过滤器、氢压调节器送到发电机机壳上部的总管，进入发电机机壳。氢压调节器，用于自动维持机内氢气压力恒定，如自动失灵，用与其并联的手动阀调整氢压。二氧化碳从储气罐送到排气母管，经过管道和阀门从发电机机壳下部进入发电机。气体控制站管道上装有压力表，以监视氢气和二氧化碳的压力。

系统中配置了一台氢气干燥器，其内装有硅胶或氯化钙等吸潮物，用来降低发电机氢气的湿度，发电机内的氢气靠发电机的风扇压头实现在干燥器中的循环。

氢气流通是在发电机转轴风扇的驱动下，氢气沿管路进入氢气纯度分析仪，再沿管道回到风扇的负压区，如此不断地循环。氢气分析器可自动对纯度进行分析并显示，如果纯度低于 92%，立即发出报警。氢气压力分析系统不仅把变送器输出的氢压信号用作纯度监测中的密度补偿，而且为相关设备提供监视、报警和连锁信号。

氢气是属于可燃性气体，在氢气和空气的混合气体中，若氢气含量在 3%～75%便有爆炸危险，含氢量在 22%～40%范围内爆炸力最大，因此严禁空气和氢气直接接触，必须采用气体置换的方法。目前发电机气体置换主要有两种方法，一种是中间气体置换法，一种是抽真空置换法。抽真空置换法是用真空泵直接将发电机内的空气抽出来，使发电机气体管路内形成真空，然后再充入氢气。这种方法简便、省时又节约，但是可能会对发电机内部结构带来不良影响，故不予采用。一般还是采用中间介质置换法，就是在发电机充氢或排氢过程中，采用惰性气体（二氧化碳或氮气）作为中间介质进行置换。

本机组采用中间介质置换法。充氢时，先将二氧化碳由下部充入发电机，驱赶发电机内的空气，空气从进气母管排大气门排出。排放过程中，保持机内压力 0.01～0.03MPa，待发电机内二氧化碳含量超过 85%后，再用氢气置换二氧化碳。逐渐补入氢气并排出二氧化碳。注意氢气纯度，当氢压升至 0.25～0.3MPa 时要求氢气纯度大于 96%，氢压和纯度达

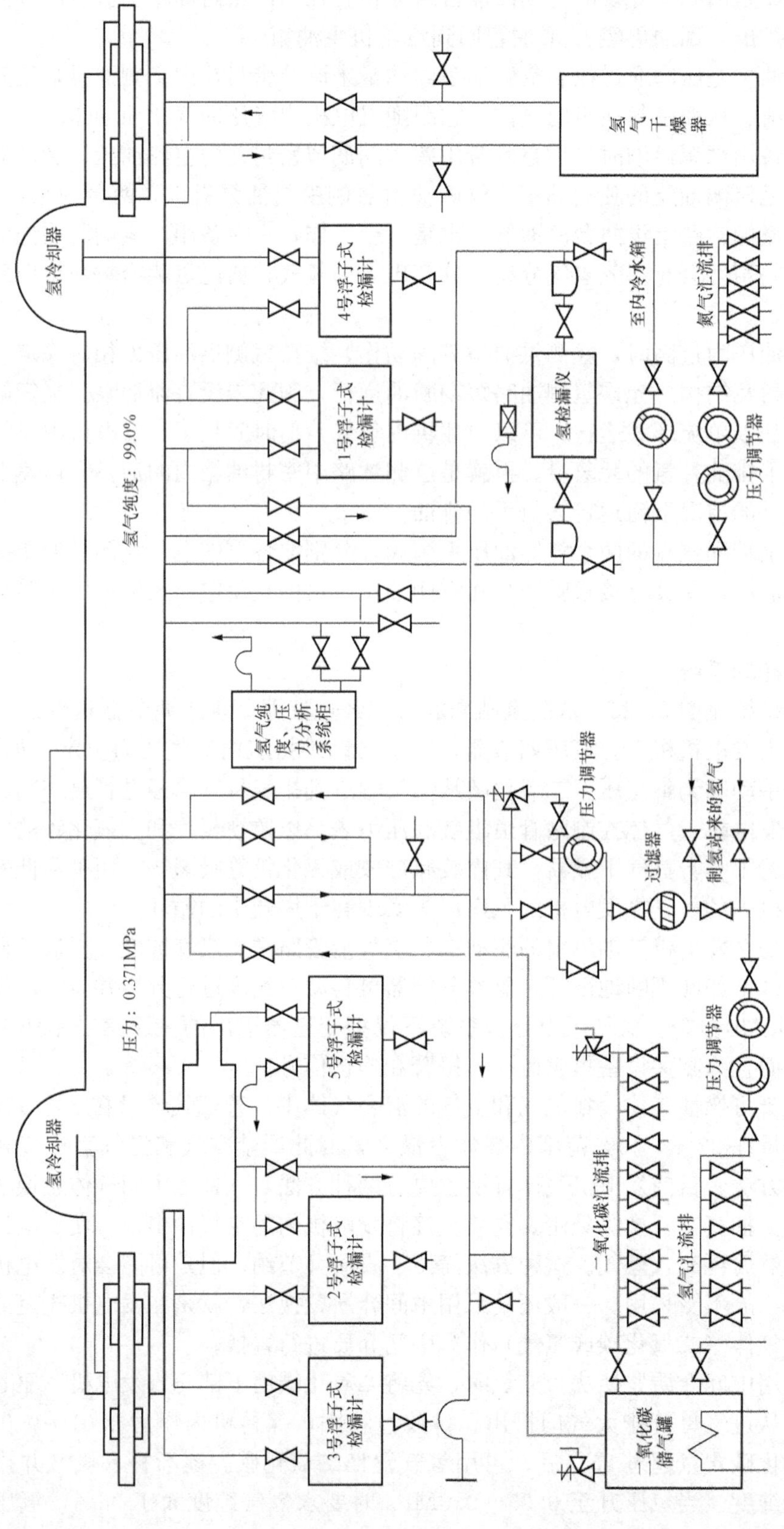
氢气干燥器
氢冷却器
4号浮子式检漏计
1号浮子式检漏计
氢气纯度：99.0%
氢检漏仪
至内冷水箱
氮气汇流排
压力调节器
氢气纯度、压力分析系统柜
压力：0.371MPa
5号浮子式检漏计
压力调节器
过滤器
制氢站来的氢气
氢冷却器
2号浮子式检漏计
3号浮子式检漏计
二氧化碳汇流排
氮气汇流排
压力调节器
二氧化碳储气罐

图 3-25　氢气冷却系统

到要求，停止补氢。排氢时，先向发电机内引入二氧化碳，以驱赶机内的氢气，当发电机内二氧化碳含量超过95%后，再用压缩空气驱赶二氧化碳。当二氧化碳纯度低于15%时，可以终止向发电机内送压缩空气。

运行时应注意干燥剂要定期更换。注意监视各部的压力、温度、温升在发电机对应负荷下应无异常。注意检查各部无泄漏现象。

氢气和二氧化碳供气管道上均装有安全阀，其作用是当气体压力超过安全阀弹簧的整定压力时，释放气体，维持压力。

发电机停止运行氢气排放后，将压缩空气通入发电机内保持0.25～0.3MPa（正常运行时的氢压值），在规定时间内观察压力下降值，用来检测氢气系统的严密性。

三、定子冷却水系统

定子冷却水系统是利用定子内冷水泵向各定子绕组不间断地供水，并监视水温、水压、流量和电导率等参数的变化，来达到冷却发电机定子的目的。系统设置有定子水温自动调节器，以调节定子绕组内冷水进水温度，并设置了离子交换器，用以提高和保持内冷水的水质。定子冷却水系统见图3-26。

1. 主要设备及系统

定子冷却水来自凝结水泵出口。用于定子冷却的凝结水打入定子冷却水箱，水箱上装有补水装置和液位检测开关。当水箱水位下降至报警水位时，液位开关触点动作，通过电气控制回路打开补水电磁阀自动向箱内补水。当水位过高时，又可通过溢流管自动溢流。该系统设有两台定子冷却水泵，正常时，一台工作，一台备用。当泵出口压力低于整定值时，压力控制器通过电气控制回路，启动备用泵。有两台冷却器，互为备用。冷却水为开式循环冷却水，在循环水回水管路上设置有调节器，用以调节冷却水量，从而控制冷却器定子水出水温度在45℃左右。

定子冷却水系统自成一独立封闭自循环系统，定子冷却水泵从水箱中吸水，升压后送入冷却器降温，经过滤水器滤出杂质，然后进入发电机定子绕组，出水流回水箱，如此不断循环，以带走定子绕组运行中产生的热量。在发电机定子绕组冷却水进出口管路上增设旁路和阀门，以便对定子绕组进行反向冲洗。

系统设置有自动水温调节器和离子交换器等辅助装置，还设有监视水温、水压、电导率、流量等参数的表计，并可在超范围时发出报警信号。

2. 系统运行

系统初始充水时，应先使水箱水位在最高位置，直至溢流管有水溢流出为止，以排除水箱内的空气，防止定子绕组破漏后氢气进入水箱与空气混合，然后将水箱水位放至正常。系统检查完毕再启动定子冷却水泵，调整水泵再循环，控制发电机进水压力、流量在规定值。检查泵运行正常，投入连锁。机组启动过程中，根据水温投入定子水冷却器冷却水。

停机后，可根据检修要求进行反冲洗。汽轮发电机停运后方可停止定子水系统运行。先断开水泵连锁，停止水泵运行，检查泵出口压力、电流到零。停泵后注意泵不应倒转，关闭水泵出口门及冷却器进水门。若停泵后水箱需放水，应先开水箱顶部排气门，后开放水门。

在额定氢气压力工况下，机内氢气压力应高于定子绕组冷却水进水压力0.1～0.2MPa，在任何情况下氢压必须大于水压0.05MPa，以防止绕组破损时，冷却水漏出绕组破坏绝缘。

为了防止冷态时水温过低致使氢气中的水分在绕组上结露，系统中设置了提高定子绕组

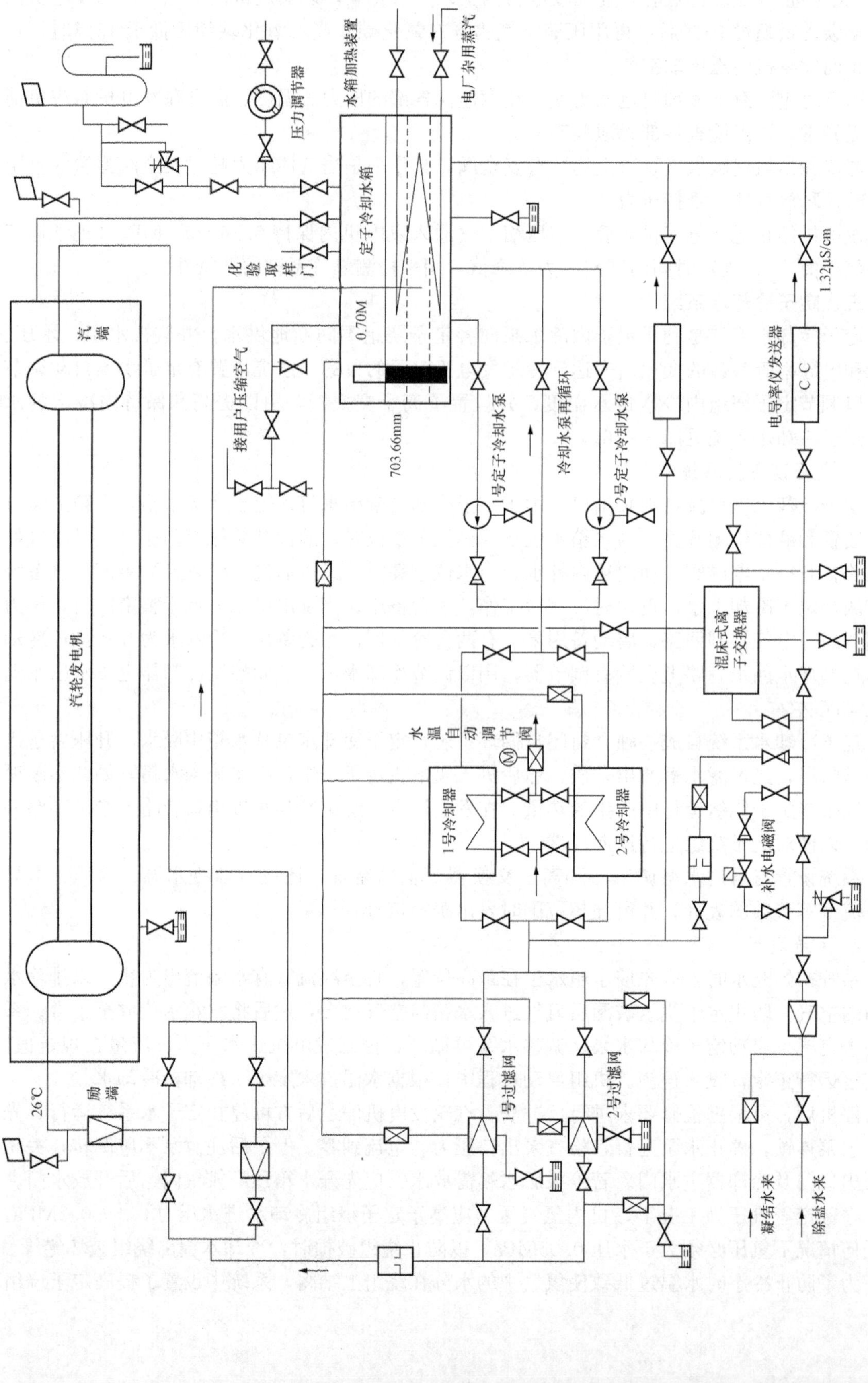

图 3-26　定子冷却水系统

冷水温度的电加热装置，应使加热后的水温高于氢温 5℃左右。夏季温度高时，只要定子绕组冷却水出水温度不高于 80℃，内冷水冷却器出水温度可高于规定值，但不要超过 55℃。

离子交换器是专为提高系统水质而设置的，当系统水质不合格时，应投入离子交换器运行，直到水质合格后，方可停用。发电机定子绕组冷却水进出口旁各有一个排气阀门，是为了防止绕组两端部汇流管内滞留空气而专设的，每次水泵开启以后，应打开这两个排气阀，待水不断流出，确定气体排完后关闭。水箱上部设置的取样门是供化验人员取气样用的，若气样中含有超量氢气，说明定子绕组或端部引出线绝缘引水管破损，必须停机处理。

第四章 电 气 系 统

第一节 电气主接线

本系统有两台600MW发电机，出口装设主开关，两台机组采用发电机—变压器—线路单元接线，两回500kV出线组成内桥接线，两回出线接至距电厂28km处某枢纽变电所。主变压器500kV侧中性点直接接地；每台主变压器低压侧设置一台分裂高压厂用变压器，供两段6kV工作母线，设置一台高公变供6kV公用母线，见图4-1。

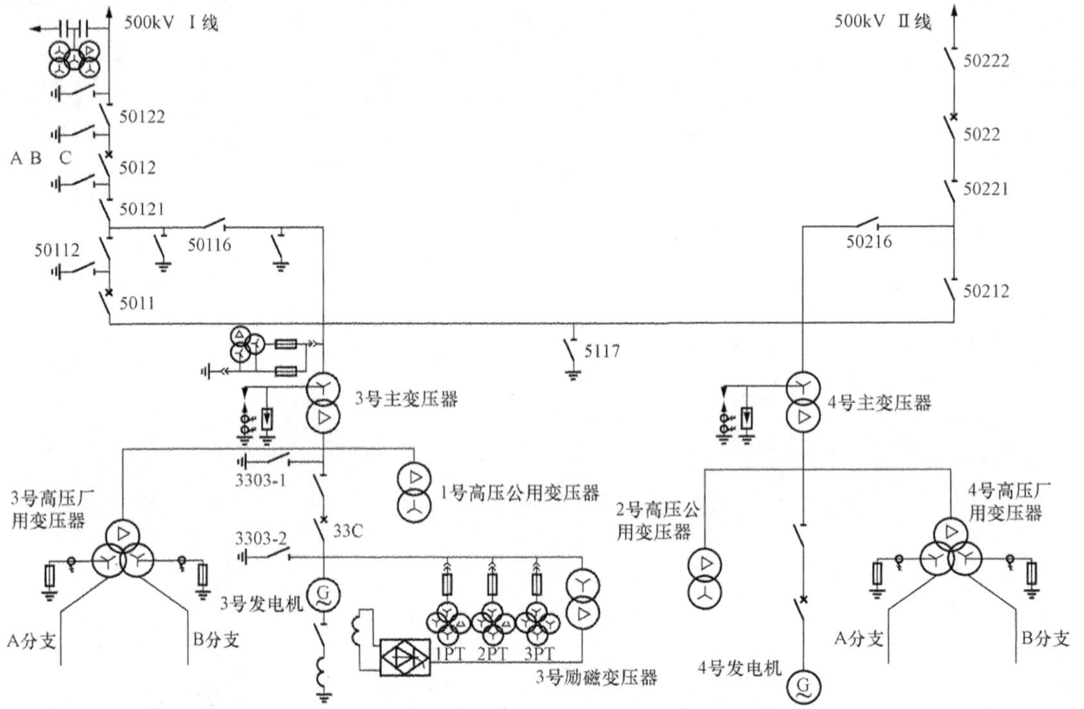

图4-1 电气主接线

本系统500kV主接线采用桥形接线中的内桥接线方式，桥形接线简单清晰，每个回路平均装设的断路器台数最少，既可节省投资，也便于发展过渡为单母线分段或双母线接线。内桥接线是将联络断路器5011接在变压器侧，便于线路的正常投入和退出操作以及切除线路上的短路故障。

本系统500kV运行方式有以下几种。

(1) 正常运行时，5012、5011、5022断路器并列运行。

(2) 正常运行时，5012断路器、5022断路器分列运行、5011断路器冷备用。

(3) 500kVⅡ线停运时，5012、5011断路器运行，5022断路器备用或检修。

(4) 500kVⅠ线停运时，5022、5011断路器运行，5012断路器备用或检修。

(5) 4号机组停运时，5012断路器单独运行，5011、5022断路器检修。

(6) 3号机组停运时，5022断路器单独运行，5012、5011断路器检修。

这种接线方式的不足是当投入和退出发变组运行时，需要操作两台断路器及相应的隔离开关，运行的灵活性和可靠性不够高，但一般600MW机组可靠性较高，投退操作较少，因此可以采用这种接线方式。

500kV运行方式由网调调度。图4-1采用5012断路器、5022断路器分列运行、5011断路器冷备用的运行方式。

一、500kV配电装置设备主要技术参数

GL317型六氟化硫断路器技术参数。断路器为SF_6气体绝缘、三相、单压力自由脱扣、双断口、户外瓷柱式，采用Fk3-4型弹簧操作机构，开关为三相电气联动，也可分相操作，由三个单相操作机构箱组成。主要技术参数见表4-1。

表4-1 500kV断路器主要技术参数

型号	GL317	型号	GL317
额定电压(kV)	550	全开断时间(ms)	40±2
额定电流(A)	4000	SF_6气体压力(20℃)(MPa)	0.75
额定开断短路电流(kA)	50	SF_6气压低报警压力(MPa)	0.64
额定峰值承受电流(kA)	125	气压低闭锁压力(MPa)	0.61
3S热稳定电流(有效值)(kA)	50	合、跳闸方式	弹簧
分闸时间(ms)	≤21	操作方式	单相、电气联动
合闸时间(ms)	≤100		

二、500kV系统设备操作原则

(1) 500kV系统停电必须先断开断路器，依次拉开线路侧隔离开关，母线侧隔离开关。送电顺序与此相反。

(2) 严禁用隔离开关拉、合负荷电流、空载变压器、空载线路。

(3) 500kV系统合接地刀闸或挂接地线前必须进行验电，确认系统无电后方可进行接地操作。

(4) 断路器操作前，应确认断路器SF_6气体压力正常，SF_6气体压力低于闭锁值时严禁操作开关。

(5) 断路器合闸前，应确认继电保护装置已按规定投入。

(6) 500kV断路器运行中严禁进行分相操作。

(7) 500kV系统的操作结束后，必须就地检查断路器、隔离开关状态正确。

(8) 操作前后，必须核对相应表计。

(9) 应避免在恶劣天气条件下进行500kV的倒闸操作。

第二节 发 电 机

一、发电机简介

电能是现代化建设和人民生活最主要的能源，电能主要来自发电机，大型火力发电厂普

遍采用二极隐极式汽轮发电机，转速为3000r/min，冷却方式为水氢氢，即定子绕组水内冷、转子绕组氢内冷、定子铁芯氢冷。发展大容量机组在制造、基建和运行的经济性方面具有下列优点。

（1）可降低电机造价和材料消耗率。

（2）可降低电厂基建安装费用。一个电厂单位造价随着单机容量的增大而降低。

（3）可降低运行费用，减少煤耗及单位千瓦运行人员和厂用电率。

（4）可减少电厂布点，有益于环境保护，减少污染。

二、发电机定子部分

汽轮发电机定子是由定子机座和隔振结构、定子铁芯、定子线圈、定子出线和出线盒、定子水路、氢冷却器及其外罩等部分构成。

发电机的机壳和两侧端盖均属于气密性焊接结构，对固定电枢绕组和铁芯、旋转的励磁构件和气体冷却器形成支撑和封闭。主要的冷却介质是氢气，氢气在机座中并在旋转的励磁构件每端安装的风扇的作用下进行循环。电枢绕组有其单独的液体冷却系统。

发电机被设计为连续运行并被建造为在规定的范围内能够承受异常的运行条件，例如突发性甩负荷或三相短路。励磁供电、氢气系统的控制和监测以及定子液体冷却系统均装有单独的辅助设备。

（一）定子机座

定子机座是一个焊接钢板结构的外壳，其作用在于放置并支撑定子铁芯、绕组和旋转的励磁构件，另外能够为冷却氢气贯穿发电机提供多个导引路径。带有圆周孔环的内部隔板可为铁芯提供刚性支撑并避免共振。内部隔板在铁芯和外壳板之间形成一连串的环形区域，隔板之间孔和管子的合理设计可以实现所需气体自这些区域流出和流入这些区域。

运输设施限制了定子机座的外径，因此设计机座外径时按照作为一个整体能够处理的最大尺寸进行设计。为了将尺寸保持在该限制范围内，氢气冷却器安装在机座的圆顶状部分，并且能够分开装运，到达目的地后组装在主机座的顶部。结合方式是内部用一个拴接法兰，外部将其焊接到外壳板上，从而达到气密目的。

定子机座通过焊接在机座侧面的支脚获得基础的支撑，在运输时支脚是拆下来的。吊耳也控接到侧面以便于行车起重绳索的固定。机座固定到基础上以后拆下吊耳。

（二）机座隔振——弹簧板

弹簧安装组件由轴向弹簧板组成，弹簧板使定子外壳在径向上和切线方向上与定子铁芯的磁振动隔离。电枢扇形片安装在定位筋上，定位筋按顺序固定到弹簧板上。弹簧板拴接到机座上，并在其总长度上和圆周上支持铁芯组件。通过结构设计将弹簧板的弹性限制到安全数值内，它能够有效地将铁芯振动与定子机座隔开。

（三）定子铁芯

电枢铁芯用优质冷轧硅钢扇形片叠装而成，该扇形片是用晶粒取向硅钢板冲成。扇形片的绝缘漆是一种热固性油漆，即使遭受异常加热，也能够保持其绝缘电阻值。扇形片按照互错的方式组装在与定位筋机加工为一整体的定位键上，并把每一组件通过间隔块隔开以利于通风。每一个扇形片齿上开有不同的槽，径向小槽用于电枢线棒，燕尾槽用于电枢线棒边缘，其他的燕尾槽用于组装和锁定在定位筋上。组装好的扇形片被压成一个坚实的圆柱铁芯，通过端部法兰用定子定位筋上的螺母施加压力。这些定位筋在磁铁芯的外径的外侧，定位筋和铁芯之间不需绝缘。实际上由于定位筋只穿过扇形片背缘很短，避免在内径或齿尖处损坏铁芯是非常必要的。如果扇形片在齿尖处有毛刺并出现漏电，则通过铁芯中的磁通量感生出循环电流，从而导致局部过热并且可能损坏铁芯。

（四）铜制磁屏蔽

铜制蝶形法兰组装在定子铁芯每一端的非磁性钢紧固法兰上，其目的在于减少从定子铁芯端部到励磁构件护环的漏磁，漏磁会穿过定子绕组的端匝，从而减少定子绕组端匝中的损失。

（五）定子通风

闭环冷却系统使用氢气作为冷却介质，对所有发电机部件进行冷却，除了定子绕组之外。氢气在发电机每端的一个单级轴流风扇的作用下进行循环，风扇安装在发电机转子上并由转子驱动。

通风的实现是通过在内部和外部对冷却气体加压，使其流经由扇形片和间隔块形成的铁芯中的径向通道。机座上的环形板和铁芯背，以及外侧外壳板形成了几部分，将机座分成高压和低压区域，冷却气体流经各部分受压进入定子铁芯或从定子铁芯中排出。流入这些部分或从这些部分排出的气体通过管子或风道来输送，管子和风道将冷却气体从风扇处导出，贯穿电机，最后经冷却器回流到风扇。定子铁芯中的内部、外部径向气体流的交替布置会使铁芯中实质性的冷却均匀一致，从而降低温差应力，避免局部过热。发电机转子的冷却是通过导引部分气体沿着一系列入口和出口路径流经转子，这些路径的设计与定子的布置相一致。

（六）气体冷却器

有两个双工气体冷却器水平放置在定子铁芯上方的送气室中，与电机的轴向中心线成直角。每个双工冷却器包括两部分，每一部分均有各自的水联箱。冷却器安装在机座上，这样即便在发电机带负荷的情况下，任何一部分都可以退出运行。

（七）端盖及轴承

发电机端盖能够承受转子的重量以及在最大压力下存放氢气而不会过度变形。

发电机转子轴承、氢气轴封和向这些部件供油的油路均包含在外端盖中并由其支撑。端盖从水平中心线处对分为上下两半，便于搬移。上下两半端盖之间的接合处，以及端盖和定子机座之间的接合处带有凹槽，以便填入密封胶，对电机中的气体形成密封。

固定在每个外端盖上、邻近轴承并在轴承内侧的轴封可以防止氢气从发电机中沿着轴逸出。这种布置可以在不从电机中清除气体的情况下对发电机轴承进行检查。电机集电环端的轴承套环和轴封套与发电机机座绝缘，防止出现轴电流。

内端盖位于电枢绕组端部和外端盖之间，它将自风扇排出的气体与进入风扇的气体隔开。风扇入口叶片和环形喷嘴固定在内端盖上，同时环形喷嘴弧段固定在外端盖上，这样能够得到理想的用于风扇的气体进入和排放条件。

（八）下部机座延伸段和高压套管

依靠瓷绝缘高压套管，将主动力导线从下部机座延伸段引出，以利于接线。下部机座延伸段的底板由非磁性材料制成，以便消除套管中的负载电流感生于底板上的电流。

（九）定子绕组

发电机定子绕组采用三相双层短距分布绕组，目的是为了改善电动势波形，即消除绕组的高次谐波电动势，以获得近似正弦波的电动势。

水内冷的定子绕组是由实心股线和空心导线交叉组成，空实心铜线之比为1：2，均包有玻璃丝绝缘层。上层线棒的导电截面积要比下层的大；上层有4排，每排5组空实心股线组成，下层为4排4组，这种设计可明显地降低线棒的附加损耗。槽内股线间进行了540°罗贝尔空换位也起到减少绕组附加损耗的作用。

线棒的空实心股线均采用中频加热钎焊在两端的接头水盒内，而钎焊在水盒上的水盒盖则有反磁不锈钢水接头，用作冷却水进出线棒内水支路的接口。套在线棒上或汇流管上水接头的四氟乙烯绝缘引水管，都用引进型卡箍将水管箍紧。上下层线棒的电连接由上下水盒盖夹紧多股实心铜线，用中频加热软钎焊而成，并逐只进行超声波焊透程度的检查，这就形成上下层线棒水电的连接结构。

定子绕组为60°相带、三相、双层绕组、双支并联、Y形连接。定子绕组的空心导线内通过冷却水来冷却铜线，因此绕组温升很低，单定子绕组对地绝缘仍采用F级环氧云母带连续绝缘，确保使用寿命。在绕组的槽内直线段和出槽口、端部均进行了表面防电晕处理。

定子绕组在槽内固定于高强度玻璃布卷包模压槽楔下，在铁芯两端用割有倒齿的、关门槽楔就地锁紧，防止运行中因振动而产生的轴向位移。楔下设有高强度弹性绝缘波纹板，在径向压紧线棒。在部分槽楔上开有小孔，以便检修时可测量波纹板的压缩度，以控制槽楔松紧度。在槽底和上、下层线棒之间都垫以热固性适形材料，使相互间保持良好接触。采用了胀管热压工艺，使线棒能在槽内紧固可靠地就位。为了线棒表面能良好接地，防止槽内电腐蚀，在侧面用半导体板紧塞线棒。在每个槽上、下层线棒层间埋置一支电阻测温元件，每一根上层或下层线棒绝缘引水管的出口水接头上也各埋有一支热电偶测温元件，用来检测相应部分的温度。

定子绕组的端部全部采用刚—柔绑扎固定结构。它由充胶的层间支撑软管、可调节绑环、径向支撑环、绝缘楔块和绝缘螺杆等结构件以及绑带、适形材料等将伸出铁芯槽口的绕组端部固定在绝缘大锥环内成为一个牢固的整体，绝缘大锥环的小直径端搁在铁芯端部出槽口下的（覆盖着滑移层的）绝缘环上，而绝缘大锥环的环体则固定在绝缘支架上，支架的下部又通过弹簧板固定在铁芯端部的分块压板上，形成沿轴向的弹性结构，使绕组在径向、切向具有良好的整体性和刚性，而沿轴向却具有自由伸缩的能力，从而有效地缓解了由于运行中温度变化和铜铁膨胀量不同在绝缘中所产生的机械应力，故能充分地适应机组的调峰方式和非正常运行工况。水冷的定子绕组连接线也固定在大锥环和绝缘支架上。为了运行安全，绕组端部上的紧固零件全部由高强度绝缘材料所制成。

在绕组端部靠近铁芯出槽口的可调节绑环上，汽、励两端各设有一道气隙挡风环（板），用以限制进入气隙的风量。

三、发电机转子部分

转子由转轴、磁极绕组、磁极绕组的电气连接件、护环、中心环、风扇、联轴器和阻尼系统等部件构成。

（一）机械构造

发电机转子由合金钢锻件机加工而成。机加工前，需要进行多种试验，以确保锻件在物理特性和冶金特性上满足所需规范要求。轴向开槽，机加工而成，在转子本体上放射状布置，用于放置励磁构件。励磁构件嵌入槽中，通过磁性和非磁性楔销承受离心力的作用，用来获得正常的磁通分布。这些楔销一个一个单独装配，并楔入转子槽上机加工而成的燕尾槽中。

在励磁构件楔块上有用于磁极绕组通风的入口和出口，以改善气流，楔块上开口处机加工有翼梢。

（二）护环

槽区外侧磁极绕组的端匝通过高强圆柱形护环予以固定，以承受离心力的作用，护环用非磁性钢锻件机加工而成。

护环热套就位并嵌装，在转子本体端部形成一种特殊的配合。在一定的故障状态下，转子本体上的感应循环电流穿过接合处到达护环，流经环形部分后回到转子本体。励磁构件表面镀银，形成良好的低电阻接触表面，防止故障状态下的烧熔。另外，护环下面的铝制阻尼绕组上有镀银突指，伸出到每一槽口中的楔块端之下，为所有端部楔块提供一个电触点。

护环上的应力要求护环是高强度、高质量的，没有缺陷或应力集中区。

（三）通风

磁极绕组的导体直接冷却是通过氢气流直接与铜绕组接触来完成，以便获得高效传热方式。消除通过开槽绝缘的所需热流，并使绕组中的运行温度更低。

氢气从护环下方进入，对端部线匝进行冷却，然后排放到本体端部处的气隙中。若干进风口段沿本体轴向分布，这样可使氢气沿路径按照多路并行的方式进入绕组。逆风口处的风斗在励磁构件旋转带来的冲击力的作用下迫使氢气进入绕组。氢气向下斜流通过线圈线匝，通过连续线匝中的互错孔到达底部，并流经其他相似的已移位的孔到达气隙。

（四）磁极绕组

在磁极绕组中通入直流励磁电流后建立恒定的主极磁场。磁极绕组包括两个相互隔开180°的磁极，每个磁极上有若干同轴线圈，每个线圈有若干匝数。每一匝导体的横断面是长方形的，上有一系列的细长孔，形成通风通道。通过粘合绝缘层，使绕组的每一匝与其他匝绝缘。通过模制楔槽内套，使线圈与本体部分中的楔槽壁绝缘。圆柱体模制环形绝缘将线圈与护环隔开。端部绕组中的胶木块或聚酯块隔离线圈，向其提供支撑，并限制线圈的移动，线圈的移动是由于温度变化产生的应力和旋转力的作用。所有线匝均串联，形成一个单回路绕组，并通过接线柱从每一端连接到轴上中心孔中的接线棒上。

（五）集电环和集电环接线

集电环热套于轴的端部，并与轴绝缘，集电环为所需数量的电刷提供接触表面。来自于钢集电环的电流通过接线柱到达轴中心孔中的接线棒上。

接线棒之间互相绝缘并沿着轴的中心线装在中心孔的绝缘管中，从集电环到磁极绕组端匝下的某一点。其他接线柱将接线棒连接到磁极绕组上。这些接线柱上有螺纹，装在接线棒上的攻丝孔中。通过在上端装配套环来承受离心力的作用，这样螺纹接合就不需要承受载荷。

磁极绕组端和集电环处均有接线柱，接线柱装有衬垫密封，以防止氢气泄漏。由于两个接线柱是串联的，因此集电环接线柱处的氢气密封对内侧接线柱形成后备保护。

四、发电机系统主要参数的监视与调整

正常运行的发电机，其各参数应保持在额定值允许的范围内运行，当参数偏离额定值时，应及时调整，使发电机保持在合理的运行工况。当参数发生变化时，必须遵循下列原则。

1. 发电机定子电压

发电机定子电压允许在额定值的±5%范围内变动，若发电机各部位温度均未超限，此时发电机的出力可保持不变。发电机仍可以在额定容量、额定频率及功率因数下运行。

当定子电压小于19kV时，其定子电流不应超过20 207A。

发电机的最低运行电压不得低于额定电压的90%（18kV），最高电压不得高于额定值的110%（22kV）。

2. 发电机定子电流

发电机在额定参数下连续运行，不平衡电流应小于8%的额定电流，短时负序电流须满足$I_2^2 t \leqslant 10s$的要求。

3. 发电机周波

发电机运行期间周波的变化范围为（50±0.5）Hz，能保证发电机在额定出力下运行。

4. 功率因数

发电机额定功率因数为0.9（迟相）。

五、发电机升压

（一）发电机自动升压方式

（1）确认汽轮机转速在3000r/min并稳定。

（2）在OIS站上检查发电机并网启动允许条件满足。

（3）检查AVR在自动方式位置。

（4）启动励磁系统程序励磁。

（5）检查发电机电压自动升至18kV以上，否则立即拉开磁场开关。

（6）检查发电机定子及转子回路绝缘情况应无接地现象。

（7）检查发电机定子三相电流为50A左右。

（8）发电机升压至20kV。

（9）检查发电机空载励磁电流、电压正常。

（10）检查发电机三相电压平衡。

（二）发电机手动升压方式

此方式只在发电机进行相关试验时且制定相关措施后方能使用。

（三）发电机升压注意事项

（1）发电机未充氢、定子线圈未通水禁止升压。

（2）发电机升压前，应投入氢冷器运行，注意控制氢冷器冷却水压力小于0.20MPa。

（3）发电机升压前应投入热工保护。

（4）发电机转速达到额定并稳定后方可升压。

（5）查发电机升压过程及并网前定子电流为50A左右，否则应立即灭磁。

（6）发电机升压过程中，励磁电流、励磁电压不正常偏高，应立即灭磁。

六、发电机与系统并列

（一）SID自动准同期

（1）启动ASS调速。

（2）投入准同期装置。

（3）检查发电机出口开关已合上并复位。

（4）检查准同期装置已退出。

（二）同期并列应满足下列条件

（1）发电机电压与系统电压差不大于5%。

（2）发电机频率与系统频率差小于0.15Hz。

（3）发电机与系统相序一致。

（4）相位差小于25°。

七、发电机解列停机

（1）检查机组负荷减到零，无功负荷接近于零。

（2）启动主机交流润滑油泵和氢密封油备用泵，检查运行正常，接到值长打闸命令后，应核对负荷表显示，调节级后压力与调门开度位置对应关系正确，确认负荷已经小于零，汽轮机打闸停机；正常情况下，严禁机组带负荷解列。

（3）检查发电机解列灭磁，汽轮机转速下降，高、中压主汽门、调速汽门关闭，抽汽电动门、止回阀及高压缸排汽止回阀均关闭，高压缸排汽止回阀通风阀开启。

（4）拉开发电机出口刀闸。

（5）断开发电机出口开关的控制电源以及出口刀闸的操作及动力电源。

（6）接到值长命令后，将发电机转冷备用。

（7）发电机解列应遵守下列规定：

1）除紧急停机外，解列发电机必须有值长的命令方可进行；

2）正常情况下，应由汽轮机打闸并通过热工保护来跳开发电机出口开关；

3）发电机解列灭磁时应通过各电流、电压指示来确定开关确在断开位置。

八、发电机正常运行中的巡回检查

（一）发电机的检查

（1）发电机各部温度正常，无局部过热现象，进、出水温、风温正常。

（2）发电机各部声音正常，振动不超过规定值。

（3）发电机绝缘过热检测装置显示正常。

（二）发电机冷却系统的检查

（1）发电机及冷却水管路无渗漏现象。

（2）定子线圈冷却水各参数符合规定的要求。

（3）机壳内氢气压力、纯度、含氧量、温度、湿度各参数符合规定的要求。

（4）发电机氢、油、水系统参数正常，无渗漏、结露现象。

（三）发电机—变压器组保护装置的检查

（四）励磁系统的检查

1. 励磁调节柜、功率柜的检查

（1）各柜上各表计指示正确，柜内各元件无发热及焦臭味，各冷却风机运行正常，入口滤网清洁无积灰；电源、信号灯指示正常，且无报警信号。

（2）各可控硅触发脉冲灯亮，且可控硅熔丝和其他各熔断器无熔断现象。

（3）所有功率柜电压给定值、移相触发角与运行方式相符，且各柜基本一致。

（4）各压板、控制开关位置正确，并且与工作方式要求相符。

（5）励磁系统元件无松动、过热、保险无熔断的现象，各开关位置符合运行方式，风机运行正常，指示灯指示正常。

(6) 各柜柜门关好。

2. 灭磁及过电压保护柜的检查

(1) 各部连线正确、无松动。

(2) 过电压保护装置无动作指示。

(3) 各熔断器完整、无熔断指示。

3. 集流器滑环、碳刷的检查

(1) 集流器滑环上的碳刷及发电机大轴接地碳刷应清洁完好，无卡涩、跳动、冒火花、过短、刷辫断股现象，正常运行时单只碳刷电流不得超过96A，若超过应对其进行调整，并调整电流较小的碳刷使电流分布均匀。必要时进行更换（碳刷的允许磨损程度：刷面距刷辫不得低于3mm）。

(2) 集流器滑环表面应无变色、过热现象，其温度应不大于100℃。

4. 励磁变的检查参照干式变压器的检查进行

5. 运行中更换集流器滑环上的碳刷时的注意事项

(1) 必须退出转子接地保护后，方可进行更换。

(2) 尽量选择在低负荷时进行，否则适当降低发电机励磁电流。

(3) 使用有绝缘柄的工具并站在绝缘垫上，不准两手同时触碰发电机励磁回路与接地部分或两个不同极的带电部分，当励磁回路有一点接地报警时禁止在励磁回路工作。

(4) 发电机所有碳刷型号必须一致，接触面达70%以上。

（五）与发电机连接部件的检查

(1) 封闭母线微正压装置装置运行正常。

(2) 检查发电机绝缘过热装置无报警，电流百分率在100%～110%左右。

(3) 封闭母线无振动，放电、局部过热现象。封母外壳和封母外壳短路板等易发热部位的温度，其温度应不大于65℃，最高允许温升不高于30℃。

(4) 各TA、TV中性点变压器无发热、振动及异常现象。

(5) 系统的绝缘合格，无接地的现象。

第三节 励 磁 系 统

同步发电机的励磁系统主要由励磁功率单元和励磁调节器两部分组成。励磁功率单元，是指向同步发电机转子绕组提供直流励磁电流的电源部分。励磁调节器则是根据控制要求的输入信号和给定的调节准则，控制励磁功率单元输出的装置。励磁系统是发电机正常运行时自动控制电压的环节，也是提高电力系统稳定性的有效措施。励磁变压器主要技术参数见表4-2。

表4-2 励磁变压器主要技术参数

项 目	单位	设计数据	项 目	单位	设计数据
型 号		ZLDC9-2300/$\frac{\sqrt{3}}{20}$/0.88	连接方式		封闭母线
形 式		三相干式	接线组		Yd11
容 量	kV·A	3×2300	绝缘等级		F
电 压	kV	$\frac{\sqrt{3}}{20}$/0.88			

一、励磁系统的作用

(1) 在正常运行的条件下供给发电机的励磁电流，并根据发电机负载情况作相应的调整，以维持发电机端电压或电网某点电压为一定水平。

(2) 当电力系统发生短路故障或其他原因使系统电压严重下降时，对发电机进行强行励磁以提高电力系统的稳定性。

(3) 当发电机突然甩负荷时实行强行减磁以限制发电机端电压的过度增高。

(4) 当发电机出现内部短路故障时能进行灭磁以减少故障损坏程度。

(5) 能使并联运行发电机的无功功率得到合理分配。

二、励磁系统的暂态性能指标

1. 发电机的强行励磁

(1) 强行励磁的解释。电力系统故障时，会引起有关发电机端电压剧烈下降，此时从提高系统的稳定性出发，当发电机电压降低到 80%～85%额定电压时，迅速将励磁加到顶值的措施称为强行励磁，简称强励。

(2) 强励的作用：①有助于继电保护的正确动作（指对带延时的保护）；②能缩短短路故障切除后系统电压的恢复时间；③有助于厂用电动机的自启动过程。

(3) 强励倍数。强励时，励磁机在规定条件下实际能达到的最高励磁电压与额定励磁电压的比值，称强励倍数。强励倍数越大，强励效果越好，但提高强励倍数受励磁机系统结构和设备费用的限制。对于汽轮发电机，强励倍数不小于 2。

2. 励磁电压响应比

励磁电压上升速度是励磁系统重要性能指标之一。励磁电压响应比是指强行励磁过程中，在第一个 0.5s 时间间隔内测得的励磁电压平均速度变化的数值与发电机额定励磁电压的比值，是反应强励过程中励磁电压增长速度快慢的一个参数。对于一般励磁系统约为 2，在快速励磁系统中可达到 6～7。

3. 励磁电压上升响应时间

目前还采用另一个反映响应速度快慢的指标，即励磁电压上升响应时间。其定义是：励磁电压从额定值上升到 95%最大励磁电压的时间，称为励磁电压上升响应时间。对于响应时间小于或等于 0.1s 的励磁系统，通常称其为高起始响应励磁系统。

三、对大容量发电机励磁系统的要求

(1) 保证发电机在各种可能运行方式下对励磁的需求，励磁装置的额定电流应为发电机转子额定电流的 1.1 倍。

(2) 励磁系统应满足所要求的顶值电压和励磁增长速度。一般定值倍数大于 2，即最高励磁电压是额定励磁电压的 2 倍以上，强励时间允许为 10s，可明显提高暂态稳定性。在故障时向系统提供瞬时无功，支持系统电压。响应比一般在 3.5 倍以上。

(3) 励磁系统应能维持发电机端电压恒定并保证一定的精度，保证并列运行发电机之间的无功负荷有稳定合理的分配，调压精度应高于 1/100。

(4) 保证发电机运行的可靠性和稳定性。

(5) 励磁系统具有能充分发挥发电机进相运行能力的功能。

(6) 具有快速减磁和灭磁的性能。

(7) 反应速度快，具有高起始响应的励磁系统，即励磁系统电压响应时间为 0.1s 或以下的励磁系统。

(8) 为改善机组动态稳定，机组振荡时能提供正阻尼。

四、自并励励磁系统

自并励励磁系统完全取消了主、副励磁机，发电机的励磁电流直接由并联接在发电机端的励磁变压器经静止晶闸管整流后供给。由于发电机启动并网前剩磁产生的电压很低，一般仅为1%～2%，不满足起励要求，因此必须先接入起励电源。

自并励方式取消了励磁机，缩短了机组长度，结构简单，因而提高了可靠性。此外，晶闸管整流器设在发电机励磁绕组回路内，所以励磁调节的反应速度很快，并可实现逆变快速灭磁。这种励磁方式的缺点是，其整流装置的电源电压在发电机或电网发生短路故障时，励磁系统供电电压严重下降，一般不能保持自励。本来要求这时发电机能强励，现在却不仅不能强励反而趋向失磁。研究表明，在短路刚开始0.5s以内，自励方式和他励方式是很接近的，只有短路0.5s以后才发生明显差别。因此，只要配合快速保护，完善转子阻尼系统，采用性能良好的励磁调节器和晶间管整流装置，并适当提高励磁倍数，就足以补偿其缺点。

自并励励磁系统主要由励磁变压器、晶闸管整流桥、自动励磁调节器及起励装置、转子过电压保护与灭磁装置等组成。

(1) 励磁变压器。励磁变压器为励磁系统提供励磁能源。

(2) 晶闸管整流桥。整流装置采用三相全控桥式接法。这种接法的优点是半导体元件承受的电压低，励磁变压器的利用率高。全控桥在逆变运行时可产生负的励磁电压，把励磁电流急速下降到零，把能量反馈到电网。

晶闸管整流桥采用相控方式。三相全控桥对于电感负载，当控制角在0°～90°之间时，为整流状态（产生正向电压与正向电流）。当控制角在90°～165°之间时，为逆流状态（产生负向电压与正向电流）。因此，当发电机负载发生变化时，通过改变晶闸管的控制角来调整励磁电流的大小，以保证发电机的机端电压恒定。为保证足够的励磁电流，采用多个整流桥并联。整流桥并联支路数的选取原则为$N+1$个桥，N为保证发电机正常励磁的整流桥个数。即当一个整流桥因故障退出时，不影响励磁系统的正常励磁能力。

(3) 励磁控制装置。控制装置包括自动电压调节器和起励控制回路。励磁调节器测量发电机机端电压，并与给定值进行比较。当机端电压高于给定值时，增大晶闸管的控制角，减小励磁电流，使发电机机端电压回到设定值。当机端电压低于给定值时，减小晶闸管的控制角，增大励磁电流，维持发电机机端电压为设定值。

(4) 灭磁及转子过电压保护。采用逆变灭磁结合转子回路非线性电阻灭磁。

五、自动励磁调节器

自动励磁调节器（AVR）是发电机励磁控制系统中的控制设备，其基本任务是检测和综合励磁控制系统运行状态的信息，包括发电机机端电压、有功功率、无功功率、励磁电流和频率等，并产生相应的控制信号，控制励磁功率单元的输出，自动调节励磁以满足发电机及系统运行的要求。

六、电力系统稳定器

电力系统的可靠性很大程度上取决于发电厂的稳定性以及各发电厂之间相互连接的电网的电力传送能力。日益增加的负荷通过扩大的电力网进行电能的分配，以及采用高起始响应的同步发电机励磁系统已经在电网中得到越来越广泛的应用，对电网的安全稳定运行和供电可靠性发挥了重要作用。大区域电网的联网运行对电网的安全供电和稳定运行带来了好处，同时对电网的稳定性能提出了更高要求，用各种不同的方法来提高系统的稳定性和可靠性，包括调控、输电以及配电设备的设计。使用励磁调节装置可以控制电压，提高电网电压的运行质量和稳定水平，但也带来负阻尼效应。600MW 汽轮发电机组快速励磁的使用便扩大了负阻尼效应，在一定情况下系统将产生 0.1～2Hz 的低频振荡。为此增加一自动调节环节，即电力系统稳定器，一种为了提高电网与发电机同步运行稳定性而设计的自动控制装置。电力系统稳定器控制装置的目的是对发电机转子在电力系统宽频率范围内的角摆动的阻尼发挥有益的作用。

怎样保证一种可靠的电力供应，这与发电机的稳定性密切相关。对于一个有多个同步发电机的系统而言，稳定性的最简单定义是指不管各个发电机之间的负荷发生了多大的变化，系统将维持一个恒定的电压和频率。也就是说，当一个瞬时事件发生时，随后的发电机电压和频率的振荡经充分阻尼，以重新获得稳态运行，即我们说这个系统是稳定的。有两种稳定性现象对我们是非常重要的。一种称“动态稳定性”，也称作动态特性，通常这种动态特性定义为一个系统纠正各种微小的变化的能力；另一种称为“暂态稳定性”，这通常定义为一个系统从各种大的变化恢复到稳定状态的能力，诸如由于一个电力断路器的动作产生的瞬时甩负荷。如果有足够的同步扭矩，机组将保持稳定。现代的发电机机组均配备有高增益的电压调节器，以强化机组的暂态稳定性，但这往往又削弱了动态稳定性。通过发电机励磁的调制作用，电力系统稳定器依靠提供电力系统振荡模式的阻尼来改善小信号（稳态信号）的稳定性。

发电厂通过旋转的原动机把动能转变成机械能，再通过与原动机级联的发电机将机械能转变成电能。在发电机上能量和电网负荷之间的关系是非常严格的。输入到进个机械中的功率必须等于这个机械的功率输出加上这个过程中的所有损耗。我们现在引入一个最基本的物理概念——扭矩。来自原动机的扭矩要求发电机内部的机械力发生位移，这是由磁场的励磁作用、定子电流的流动产生的。当这种位移或平衡结果不能维持时，同步发电机将不能维持同步运行。任何原因打破这种平衡均将导致频率和电压的波动。因此，维持这种平衡是非常关键的。

一个同步发电机空气隙中的磁场是由一台连接到电力系统中的发电机的励磁作用和定子电流作用引起的。两个力之间的角度称作为扭矩角或转子功角。它直接反映了可以传送的电功率的大小。当系统存在稳定性问题时，限制了功率传输能力，可通过下列方案解决问题，即增加系统电压，通过增加串联电容器或增大导体的截面，以减少系统的阻抗，改变两个电动势之间的角度，或者采用这些方法的组合措施。当所有措施都将增加传送功率的能力时，有些可能不是经济的。

原动机和发电机组之间内部建立起来的扭矩是平衡的。这些扭矩是由原动机产生的机械位移扭矩，以及由励磁磁通量和定子电流磁通量之间相互作用而产生的电磁扭矩。机械扭矩是由原动机旋转而产生的。电磁扭矩有一个同步扭矩分量和阻尼扭矩分量。同步扭矩本质上随着转子角度的变化而波动，而阻尼扭矩则随着电机速度的波动而变化。因此，任何原因打破这些扭矩的平衡状态都将导致系统的稳定性问题。当发生这种情况时，由定子电流产生的磁通量将发生改变，导致电功率和机械功率之间的不平衡，两者的差值将导致转子的转速波动。如果同步力矩不足，将发生滑行失步；阻尼力矩不足，将发生振荡失步。

通常，在一个相互连接的系统中一个发电机将在本征频率下发生功率振荡。这些模式在所有相连的系统中均是存在的，并且由于线路突然断电和繁重的系统负载会减弱线路阻尼连接，这些都是导致系统阻尼不良的原因。同步机械振荡通常为下列四种状况之一：局部机械—系统的振荡（局部模式）、交互区域振荡、机组间的振荡、扭转的振荡。

（1）局部模式振荡。通常是指一个或多个同步发电机相对于一个相当大的供电系统或负载中心的共同摆动。振荡频率典型范围为1.0～2.0Hz。

（2）交互区域振荡。通常涉及多个同步发电机的组合，是一个电力系统的一部分相对于这个系统的另一部分发生的波动。交互区域振荡的频率范围通常为0.1～0.7Hz。

（3）机组间的振荡是指一个电厂内或临近电厂间的两个或多个同步发电机之间的摆动。机组间振荡发生频率通常为1.5～3Hz。

（4）扭转的振荡涉及一个装置的两个旋转元件（如同步发电机和汽轮机）之间的相对运动。

如果单台发电机转子功角的改变是至关重要的，则更重要的是已经紧密连接到一个系统上的所有发电机的行为。在系统的同一瞬时，要求使所有转子功角在相对方向上移动。提供控制作用是电力系统稳定器的功能，这个控制作用将保持电力系统维持稳定。

七、励磁系统运行方式的规定

（1）正常运行的5台励磁功率柜输出励磁电流。

（2）4台励磁功率柜运行均能满足包括强励在内的各种运行工况的要求，3台励磁功率柜运行能满足发电机正常运行要求，但不能提供强励，2台励磁功率柜不能维持发电机运行，需马上停机处理。

（3）发电机励磁调节方式正常时为自动方式，当两个调节器自动方式同时故障时将自动切至手动方式运行。

（4）当手动励磁调节时，应保证一定的无功输出并加强对励磁系统的监视，当启动6kV电动机时应适当增加发电机无功输出。

（5）发电机不允许在空冷方式下加励磁。

八、励磁系统的运行方式

（一）正常运行方式

（1）调节器“远方控制”。

（2）整流柜全部运行。

（3）调节柜主通道1（2）AVR运行，FCR跟踪AVR。

（4）调节柜主通道2（1）AVR跟踪主通道1（2）AVR，FCR跟踪AVR。

（5）各限制器投入。

（6）叠加控制暂不投入、电力系统稳定器根据调度要求投入。

（二）非正常运行方式

（1）整流柜缺柜运行。

（2）调节器FCR方式运行。

（3）调节柜主通道1（2）故障。

正常运行时，系统提供了两个自动通道的跟踪。在自动通道无故障时，备用通道自动跟踪工作通道，这时可从任一通道切换至另一通道。自动通道故障检测出故障后，将自动切换到手动通道运行。在手动通道运行时，应有运行人员对发电机励磁进行连续监视，按照功率图小心调整确保不超过转子和发电机的运行极限。

当任一台功率柜故障后，其他功率柜将承担其工作电流，满足强励和1.1倍励磁电流要求。两台功率柜故障后，励磁电流限制器设定值将自动减少，不能进行强励。如果三台功率柜故障则自动切断励磁。

九、励磁系统的运行调整

当励磁系统正常运行时，AVR应工作在任一通道“自动”方式，“手动”方式和备用通道应跟踪正常。若AVR单个通道运行或工作在“手动”方式时，PGP屏励磁系统画面应派专人监视和调整，并尽快消除故障，恢复正常运行。

当工作通道故障时，备用通道无故障则自动切换至备用通道，否则切换至“手动控制”方式，TV实际值检测消失及OC1报警时，也将引起主/备通道或自动/手动的转换。

(1) 只得到一组TV的检测值，则从“自动”转换到“手动”运行方式。

(2) 如得到二组TV检测值，每个通道一组，则转换将是从故障通道的“自动”方式转到完好通道的“自动”方式。

(3) 如果两组TV检测值都有误，则转至“手动”方式。

一些设备的错误故障可能导致励磁系统的远方控制和就地控制都不能动作，但在紧急情况下，必须保证能够切断励磁系统。紧急切断可以通过在励磁柜上的“紧急断开”按钮或硬操盘“灭磁开关跳闸”按钮来实现。

当发电机主开关合闸时，励磁系统不能通过PGP屏上远方控制断开，若想通过PGP屏远方控制切断，发电机主开关必须先断开。

紧急断开只有在事故及用正常切断方式无法实现时才能使用。

第四节 厂 用 电 系 统

现代火力发电厂是高度机械化和自动化、连续生产的工厂，使用大量的由电动机拖动的机械，为发电厂的主要设备如锅炉、汽轮机、发电机和辅助设备服务，这些电动机以及试验、修配、照明等用电设备构成了发电厂的厂用负荷。厂用电系统必须高度可靠，以保证发电厂的正常运行，厂用电的耗电量应尽可能地少，以降低发电成本，提高发电厂的经济效益。

运行中的发电厂，厂用电的可靠性必须得到保证，使发电厂长期无故障连续运行，不会因厂用电的局部故障而导致停机。然而，对可靠性提出过高的要求，必然导致投资的不合理增加，因此，首先应重点保证对Ⅰ类厂用负荷的不间断供电，以确保重要机械的连续运转。

本系统的厂用机械主要包括：

(1) 煤场及输煤系统的机械，如抓斗起重机、扒煤机、推煤机、碎煤机、提升机械、输煤皮带等；

(2) 制粉系统，如磨煤机、给煤机、排粉机、螺旋输粉机等；

(3) 锅炉辅机，包括给粉机、送风机、引风机、除灰泵等；

(4) 汽轮机辅机，有凝结水泵、给水泵和循环水泵等；

(5) 变压器冷却用通风机、强迫油循环冷却的油泵、水泵等；

（6）热电厂的热网给水泵和凝结水泵等；

（7）其他辅机，如油泵、消防泵、疏水泵、行车、电除尘器、直流系统的充电设备、备用励磁机、各种电动阀门等。

还有常用的照明和事故照明设备。重要场所如主控制室装设的事故照明设备，平时由220V交流电源供电，当交流电源发生故障或全厂停电时，事故照明设备自动切换至直流系统，由蓄电池组继续供电。

根据厂用设备在发电厂生产过程中的作用，厂用电供电中断时对人身、设备以及电能生产造成的危害程度，将厂用负荷分为以下几类。

1. Ⅰ类厂用负荷

短时停电，即使用手动操作恢复供电所需的短时间停电，都会造成设备损坏、危及人身安全、主机停运或出力明显下降的厂用负荷，如给水泵、凝结水泵、循环水泵、吸风机、送风机、给粉机以及水电厂的调速器、润滑油泵、空压机等负荷。这些负荷都属于要求供电可靠性最高的厂用负荷，通常均设置有双套机械，互为备用，并分别接到有独立电源的不同母线段上，当失去一个电源后，另一个电源便立即自动投入。

2. Ⅱ类厂用负荷

允许短时间如几分钟的停电，经运行人员及时操作后重新取得电源，不致造成生产混乱的厂用负荷，如工业水泵、疏水泵、灰浆泵、输煤设备以及化学水处理设备等负荷。对Ⅱ类厂用负荷，一般应由不同的两母线段供电，但可以采用手动进行切换。

3. Ⅲ类厂用负荷

较长时间停电而不会直接影响电能生产的厂用负荷，如修配车间、实验室、油处理室等用电负荷，一般可由一个电源供电。

4. 事故保安负荷

在主发电机停机过程及停机后的一段时间内，仍应保证供电，否则可能引起主要设备损坏、自动控制装置失灵以及危及人身安全的厂用负荷。事故保安负荷主要有实时控制用的计算机、发电机组的润滑油泵电动机、盘车电动机、事故照明设备等。

厂用电的供电可靠性，很大程度上是由厂用电源的取得方式所决定的。本系统的厂用电工作电源由主发电机供电，由于电力系统和主发电机的事故率都已大大降低，即便发生故障，继电保护与自动装置也能迅速将故障切除，当厂内发电机全部停机时，也还可以方便地从系统得到电源，因此，由主发电机供电的方式有很高的可靠性，具有运行简单、调度方便、投资和运行费都较低等优点，由于靠近电源，重要电动机的自启动也可得到保证。因为本系统发电机与主变压器压器接成单元接线，因此厂用工作电源从主变压器压器低压侧引接，设一台分裂高压厂用变压器和一台双绕组高压公用变压器供电。

由于机组中锅炉的辅助设备多，功率大，消耗电量也大，为了进一步采取措施提高供电可靠性，每台机组6kV高压厂用母线采用按炉分段的原则供电，属于同一台锅炉的厂用负荷都接于同一分段母线上，与锅炉同一发电机组的汽轮机的厂用负荷也接于这一母线上，由该机组向该母线段供电。公用性负荷设公用母线段供电。按炉分段的方式具有明显的优点，就是当一段母线故障时只影响一台锅炉的运行。厂用系统发生短路时，短路电流也较小，便于厂用电气设备的选择。将同一机一炉的厂用负荷接于同一母线段上，还便于运行的管理和检修安排。

低压厂用母线也按炉分段，电源则由相应的高压厂用母线供给。

厂用电各级电压均采用单母线按炉分段接线，配电装置由成套开关柜构成，可以使系统清晰、可靠，便于运行与检修。

一、厂用电系统运行方式

如图 4-2 所示，6kV 系统采用低阻接地。两台机组对应 6kV 母线（6kV 工作ⅢA 段与 6kV 工作ⅣA 段、6kV 工作ⅢB 段与 6kV 工作ⅣB 段、6kV 公用Ⅲ段与 6kV 公用Ⅳ段）为手拉手备用方式，同时 6kV 工作段母线与一期 6kV 备用段相连，可与其相互作检修备用。两台机组各设一 6kV 公用段（6kV 公用Ⅲ段，6kV 公用Ⅳ段），两台机组 6kV 公用段通过联络开关 2C06 互为备用。6kV 公用Ⅳ段另设有一路由 6kV 工作 IVB 段供电的后备电源。

厂用 380/220V 系统通过低压厂用变压器从 6kV 系统引入，分别接入各 380V 动力母线。各母线均设有备用电源分明备用和暗备用两种。

每台机组保安电源系统分汽轮机、锅炉两组，均由相应两段动力母线提供两路电源，并且每台机组设一台柴油发电机作其备用电源。一、二期脱硫系统各设一脱硫保安 MCC，分别由柴油发电机Ⅲ、Ⅳ段作其备用电源。

直流分 220、110V 两系统，220V 系统两台机组共设一套直流系统，提供动力、事故照明等电源，110V 系统每台机组主厂房各设一套直流系统，提供控制电源。线路保护室、净水站、除灰、循环水泵房分别单独设控制用 110V 直流系统。

每台机组各设一套 UPS 系统，提供 DCS 等重要交流负载，每套 UPS 设两台 UPS 主机单独向各自的馈线母线供电。每台机组 UPS 馈线母线间设两个联络开关作检修备用。

当 3、4 号机组任一或全部机组停运，相应主变压器及线路不需要停运，系统可由 500kVⅠ、Ⅱ线经 3、4 号主变压器倒送电供厂用电；当 3 或 4 号发电机—变压器组需停运时，相应线路开关由另一台机组供电，必要时亦可由一期 6kV 备用段供电。

（一）6kV 厂用系统运行方式

3 号机组与 4 号机组 6kV 工作段“手拉手”互为备用，快切投入，从其他 6kV 0A、0B 备用段来的电源作为 3 号机组与 4 号机组 6kV 工作段的后备电源（手动必须先断后合）。6kV 各工作母线分别设置一套微机同期快切装置以实现手拉手备用。

3 号机组与 4 号机组同时运行时，当其中一台机组的主变压器或高压厂用变压器发生故障，6kV 厂用电源失电时，由另一台机组提供备用电源。一台高压厂用变压器容量不能同时带两台机组的全部厂用 6kV 负荷，此种情况下，需由快切装置切除故障机组的部分 6kV 负荷（只保留必要的事故停机负荷），然后再投入联络开关。切除厂用电负荷为磨煤机、送风机、一次风机、引风机、汽泵前置泵、电动给水泵。

3 号机组与 4 号机组 6kV 公用段“手拉手”互为备用，备自投停用压板退出。

当一台机组运行，另一台机组主变压器及高压厂用变压器停运时，当 6kV 厂用电源失电时，由启动/备用变压器电源来（手动投入）提供事故停机电源。启/备用变压器不允许与 3 号机组和 4 号机组 6kV 厂用电合环运行。当启/备用变压器向 3 号机组和 4 号机组 6kV 厂用电供电时，因启动/备用变压器电源与 3 号机组和 4 号机组 6kV 电源存在 30°相差，应采用停电法倒换。

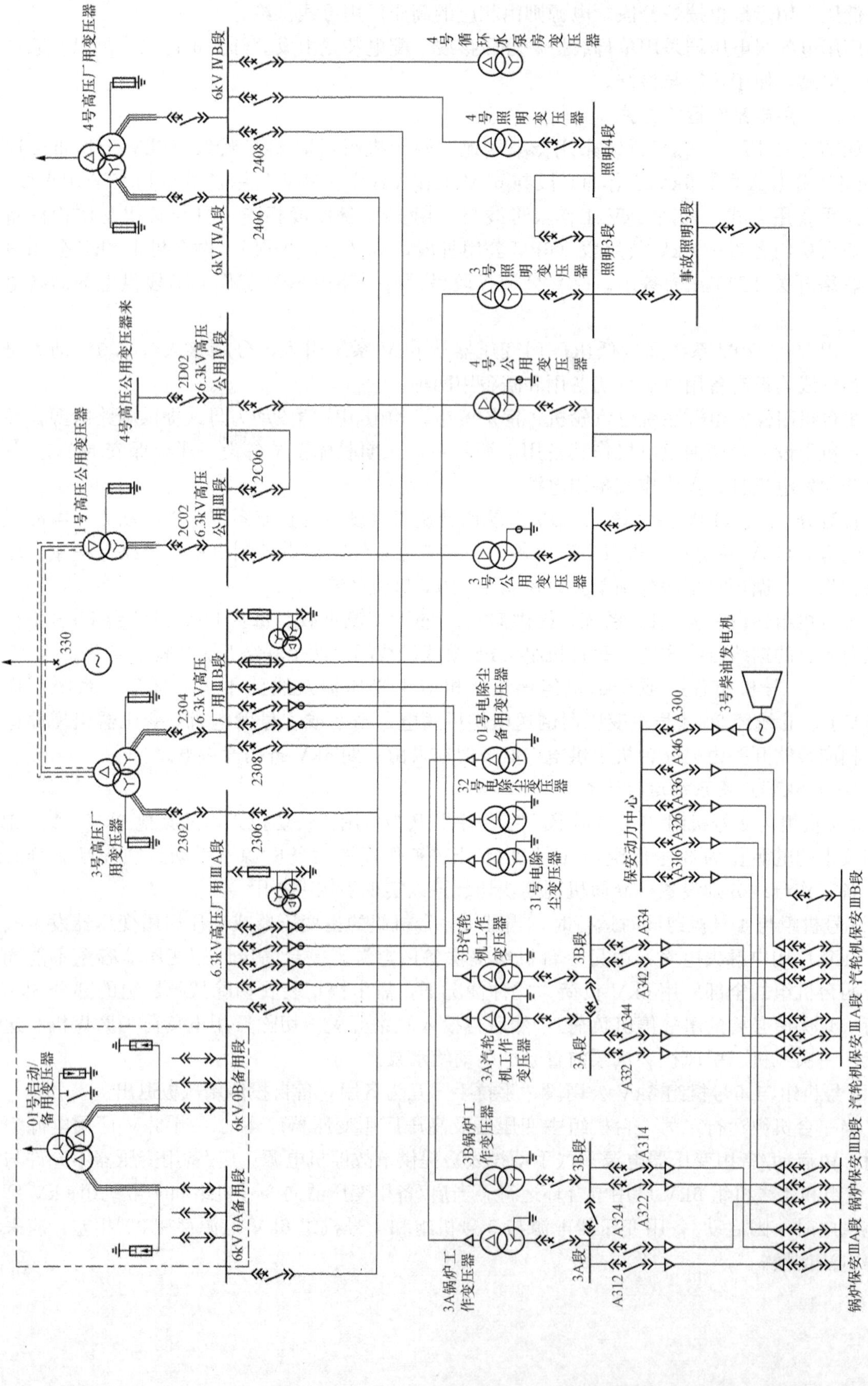
4号高压厂用变压器
6kV ⅣB段
4号循环水泵房变压器
2408
4号照明变压器
照明4段
6kV ⅣA段
2406
3号照明变压器
照明3段
事故照明3段
4号高压公用变压器来
2D02
6.3kV高压公用Ⅳ段
4号公用变压器
1号高压公用变压器
2C02
6.3kV高压公用Ⅲ段
2C06
3号公用变压器
330
3号高压厂用变压器
2304
6.3kV高压厂用ⅢB段
2308
2302
2306
6.3kV高压厂用ⅢA段
01号电除尘备用变压器
32号电除尘变压器
31号电除尘变压器
3号柴油发电机
A300
A346
A336
A326
A316
保安动力中心
3B汽轮机工作变压器
3A汽轮机工作变压器
3B段
A334
A342
3A段
A344
A332
01号启动/备用变压器
6kV 0B备用段
6kV 0A备用段
3B锅炉工作变压器
3A锅炉工作变压器
3B段
A314
3A段
A324
A322
A312
锅炉保安ⅢA段
锅炉保安ⅢB段
汽轮机保安ⅢA段
汽轮机保安ⅢB段

图 4-2 厂用电系统接线

（二）380V厂用系统运行方式

380V动力中心一般采用单母线分段运行，分别设两段母线，正常运行时每段母线通过一台低压厂用变压器供电，两段母线之间设一联络开关热备用，两段母线实现互为暗备用，备自投连锁退出。采用这种供电方式的有：380V汽轮机工作段、锅炉工作段、检修段、循环水泵房段、公用段、化学水Ⅲ、Ⅳ段、除灰水回收段、照明段（未设备自投装置）、除灰段、脱硫段。

380V动力中心部分采用单母线运行，正常运行时每段母线通过一台工作变压器供电，另设专用变压器实现明备用。采用这种供电方式的有：380V电除尘段、煤场段、输煤段。电除尘段备自投连锁可选择投入，煤场段、输煤段备自投连锁禁止投入。每台机组380V电除尘动力中心设置ⅢA（ⅣA）、ⅢB（ⅣB）段工作母线，正常运行分别由3号A（4号A）、3号B（4号B）电除尘变供电。另设03号（04号）电除尘备用变，作为电除尘工作母线的明备用。

本系统燃运380V煤场电源系统共设置三段工作母线，正常运行分别由1、2、3号煤场变供电，另设置0号煤场备用变作为三段母线的明备用。其中1、2号煤场变电源来自6kV公用Ⅲ段母线，3号煤场变电源来自6kV公用Ⅳ段母线，0号煤场备用电源来自一期6kV工作段母线。

本系统燃运380V输煤电源系统共设置两段工作母线，正常运行分别由1、2号输煤变供电，另设置0号输煤变作为两段母线的明备用。其中1、2号输煤变电源分别来自6kV公用Ⅲ、Ⅳ段母线，0号输煤变电源来自一期6kV工作段母线。

锅炉所有MCC、汽轮机6.9m MCC3、单台负荷MCC4、集控楼MCC、公用MCC、煤仓间MCC、精处理MCC、主厂房化学加药MCC、空压机房及制冷站MCC设有一段母线，均设置两路电源，一路运行，另一路备用，备自投连锁投入。其中锅炉MCC和汽轮机6.9m MCC3、单台负荷MCC4电源分别来自同台机组380V相应工作A、B段母线；其余各公用MCC两路电源分别来自380V公用Ⅲ、Ⅳ段母线。汽轮机房0m MCC1、MCC2设有A、B两段母线，每段母线均为单电源，分别取自380V汽轮机工作A、B段母线。

（三）事故保安电源运行方式

汽轮机和锅炉设置四段保安电源母线，分别为汽轮机保安ⅢA（ⅣA）、ⅢB（ⅣB）段及锅炉保安ⅢA（ⅣA）、ⅢB（ⅣB）段，每段（ⅢA、ⅢB、ⅣA和ⅣB）母线有三路电源进线，分别为工作电源A、工作电源B及备用电源。其中工作电源A来自汽轮机（锅炉）工作ⅢA（ⅣA）段母线，工作电源B来自汽轮机（锅炉）工作ⅢB（ⅣB）段母线，备用电源来自柴油发动机。

汽轮机和锅炉保安段母线正常运行时由一路工作电源供电，其连锁置解除；另一路工作电源作为第一备用电源，其连锁置投入；备用电源（柴油发电机组）作为第二备用电源。当工作电源失去时，第一备用电源自投；两路电源失去，保安段失压时，第二备用电源（柴油发电机组）自投。

本系统还设置有两段（一、二期各一段）脱硫保安段母线，备用电源来自柴油发电机组。备自投连锁投入。

每台机组设置一套柴油发电机组，提供机组安全停机所需的交流电源。柴油发电机经柴油发电机段，再分别供电给锅炉、汽轮机、脱硫保安段。

二、正常情况时厂用电系统的运行方式

（一）6kV母线电源运行方式

3号高压厂用变压器带6kVⅢA、ⅢB段，4号高压厂用变压器带6kVⅣA、ⅣB段，2306、2308、2406、2408号开关在“热备用”状态，6kVⅢA、ⅢB、6kVⅣA、ⅣB段段厂用快切装置投入。6kV工作段快切装置切如下负荷压板投入：磨煤机、送风机、一次风机、引风机、汽泵前置泵；电动给水泵。

3号高压公用变压器运行带6kV公用Ⅲ段，4号高压公用变压器运行带6kV公用Ⅳ段，母联开关2C06号在“热备用”状态，6kV公用Ⅲ、Ⅳ段备自投停用压板退出。

（二）380V母线电源运行方式

汽轮机变压器、锅炉变压器带负荷母线，对应的母联开关在“热备用”状态，连锁退出。

380V锅炉保安ⅢA段由A电源供电，A电源开关连锁解除，B电源在“热备用”状态，B电源开关连锁投入；380V锅炉保安ⅢB段由B电源供电，B电源开关连锁解除，A电源在“热备用”状态，A电源开关连锁投入。

380V汽轮机保安ⅢA段由A电源供电，A电源开关连锁解除，B电源在“热备用”状态，B电源开关连锁投入；380V汽轮机保安ⅢB段由B电源供电，B电源开关连锁解除，A电源在“热备用”状态，A电源开关连锁投入。

3号柴油发电机在“热备用”状态（控制方式在“自动”位）。锅炉、汽轮机保安ⅢA、ⅢB段备用电源在“热备用”状态。锅炉、汽轮机保安ⅢA、ⅢB段备用电源（柴油发电机）连锁投入。

380V公用Ⅲ段由3号公用变压器供电，380V公用Ⅳ段由4号公用变压器供电，公用Ⅲ段母联开关“热备用”状态，连锁退出。

380V照明Ⅲ段由3号照明变压器供电；380V事故照明Ⅲ段由380V照明Ⅲ段供电，事故照明Ⅲ段备用电源（保安段电源）在“热备用”状态，备自投连锁投入。

380V照明Ⅳ段由4号照明变压器供电；380V事故照明Ⅳ段由380V照明Ⅳ段供电，事故照明Ⅳ段备用电源（保安段电源）在“热备用”状态，备自投连锁投入。

3A、3B电除尘变运行带380V电除尘ⅢA、ⅢB段，03号电除尘备用变压器热备用，电除尘ⅢA、ⅢB段连锁“解除”。

4A、4B电除尘变运行带380V电除尘ⅣA、ⅣB段，04号电除尘备用变压器热备用，电除尘ⅣA、ⅣB段连锁“解除”。

380V循环水泵房Ⅲ段由3号循环水泵房变压器供电，380V循环水泵房Ⅳ段由4号循环水泵房变供电，母联开关在“热备用”状态，连锁退出。

380V除灰Ⅲ段由3号除灰变压器供电，380V除灰Ⅳ段由4号除灰变压器供电，母联开关在“热备用”状态，连锁退出。

（三）380V各MCC电源运行方式

6.9m 3AMCC1由A电源供电，A电源开关连锁解除，B电源在“热备用”状态，B电源开关连锁投入；6.9m 3BMCC1由B电源供电，B电源开关连锁解除，A电源在“热备用”状态，A电源开关连锁投入。

运行层AMCC2由A电源供电，A电源开关连锁解除，B电源在“热备用”状态，B电

源开关连锁投入；运行层 BMCC2 由 B 电源供电，B 电源开关连锁解除，A 电源在“热备用”状态，A 电源开关连锁投入。

3 号机 0m MCC1、0m MCC2 由相应的汽轮机工作段供电（单电源 MCC）。

3 号机 6.9m 3MCC3 由 A 电源供电，B 电源在“热备用”状态，A、B 电源开关连锁均解除。3 号机单台负荷 3MCC3 由 A 电源供电，B 电源在“热备用”状态，A、B 电源开关连锁均解除。

公用、集控楼、煤仓间、网络继电器室、精处理、化学加药、制冷站及空压机房 MCC 由 380V 公用Ⅲ段即电源（一）供电或由 380V 电源（二）供电，另一电源在开关在“冷备用”状态。其中公用、集控楼 MCC 一般情况下不能采用同一段母线供电，以免同时失压，不能保证高公变风扇电源供电。

（四）110V 及 220V 直流系统运行方式

所有运行充电装置电源（一）、（二）均送电，将电源选择开关切至“互投”位。备用充电装置电源（一）、（二）均送电，将电源选择开关切至“停止”位。

110V 直流分电屏供电方式：除电子设备间直流分电屏外，110V 直流母线侧两路电源开关均合上，直流分电屏侧一路电源刀闸合上，另一路电源刀闸断开。

3 号机电子设备间分电屏Ⅰ、Ⅱ母分段运行。

6kV 工作Ⅲ（Ⅳ）A 段直流分电屏由 110V 直流Ⅰ母供电，6kV 工作Ⅲ（Ⅳ）B 段直流分电屏由 110V 直流Ⅱ母供电。

380V 汽轮机工作Ⅲ（Ⅳ）段直流分电屏由 110V 直流Ⅰ母供电，380V 汽轮机保安Ⅲ（Ⅳ）段直流分电屏由 110V 直流Ⅱ母供电。

380V 锅炉工作Ⅲ（Ⅳ）段直流分电屏由 110V 直流Ⅰ母供电，380V 锅炉保安Ⅲ（Ⅳ）段直流分电屏由 110V 直流Ⅱ母供电。

3 号机 220V 直流Ⅲ组负荷母线由 220V 直流Ⅲ组电源母线供电。3 号机 220V 充电装置电源（一）、（二）均送电，将电源选择开关切至“互投”位。

（五）UPS 运行方式

31、32 号 UPS 主电源、直流电源、旁路电源均送电。UPS 旁路电源已启动并在“自动”位。

31、32 号 UPS 分开运行，两母联开关断开并上锁。

三、厂用电系统的维护

6kV 厂用电系统装有厂用电快切装置，当工作电源掉闸后，备用电源应自动投入；正常倒换过程必须使用厂用电快切同期装置，防止非同期并列。

3 号机与 4 号机 6kV 公用段母线母联开关合环操作时，500kV 内桥 5011 开关须在合闸位。如果 500kV 内桥 5011 开关在分闸位，3 号机与 4 号机 6kV 公用段母线母联开关合环操作最好使用停电倒换的方法，防止非同期并列。

备用电源自投连锁在下列情况应退出：

（1）无备用电源或备用电源开关已合上；

（2）工作电源母线停电；

（3）工作电源母线 TV 停电或故障；

（4）备用电源或回路检修停电；

（5）备用电源自投装置故障或检修。

四、厂用电系统的倒闸操作

不得带负荷拉合刀闸。倒闸操作时必须注意不同电源之间的同期性。有检同期并列装置的，在切换中，必须经检同期并列。非同期的两系统严禁并列，在倒换时应先断后合，停电倒换。3、4号机组380V厂用电源合环操作前，必须测量合环点前电压差不大于额定电压的5%，否则应尽量采用停电倒换法。

五、厂用电系统的检查

（一）厂用电系统及设备投运前的检查

（1）检查所属工作结束，工作票全部收回，拆除全部临时安全措施，恢复常设遮拦和标示牌。

（2）测量投运系统设备的绝缘电阻应符合下列要求：

1）6kV及以上电压等级的设备，使用2500V摇表，测得其绝缘电阻应大于或等于1MΩ/kV。

2）0.4kV及以下电气的设备，使用500V摇表，测得其绝缘电阻应大于或等于0.5MΩ。

（3）系统设备各部清洁，无明显的接地、短路现象。

（4）各开关、刀闸的触头完好，无松动和脱落。

（5）配电盘、配电柜的接地良好。

（6）开关设备的操作机构完好，传动试验良好。

（7）各保护自动装置投入位置正确。

（二）厂用系统运行中的检查

（1）运行中的配电装置各部清洁，无放电现象和闪络的痕迹。

（2）配电装置各部无过热现象。

（3）各开关、刀闸定位完好，无欠位和过位现象。开关状态指示正确。

（4）各开关、刀闸、电压互感器、电流互感器无振动和异常的声音。

（5）各电气接头无过热现象。

（6）封闭母线各部良好，外壳及架构无过热现象，外壳接地良好，无放电现象。

（7）配电室无漏水、渗水、地面无积水，室内照明充足。

（8）配电室内温度、湿度符合规定，温度小于或等于40℃、湿度小于或等于80%。

（9）消防器材齐全。

六、直流系统

直流系统是发电厂厂用电中最重要的一部分，它应能保证在任何事故情况下，都能可靠和不间断地向其设备供电。直流系统的供电对象主要有继电保护、自动装置、信号设备、通信纺织系统、开关电器操作、直流动力负荷、事故照明等。

蓄电池组是一种独立可靠的直流电源，在发电厂中得到普遍应用。大机组电厂中，一般设有多个彼此独立的直流系统。

（一）直流系统设备技术参数

1. 主厂房蓄电池技术参数

主厂房蓄电池技术参数见表4-3。

表 4-3　主厂房蓄电池技术参数

名　　称	主厂房动力用 220V 蓄电池组	主厂房控制用 110V 蓄电池组	网络继电器室用 110V 蓄电池组
类　　型	固定型阀控式免维护密封铅酸蓄电池		
型　　号	GFM-2000Z	GFM-830	GFM-200
容　　量	2000Ah/组（1 组/机组）	830Ah/组（2 组/机组）	200Ah/组（共 2 组）
蓄电池个数	103 只/组	52 只/组	52 只/组
浮充电压	2.23～2.27V/只		
均衡充电电压	2.30～2.35V/只		
终止放电电压	1.80V/只		
浮充电流	＜2mA/Ah		
同组电池间压差	＜20mV		

2. 主厂房及网控直流系统充电器技术参数

主厂房及网控直流系统充电器技术参数见表 4-4。

表 4-4　主厂房及网控直流系统充电器技术参数

名　　称	主厂房 220V	主厂房和网控 110V
型　　号	ATC230M20-Ⅱ	ATC115M40-Ⅱ
交流输入电压	380V±20%	
最大输入电流	≤150A	≤100A
直流额定电压	220V	110V
额定电流	320A	320A
浮充电压	220～240V 可调	110～120V 可调
均充电压	220～254V 可调	110～127V 可调
充电模块过热保护点	85℃	

（二）直流系统概述及运行方式

直流系统分为 220V 动力直流（两台机组共用一套）和 110V 控制直流（每台机组一套）两个独立的系统。每组直流母线均配有各自独立的一套电压绝缘监察装置、闪光装置。每只充电器配备各自的保护及监视装置，具有可靠防雷和电气绝缘。

每一直流系统设有两段母线、两组蓄电池、三台充电装置。充电/浮充电装置采用多个智能高频开关电源模块并联，$N+1$ 热备份工作。

正常方式下，每一直流系统两段母线分开运行，Ⅰ（Ⅱ）组蓄电池、1（2）号充电装置接入相应段电源母线，母联双投刀开关掷于相应段馈线母线，充电装置带该段母线上的负荷及对蓄电池组浮充。0 号充电装置作为工作充电装置的备用。

每一直流系统的一组直流电源母线故障（或检修）或蓄电池故障时，其直流馈线母线可由另一组母线供电运行。任一充电装置可带Ⅰ、Ⅱ组直流母线同时运行。

110V 操作直流电源各分电屏按辐射状供电。直流分电屏两路电源：分电屏侧两路电源刀闸均合上，110V 直流母线侧一路电源刀闸合上工作，另一路电源刀闸断开作备用，严防合环运行。380V 动力中心和 MCC 直流电源按每列柜由直流分电屏接入。

另外在化水Ⅲ、Ⅳ段配电室、除灰、线路保护室、循环水泵房、脱硫系统各单独设一套

110V直流系统。

正常运行时，220V直流母线电压应保持在（232±2）V的范围内，110V直流母线电压应保持在（116±2V）的范围内。

（三）220、110V直流系统正常监视、维护、检查

（1）充电装置集中监控屏无报警，若有报警，查明报警原因并汇报。

（2）各功能状态下发光二极管，蜂鸣器正常，各开关、按钮位置正确。

（3）充电器内各部件无过热、松动，无异常声音、异常气味。

（4）蓄电池浮充电电压在稳压精度以内。

（5）负荷输出电压在允许的电压范围之内。

（6）各刀闸位置正确，保险无熔断。

（7）蓄电池室内温度在10～30℃之间。

（8）蓄电池室内清洁、通风良好，蓄电池表面无磨损、无漏液。

（9）每月两次对蓄电池进行一次外部检查，检查项目如下：

1）测量并记录单个蓄电池的浮充电压、蓄电池组端电压；

2）测量并记录环境温度、湿度及蓄电池外表温度；

3）检查蓄电池的壳、盖是否有裂纹或变形；

4）检查连接导线、螺栓是否有松动和污染现象；

5）检查电解液是否泄漏；

6）每个季度的首月一日对蓄电池进行一次补充充电（将充电装置切到均充位置）。充电过程中应检查蓄电池无过热现象，蓄电池组端电压正常。

七、UPS系统

目前，随着机组容量的增大和自动化控制程度日益提高，电厂中的计算机系统，各种热工、电气自动化装置等不允许停电的负荷容量不断增大，重要性更加突出，其对交流工作电源的质量和供电可靠性、连续性的要求都很高，一般的厂用供电系统的交流电难以满足。很多热工、电气自动化装置断电几十毫秒后，各种控制系统将处于失控状态，往往造成一系列严重后果，因此必须设置UPS（不停电交流电源）系统。

（一）UPS系统概述及设备技术参数

UPS系统由2台80kV·A的UPS主机及1面100kV·A隔离、稳压柜（三入单出）和4面80kV·A的UPS输出电源屏组成。一台机组设置两台同容量的UPS分别向两段UPS馈线母线供电。UPS系统设备技术参数见表4-5。

表4-5 UPS系统设备技术参数

技术指标	技术参数	技术指标	技术参数
电源要求		逆变器输出	
工作电源电压	380V −20%～+35%	输出（kV·A）	80kV·A
直流电源电压	165～285V（DC）	输出功率因数	0.8
逆变器输出电压	220V±1%（AC）	输出电压	220V±1%（AC）
旁路电源电压	380V±15%（AC）	输出频率	50Hz±0.1%
		静态开关切换时间	<0.5ms

（二）UPS的运行

1. 正常运行方式

每套UPS系统设两台UPS主机，分别向各自馈线母线供电。两台UPS主机不得并列运行。每台UPS装置输入电源有主电源、直流电源及旁路电源三路输入电源。主电源：取自对应机组的锅炉保安段，输入到整流器经过整流器输出的直流电压到逆变器，经过逆变器输出交流电压，再经过静态切换开关输出到UPS主配电屏；直流备用电源取自直流220V母线经闭锁二极管输出直流并联输入到逆变器；旁路电源取自对应机组锅炉工作A段，作为自动旁路开关与手动维修旁路开关的输入电源送至UPS主配电屏。其中，手动维修开关作为逆变器的外部交流（备用）电源。

2. 非正常运行方式

当主电源异常或整流器发生故障停止运行时，直流220V将通过闭锁二极管向逆变器输出直流电源，保证逆变器能继续输出交流电源。

当逆变器处于不正常的情况下，逆变器将自动停止运行，若备用旁路电源开关电源正常，静态开关会转换至备用电源输出至UPS主配电屏。

当UPS需要进行维护和维修时，可手动将UPS装置的运行方式输出无任何中断的转换至维修旁路模式输出交流电至UPS主配电屏。

以上各种切换，均可保证负载不停电。

3. UPS装置运行中检查

(1) 手动旁路开关必须置“自动”位置。

(2) 盘内各元件无异常电磁声、无异味，接头处无过热现象。

(3) 冷却风扇运行正常。

(4) 各表计指示正常。

(5) 各负荷开关应在合位，如未合应查明原因。

(6) 在正常运行及蓄电池运行方式时，旁通开关处于自动状态。

(7) 无异常报警信号，信号指示与实际运行方式一致。

（三）UPS装置的使用规定

一台机组设置两台同容量的UPS装置、两组220V馈线母线，正常情况下一台UPS装置供一组母线，两组母线分开运行。任何情况下严禁将不同UPS装置的逆变器与逆变器、逆变器与自动（或手动）旁路并联运行，否则将导致UPS停机、失压的严重后果。

如遇特殊情况需将两台UPS装置并列，必须先将两台UPS装置均切至手动旁路开关供电后方可并列，任何情况下禁止逆变器与手动旁路并列运行。

八、柴油发电机

本系统配备的1200kW级自动快速起动柴油发电机组是专门为单元机组配置的交流事故保安电源，作为交流事故保安备用电源，当电网发生事故或其他原因致使发电厂厂用电源长时间停电时，它可以给发电机组提供安全停机所必需的交流电源，如汽轮机盘车电动机电源、顶轴油泵电源、交流润滑油泵电源等。保安负荷正常运行时由厂用电源工作段供电，事故状态下则切换至柴油发电机组应急供电。柴油发电机组运行不受电力系统运行状态的影响，启动迅速。

（一）柴油发电机组技术参数

1. 柴油发动机技术参数

柴油发动机技术参数见表4-6。

2. 发电机技术参数

发电机技术参数见表4-7。

表4-6 柴油发动机技术参数

项　目	数　值
型　号	4012TAG2
额定转速	1500r/min
燃油型号	国产0号柴油
调速方式	电子调速

表4-7 发电机技术参数

项　目	数　值
型　号	LL8124P
额定输出电压	400V/230V
额定电流	2280A
功率因素	0.8（滞后）
绝缘等级	H级
励磁方式	无刷自励

机组启动装置：采用电启动方式，其电源为蓄电池组。蓄电池组配备具有浮充和快速充电的双速自动充电功能的浮充装置。蓄电池组的容量满足机组连续启动15次的用电量。

（二）柴油发电机组的启停

1. 柴油发电机组的启动

（1）自动启动位。当控制系统选择开关置于“自动”位时，柴油发电机组处于热备用状态，保安母线任一段失压且连锁投入时，机组自动起动时间小于10s，柴油机自启动建压正常后自动合出口开关向柴油机段母线供电。当保安段两工作电源A、B开关在断开位置时，自动合备用电源开关向失压的保安母线供电。若自启动连续三次失败，则发出停机信号，并闭锁自启动回路。

（2）手动位。柴油发电机组启动，其出口开关合闸，各保安段备用电源开关储能，可在检查同期或无压条件下手动并车合闸开关。零位是指当控制系统选择开关置于“零位”时，远方和就地均不能启动机组。

2. 柴油发电机组自启及保安段备用电源自投

机、炉保安段每段设有两路工作电源和一路紧急备用电源，两路工作电源分别接自相应工作A段和B段；正常运行时一路工作电源工作，其连锁置解除；另一路工作电源备用，其连锁置投入；柴油机作为紧急备用。当某段保安段正常工作电源失去（开关跳闸或上一级电源失去）而使其失压时，触发柴油机自启逻辑，柴油机启动，但出口开关不会合闸；同时备自投回路启动，跳开工作电源，备用电源自投，自投逻辑如下所述。

（1）某段保安段失压。

（2）柴油机在自动位，柴油机自启，出口开关自动储能。

（3）备自投启动合备用电源。

（4）备用电源合闸不成功，柴油机出口开关自动合闸，柴油机段带电，所有保安段紧急备用电源开关自动储能。

（5）检测到以下信号后，紧急备用电源开关自投，柴油机供保安段：

1）失压保安段两路工作电源开关在分闸位且无开关故障；

2）失压段紧急备用电源开关在分位且无手动分闸信号。

3. 柴油发电机组的停运

(1) 保安段对应的工作电源 A（或 B）恢复后，应先断开保安段备用电源开关，再合相应的工作电源开关。

(2) 柴油发电机组能在远方或就地停机，机组停机时先将负荷降至零，然后断开柴油发电机出口开关，原动机柴油机延时 2～5min 自动停机或人工手动停机。

(3) 用紧急停机按钮，实现就地停机。

(4) 如上述方法不能停机，可在开关分闸后切断燃油。

4. 紧急情况下柴油机的启动

如果遇到机组跳闸，厂用电全部失去，柴油机未自启动，应遵循以下原则：

(1) 手动在机头启动柴油机。

(2) 如启不动，则断开机头所有的控制电源、同时断开 PLC 电源均约为 1min 后上电，再次启动。

(3) 如有报警信号，应先将报警信号复位。

(三) 柴油发电机的检查与维护

(1) 检查燃油、润滑、冷却系统无泄漏痕迹。

(2) 检查燃油油箱油位正常、机油油位正常、冷却水箱水位正常。

(3) 检查各阀门、开关及连锁位置正确。

(4) 各控制信号灯指示正常。

(5) 检查蓄电池电压在 24V 左右。

第五节　变　压　器

变压器是借助于电磁感应，以相同的频率，在两个或更多的绕组之间交换能量、改变电压和电流大小的一种静止电气设备。本系统装设有下列变压器。

主变压器：3、4 号主变压器为 3×240 000kV·A 油浸式单相组式变压器。

高压厂用变压器、高压公用变压器：每台机组的主变压器压器组低压侧设有一台容量为 63 000kV·A 的油浸式三相分裂高压厂用变压器供 6kV 工作段。

每台机组的主变压器压器组低压侧设有一台容量为 40 000kV·A 的油浸式三相双绕组高公变供 6kV 公用段。

低压厂用变压器：低压干式变压器 2500kV·A 的有 4 台电除尘变压器、2 台电除尘备用变压器；低压干式变压器 2000kV·A 的有 2 台脱硫变压器；低压干式变压器 1250kV·A 的有 4 台汽轮机变压器、4 台锅炉变压器、2 台除灰变压器、2 台输煤变压器、3 台煤场变压器；低压干式变压器 1000kV·A 的有 2 台公用变压器、1 台干磨车间变压器；低压干式变压器 630kV·A 的有 2 台照明变压器、2 台检修变压器、2 台净水站化水变压器；低压干式变压器 400kV·A 的有 1 台斗轮机变压器；低压干式变压器 315kV·A 的有 2 台循环水泵房变压器；低压干式变压器 200kV·A 的有 2 台灰水回收变压器。

一、变压器技术参数

1. 主变压器的技术参数

主变压器的技术参数见表 4-8。

表 4-8 **主变压器的技术参数**

项目		主变压器
形式		户外、双绕组、油浸单相组式变压器
型号		DFP-240000/500
额定容量（MV·A）		3×240MV·A
额定电压（kV）		550/-2×2.5%/20kV
额定电流（A）		755.8+2×2.5%/12 000
短路阻抗（以高压绕组额定容量为基准）		高压—低压：14.3%（额定分接头）
额定效率		99.78%
冷却方式		OFAF（强油风冷）
连接组别		YNd11
高压侧中性点		直接接地
高压侧承受短路能力		5.398kA/3s
低压侧承受短路能力		85.714kA/3s
额定负载损耗（kW）		416.9（额定分接头）
额定空载损耗（kW）		86.9
额定空载电流（%）		0.06%
连续额定容量时的温升（℃）（周围环境温度40℃）	顶层油	50
	绕组平均	60
	金属结构件	75

2. 高压厂用变压器、高压公用变压器技术参数

高压厂用变压器、高压公用变压器技术参数见表 4-9。

表 4-9 **高压厂用变压器、高压公用变压器技术参数**

项目	高压厂用变压器	高压公用变压器
形式	户外型三相油浸式分裂变压器	户外型三相油浸式双绕组变压器
型号	SFF10-63 000/20	SF10-40 000/20
额定容量（MV·A）	高压绕组：63(ONAF)/44.1(ONAN) 低压绕组：35(ONAF)/24.5(ONAN)	40(ONAF)/28(ONAN)
额定电压（kV）	20±3×2.5%/6.3-6.3kV	20±3×2.5%/6.3kV
额定电流（A）	1818.65±3×2.5%/3207.5-3207.5A	1154.7±3×2.5%/3665.7A
短路阻抗（以高压绕组额定容量为基准）	半穿越阻抗：23%（允许偏差±3.5%）	18%（允许偏差±3.5%）
额定效率	99.5 %	
冷却方式	ONAF（油浸风冷）/ONAN（油浸空冷）	
连接组别	Dyn1yn1	Dyn1
低压侧中性点	低电阻接地	
高压侧承受短路能力（kA/4s）	300	
低压侧承受短路能力（kA/4s）	50	
额定负载损耗（kW）	282.5	178
额定空载损耗（kW）	32.5	21
额定空载电流（%）	0.22	
连续额定容量时的温升限制 *k*（周围环境温度40℃）		
顶层油	50	
绕组平均	60	
金属结构件	75	

3. 励磁变压器的技术参数

励磁变压器的技术参数见表 4 - 10。

表 4 - 10 励磁变压器的技术参数

名 称	型 号	额定容量 (kV·A)	额定电压 (kV)	额定电流 (A)	接线组别	阻抗电压	数量 (台)
励磁变压器	ZLS09-X-6900/20	3×2300	20±2×2.5%/0.88	199.19/4526.95	Yd11	7.99%	2

4. 低压厂用变压器的技术参数

低压厂用变压器的技术参数见表 4 - 11。

表 4 - 11 低压厂用变压器的技术参数

名 称	型 号	额定容量 (kV·A)	额定电压 (kV)	额定电流 (A)	接线组别	阻抗电压	数量 (台)
汽轮机变压器	SC10-1250/10	1250	6.3±2×2.5%/0.4	114.5/1804.2	Dyn11	6%	4
锅炉变压器	SC10-1250/10	1250	6.3±2×2.5%/0.4	114.5/1804.2	Dyn11	6%	4
公用变压器	SC10-1000/10	800	6.3±2×2.5%/0.4	91.64/1443.42	Dyn11	6%	2
照明变压器	SC10-630/10	630	6.3±2×2.5%/0.4	57.74/909.33	Dyn11	4.5%	2
电除尘变压器	SC10±2500/10	2500	6.3±2×2.5%/0.4	229.11/3608.55	Dyn11	10%	4
电除尘备用变压器	SC10-2500/10	2500	6.3±2×2.5%/0.4	229.11/3608.55	Dyn11	10%	2
除灰变压器	SC10-1250/10	1250	6.3±2×2.5%/0.4	114.56/1804.2	Dyn11	6%	2
输煤变压器	SC10-1250/10	1250	6.3±2×2.5%/0.4	114.56/1804.2	Dyn11	6%	2
煤场变压器	SC10-1250/10	1250	6.3±2×2.5%/0.4	114.56/1804.2	Dyn11	6%	3
循环水泵房变压器	SC10-315/10	315	6.3±2×2.5%/0.4	28.87/454.68	Dyn11	4%	2
化水变压器	SGB10-630/10	630	6.3±2×2.5%/0.4	57.7/909.3	Dyn11	4.5%	2
检修变压器	SC10-630/10	630	6.3±2×2.5%/0.4	57.7/909.3	Dyn11	4.5%	2
灰水回收变压器	SC10-200/10	200	10±2×2.5%/0.4	11.55/288.7	Dyn11	4%	2
脱硫变压器	SC10-2000/10	2000	6.3±2×2.5%/0.4	183.29/2886.84	Dyn11	10%	2
斗轮机变压器	SC10-400/10	400	6.3±2×2.5%/0.4	36.66/577.37	Dyn11	4%	1
干磨车间变压器	SC10-1000/10	1000	6.3±2×2.5%/0.4	91.65/1443.42	Dyn11	6%	1

二、变压器运行方式

（一）变压器本体运行方式

（1）变压器电压允许在分接头额定值的95%～105%范围内运行，其额定容量不变。

（2）变压器外加的一次电压可以比额定电压高，但不得超过相应分接头额定电压值的105%。

（3）强迫油循环风冷变压器，上层油温最高不得超过85℃，一般不宜经常超过75℃。

（4）主变压器、高压厂用变压器、高压公用变压器，其顶层油温升小于50℃，绕组温升小于60℃。

（5）自然循环风冷、自然冷却的变压器，上层油温最高不得超过95℃，一般不宜经常超过85℃。

(6) 变压器不应以额定负荷时上层油温低于最高上层油温作为过负荷运行的依据。

(7) 对于H级绝缘的干式变压器的绕组温升按B级绝缘考核，绕组温升限值为80℃。报警温度为130℃，跳闸温度为155℃。

(二) 变压器冷却系统运行方式

1. 主变压器（强迫油循环）冷却装置运行

主变压器压器组（三相）冷却采用强迫油循环风冷方式，每相变压器装有4组冷却器，每组冷却器配置1台油泵、2台风扇。

每组冷却器的运行方式选择可以有“工作、辅助、备用、停运”四种状态。

(1) 工作状态指电源正常时，只要控制开关切至“工作”位置，冷却器即投入运转。

(2) 辅助状态指正常情况下，该组冷却器的控制开关切至“辅助”位置，根据变压器上层油温或变压器负荷来启动。当上层油温达到65℃或变压器高压侧电流达到70%额定电流时，辅助冷却器自动投入运转并发信号，当上层油温低于50℃或变压器高压侧电流低于70%额定电流时，辅助冷却器自动停止运转。

(3) 备用状态是指正常的情况下，该组冷却器的控制开关切至“备用”位置，当工作或辅助冷却器任一组因故停止运行时，备用冷却器能自动投入运行并发信号。

(4) 停运状态是指该组冷却器处于停运状态。

主变压器运行时，每相变压器的冷却器运行方式为两组运行，一组辅助，一组备用。如果变压器油温高于55℃或低于25℃，可相应调整冷却器运行方式。冷却装置由两路电源供电，两路电源可相互备用，两路电源可任意选一路工作或备用。当一路电源故障或电压降低时，另一路电源能自动投入并发信号。变压器满载运行时，当全部风机退出运行后，允许连续运行20min；若20min后顶层油温尚未到达75℃时，允许继续运行，全部风机退出运行时间不得超过1h。

2. 高压厂用变压器、高压公用变压器（自然油循环风冷）冷却器的运行

高压厂用变压器、高压公用变压器采用自然油循环风冷方式，每台变压器配置6台底吹式风扇，3台一组，共两组。

高压厂用变压器、高压公用变压器的散热装置的控制方式有自动与手动。自动投入时，当油温达到65℃时启动第一组风扇，75℃时启动第二组风扇。温度下降到65℃时第二组风扇停止，下降至50℃时风扇全停。手动投入时，该装置可就地手动投入冷却器。高压厂用变压器、高压公用变压器投运时，全部风扇投“工作”方式。

冷却装置由两路电源供电，两路电源可相互备用。两路电源可任意选一路工作，当工作电源故障或电压降低时，另一路电源能自动投入并发信号。

3. 低压厂用干式变压器的冷却

额定容量在1250kV·A及以上的采用强迫风冷，其A、B、C三相每相两台卧式冷却风机，电源取自变压器本体低压侧母线；额定容量在1250kV·A以下的干式变均采用空气自冷。

采用风冷的低压厂用干式变压器当温度达到80℃时，风扇自动投入。当温度下降到60℃时，风扇自动停止。

三、变压器的投运与停用

变压器的投入与退出运行，应根据命令执行。变压器的停、送电操作应按操作票制度填写好操作票并核对模拟图无误后，方可进行操作。

变压器的充电应由装有保护装置的电源侧进行，厂用变压器送电时，应先合上高压侧开关励磁，再合上低压侧开关（低压侧无开关的变压器，应先合低压侧刀闸再合高压侧开关）供电，停电时反之。变压器的投运或停止必须使用开关进行操作。严禁用刀闸向变压器充电或切断变压器的负荷电流或空载电流。

投运时应观察励磁涌流的冲击情况，若发生异常，应立即拉闸，使变压器脱离电源。所有备用中的变压器均应随时可以投入运行，长期停电的备用变压器应定期充电，并投入冷却装置。变压器停运时，先停变压器，待变压器油温下降后再停运其冷却器。

四、变压器的并列运行

变压器的并列运行应满足下列条件：

（1）绕组联接组别相同；

（2）电压比相等；

（3）短路电压相等；

（4）容量比不超过 3∶1；

（5）相序一致。

五、变压器运行中的检查

（一）运行中变压器的检查项目

（1）变压器的油枕、套管的油位正常，油色透明，变压器各部无渗、漏油现象。

（2）变压器的声音正常，无异常振动。

（3）变压器本体及套管清洁，无破损裂纹和放电痕迹。

（4）瓦斯继电器内充满油，无气体，通往油枕的阀门在打开位置。

（5）各冷却器温度应相近，风扇、潜油泵运行正常，油流指示器工作正常。

（6）变压器的温度、温升不超过规定。

（7）吸湿器完好，硅胶无变色。

（8）压力释放阀完好，无喷油现象。

（9）各电气接头无过热、变色现象。

（10）干式变压器线圈及铁芯无局部过热和绝缘烧焦的气味。

（11）各控制箱、二次端子箱、接地电阻柜应关严，无受潮，柜内温度正常。

（二）干式变压器正常运行中的检查

（1）有无异常声音、异常振动。

（2）有无异常气味。

（3）有无由于局部过热、有害气体等造成的变色。

（4）柜内温度是否过高。

（5）通风、换气状态是否正常，风冷装置是否正常运转。

（三）变压器的特殊检查项目

（1）过负荷运行时，应加强检查油浸变压器油温和油位和干式变压器温度的变化，接头有无过热的现象。

（2）大风天气，应检查室外变压器的接头引线有无摆动和松动，导电体及绝缘瓶有无搭挂杂物。

（3）大雾、雷雨天气之后，应检查变压器瓷瓶，套管有无放电、闪络现象。

（4）下雪天气，应检查瓷瓶，引线的积雪情况，接头的发热情况。

第六节 发电机—变压器组保护

发电机—变压器组保护的主保护及后备保护均采用完全双重化配置，两套完整的、不同厂家生产的保护分别独立布置于不同的柜中（A1与B1、A2与B2）。同一元件的同种保护分别布置于不同柜内（A1与B1、A2与B2），柜与柜之间的电量相互独立，互不交叉。变压器瓦斯、压力、温度等非电量保护独立布置于C柜中且与电气量保护完全分开。接于同一组TA、TV回路的保护装于同一柜上，即A、B柜保护分别取自不同的TA、TV的二次线圈。每面保护柜的直流电源互相独立，互不交叉。

每面保护柜配置各自独立的保护跳闸、信号继电器，每种保护均配有相应的跳闸、信号继电器。A1柜、A2柜、B1柜、B2柜、C柜的保护按各自的出口方式分别同时动作于发电机出口开关、磁场开关、主变压器500kV开关和桥开关的两个跳闸线圈。

发变组保护配置见表4-12。

表4-12　发变组保护配置

功能描述		动作情况
一、发变组保护屏（A1、B1屏）		
1. 发电机差动保护		发电机全停
2. 发电机定子100%接地保护	$3U_0$ 定子接地	延时发电机全停
	中性点三次谐波	发信
3. 静态励磁系统故障		发电机全停
4. 发电机低频保护		发电机全停（暂不投）
5. 发电机定子过电压保护		发电机全停
6. 发电机失磁保护		延时 t_1 减出力、延时 t_2 发电机全停
7. 发电机失步保护		延时发电机全停
8. 发电机逆功率保护		延时发电机全停
9. 发电机误上电保护		跳发电机主开关
10. 发电机复合电压过流保护		延时发电机全停Ⅰ
11. 发电机定子过负荷保护		定时限减出力、反时限发电机全停Ⅰ
12. 发电机负序过负荷保护		延时发电机全停Ⅰ
13. 发电机程序跳闸逆功率保护		发电机全停Ⅰ
14. 发电机过激磁保护		定时限减励磁、反时限跳发电机全停Ⅰ
15. 励磁绕组过负荷保护		延时减励磁，反时限发电机全停Ⅰ
16. 发电机断口闪烙保护		发电机全停
17. 发电机出口失灵保护启动		发电机—变压器组全停Ⅱ

续表

功　能　描　述	动　作　情　况
一、发变组保护屏（A1、B1 屏）	
18. 励磁变差动保护	发电机全停
19. 励磁变高压侧过流保护	发电机全停
20. 励磁变过负荷	延时减励磁，反时限全停
21. 励磁系统故障	发电机全停
22. 发电机一点转子接地保护	1.5kΩ、1S 投入信号；800Ω、5S 投入全停
二、主变压器、高压厂用变压器及公用变保护屏（A2、B2 屏）	
1. 主变压器差动保护	发电机—变压器组全停Ⅰ
2. 主变压器零序保护	延时发变组全停Ⅰ
3. 主变压器通风及冷却系统故障保护	启动通风
4. 主变压器过激磁保护	反时限发电机—变压器组全停Ⅰ
5. 主变压器复合电压过流保护	延时发电机—变压器组全停Ⅰ
6. 20kV 侧接地保护	延时发电机—变压器组全停Ⅰ
7. 厂用变压器差动保护	发电机—变压器组全停Ⅰ
8. 厂用变压器高压侧复合电压过流保护	延时发电机—变压器组全停Ⅰ
9. 厂用变压器 A 分支复合电压过流保护	延时跳 A 分支
10. 厂用变压器 B 分支复合电压过流保护	延时跳 B 分支
11. 厂用变压器 A 分支复合电压电流限时速断保护	延时跳 A 分支
12. 厂用变压器 B 分支复合电压电流限时速断保护	延时跳 B 分支
13. 厂用变压器通风及冷却系统故障保护	启动通风
14. 厂用变压器 A、B 低压侧零序过流保护	延时 t_1 跳分支、延时 t_2 发变组全停Ⅰ
15. 公用变压器差动保护	发电机—变压器组全停Ⅰ
16. 公用变压器高压侧复合电压过流保护	延时发电机—变压器组全停Ⅰ
17. 公用变压器低压侧复合电压限时速断保护	延时跳低压侧
18. 公用变压器通风及冷却系统故障保护	启动通风
19. 公用变压器低压侧零序过流保护	延时 t_1 跳低压侧，延时 t_2 发变组全停Ⅰ
三、发变组非电量保护及通信管理屏（C 屏）	
（一）主变压器非电量保护装置及发电机断水保护，发电机热工保护	
1. 油位保护	发信
2. 油温保护	发信
3. 绕组温度保护	发信
4. 冷却器故障保护	延时发电机—变压器组全停Ⅱ
5. 压力释放保护	发电机—变压器组全停Ⅱ（暂不投）
6. 瓦斯保护　重瓦斯	发电机—变压器组全停Ⅱ
轻瓦斯	发信

续表

功 能 描 述	动 作 情 况
三、发变组非电量保护及通信管理屏（C屏）	
（一）主变压器非电量保护装置及发电机断水保护，发电机热工保护	
7. 发电机断水保护	发电机全停
8. 热工保护	发电机全停
9. 励磁变温度过高保护	发电机全停（暂不投）
（二）高厂变非电量保护装置	
1. 油位保护	发信
2. 油温保护	发信
3. 绕组温度保护	发信
4. 冷却器故障保护	延时跳高厂变低压侧开关
5. 压力释放保护	发信
6. 瓦斯保护	延时发电机—变压器组全停Ⅱ
（三）公用变非电量保护装置	
1. 油位保护	发信
2. 油温保护	发信
3. 绕组温度保护	发信
4. 冷却器故障保护	发信
5. 压力释放保护	延时发电机—变压器组全停Ⅱ
6. 瓦斯保护	延时发电机—变压器组全停Ⅱ

注 发电机全停：跳发电机出口开关、灭磁开关、关主汽门，启动GCB失灵。

发电机全停Ⅱ：跳发电机出口开关、灭磁开关、关主汽门。

发电机—变压器组全停Ⅱ：发电机全停Ⅰ所有出口、跳内桥开关、跳主变压器高压侧开关、跳高厂变低压侧分支开关及切换分支电源、跳高公变低压侧开关。

发电机—变压器组全停Ⅰ：发变组全停Ⅱ所有出口、启动500kV开关失灵保护。

程序跳闸：关主汽门、闭锁热工保护，然后由逆功率保护动作于发电机全停（暂不投）。

第五章　机组的冷态启动

第一节　设　备　送　电

送电的次序是：110V、220V 直流系统（蓄电池组的操作）—直流 UPS 系统的送电—500kV 线路侧及主变压器、高压厂用变压器系统——厂用 6kV、380V 工作段和汽轮机/锅炉 MCC 段—汽轮机/锅炉保安段和直流系统工作电源的送电操作。以下分系统详细讲述送电流程。

一、直流系统送电

对直流系统送电操作。在冷态工况下，直流系统要先由已充电的蓄电池组进行供电，待厂用电系统已经受电后再转为由来自汽轮机锅炉工作段的电源对直流系统供电，蓄电池组转为浮充状态。

1. 110V 直流系统送电

进入就地的电气操作菜单，进入 110V 直流系统。首先由蓄电池组供电给直流母线。将母线交叉供电刀闸改为对应供电；合上图 5-1 中的 Q302、Q307 开关，由蓄电池对 110V 直流母线供电；之后直流母线变为红色，表示已送电；依次合上 110V 直流系统中的馈线开关，见图 5-1。

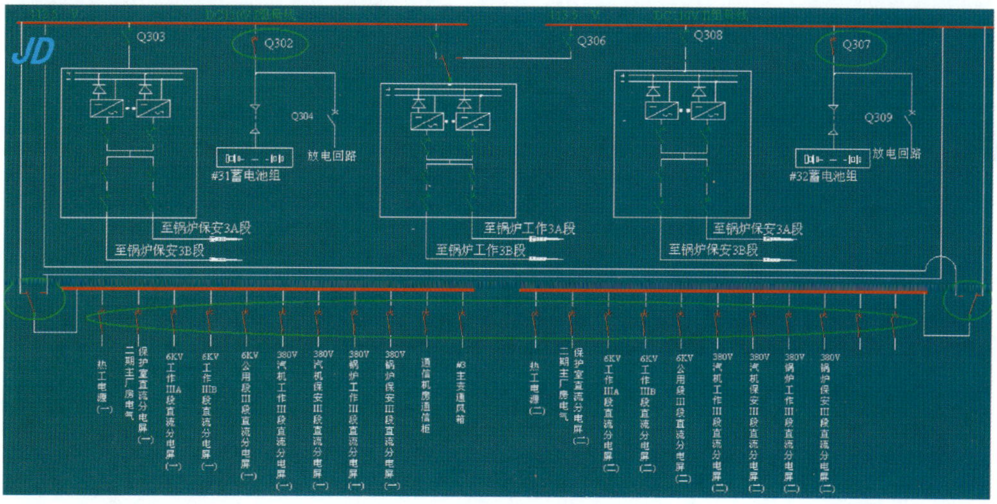

图 5-1　110V 直流系统送电

2. 220V 直流系统送电

进入就地的电气操作菜单，进入 220V 直流系统。合上图 5-2 中的 Q32 开关，由蓄电池对 220V 直流母线供电；依次合上 220V 直流系统中的馈线进线开关和各负荷开关（合闸操作方法为：①检查开关合闸电源、控制电源在“合位”；②转换把手打到就地位；③按红色合闸按钮，合闸指示灯亮；④转换把手打回远方位），见图 5-2。

3. UPS 系统送电

在“UPS 直流系统”就地图中合上由 220V 直流系统过来的 312K、QS31、322K、QS32 四个开关，使直流 UPS 系统受电，见图 5-3。

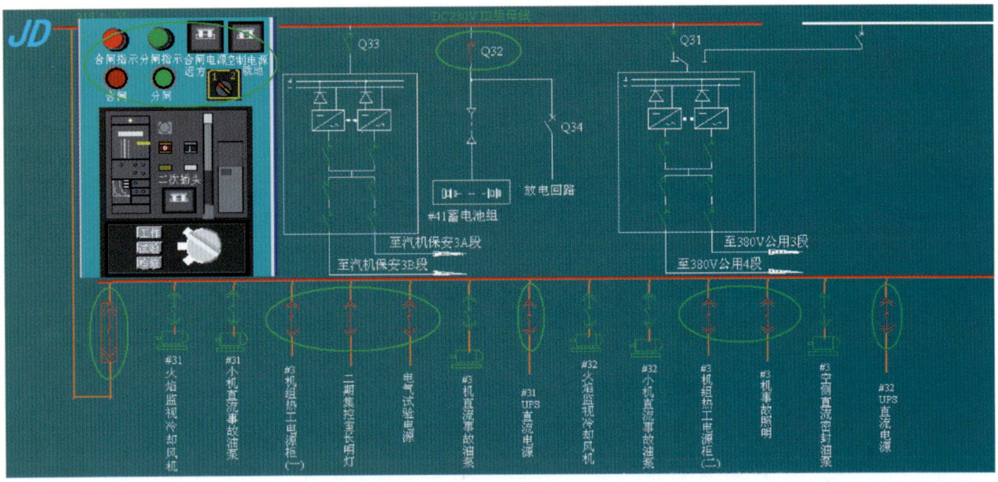

图 5-2 220V 直流系统送电

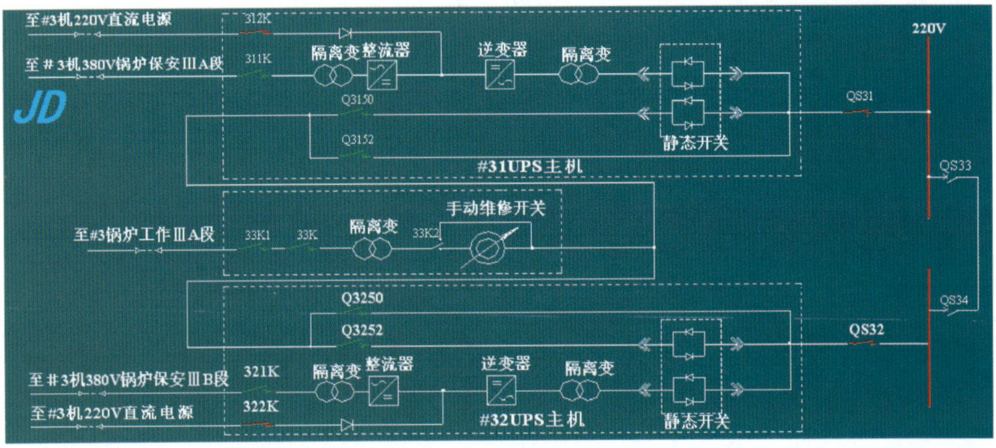

图 5-3 UPS 系统送电

依次合上“3 号机 UPS 馈线一次系统”就地图上的各个出线开关，见图 5-4。

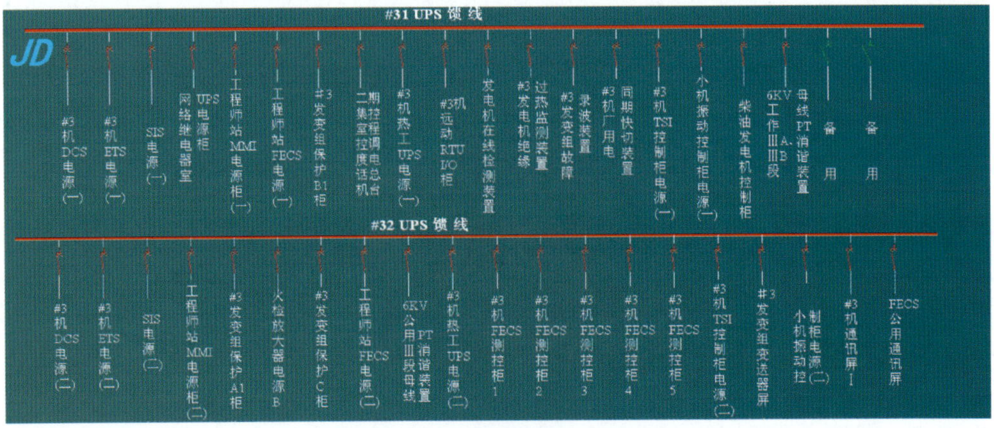

图 5-4 UPS 馈线一次系统

二、发电机—变压器组系统送电

1. 3 号主变压器送电

在就地主接线图（见图 5-5）上依次合上 500kV Ⅰ线的电压互感器、线路刀闸、开关。当开关、刀闸在就地图上进行操作时，应检查所有接地刀闸在开位，开关的合闸电源、控制电源在“合位”，开关在“工作”位置，开关面板上的“远方/就地”操作把手要打到“就地”位。

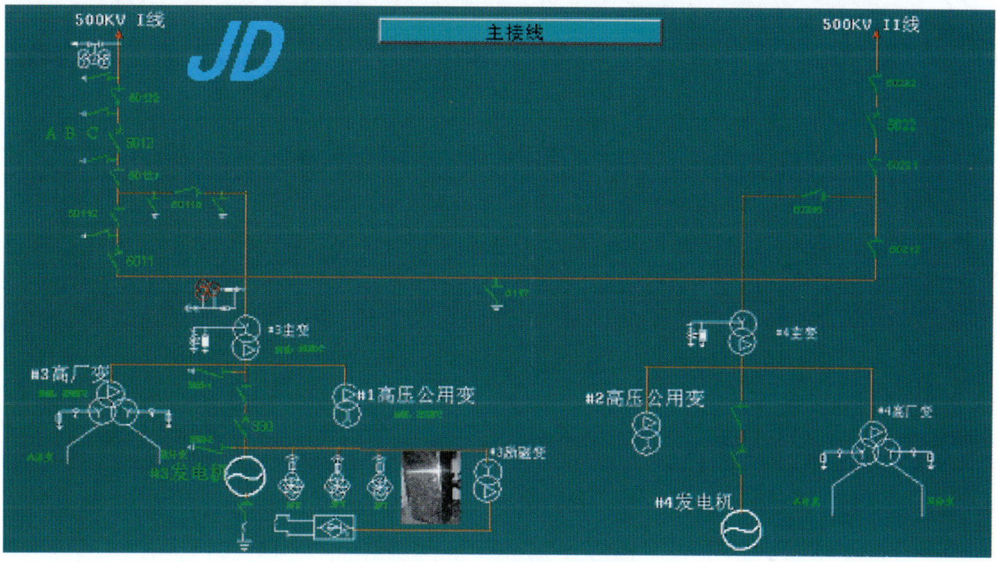

图 5-5 就地主接线图

在主变压器送电之前要在“机组保护”中将主变压器、高厂变及公用变 A2 柜、B2 柜使用中的压板全部投入，见图 5-6。

图 5-6 主变压器、高厂变及公用变继电保护柜压板

C 柜（即非电量保护、通信柜）1 排 2 - 5、2 排 4 - 10、3 排 1 - 5 的压板投入，双向的压板全部投向右侧，见图 5 - 7。

图 5 - 7　非电量保护、通信柜继电保护柜压板

点击 3 号主变压器，将主变压器冷却器的 4 个风扇分别打到工作、工作、辅助、备用状态，见图 5 - 8。

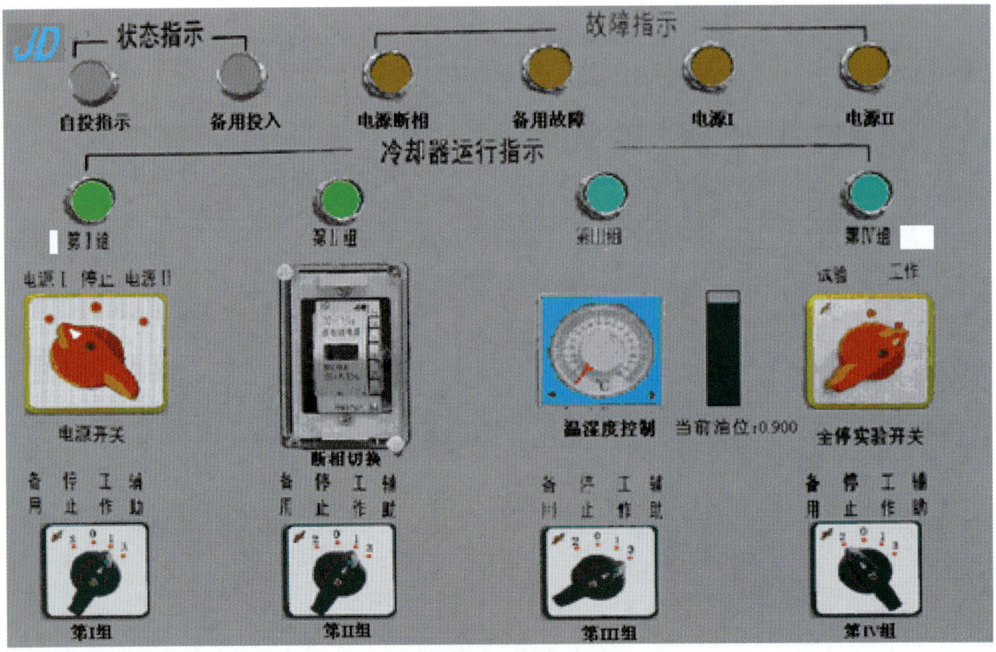

图 5 - 8　主变压器冷却器控制面板

依次合上 500kVⅠ线的线路电压互感器、主变压器电压互感器（合交流一次保险和控制保险）、50122、50121、50116 线路刀闸和 5012 开关，见图 5 - 9。

2. 4号主变压器送电

4号主变压器的送电过程做了简化处理，只需要将500kVⅡ线刀闸、开关全部合上即可，见图5-10。

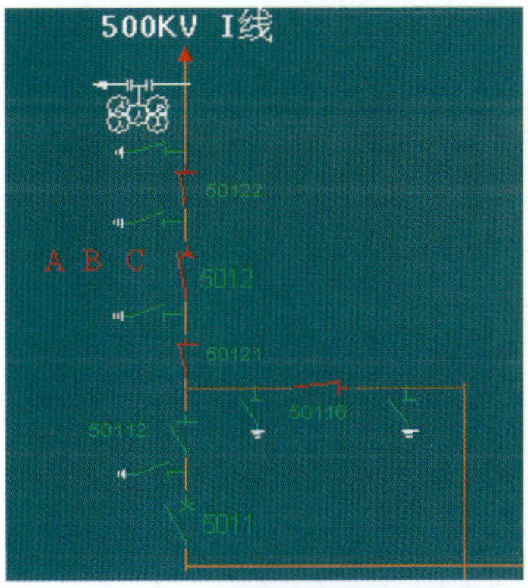

图5-9 500kVⅠ线就地合闸

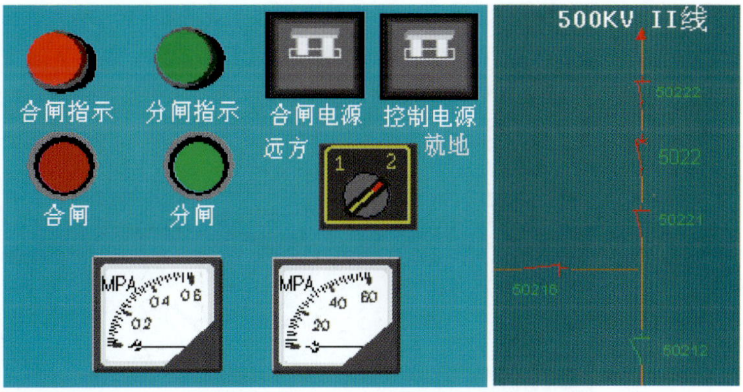

图5-10 给4号主变压器送电

三、厂用电系统送电

1. 6kV系统送电

先将厂用母线的电压互感器一、二次保险要在就地画面上打到“投入”位置，见图5-11。

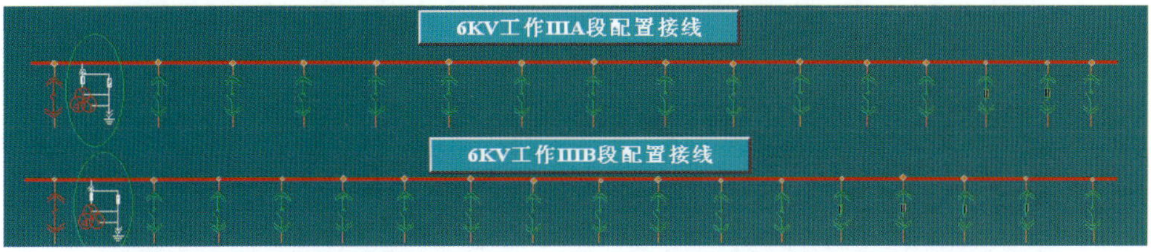

图5-11 就地图中操作电压互感器

注意：在操作电压互感器面板时，如果在“工作”位的话，是看不到一次保险的（见图5-12），但这并不代表一次保险就投上了。可以先打到“检修”位，看一次保险是否投入，如果没有的话，将一次保险都投入，具体操作如下说明。

操作电压互感器时，先将位置把手打到检修位（见图5-13），将交流一次保险投上，再打到工作位（见图5-14），投其他保险。

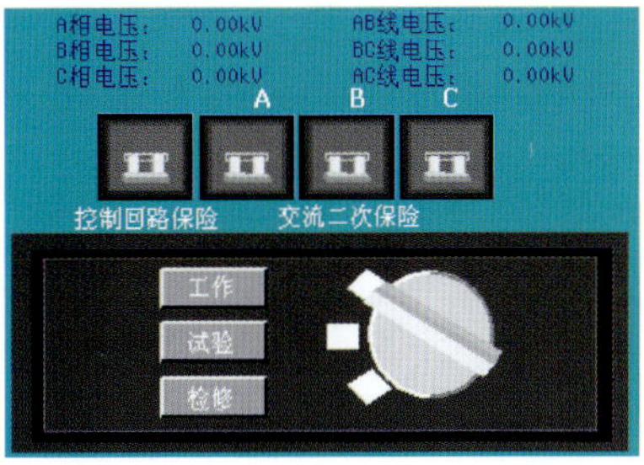

图5-12 电压互感器操作面板

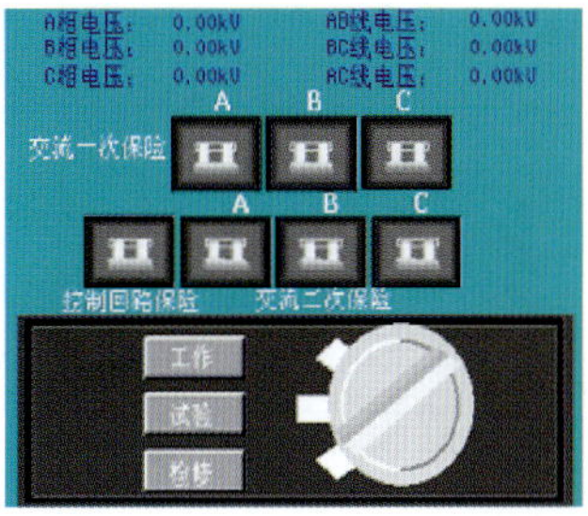

图5-13 在“检修”位投一次保险

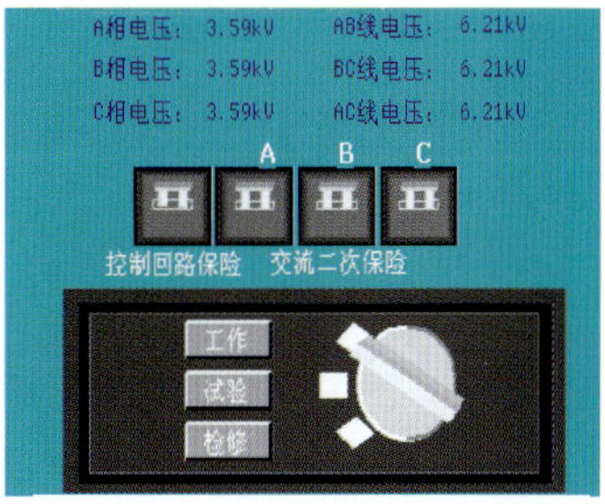

图5-14 投二次保险

在DCS操作界面合开关前，应在就地图中检查开关的合闸电源、控制电源在“合位”，开关在“工作”位置，转换开关在“遥控”位置，见图5-15。

注：先将2C06连锁开关打至“解除”位置，6kV送电结束后再打至“连锁”位置。

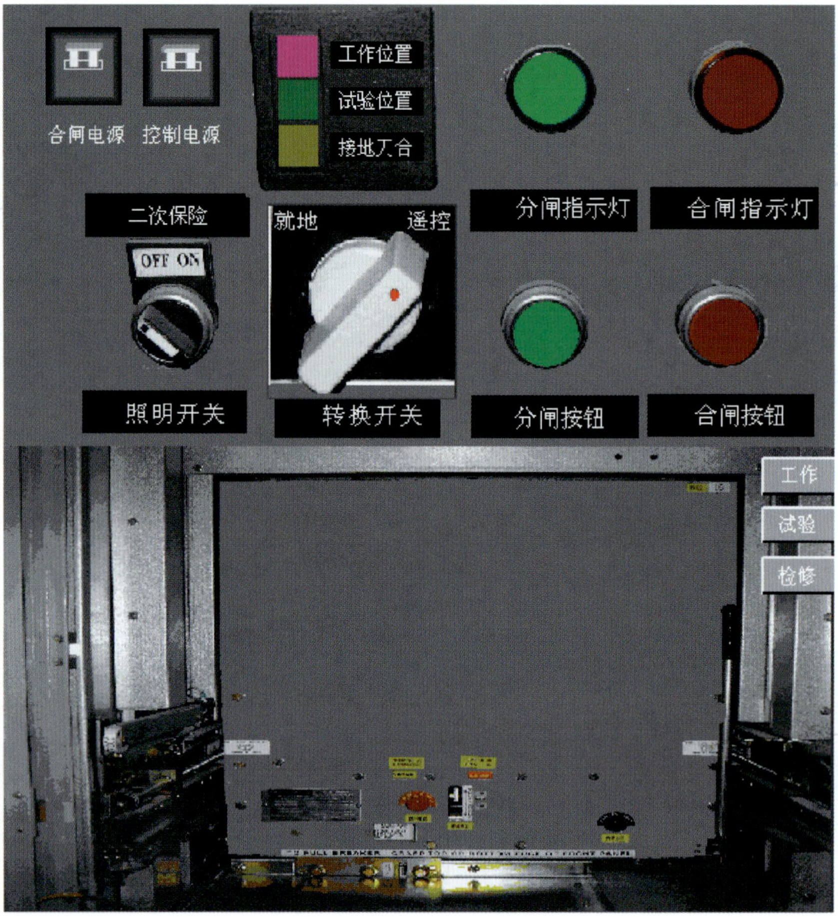

图5-15 检查开关状态

进入DCS操作界面。

在DCS操作界面中切换到“电气系统”/“2、厂用及公用电源总貌”图中，对电气厂用电网络进行送电操作（在冷态的情况下，有些开关初始状态是黄色的，黄色状态表示的是开关从来没有被操作过，开关的指令与反馈不一致。在进行过操作后开关状态就会自动显示正常了）。

首先合上6kV厂用ⅢA段2302、厂用ⅢB段2304、公用Ⅲ段2C02、公用Ⅳ段2D02开关，合开关时先点击“M”按钮，再点击“合闸”按钮，然后点出“OK”按钮，见图5-16。

复归2306等开关，操作开关后DCS界面，如图5-17所示。

然后在就地图中合上4号主变压器低压侧6kV ⅣA段、ⅣB段开关，合上开关后就地厂用电系统接线图，如图5-18所示。

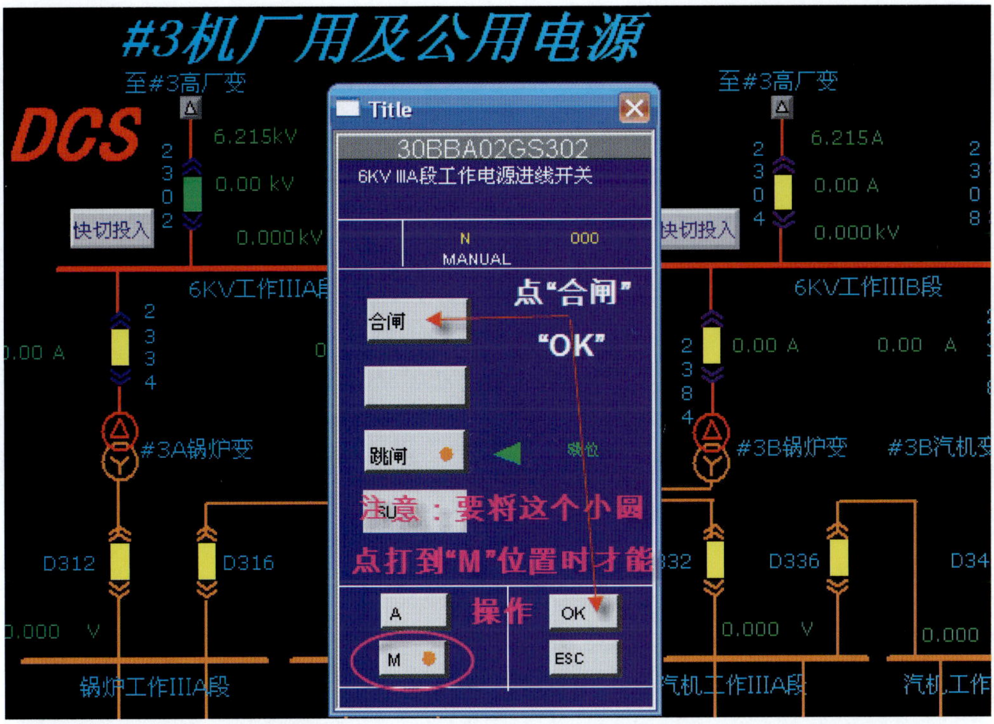

图 5-16　厂用及公用电源总貌图

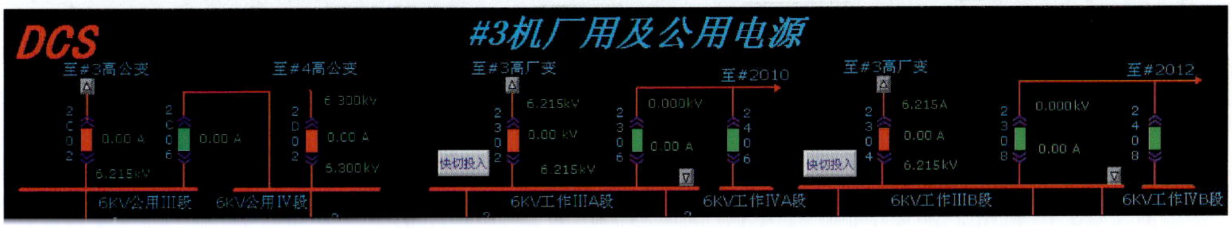

图 5-17　合上开关后 DCS 界面

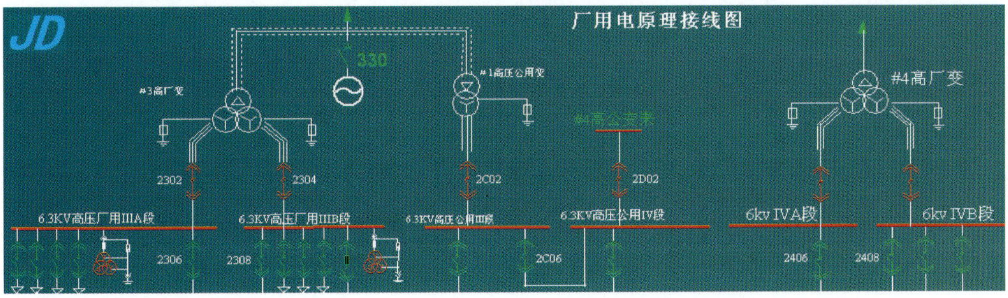

图 5-18　合上开关后就地厂用电系统接线图

2. 380V 工作段送电

在 DCS 操作界面合开关前，应首先投入各段母线电压互感器，操作面板见图 5-19，并在就地图中检查开关的储能电源、合闸电源、控制电源等在“合位”，开关在“工作”位置，转换开关在“遥控”位置，见图5-20。

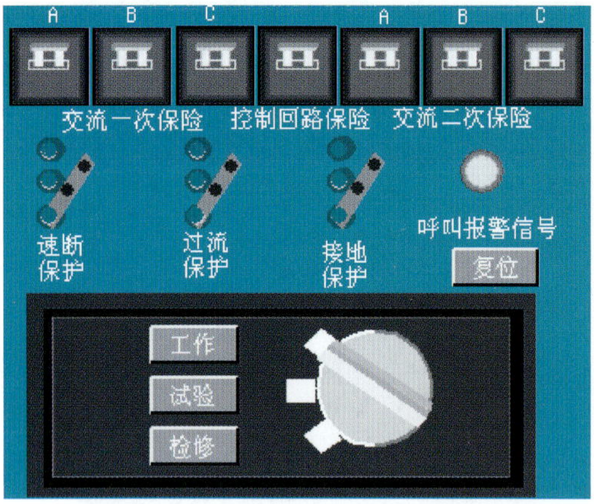

图5-19　低压电压互感器操作面板

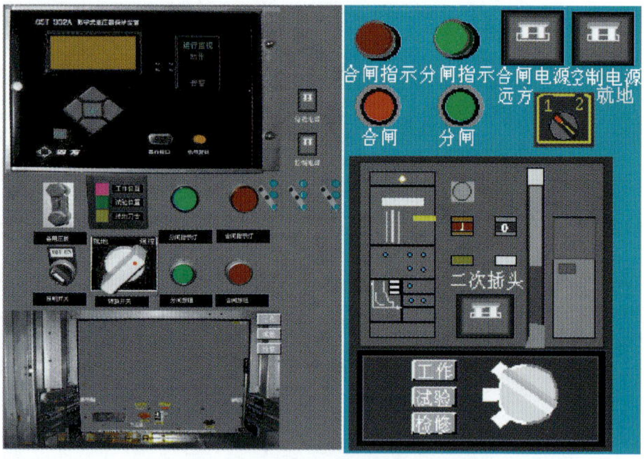

图5-20　检查开关状态

在DCS界面依次合上往380V送电的各开关（送电后见图5-21、图5-22）。

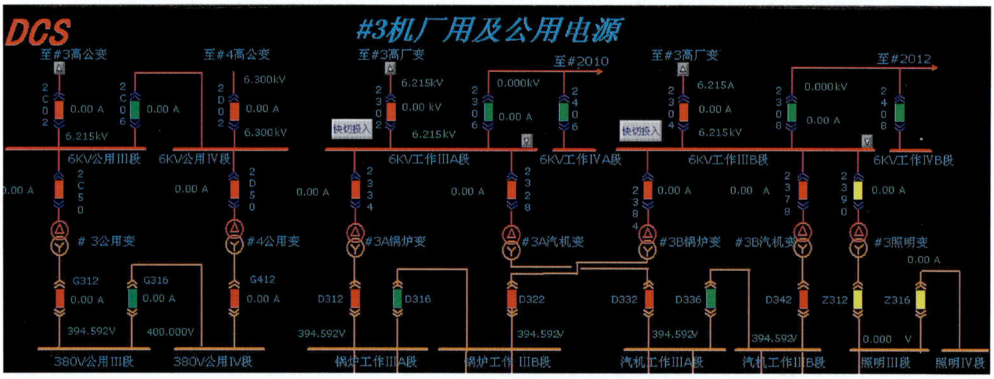

图5-21　DCS界面380V工作段送电后

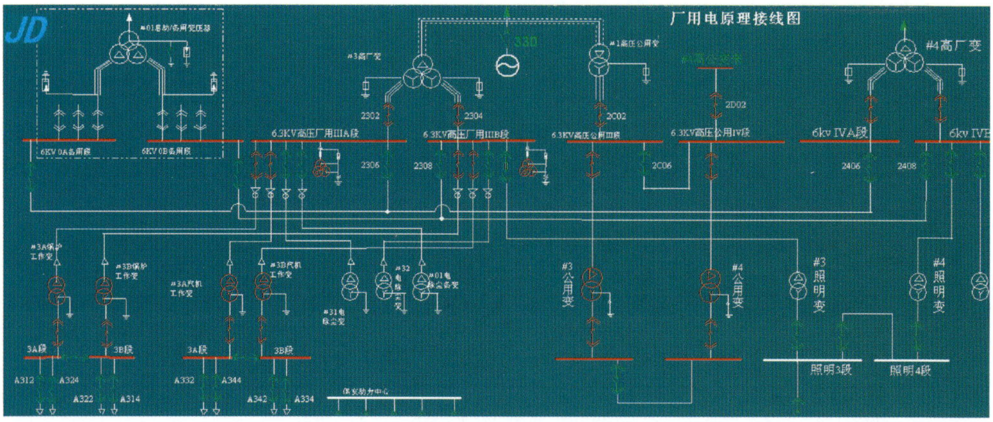

图5-22　就地图380V工作段送电后

(1) 合上锅炉工作ⅢA段2334、D312开关；合上锅炉工作ⅢB段2384、D322开关；复归D316开关。

(2) 合上汽轮机工作ⅢA段2328、D332开关；合上汽轮机工作ⅢB段2378、D342开关；复归D336开关。

(3) 合上公用ⅢA段2C50、G312开关；合上公用ⅢB段2D50、G412开关；复归G316开关。

3. 保安系统送电

(1) 380V保安段送电。在就地图中将保安段的进线开关合上（见图5-23、图5-24）。

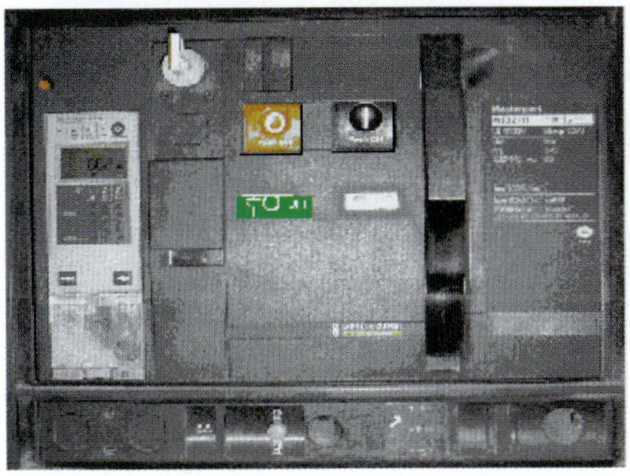

图5-23　保安段的进线开关操作面板

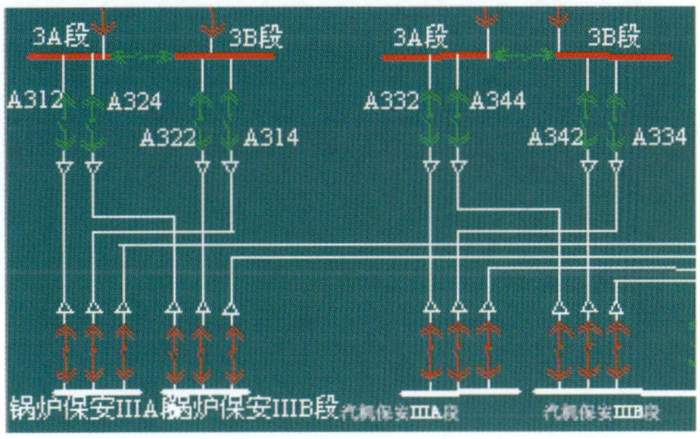

图5-24　保安段的进线开关合上后就地显示

在就地图中将312和322的备自投开关打到连锁，然后在DCS上合上A312和A322（见图5-25、图5-26）。

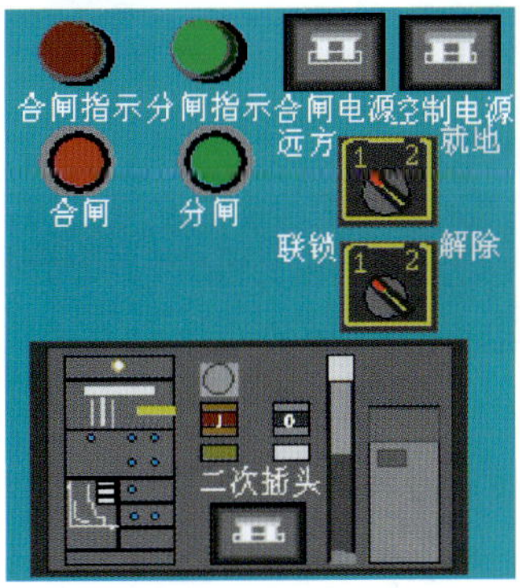

图5-25　A312和A322的备自投开关打到连锁

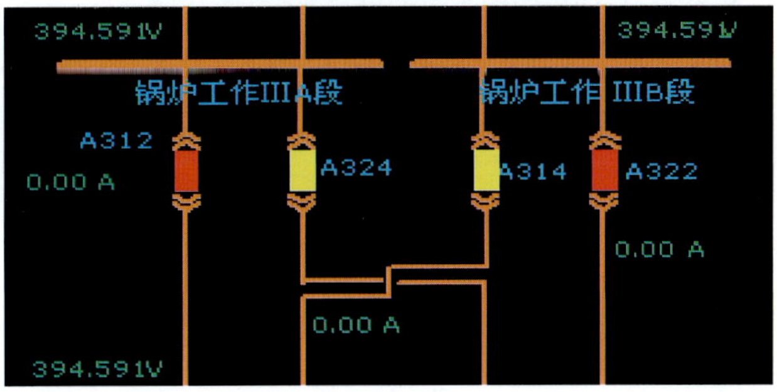

图5-26　在DCS上合上A312和A322

操作完以后，要把备用状态的电源开关打到“连锁”位置；工作开关打到“解除”位置，见图5-27。

同理操作汽轮机保安段。

(2) 柴油机备用。在柴油发电机的就地机头控制面板上把柴油机控制把手打到“自动”位置，见图5-28。

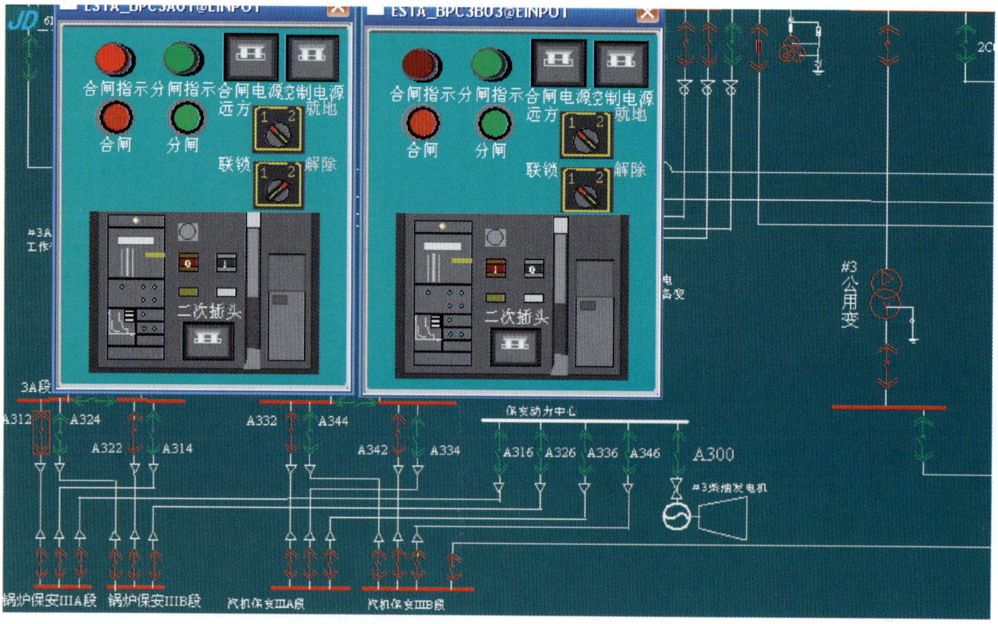

图 5 - 27　连锁和解除

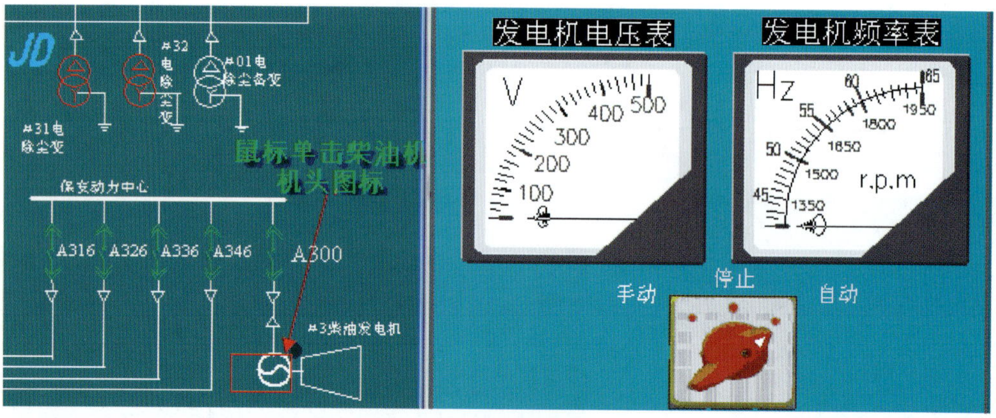

图 5 - 28　柴油机

柴油机自启条件如下所述。

1）就地打“手动”位置立即自启或就地打“自动位置”时，保安段任意一段失电则自启（不考虑其他任何条件）。

2）柴油机出口开关 A330 的自投条件：柴油机启动成功并且失电的任意一个保安段上边没有开关在合位。

3）柴油发电机出口母线至各保安段开关的自投条件：柴油机段带电、相应的保安段母线失电并且该保安段母线没有任何进线开关在合位。

4）锅炉段工作段去往各保安段开关的自动跳闸条件（汽轮机工作段条件与此相同）：以 A312 为例，要求本开关所带的母线失电（即锅炉保安 3A 段失电），并且对侧备用开关

（A314 开关）的备自投压板在“投入”位。

5）锅炉段工作段去往各保安段开关的自动合闸条件（汽轮机工作段条件与此相同）：以 A312 为例（假设运行方式为 A314 开关运行，A312 开关在热备用位）：要求本开关所带的母线失电（即锅炉保安 3A 段失电）、本开关的备自投连锁压板在“投入”位，并且对侧备用开关（A314 开关）在跳闸位。

（3）在汽轮机/锅炉段送电完毕后要将给 110/220V 直流系统供电的相应开关合上，把蓄电池组转为浮充状态；合上给 UPS 系统和相关负荷供电的相应开关。

1）380V 锅炉保安ⅢA 段合上相应负荷开关，见图 5-29。

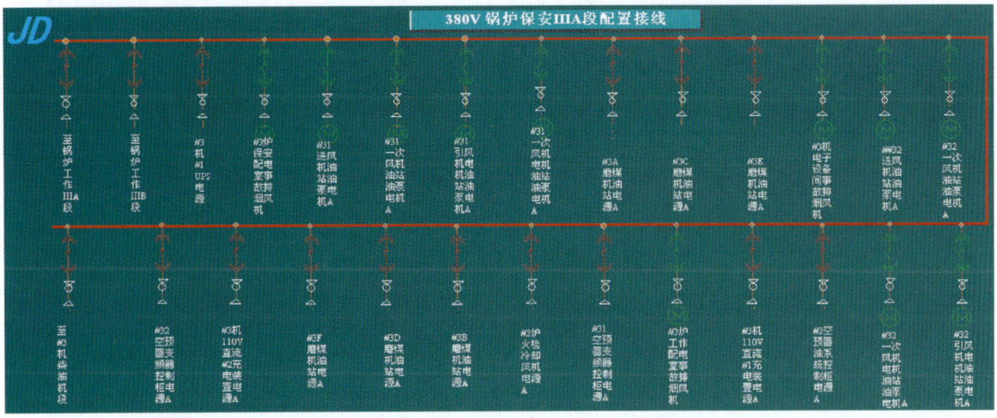

图 5-29　380V 锅炉保安ⅢA 段负荷送电后

2）380V 锅炉保安ⅢB 段合上相应负荷开关，见图 5-30。

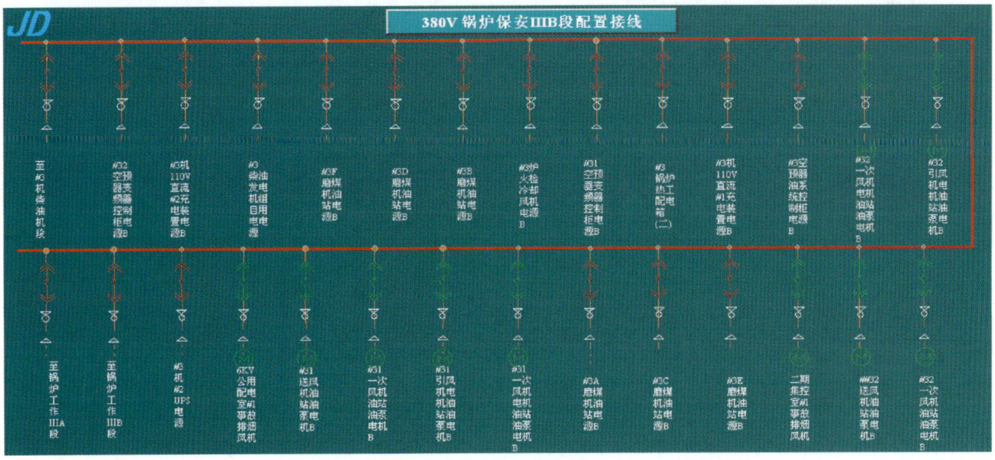

图 5-30　380V 锅炉保安ⅢB 段负荷送电后

3）380V 汽轮机保安Ⅲ段合上相应负荷开关，见图 5-31。

4）380V 锅炉工作Ⅲ段合上相应负荷开关，见图 5-32。

5）110V 直流系统由保安段供电。将三工位联络刀闸打至中间位置，投入整流设备，合上 Q303、Q308 开关，见图 5-33。

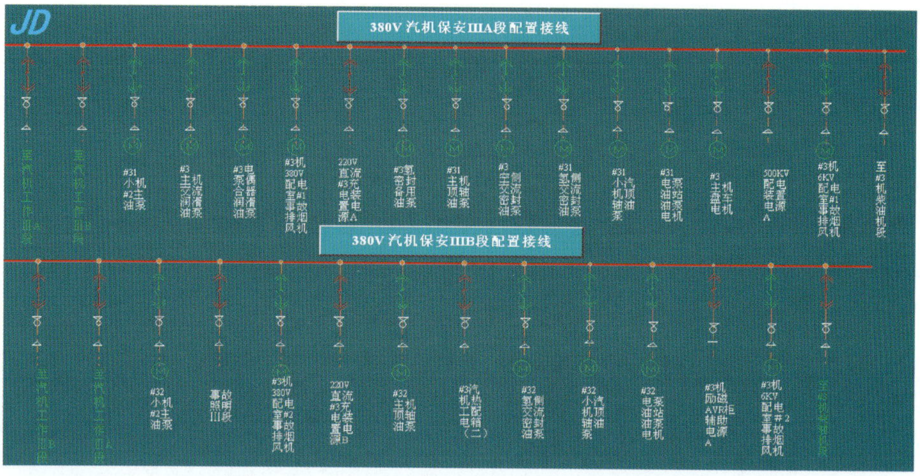

图 5-31　380V 汽轮机保安Ⅲ段负荷送电后

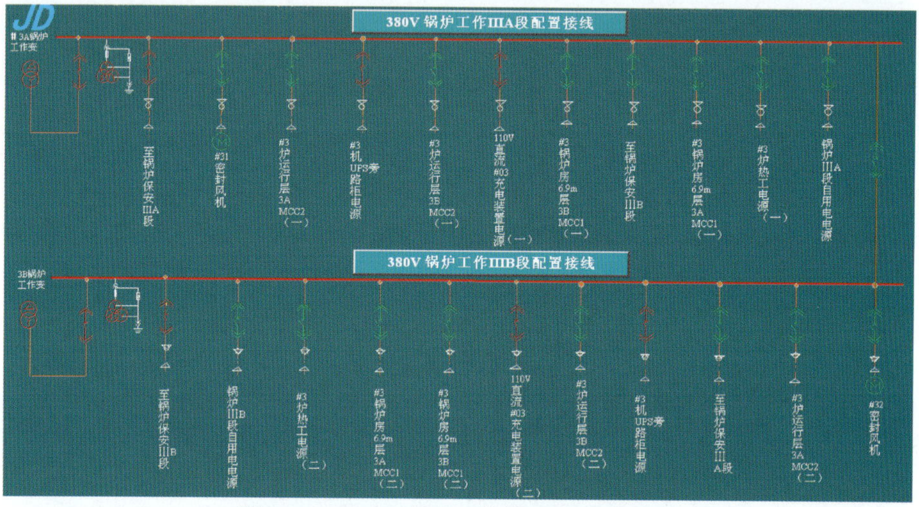

图 5-32　380V 锅炉工作Ⅲ段负荷送电后

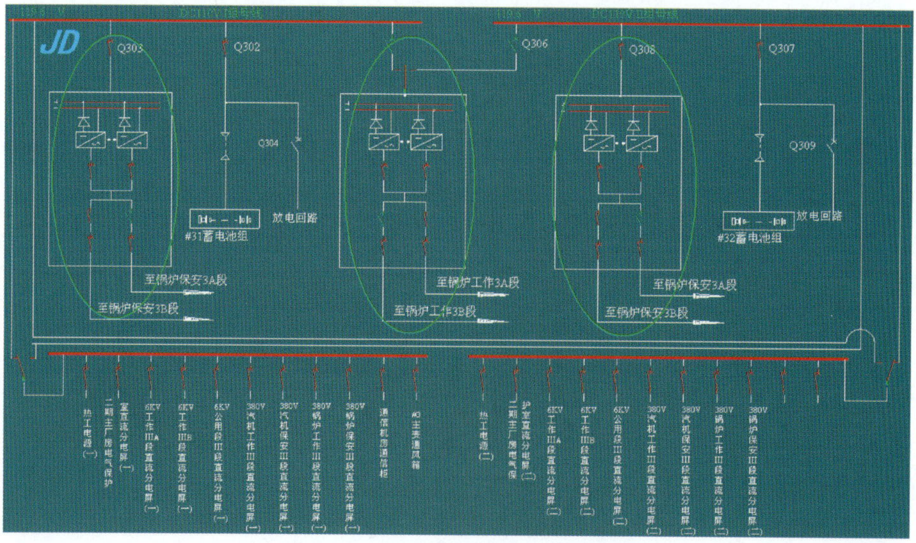

图 5-33　110V 直流系统由保安段供电

6）220V 直流系统由保安段供电。投入整流设备，合上 Q33 开关，见图 5－34。

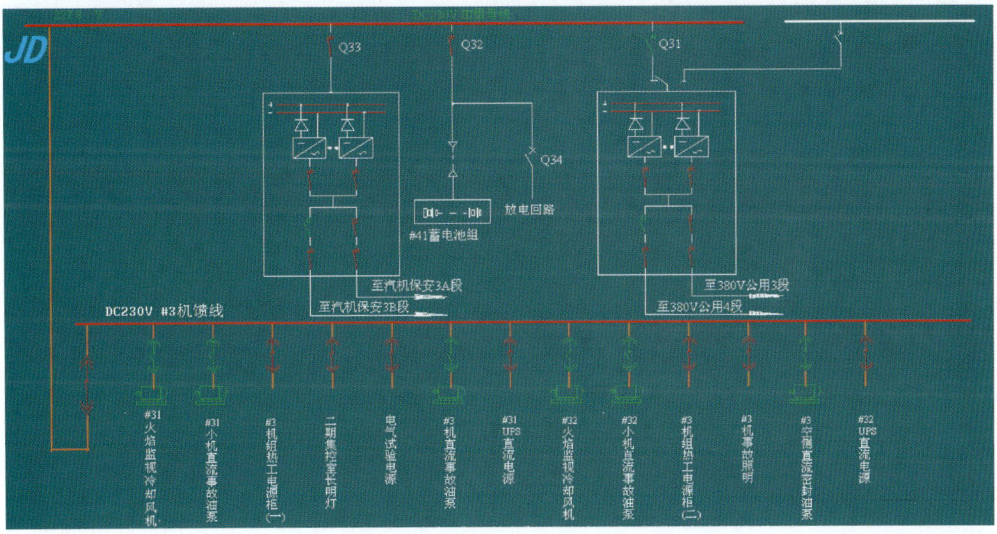

图 5－34　220V 直流系统由保安段供电

7）UPS 系统由保安段供电。合上 311K 开关，断开 312K 开关；合上 321K 开关，断开 322K 开关，见图 5－35。

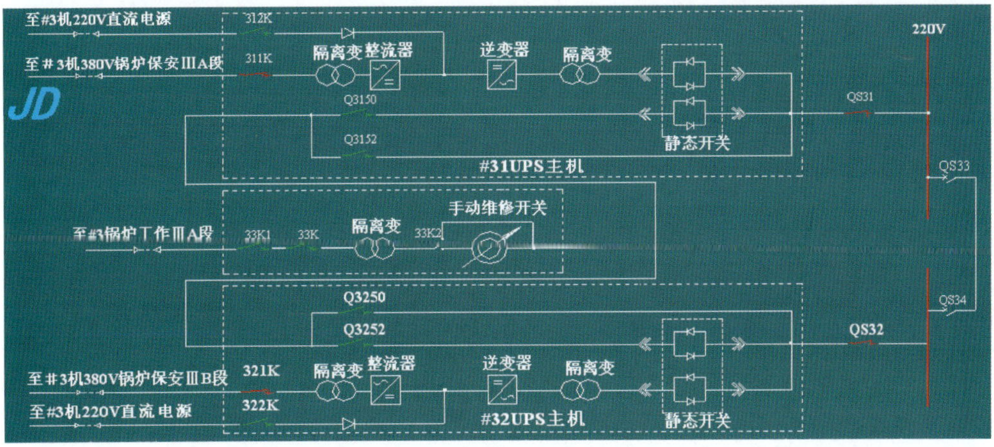

图 5－35　UPS 系统由保安段供电

4．MCC 系统送电

在就地图中检查 380V 锅炉工作Ⅲ段、380V 汽轮机工作Ⅲ段各层各开关状态（转换开关打“远方”位，连锁开关打“解除”位），见图 5－36。

合上各 MCC 段进线刀闸（转换开关打“就地”位，点击“合闸”按钮，转换开关打“远方”位），见图 5－37。

在 DCS 上依次合上往 MCC 送电的开关，注意负荷的平均分配，见图 5－38、图 5－39。

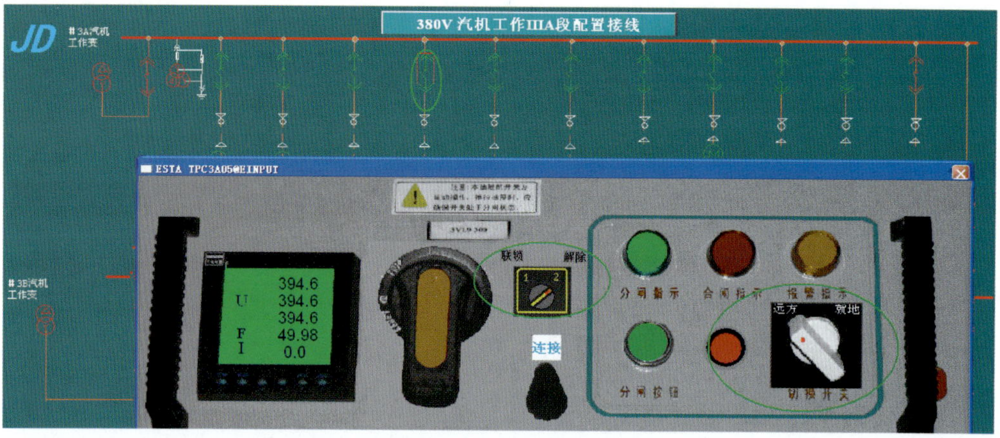

图 5－36　检查 380V 工作段开关状态

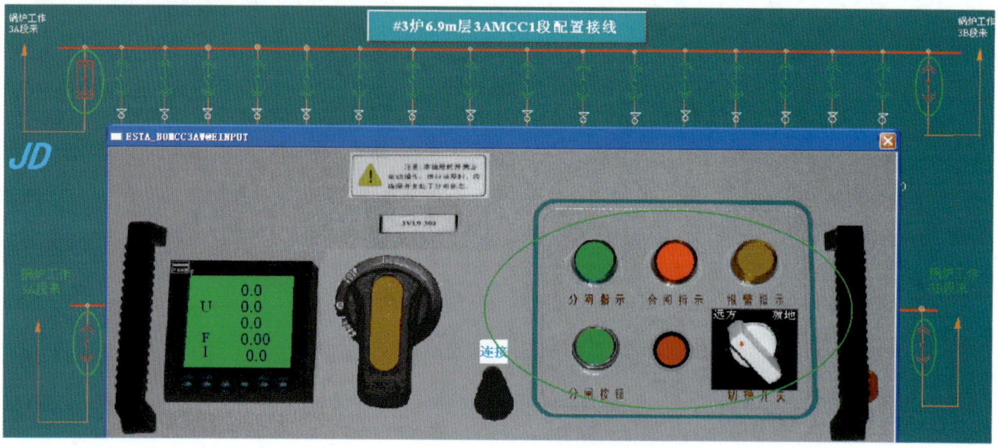

图 5－37　合上各 MCC 段进线刀闸

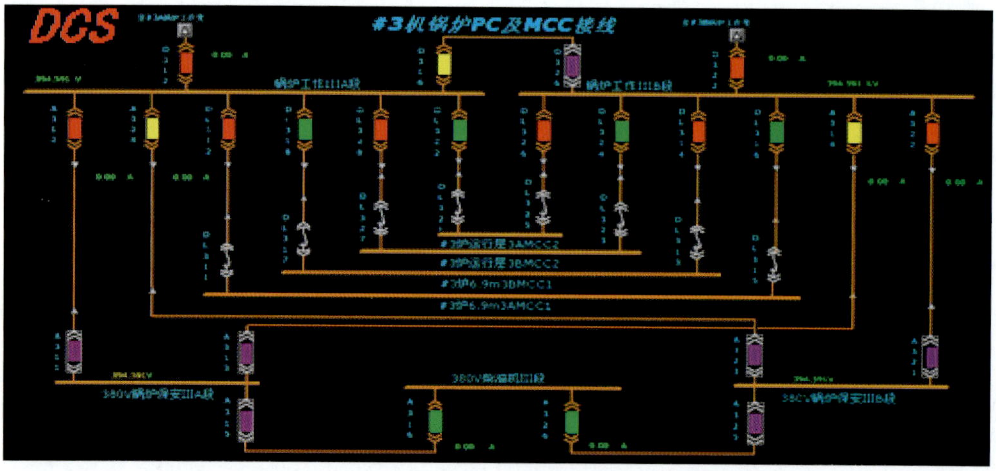

图 5－38　DCS 上 3 号机组锅炉 PC 及 MCC 接线操作

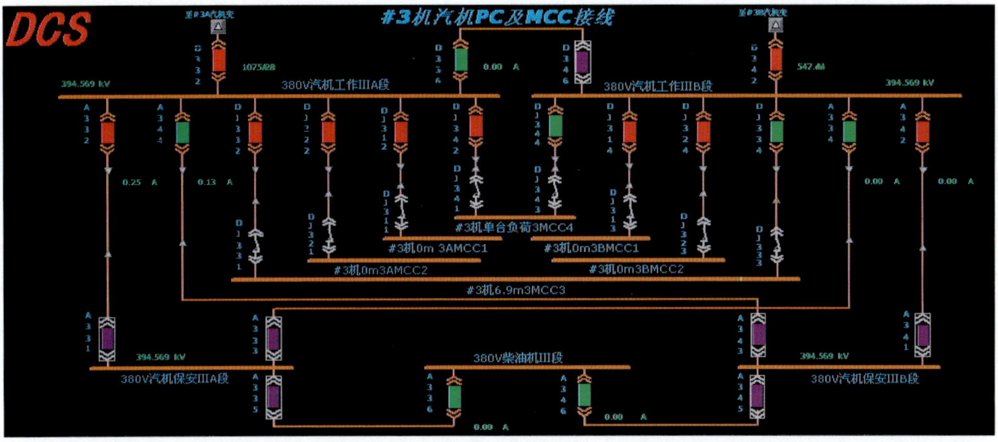

图 5-39　DCS 上 3 号机组汽轮机 PC 及 MCC 接线操作

操作完以后，要把备用状态的电源开关打到“连锁”位置，见图 5-40。

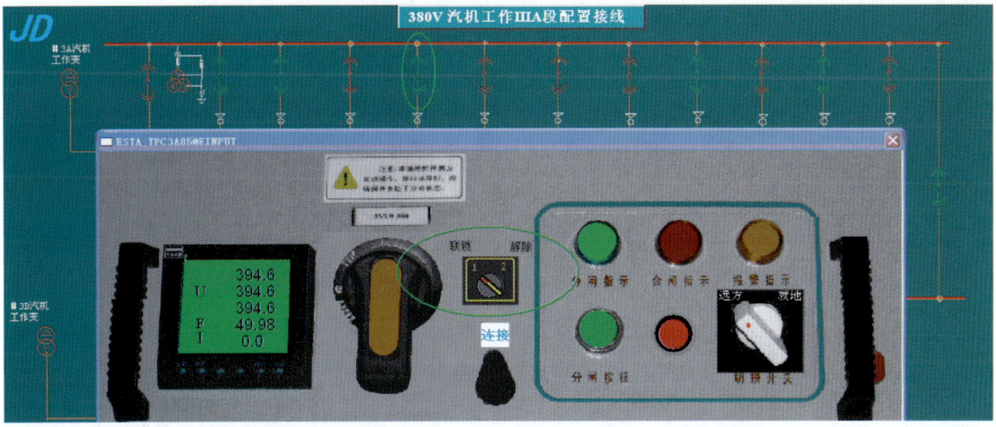

图 5-40　把备用状态的电源开关打到“连锁”位置

合上 MCC 段相应负荷开关，见图 5-41、图 5-42。

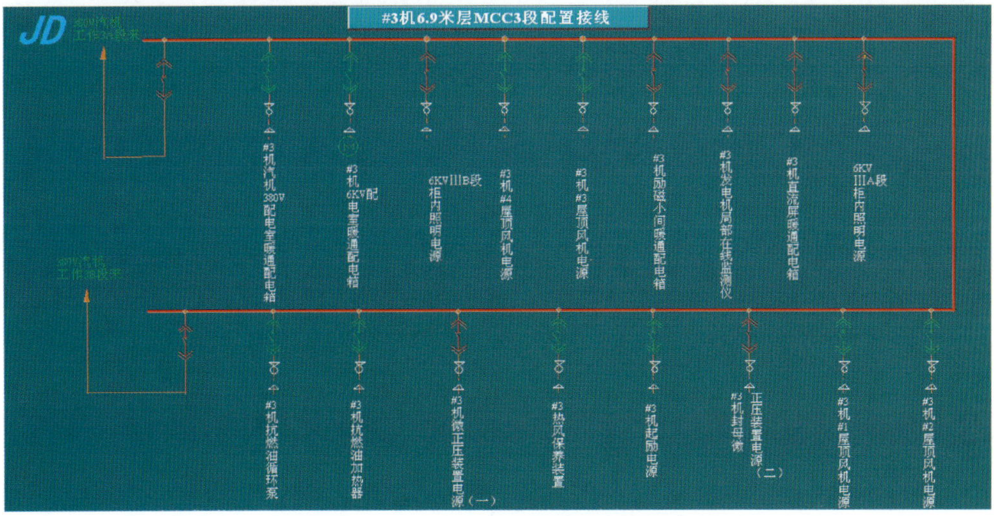

图 5-41　合上 MCC 段相应负荷开关

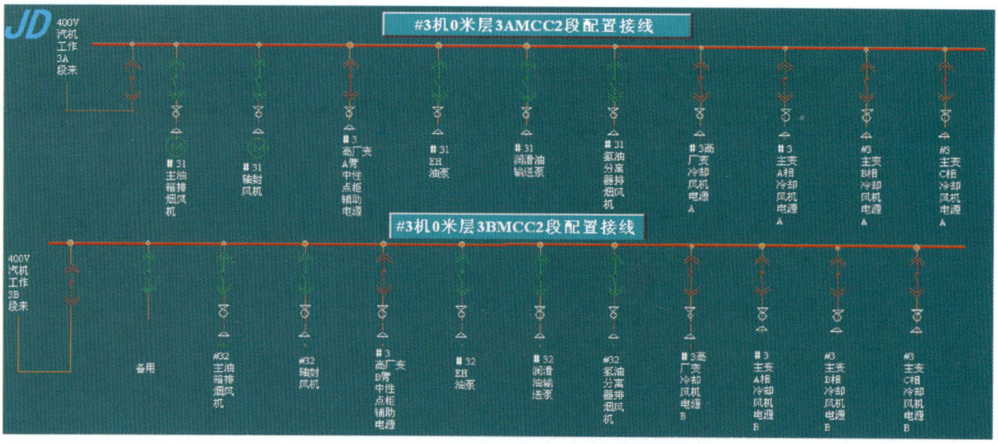

图 5-42 合上 MCC 段相应负荷开关

5. 照明段送电

在 DCS 上合 Z321 开关，见图 5-43，照明Ⅳ段在就地图送电，见图 5-44。

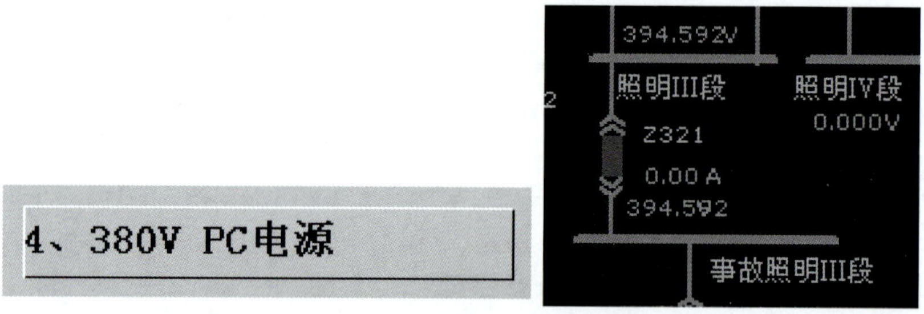

图 5-43 在 DCS 上合 Z321 开关

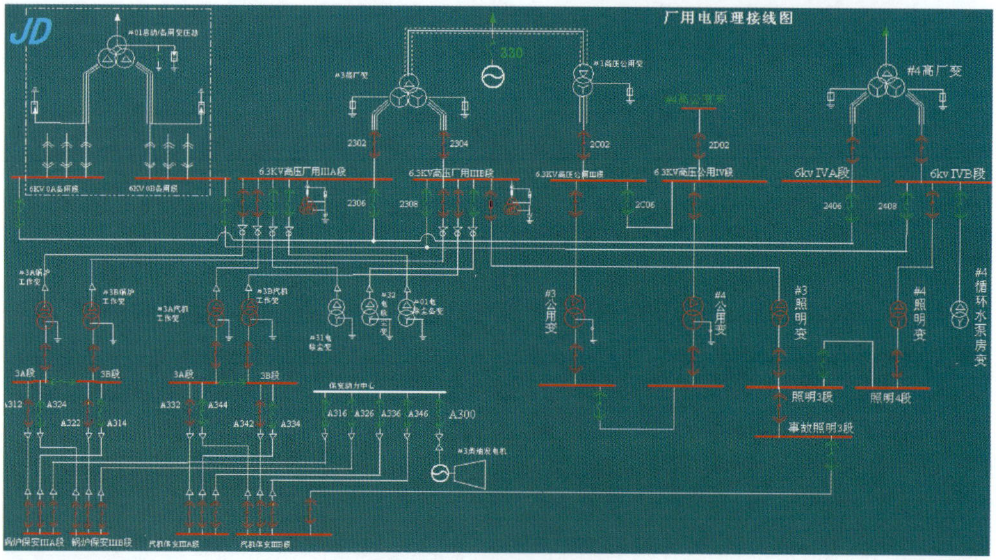

图 5-44 照明变送电后

6. 循环水泵房送电

在 DCS 图 380V PC 电源上合 2392 开关，见图 5-45。合上 5 号循环泵出口蝶阀和 6 号循环泵出口蝶阀的开关，见图 5-46。

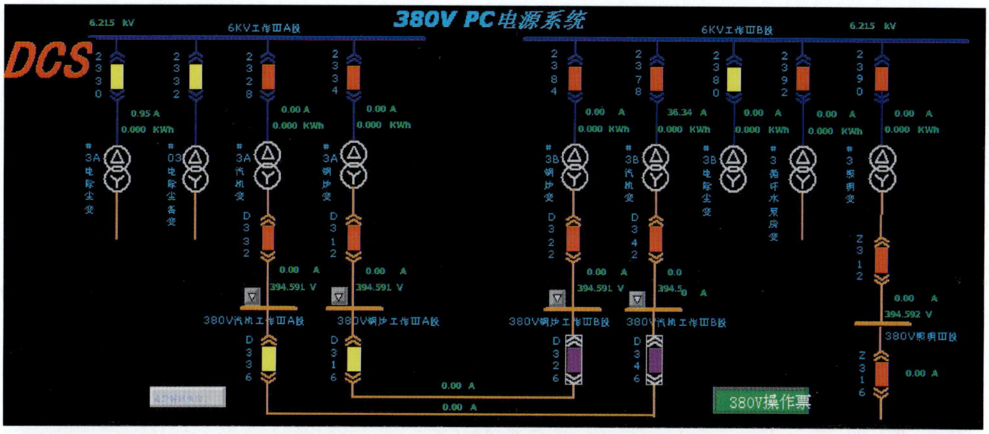

图 5-45 在 DCS 上合 2392 开关

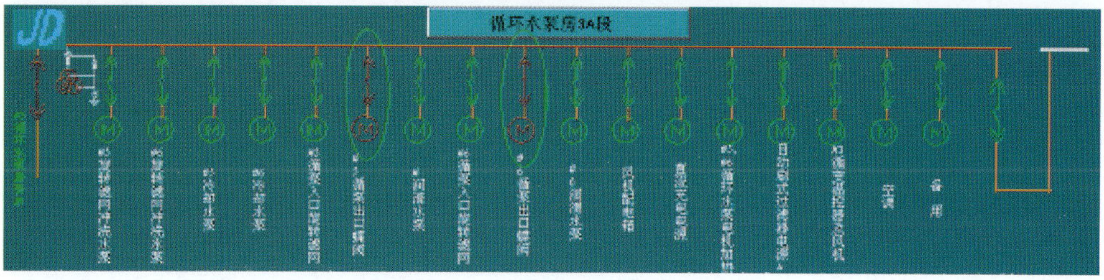

图 5-46 循环水泵房就地图

四、所有电机备用

检查就地图中所有挂电机的开关：①要在工作位（粉色的工作位置灯亮），如果不在工作位的话，操作开关面板右下方的三个按钮“工作”、“试验”、“检修”，将其打到工作位；②储能电源把手和控制电源把手在投的位置（向上）；③转换开关在遥控位，见图 5-47。

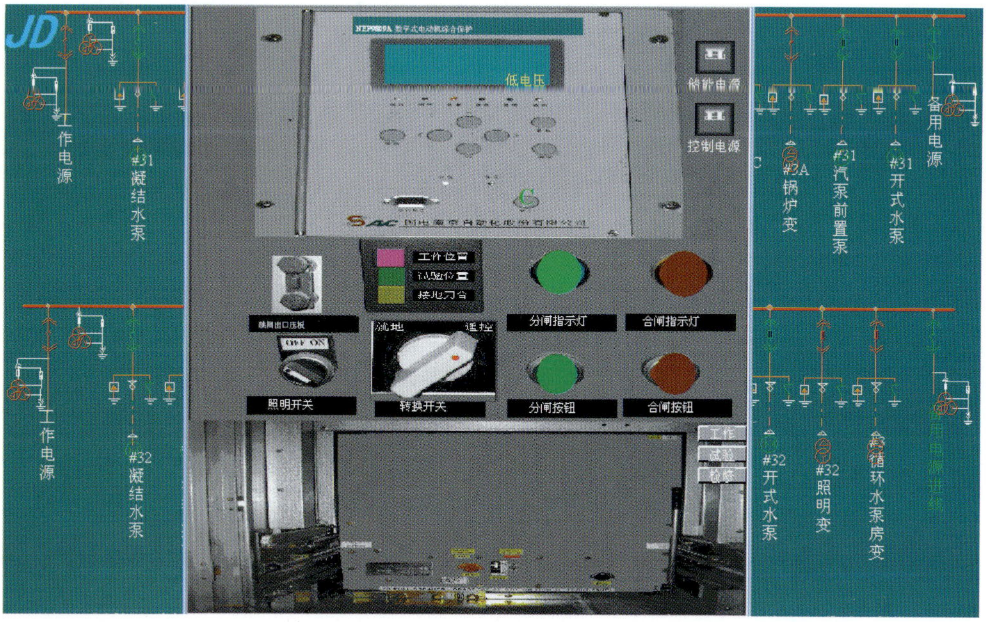

图 5-47 电机备用

五、检查

厂用电送电状态的检查：

(1) 所有开关在工作位，远方/就地切换把手要打到“远方”位；

(2) 所有开关的直流电源或合闸电源在投入位，开关的合/分闸指示灯明亮；

(3) 所有母线 PT 在工作位，一次/二次保险在投入位；

(4) DCS 操作图上所有开关的状态都要进行复位操作，不能显示为黄色状态；

(5) 检查厂用母线各段供电正常，开关的“连锁/解除”把手在正确位置。

送电后系统见图 5-48。

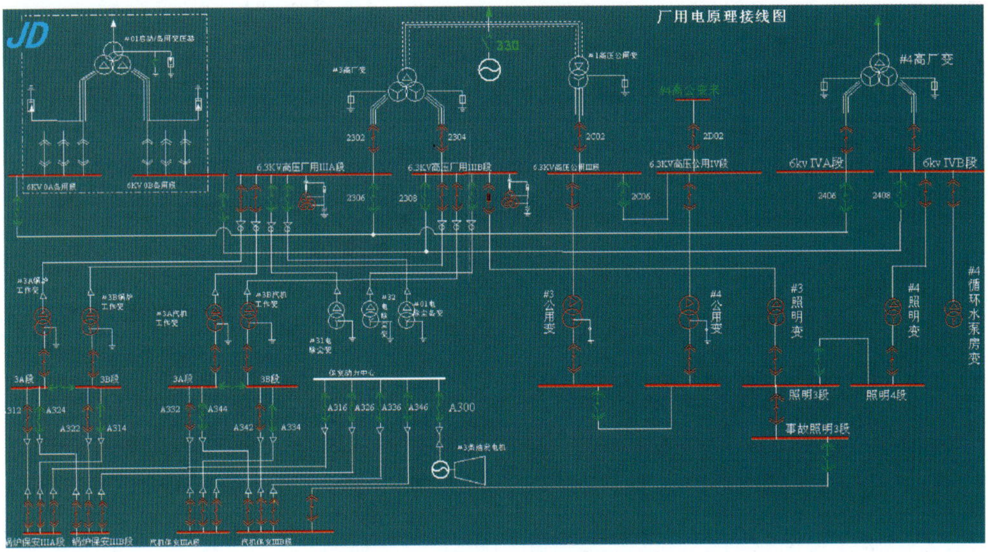

图 5-48 送电后系统状态图

第二节 辅助系统的投入

一、检查送电

在电气就地检查所有具备送电条件的设备均已送电。

二、投入循环水系统

在汽轮机就地“循环水泵房系统”，按图 5-49 开启 5、6 号循环水泵房系统的相关就地门。

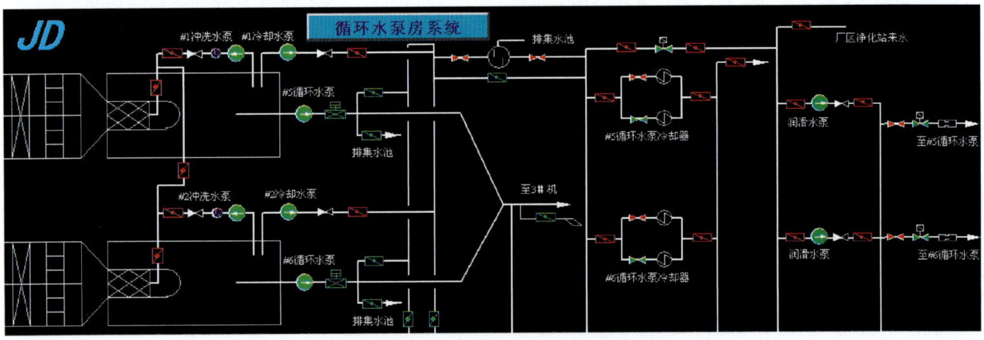

图 5-49 循环水泵房系统

在 DCS“循环水泵房-1”系统，检查冷却水塔水位正常，见图 5-50。

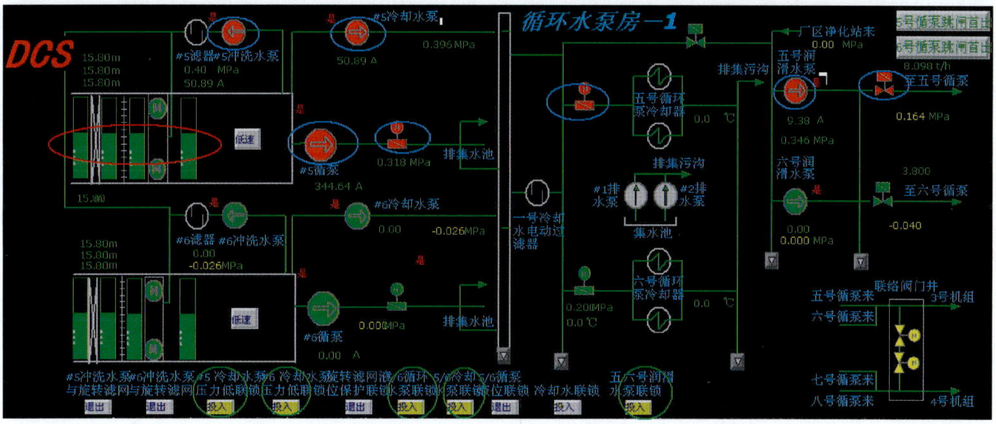

图 5-50　循环水泵房-1

在 DCS“凝汽器循环水”系统，开启凝汽器循环水进水电动门和出水电动门，待循环水系统注水完毕，开启至开式水的进水电动门，见图 5-51。

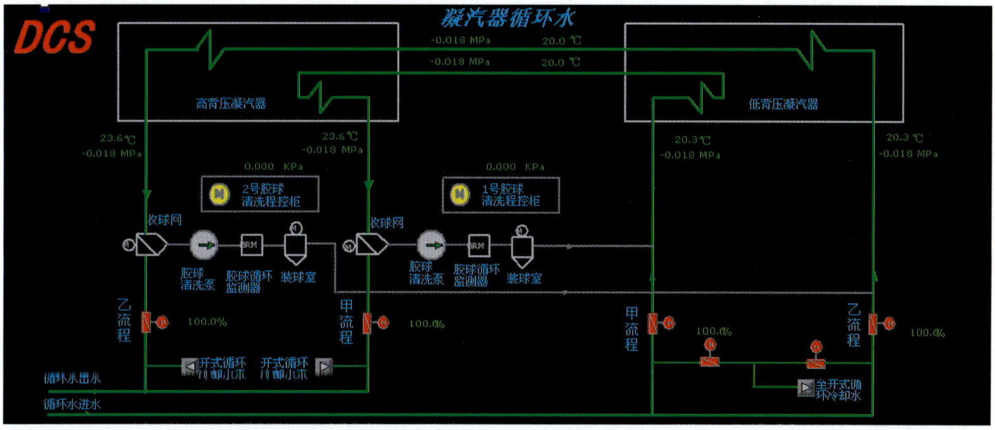

图 5-51　凝汽器循环水

在 DCS“循环水泵房-1”系统（见图 5-50），启动 5 号冷却水泵，开 5 号循环泵冷却器入口电动门，启动 5 号润滑水泵，开润滑水泵出口电磁阀，待水压正常后启动一台循环水泵（循环水泵出口液动碟阀应联开），检查循环水系统运行正常。分别投入另一台循环水泵、冷却水泵、润滑水泵连锁，分别投入 5 号冷却水泵、6 号冷却水泵压力低连锁。

循环水泵启动条件如下：

（1）循环水泵冷却水压力大于 0.15MPa；

（2）循环水泵润滑水压力大于 0.2MPa；

（3）循环水泵电气在远方位。

三、投入开式水系统

在汽轮机就地“开式循环冷却水系统”中，开启各冷却器就地门，见图 5-52。

在 DCS“开式水系统”，开启一套反冲洗滤网出、入口电动门，开启开式冷却水泵入口

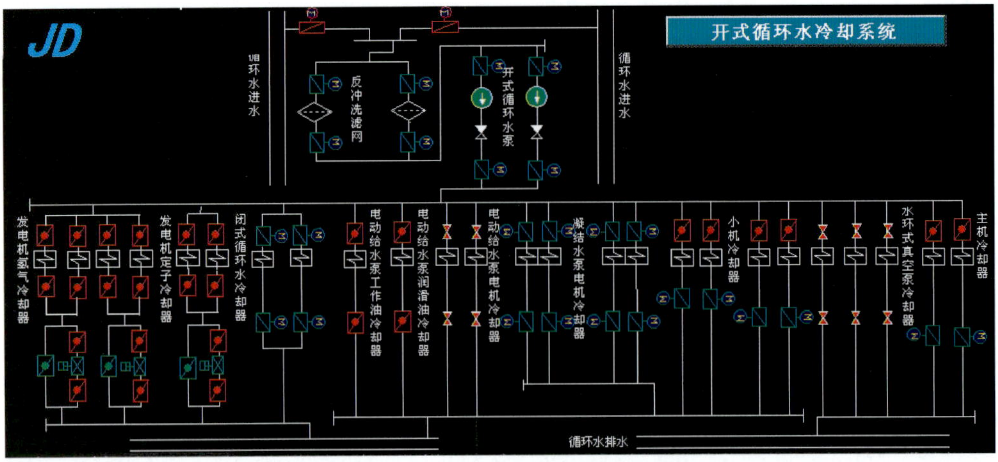

图 5 - 52　开式循环冷却水系统

电动门，待开式冷却水系统充水完毕，启动一台开式冷却水泵，开泵出口门，另一台开式冷却水泵投入备用。

开启闭式水冷却器进、出口电动门，将闭式水供水温度控制在 38℃以下；开主机冷油器出口电动门，将主机润滑油温控制在 38～49℃；开小汽轮机冷油器出口电动门，将小汽轮机润滑油温控制在 38～49℃；将发电机定子冷却水温度气动调节阀投自动，定值暂设为 35℃，待定子冷却水温度升高后，再将定值提升至 45～50℃；将氢气冷却器回水电动调节阀投自动，定值设为 35℃（30～40℃）；将其他电动门全开，见图 5 - 53。

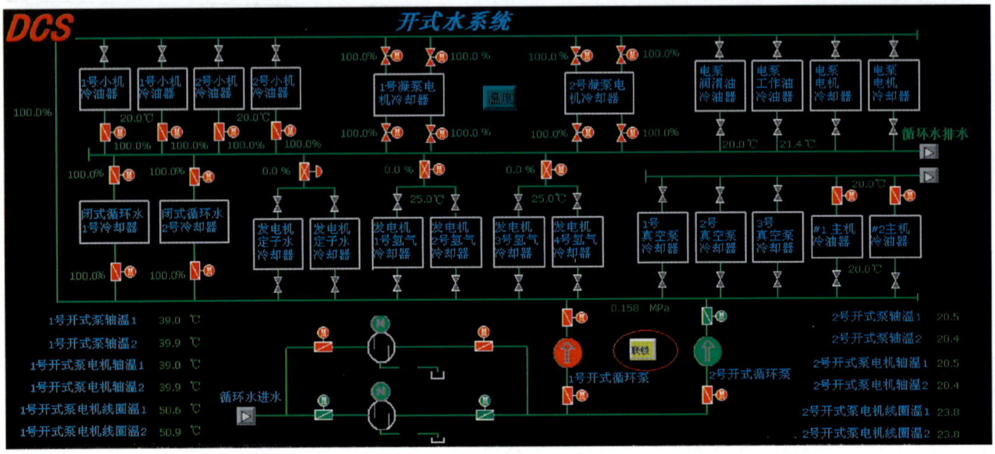

图 5 - 53　开式水系统

四、除盐水箱与凝汽器上水

在汽轮机就地“凝汽器补充水系统”中，开启除盐水箱补水就地门，开启除盐水箱至凝汽器的补水就地门，开启除盐水箱至膨胀水箱的补水就地门，开启凝结水母管至除盐水箱回水就地门，见图 5 - 54 中红色标记。

在 DCS“凝结水系统”，开启化学除盐水至除盐水箱的进水调整门，向除盐水箱补水，

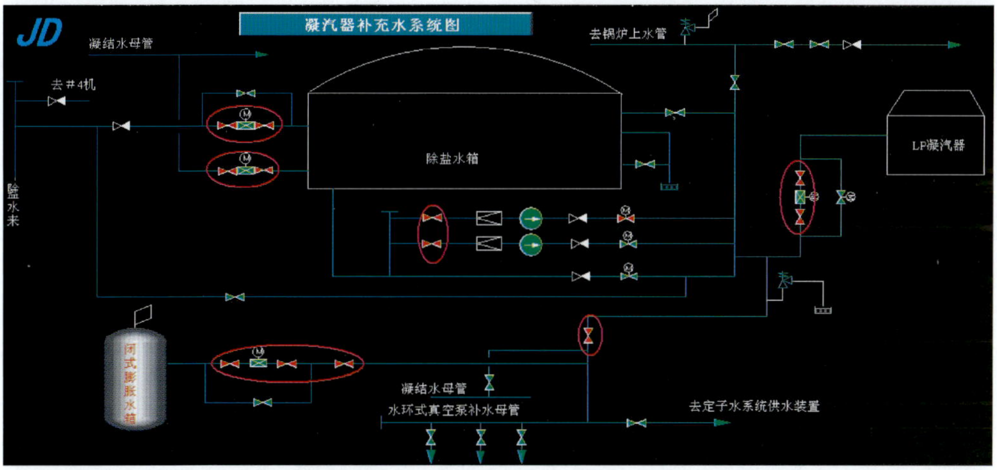

图 5-54 凝汽器补充水系统

水箱水位正常后（4000mm 以上）投入该补水调节门自动；启动凝结水补水泵，开启凝汽器补水调整门向凝汽器上水，待凝汽器水位正常后（1080mm 左右），投入该补水调节门自动，见图 5-55。

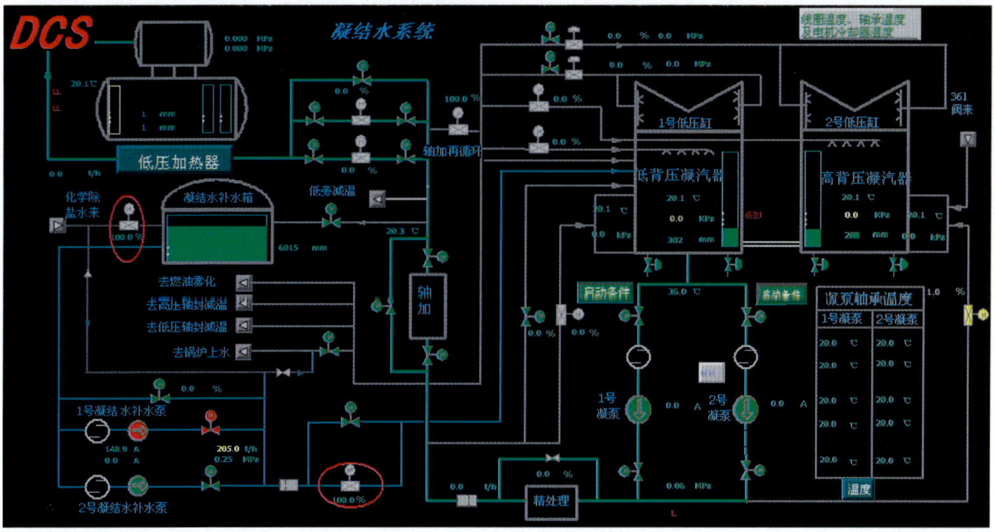

图 5-55 凝结水系统

五、闭式水系统投入

在汽轮机就地“闭式循环冷却水系统”，开启各相关就地门，见图 5-56。

在 DCS“闭式水系统”，开膨胀水箱补水调节门，待膨胀水箱水位正常后（1700～1930mm），投入该调节门自动；启动一台闭式循环水泵，检查闭式循环冷却水系统运行正常后，投入另一台闭式循环冷却水泵备用，见图 5-57；分别将空、氢侧密封油冷却器水侧调节门投自动，定值设为 34℃（30～50℃），见图 5-57。

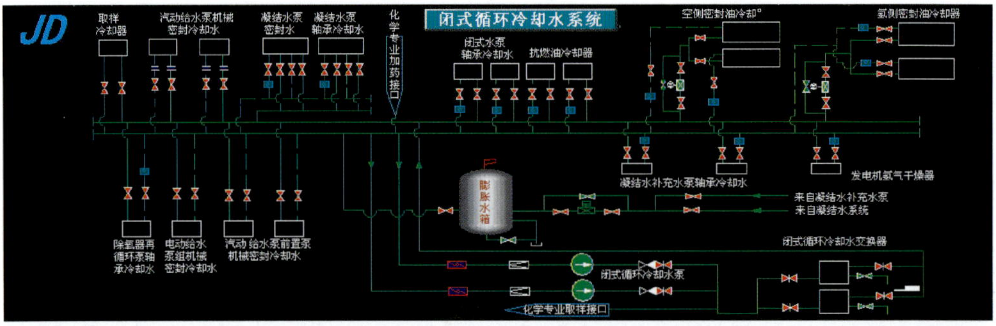

图 5-56 闭式循环冷却水系统

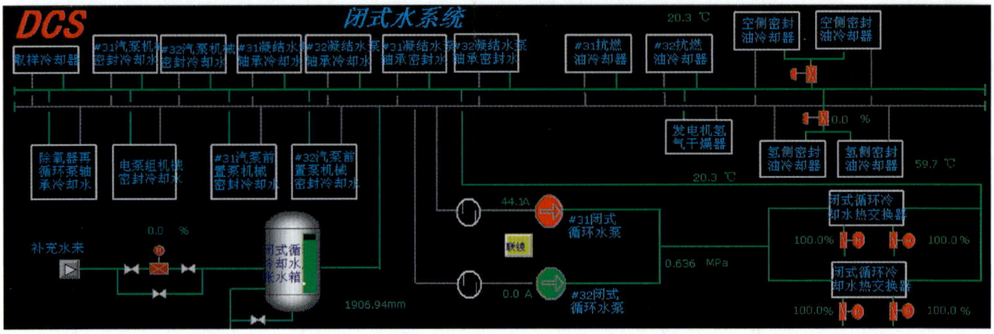

图 5-57 闭式水系统

六、投入汽轮机润滑油系统

在就地“润滑油处理与储存系统”，开启相关手动门向润滑油主油箱补油，待油箱油位在 1180～1485mm 范围内时，停止补油，见图 5-58。

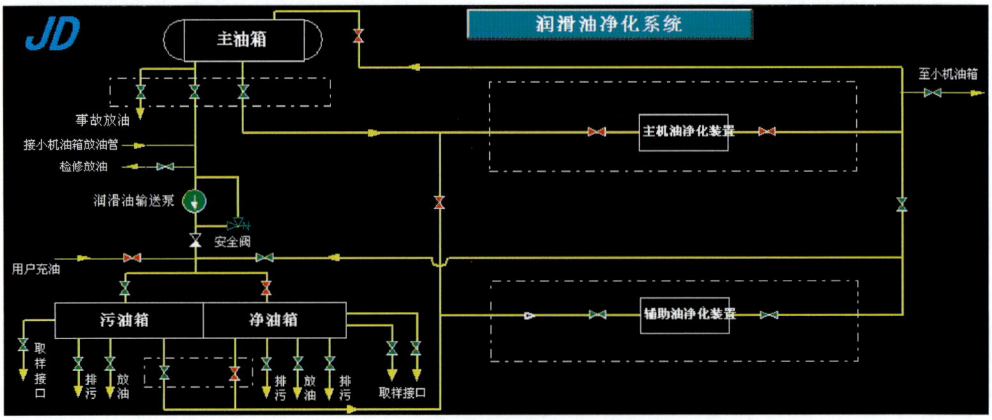

图 5-58 润滑油处理与储存系统

在就地汽轮机“润滑油系统”，开启顶轴油系统各就地门，为启动顶轴油系统做好准备，见图 5-59。

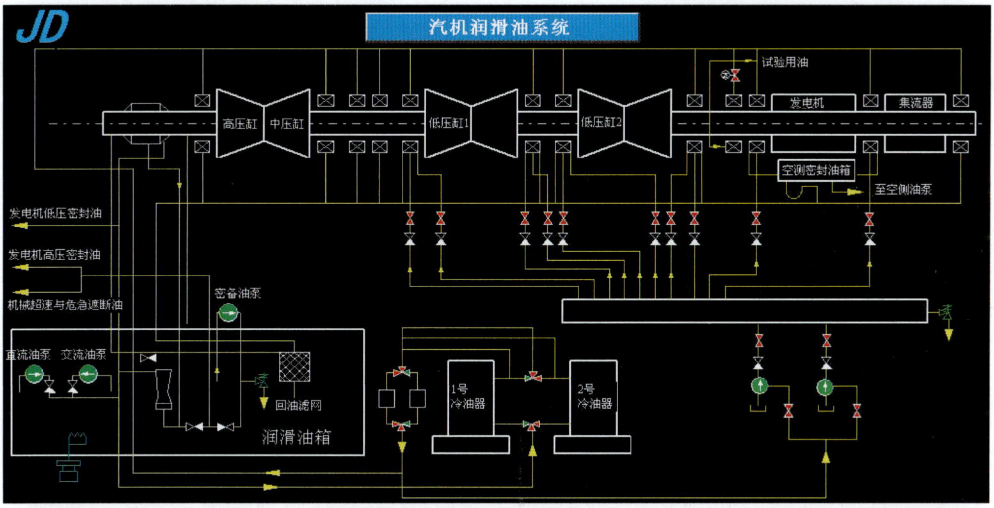

图 5-59　润滑油系统

DCS“主机润滑油系统”，启动一台排烟风机，另一台投备用；启动交流润滑油泵，检查润滑油系统运行正常后，投入润滑油冷油器，投入直流油泵连锁，见图 5-60。

启动密封油备用泵，提供高压密封油和低压保安油，见图 5-60。

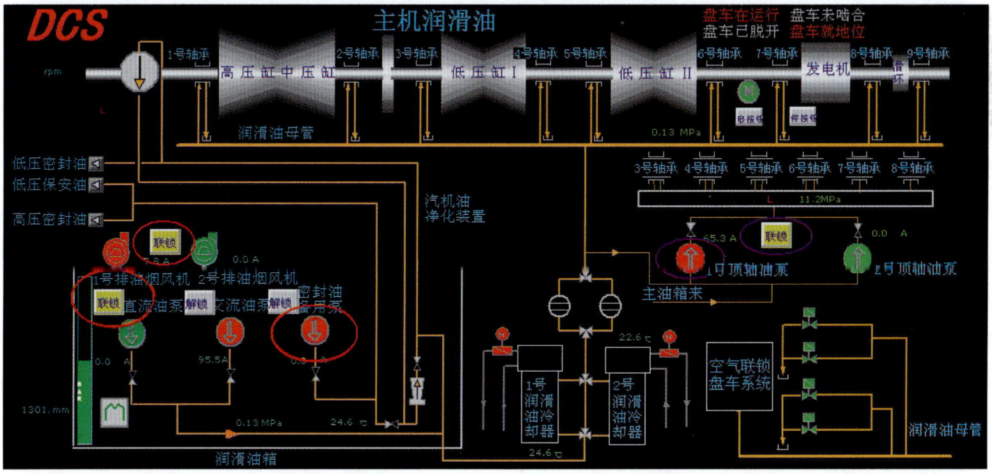

图 5-60　主机润滑油系统

七、投入发电机密封油系统

在汽轮机就地“发电机密封油系统”，开启各相关就地门，同时为密封油箱补油，见图 5-61（a）。

在 DCS“发电机密封油系统”，启动空侧交流密封油泵，检查系统运行正常后，投入空侧直流事故密封油泵连锁。检查氢侧密封油回油箱油位正常后（油位高时自动溢流），启动氢侧交流密封油泵，检查运行正常后，将另一台氢侧交流密封油泵投入备用；启动一台空侧回油密封油箱排烟风机，另一台投连锁，见图 5-61（b）。

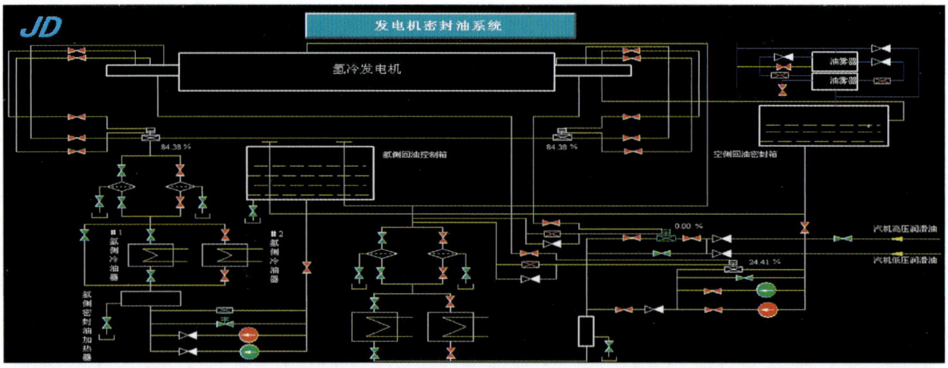

(a)

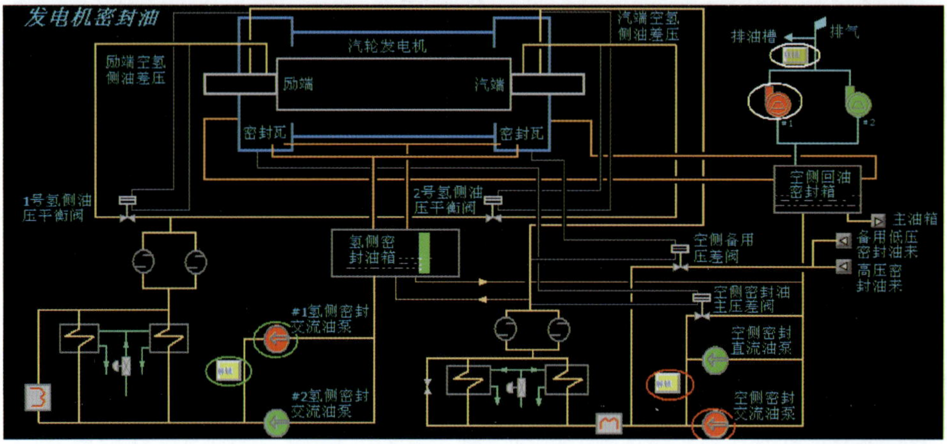

(b)

图 5-61 发电机密封油系统

八、投入发电机氢气系统

检查密封油系统运行正常后，在就地“发电机氢气系统”进行发电机氢置换。首先用二氧化碳置换出空气，然后用氢气置换出二氧化碳，检查发电机氢置换合格后，逐渐升氢压至0.36～0.4MPa，检查氢纯度大于96%。投入浮子式检漏计、氢气干燥器运行，投入氢气纯度、压力分析系统运行，见图5-62。检查密封油差压阀工作正常，密封油和氢气差压0.084MPa，密封油系统运行正常。

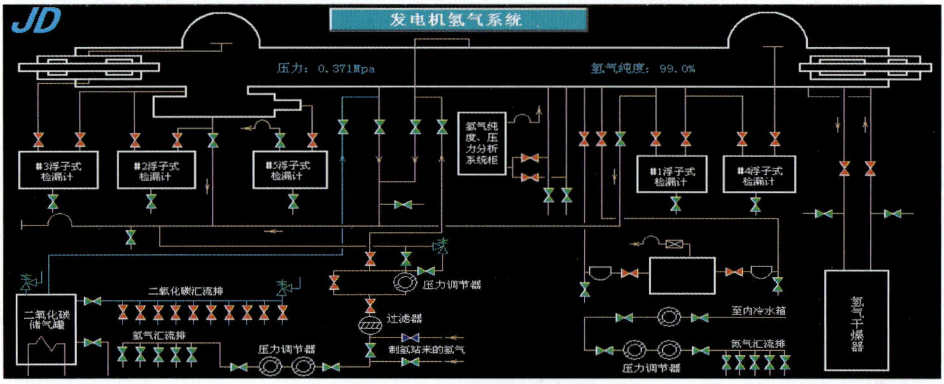

图 5-62 发电机氢气系统

九、投入内冷水系统

在汽轮机就地“发电机定子冷却水系统”（见图 5-63），开启定子水箱补水就地门。在 DCS“发电机内冷水系统”（见图 5-64），开启定子冷补水阀，将定子水箱水位补至正常（600～800mm）。

在汽轮机就地“发电机定子冷却水系统”，开启内冷水泵再循环门，投入一组内冷水冷却器和滤网，另一组冷却器和滤网备用。备用冷却器和滤网内冷水出口门全开，进口门开启 10%，见图 5-63。

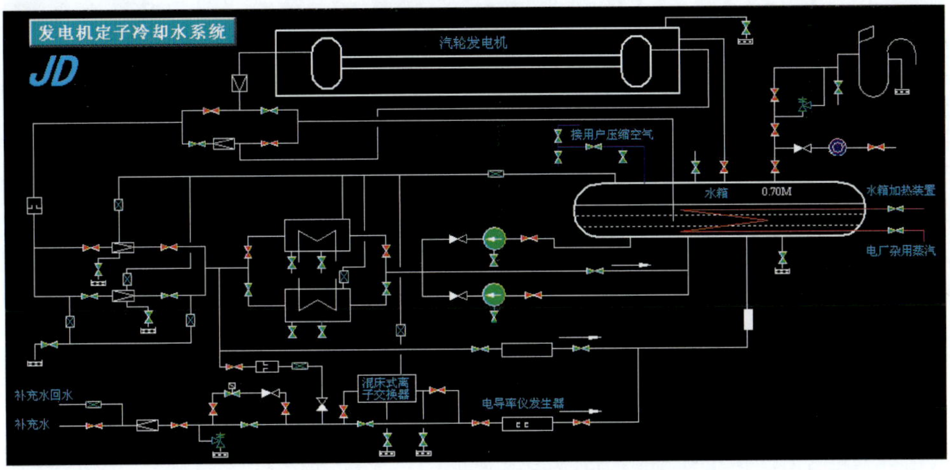

图 5-63 发电机定子冷却水系统

在 DCS 汽轮机“发电机内冷水系统”，启动一台内冷水泵，另一台投备用。

在汽轮机就地“发电机定子冷却水系统”，缓慢打开发电机内冷水进水门和回水门，调整内冷水泵再循环门控制水压为 0.25～0.35MPa，保持水压比氢压低 0.05MPa，内冷水流量为 105t/h，见图 5-64。

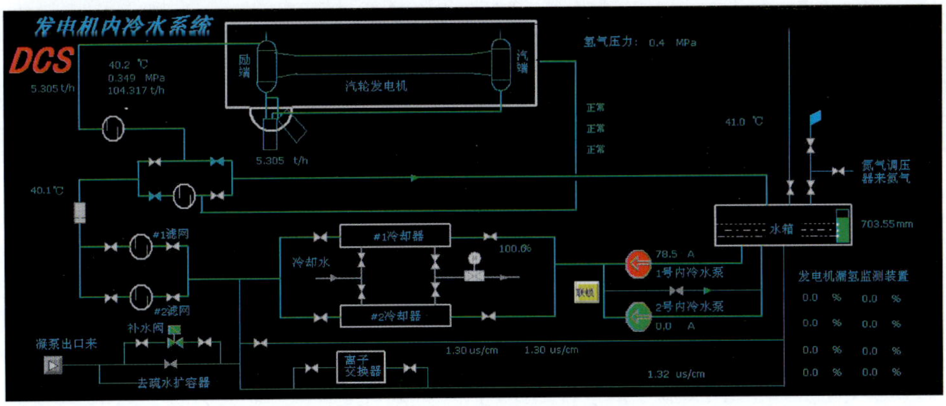

图 5-64 发电机内冷水系统

发电机并列后，当发电机进口内冷水温度超过 45℃时，调节水温调节站使内冷水温度为 45～50℃。

十、投入顶轴油系统

在 DCS“主机润滑油系统”（见图 5-60），启动一台顶轴油泵，通过泵出口就地门调整泵出口油压在 10～12MPa，投入另一台顶轴油泵连锁。

十一、投入主机盘车

进入汽轮机就地“主机盘车装置”画面（见图 5-65），将“就地/遥控”开关打到“就地”位，按“就地启动”按钮，“手动”和“运行”灯亮；再按“啮合”按钮，“啮合”灯亮，检查盘车电流正常无摆动，大轴偏心率不大于 75μm；在 DEH 界面，检查盘车转速 2.8r/min。

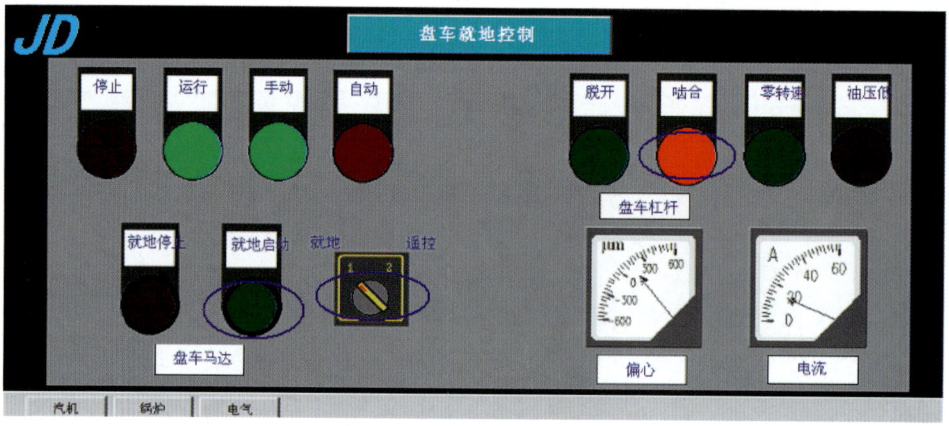

图 5-65　主机盘车装置

十二、启动控制油系统

在汽轮机就地“EH 供油系统”，打开相关就地门，见图 5-67；在 DCS“主机控制油系统”，检查 EH 油箱油位正常（450～900mm），启动一台 EH 油泵，另一台油泵投备用，见图 5-66；在就地“EH 供油系统”，通过调整 EH 供油再循环门开度，控制供油压力为（14.5±0.5）MPa。

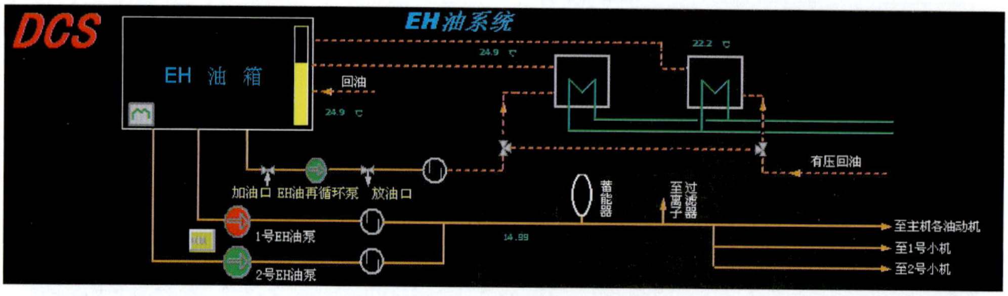

图 5-66　主机控制油系统

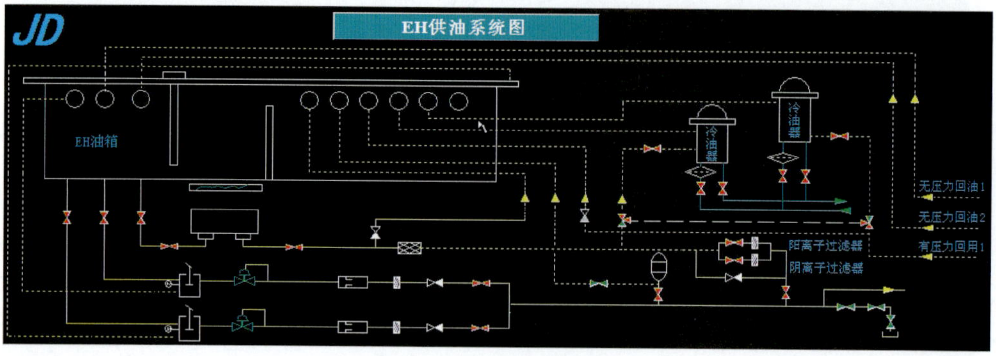

图 5-67　EH 供油系统

十三、凝结水系统投入

在凝汽器水位正常的情况下（1080mm左右），投入凝结水系统。首先在DCS“低压加热器抽汽及疏水”系统开启各低压加热器水侧进、出水门，关闭各低压加热器旁路门，见图5-68；在DCS“给水除氧系统”开启除氧器排汽电动门；汽轮机就地凝结水系统（见图5-104），开启凝结水泵再循环就地门，在DCS“凝结水系统”，开启凝结水泵入口电动门和再循环电动门，启动凝结水泵向除氧器上水。待除氧器水位上升至1600mm左右（范围500～2800mm），投入调节门自动，见图5-69红色标注。

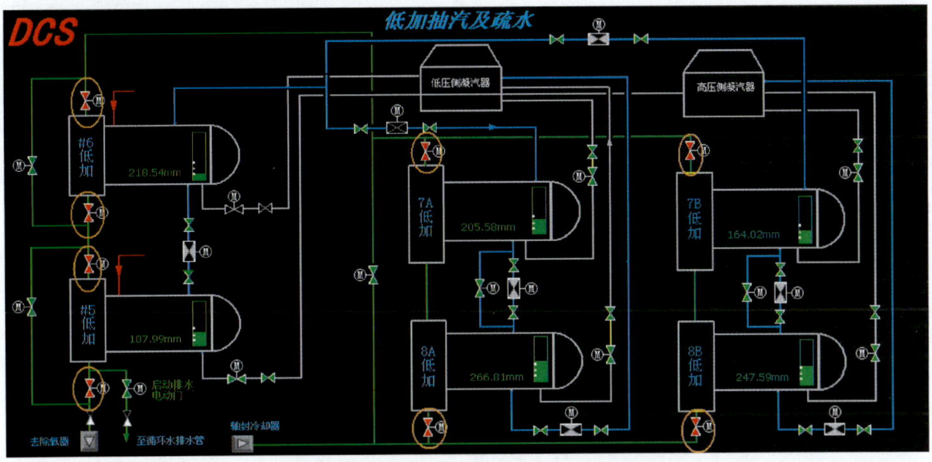

图5-68 低压加热器抽汽及疏水

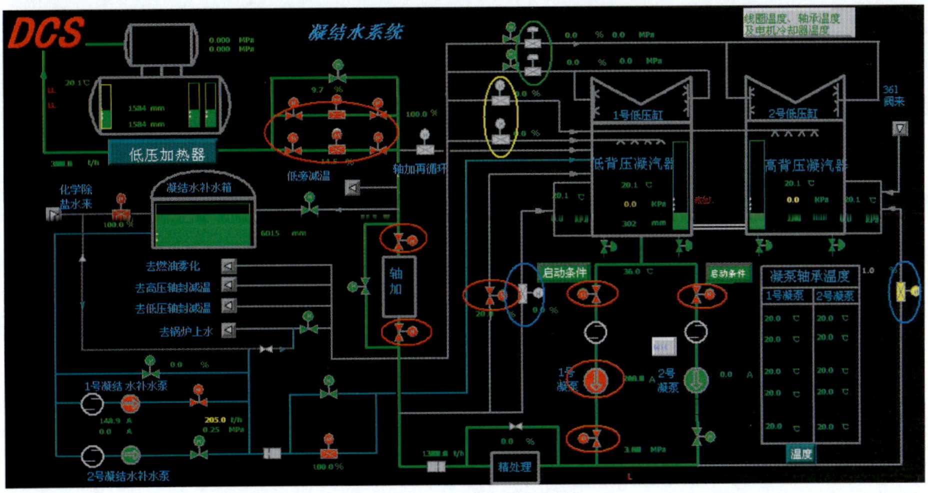

图5-69 凝结水系统

十四、投入小汽轮机润滑油系统

正确开启“给水泵汽轮机A润滑油系统”就地门，见图5-70。

在DCS“#1小汽轮机润滑油”系统，启动排油烟风机；启动一台润滑油泵和顶轴油泵，另一台润滑油泵投备用，见图5-71（如顶轴油泵启不来，先复位后在启动）。

按同样方法投入2号小汽轮机润滑油系统。

十五、投入小汽轮机盘车

在DCS“#1小汽轮机润滑油系统”，开启小汽轮机盘车进油电磁阀，投入小汽轮机盘

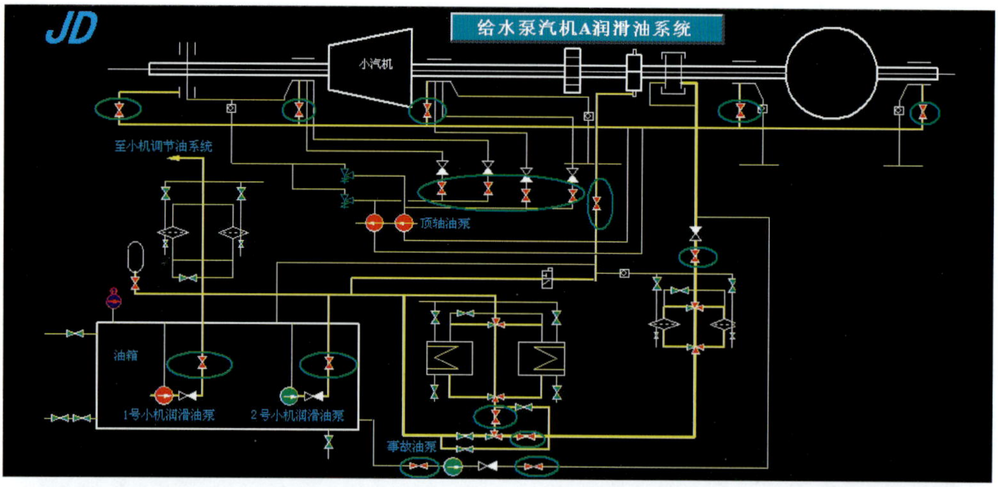

图 5-70　给水泵汽轮机 A 润滑油系统

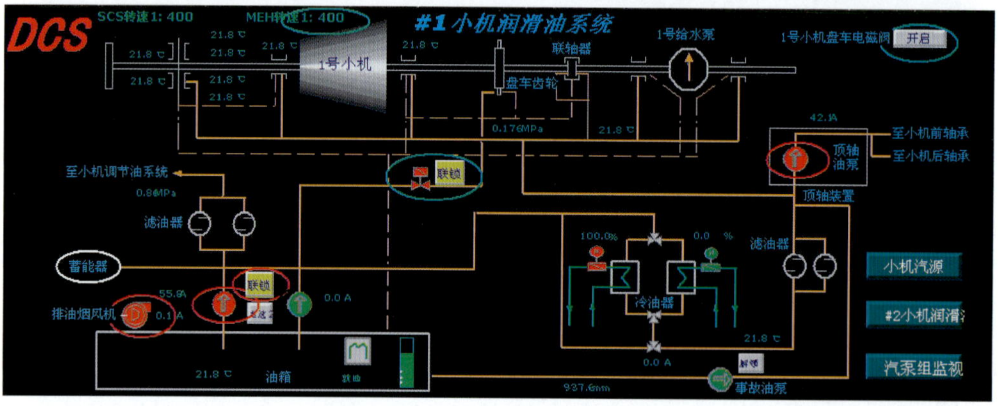

图 5-71　1 号小汽轮机润滑油

车，转速为 400r/min，见图 5-71。

十六、辅汽联箱送汽

在汽轮机就地“辅助蒸汽系统”（见图 5-72），开启辅汽联箱及各供汽管道至地沟疏水门（红色标记）；开启一期至本机辅汽联箱手动门（粉色标记），辅助蒸汽母管充分暖管。

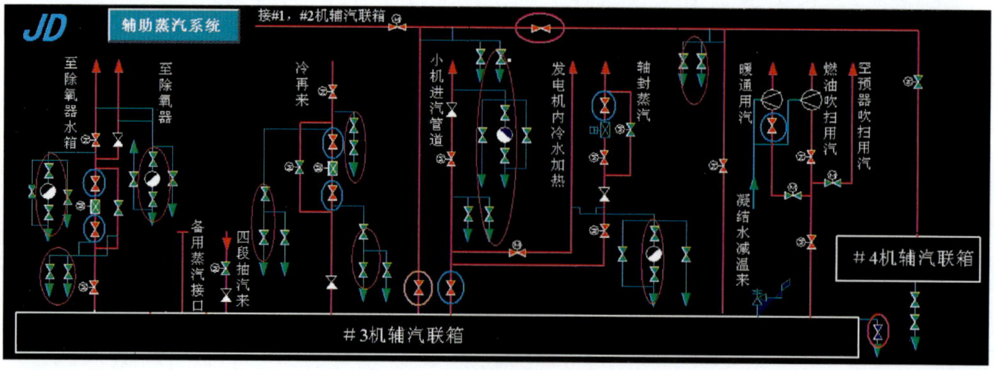

图 5-72　就地辅助蒸汽系统

在 DCS“辅助蒸汽系统”（见图 5 - 73），开启一期至 3 号机辅助蒸汽联箱电动门（绿色标记）。检查辅助蒸汽联箱压力逐渐上升。

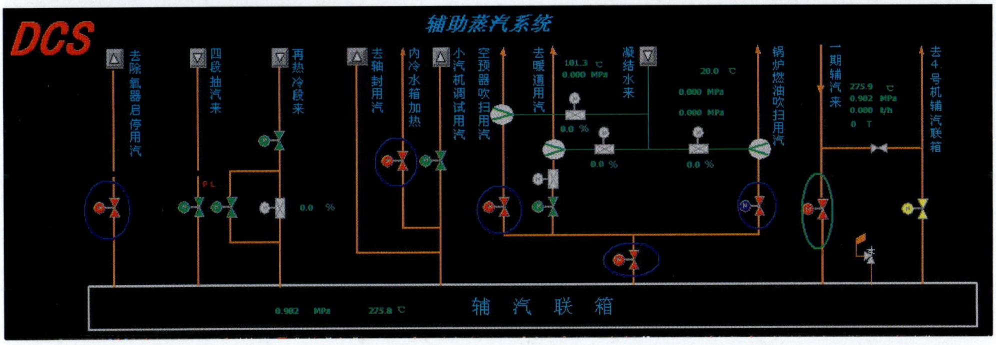

图 5 - 73 DCS 辅助蒸汽系统

当辅汽联箱温度升至 200℃后，关闭辅汽联箱及各供汽管道疏水门，检查联箱压力、温度正常（0.8～1.2MPa，280～373℃）。

根据需要开各辅汽用户供汽手动门、电动门（见图 5 - 72 和见图 5 - 75 蓝色标记），注意调整辅汽联箱压力、温度在正常范围内。

待辅助蒸汽联箱投入后，在 DCS 锅炉“磨煤机消防系统”，关闭各台磨煤机消防蒸汽进汽电动门，开启磨煤机消防蒸汽进汽总电动门，使该消防系统处在备用状态，见图 5 - 74。当某台磨煤机着火、爆燃时，应立即停止该磨煤机运行，投入磨煤机慢传电机，开启消防蒸汽进汽总调门，开启着火磨煤机进汽电动门，喷入蒸汽灭火。确认火灭后，关闭消防蒸汽进汽总调门和电动分门。

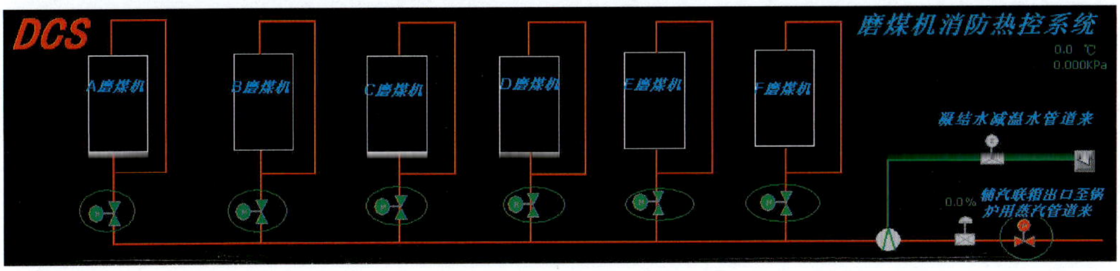

图 5 - 74 磨煤机消防系统

十七、除氧器加热

在 DCS“给水除氧系统”，当除氧器水位正常后，启动除氧器再循环泵，投入辅助蒸汽为除氧器加热，调整辅助蒸汽联箱至除氧器加热供汽电动调节门，维持除氧器温度为 80～90℃，准备向锅炉上水，见图 5 - 75。

十八、启动工业水系统

在锅炉就地“工业水系统”，打开所有冷却水用户的手动门，检查所有管路通畅，见图 5 - 76。

十九、启动空压机房系统

在锅炉就地“空压机房系统”，打开相应的就地门，见图 5 - 77。在 DCS 汽轮机“空压机站”启动两台空压机，观察储气罐压力上升见图 5 - 78。

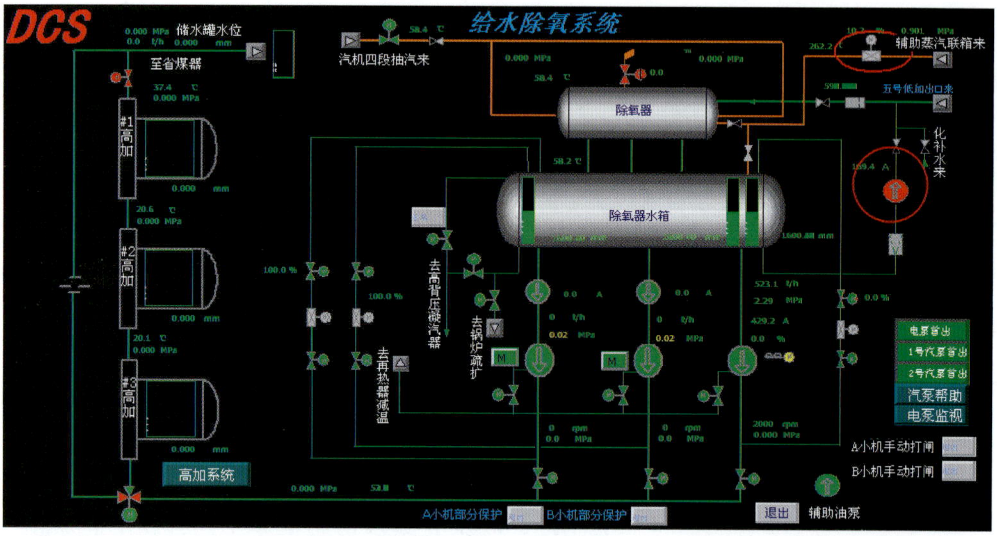

图 5-75　给水除氧系统

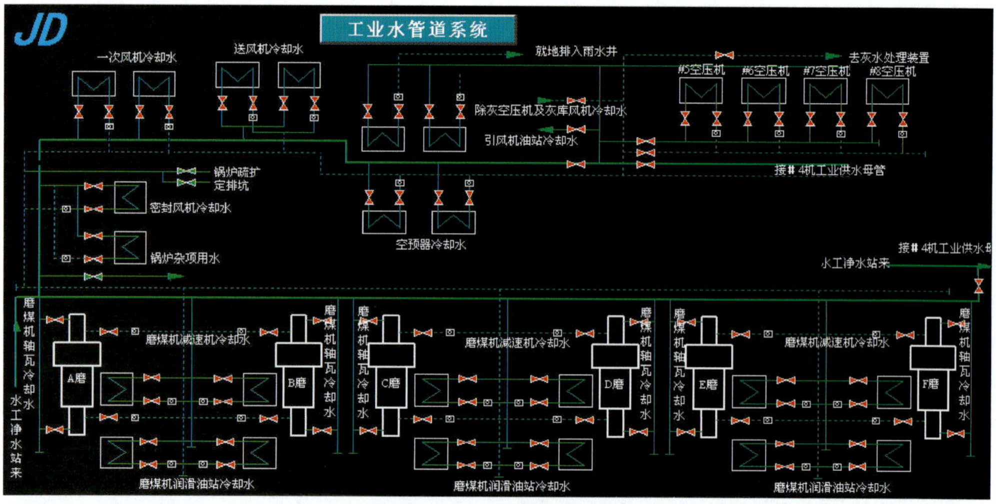

图 5-76　工业水系统

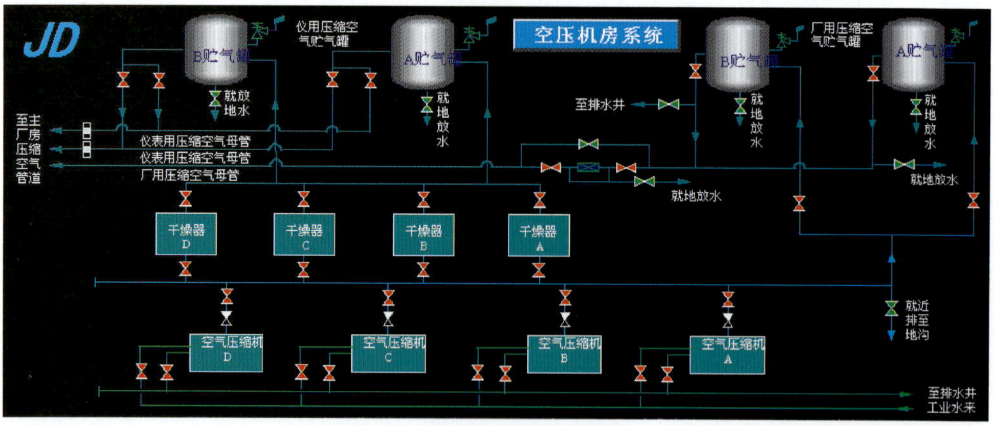

图 5-77　空压机房系统

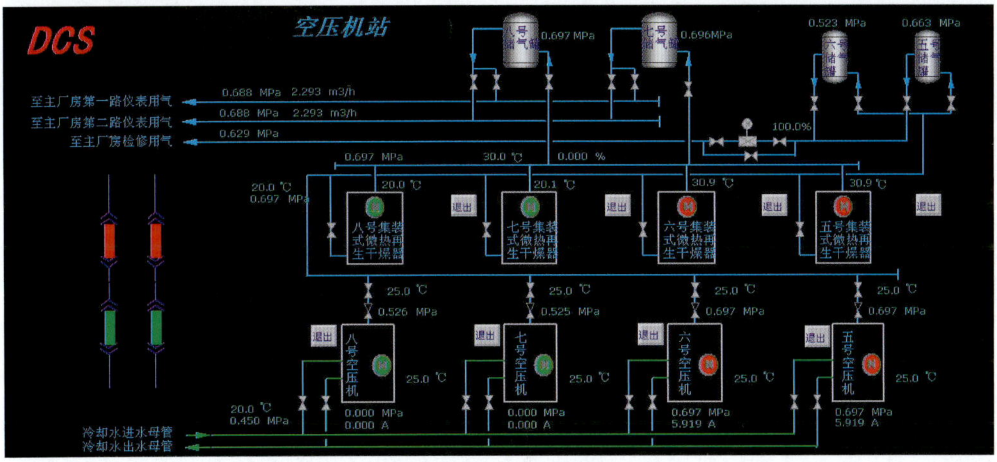

图 5-78　空压机站

第三节　点 火 前 的 准 备

一、启动空气预热器油站

1. 油站设备送电

在电气就地“380V 锅炉保安ⅢA 段接线图”，分别合上“＃31 空气预热器变频器控制柜电源 A”，“＃32 空气预热器变频器控制柜电源 A”，“＃3 炉空气预热器油系统控制柜电源 A”，见图 5-79。合闸操作方法为：①切换开关打到就地位；②按红色合闸按钮，合闸指示灯亮；③切换开关打回远方位。

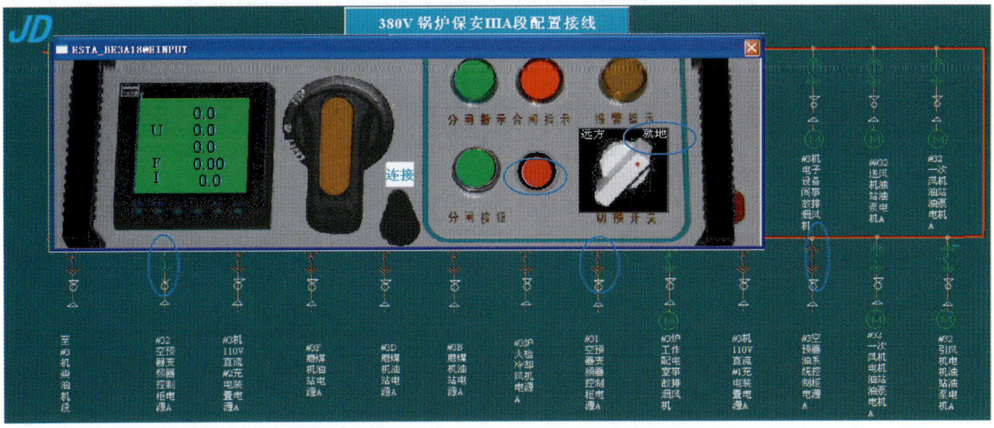

图 5-79　380V 锅炉保安ⅢA 段接线图

在电气就地“380V 锅炉保安ⅢB 段接线图”，分别合上“＃31 空气预热器变频器控制柜电源 B”，“＃32 空气预热器变频器控制柜电源 B”，“＃3 炉空气预热器油系统控制柜电源 B”，见图 5-80。合闸方法同上。

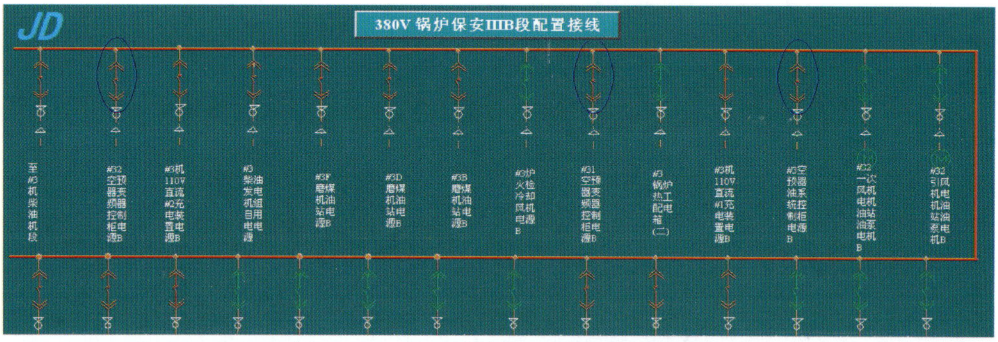

图 5-80　380V 锅炉保安ⅢB 段接线图

2. 开空气预热器油系统就地门

进入锅炉就地“空气预热器油系统”，打开 A 空气预热器支撑轴承油系统和冷却水系统的各就地门；打开 A 空气预热器导向轴承油系统和冷却水系统的各就地门；打开 B 空气预热器支撑轴承油系统和冷却水系统的各就地门；打开 B 空气预热器导向轴承油系统和冷却水系统的各就地门，见图 5-81。

3. 启动空气预热器油站

在锅炉就地“空气预热器油系统”，点击左侧就地控制盘，在弹出窗口中启动一台 A 导向油泵和 A 支撑油泵，投入导向油泵连锁；点击右侧就地控制盘，在弹出窗口中启动一台 B 导向油泵和 B 支撑油泵，投入导向油泵连锁，见图 5-81。

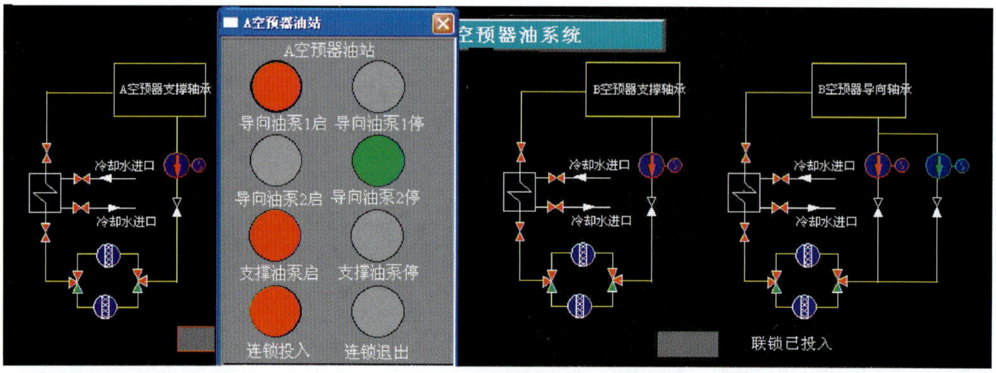

图 5-81　空气预热器油系统

二、送、引风机油系统就地操作

进入锅炉就地“送风机 A 电机润滑油系统”，正确开启各三通阀，见图 5-82。

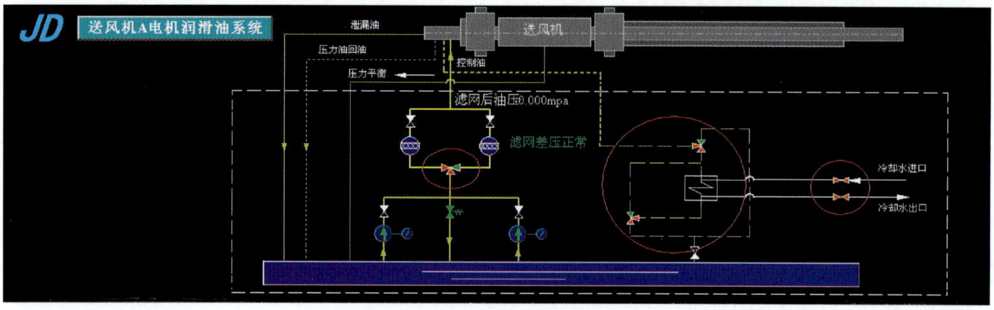

图 5-82　送风机 A 电机润滑油系统

就地“送风机 B 电机润滑油系统”的投入与 A 相同。引风机油系统参照送风机油系统操作。

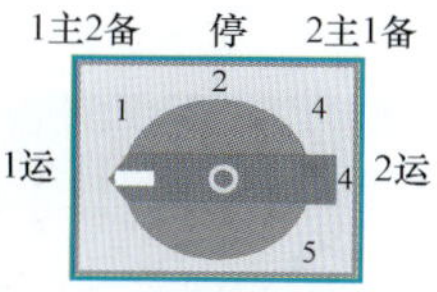

注意：在一次风机和引风机的画面中有如右图所示的切换开关。1 运：DCS 指令可以启停 1 号油泵；1 主 2 备：1 号已启动的情况下 2 号在备用状态，这种状态 DCS 停指令停不了油泵；停：指两台泵均停止，这种情况下 DCS 指令也不起作用；其他类似。一般操作时在 1 运位置即可。

三、锅炉上水

（1）在就地锅炉“主再热蒸汽系统”，开启锅炉受热面所有空气就地门，见图 5 - 83 中绿色标记。在 DCS 锅炉“启动系统”和“汽温调节系统”，开启锅炉受热面所有排空气电动门，见图 5 - 86 和图 5 - 103 中蓝色标记。在 DCS“锅炉疏水排污系统”，关闭锅炉启动分离器前所有疏水门，开启锅炉启动分离器后所有疏水门，见图 5 - 84。

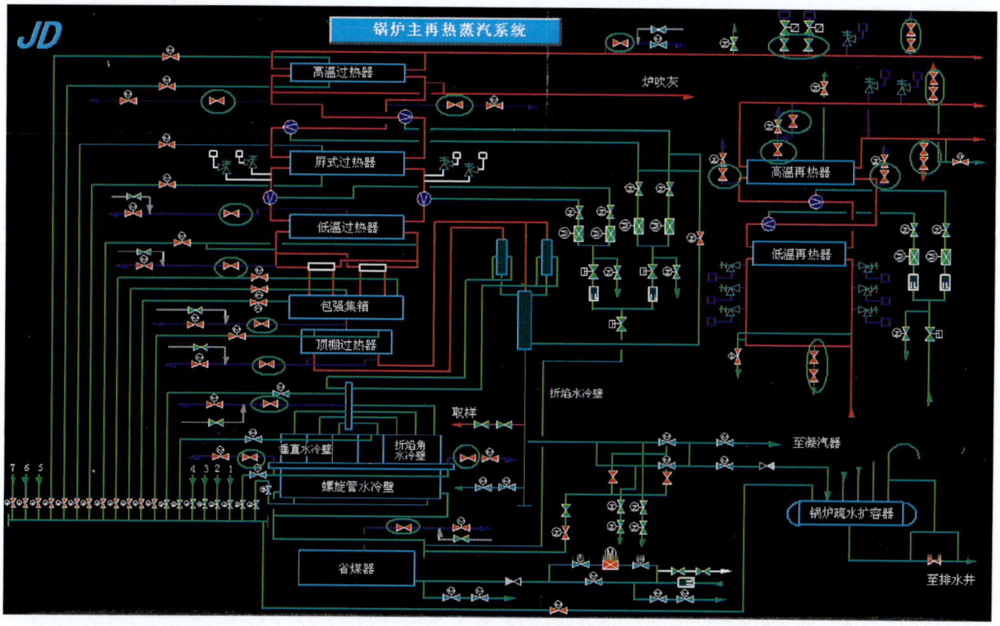

图 5 - 83　主再热蒸汽系统

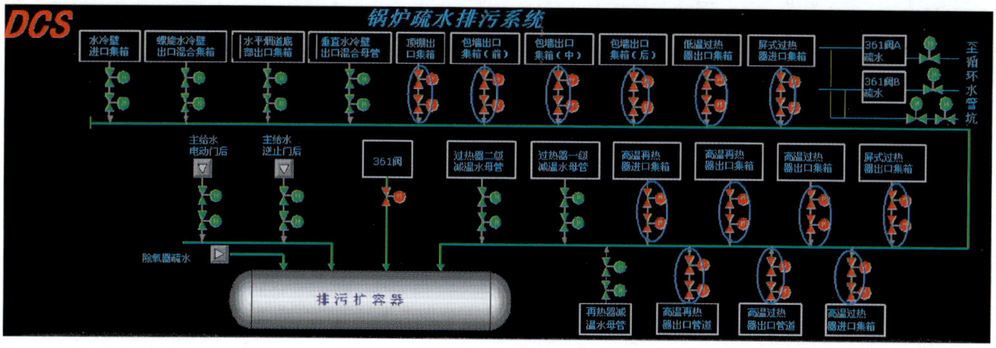

图 5 - 84　锅炉疏水排污系统

（2）汽轮机就地“给水系统图”，开A、B、C三台给水泵的入口手动门，见图5-85。

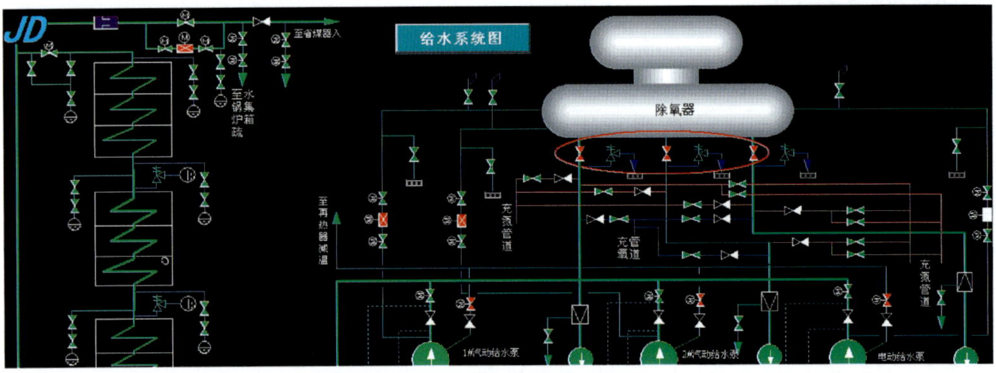

图5-85　给水系统图

（3）在DCS“锅炉启动系统”，开启动分离器储水罐排水至锅炉疏水扩容器电动门，关闭排凝汽器电动门，将“361阀A”和“361阀B”设置在复归位，投入“361阀A指令”和“361阀B指令”自动，定值设为12 000mm，见图5-86。

开电动给水泵再循环电动门和调节门，启动电动给水泵的辅助油泵，启动电动给水泵，开电动给水泵出口电动门，开锅炉给水旁路电动门，调整给水旁路调节门开度，维持给水流量80～90t/h，见图5-86。根据辅助蒸汽压力尽量维持除氧器温度在80～90℃之间。

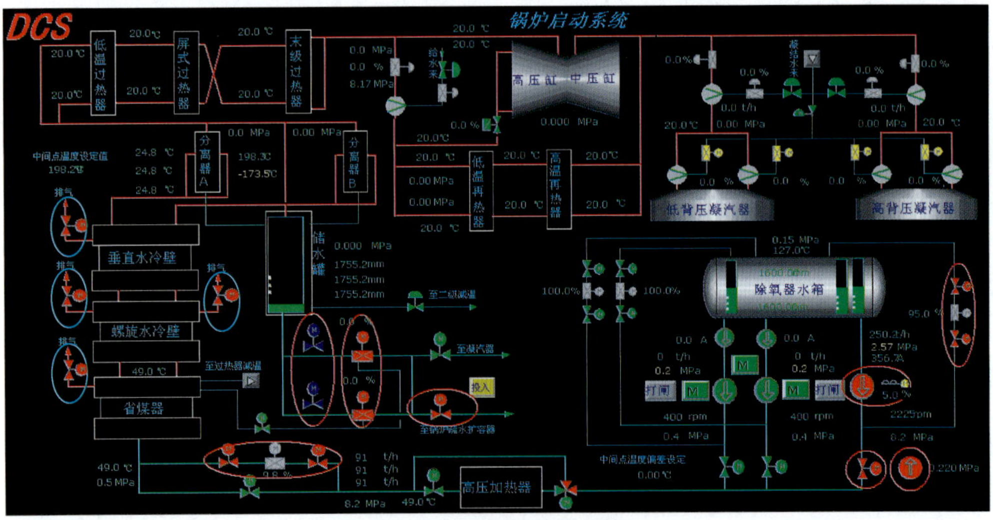

图5-86　锅炉启动系统

（4）当储水罐见水后，放慢上水速度，加强监视。

（5）当储水罐水位达到12m，检查361阀开启，自动调节正常。

（6）关闭启动分离器前所有空气门，锅炉上水完毕。

四、冷态开式清洗

在DCS“锅炉启动系统”，调整锅炉给水流量420t/h左右，“361阀A”、“361阀B”在复归位，“361阀A指令”、“361阀B指令”在自动位，打开储水罐至锅炉疏水扩容器电动门，锅炉进行冷态开式清洗，清洗水排锅炉疏水扩容器。

由于冲洗时给水流量为 420t/h，因此需在 DCS 汽轮机“凝结水系统”，启动 2 号凝结水补水泵并打开凝汽器补水调节门的旁路电动门，维持凝汽器水位在 800mm 左右。

当启动分离器排水水质达到 Fe＜500μg/L 或混浊度≤3×10^{-6}、油脂≤1×10^{-6}、pH 值≤9.5 时，冷态开式清洗结束。在 DCS “锅炉启动系统”，将锅炉给水流量调至 90t/h 左右；在 DCS 汽轮机“凝结水系统”，停止 2 号凝结水补水泵，关闭凝汽器补水旁路电动门。

五、汽轮机送轴封

（1）确认主机盘车运行（主机润滑油系统）；确认小汽轮机盘车运行（小汽轮机润滑油系统）。如小汽轮机因故不能投入连续盘车，当主机送轴封后，应注意监视小汽轮机排汽温度，条件允许，应定期间断盘车。

（2）确认轴封加热器水侧投入，有足够的连续流量，轴封加热器再循环门开启。

（3）在汽轮机就地“汽轮机轴封蒸汽系统”，开启轴封供汽管路上的疏水就地门，开启各轴封进口滤网放水门，见图 5-87。在 DCS “汽轮机轴封系统”，开启轴封供气管疏水电动门，见图 5-88。

（4）在就地“汽轮机轴封蒸汽系统”和 DCS “汽轮机轴封系统”，打开辅汽至轴封供汽管路上的就地门、电动门，稍开轴封供汽调节门，进行轴封暖管，开启各轴封进汽分门，见图 5-87 和图 5-88。

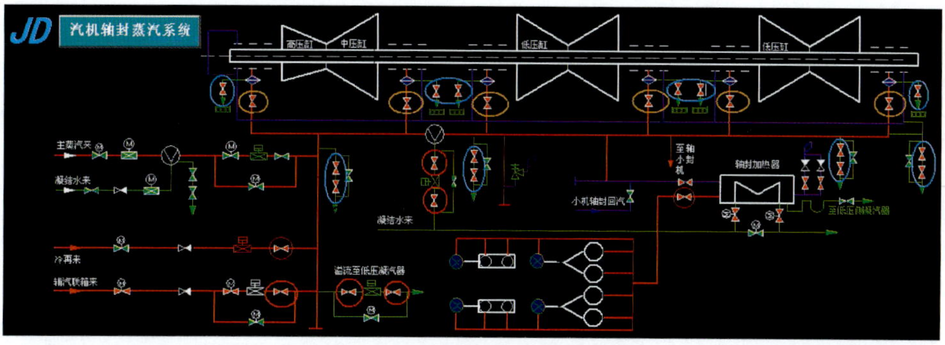

图 5-87　汽轮机轴封蒸汽系统

（5）启动一台轴封风机运行，另一台投入备用，见图 5-88。

（6）开启冷再到轴封供汽母管手动门，开启二次门杆漏气至轴封加热器手动门。

（7）低压轴封汽温 150℃以上，并有 14℃以上的过热度后，缓慢调整开大轴封供汽电动调节门；检查高中压胀差、低压胀差正常变化，见图 5-88。

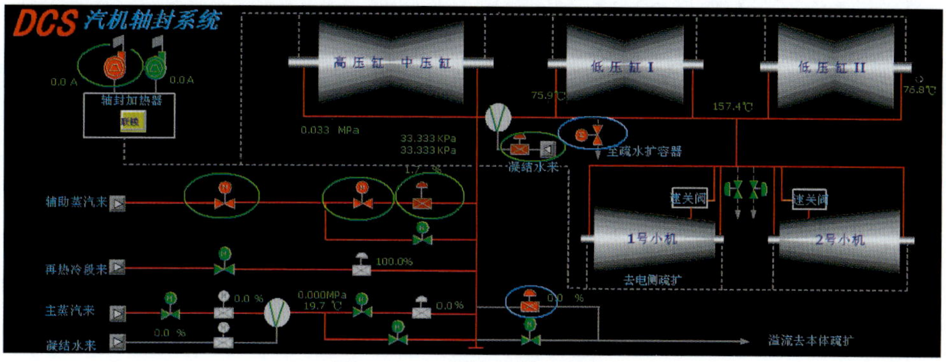

图 5-88　汽轮机轴封系统

(8) 打开低压轴封减温水手动门，投入低压轴封减温水自动控制，温度定值设定为150℃，维持低压轴封供汽温度150～176℃，见图5-87和图5-88。

(9) 将轴封母管压力调节阀投自动，压力定值设定应大于21kPa；将轴封母管压力溢流调节阀投自动，压力定值设定为36kPa左右。

(10) 轴封投入结束，关闭轴封滤网放水门及轴封系统所有疏水手动门。

六、汽轮机抽真空

(1) 在就地“汽轮机真空系统”，检查就地门开启正确，见图5-89。

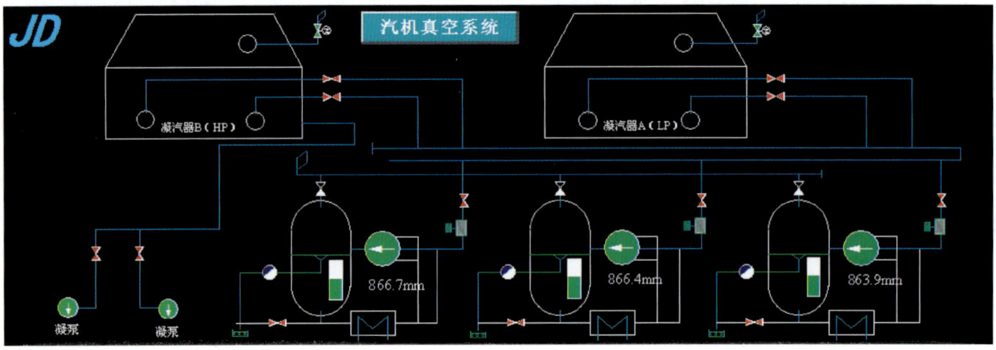

图5-89 汽轮机真空系统

(2) 在汽轮机就地“凝汽器补充水系统”，开启真空泵补水就地门补水，待真空泵疏水罐水位为820～880mm时，关闭真空泵补水就地门，见图5-54蓝色标记。

(3) 在汽轮机DCS“主再热蒸汽”系统（见图5-103蓝色标记），检查开启主蒸汽管道、再热蒸汽管道疏水门；在汽轮机DCS“汽轮机本体疏水”系统（见图5-90绿色标记），检查开启汽轮机本体疏水门；在汽轮机DCS“抽汽系统”（见图5-91蓝色标记），检查开启所有抽汽管道疏水门。

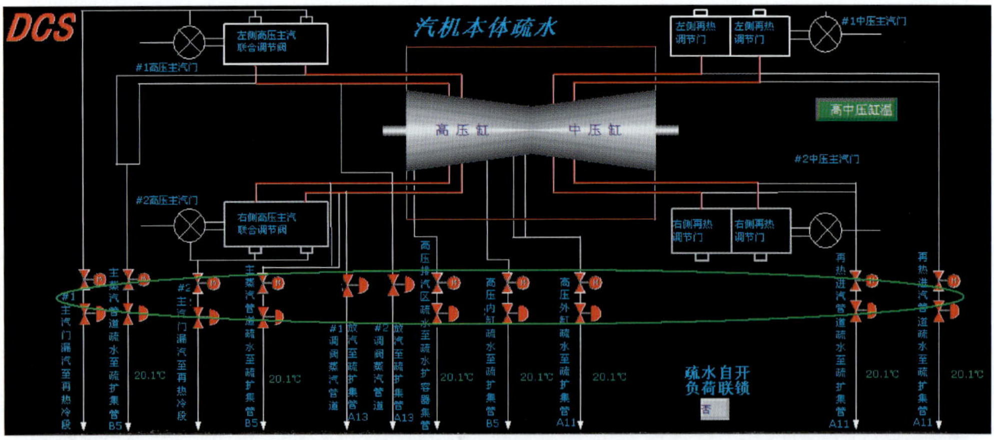

图5-90 汽轮机本体疏水

(4) 在DCS上“小汽轮机汽源及疏水系统”，关闭小汽轮机排汽蝶阀，蝶阀位置见图6-10浅蓝色标记。

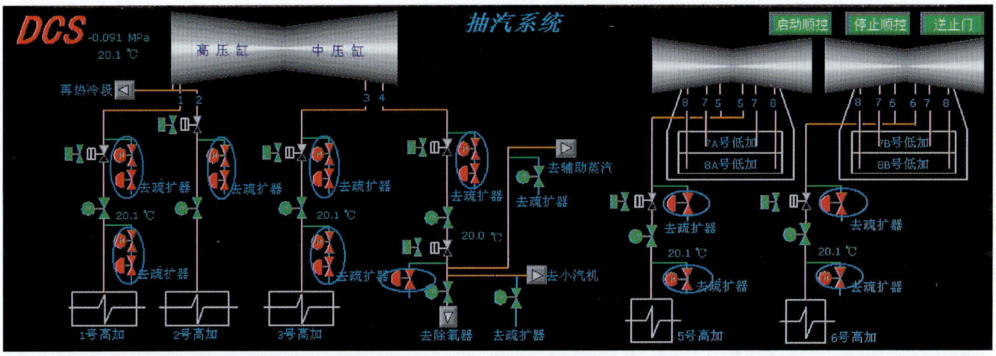

图 5-91　抽汽系统

（5）在汽轮机 DCS“凝汽器真空”系统，关闭凝汽器真空破坏门，启动三台真空泵对凝汽器抽真空，当真空达到－89kPa 后，停止一台真空泵并投备用，见图 5-92。

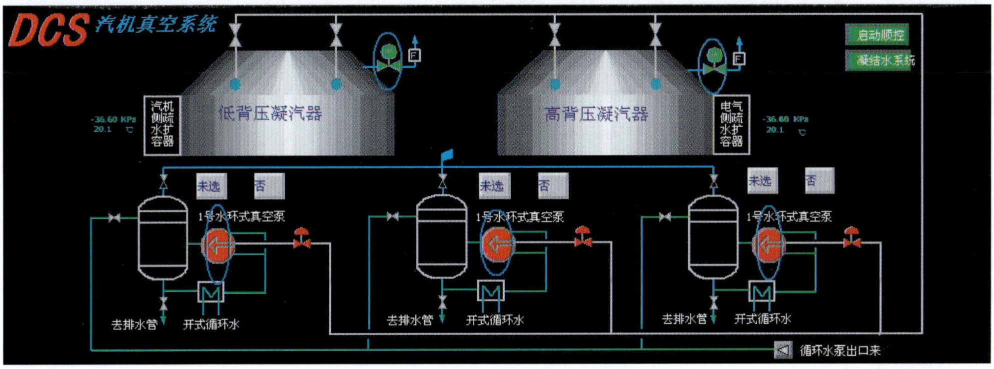

图 5-92　凝汽器真空系统

七、冷态循环清洗

在 DCS 锅炉启动系统，开启储水罐至凝汽器疏水电动门，关闭至锅炉疏水扩容器电动门，调节锅炉进水量为 420t/h，进行冷态循环清洗。

当启动分离器储水罐出口水电导率＜1μS/cm、Fe＜100μg/L、pH 值为 9.3～9.5 时，冷态循环清洗结束（本仿真未仿这些参数），具备了点火的水质条件。如在短时间内点火，可不减水量。

储水罐至凝汽器电动门开允许条件如下：

（1）361 阀至凝汽器和至定期排污连锁投入或至定期排污门已关；

（2）凝汽器真空高于 70kPa；

（3）主汽压力小于 8.9MPa。

由于清洗水切换至凝汽器，凝汽器所需的补水量较小，因此需关注凝汽器补水量，防止凝汽器水位过高。

八、启动空气预热器

在 DCS 锅炉“风烟系统”，直接启动两台空气预热器主电机，确认空气预热器入口烟气挡板处于全开状态，见图 5-93。在 DCS 锅炉“空气预热器”系统，确认空气预热器主电机转速大于 1000r/min（本机组锅炉的两台空气预热器均配有由压缩空气驱动的气动马达，见

DCS锅炉“空气预热器系统”。该气动马达工作转速较低，其作用有两个。一是在两台空气预热器主电机启动之前启动气动马达，目的是检查空气预热器减速机传动轴转动是否平稳，空气预热器减速机和空气预热器本体内部是否有刮卡、碰磨等异音。经检查均正常，则停止气动马达运行，启动两台空气预热器主电机带动空气预热器运行。二是在运行中，空气预热器主、辅电机均故障时，启动空气预热器气动马达，防止空气预热器停转后其温度突变卡住）。

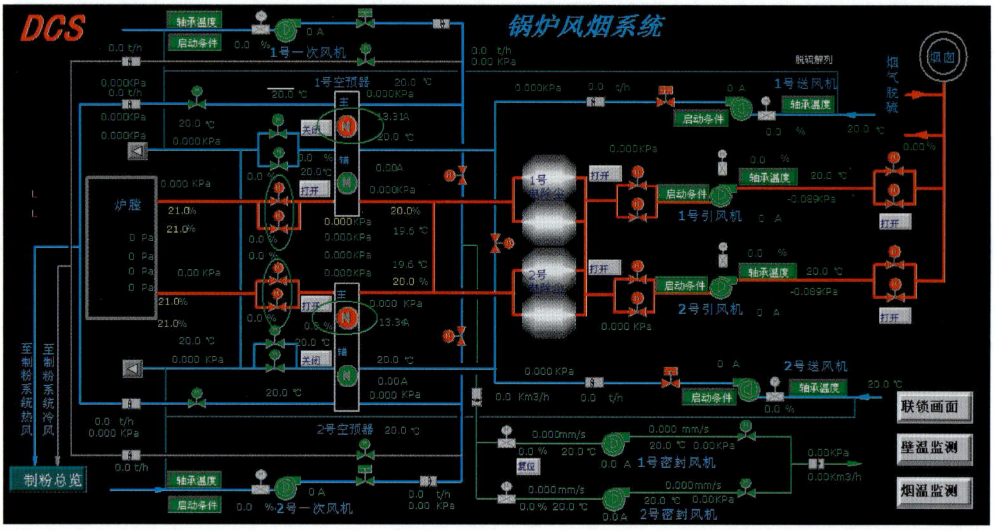

图5-93　风烟系统

九、启动引送风机

在DCS“引风机油站”系统，启动引风机泵冷却风机，另一台冷却风机投入备用；启动引风机电机润滑油泵，检查供油压力、温度正常（正常时压力大于0.1MPa，温度在30～40℃之间；说明未仿油加热装置，因此启动时，油温较低），见图5-94。

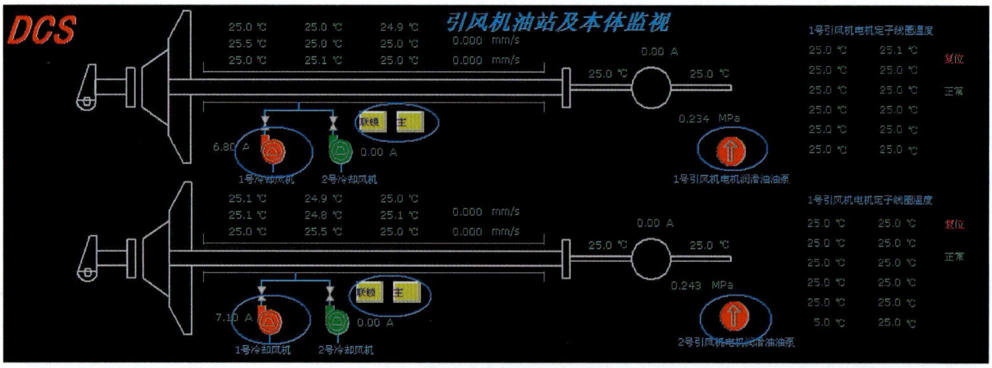

图5-94　引风机油站

在DCS“送风机油站”，启动送风机油泵，检查供油压力、温度正常，见图5-95（说明正常供油压力为2.5～3.5MPa，温度15～23℃。当油温低于15℃时，手动启动电加热；油温高于23℃时，电加热器自动停止。本仿真系统未仿油加热装置）。

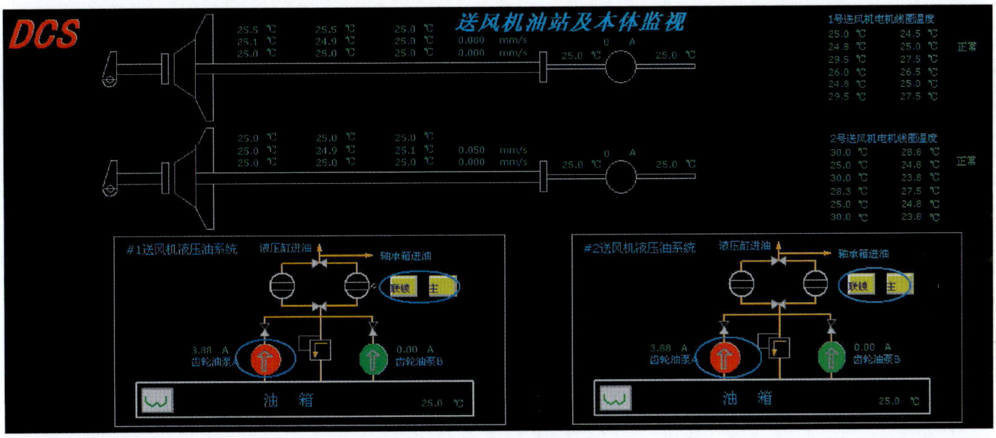

图 5-95 送风机油站

在 DCS 锅炉“风烟系统”画面，按引风机启动条件启动一台引风机，缓慢开启引风机入口静叶；按送风机启动条件启动一台送风机，缓慢调整送风机动叶开度维持锅炉风量在额定风量的 30%～40%之间（约 550t/h），调整引风机入口静叶，维持炉膛负压－50～100Pa，见图 5-96。

第二台引送风机在并网后可以随时启动。

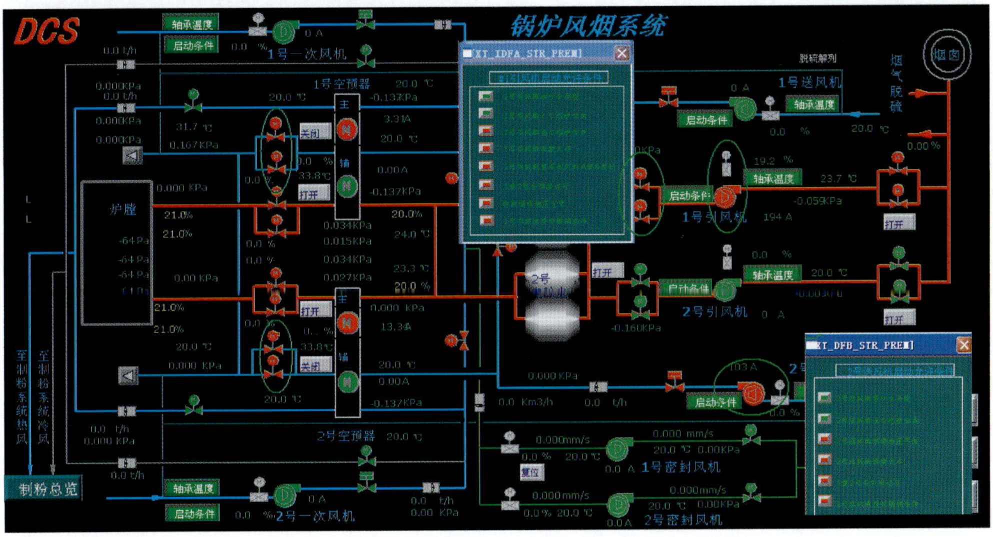

图 5-96 风烟系统

第四节 点火、升温、升压

一、燃油泄漏试验

为了检测燃油系统的供油阀、回油阀、各油角阀的严密性，需进行泄漏试验。试验合格后，方可进行炉膛吹扫（本仿真系统，未设计泄漏试验）。

二、炉膛吹扫

在 DCS“炉前燃油系统”，启动下方一台火检冷却风机，见图 5 - 98 蓝色标记。

点击“FSSS 帮助”按钮，再点击“B\D 层油枪”，在弹出的“B&D 层点火及启动油枪”窗口中，点击左下部的“吹扫帮助”按键，弹出“吹扫帮助逻辑”窗口，见图 5 - 99 所示。从窗口吹扫条件看，还差两个油泄漏试验的条件未满足，将其旁路后即可吹扫。

点击开始吹扫键进行吹扫，实际机组的吹扫时间为 600s，仿真吹扫时间为 120s。时间倒计时结束之后即自动复位 MFT 信号，允许点火。

三、锅炉点火升压

1. 锅炉点火

(1) 在就地“锅炉燃油系统”，打开燃油及蒸汽系统相关就地门，见图 5 - 97。

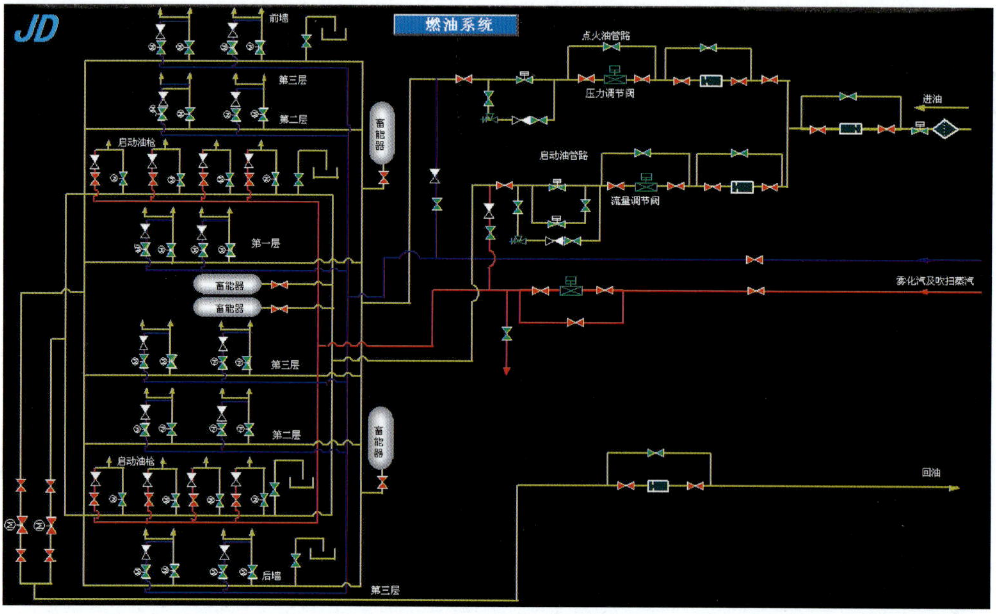

图 5 - 97 锅炉燃油系统

(2) 在 DCS 汽轮机“辅助蒸汽系统”中，打开辅助蒸汽联箱至锅炉燃油吹扫及雾化用汽电动门，调整减温门开度，将蒸汽温度控制在 210～230℃之间。在 DCS“炉前燃油系统”，打开燃油雾化蒸汽压力调节阀，将蒸汽压力维持在 0.7～1MPa 之间。打开点火回油电动阀、启动回油电动阀、进油总跳闸阀、点火油跳闸阀和启动油快关阀。将点火供油调节阀投自动，定值设在 1MPa 左右；将启动供油调节阀投自动，定值设在 1.5～2MPa 之间，见图 5 - 98。

(3) 维持给水流量至 420t/h，总风量调整至 35%左右，调整炉膛负压在－100～－50Pa。

(4) 点击“FSSS 帮助”按钮，再点击“B\D 层油枪”，出现图 5 - 99 所示的“B&D 层点火及启动油枪”画面。点击该画面左上角“B 点火油组程控启动”按钮进行程控点火，B 组点火枪运行后，同样方法启动 D 点火油组运行。由于点火油枪出力比较小，所以在点燃点火油枪后，要及时投入 B\D 层启动油。以上操作位置，见图 5 - 99 绿色标记。

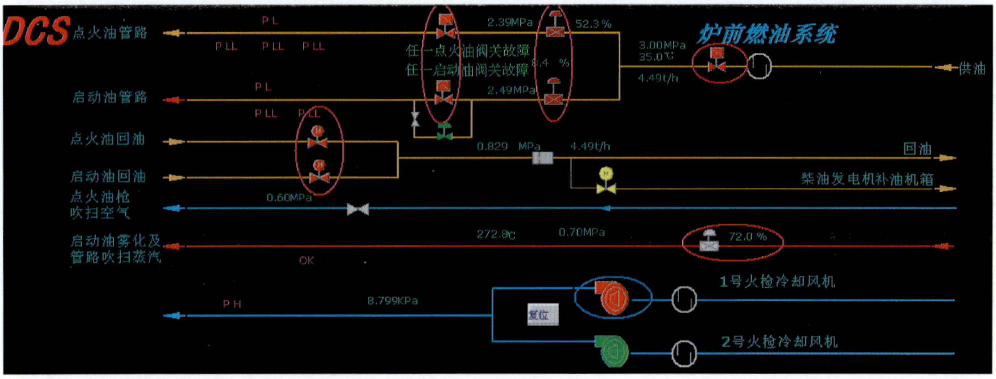

图 5-98　炉前燃油

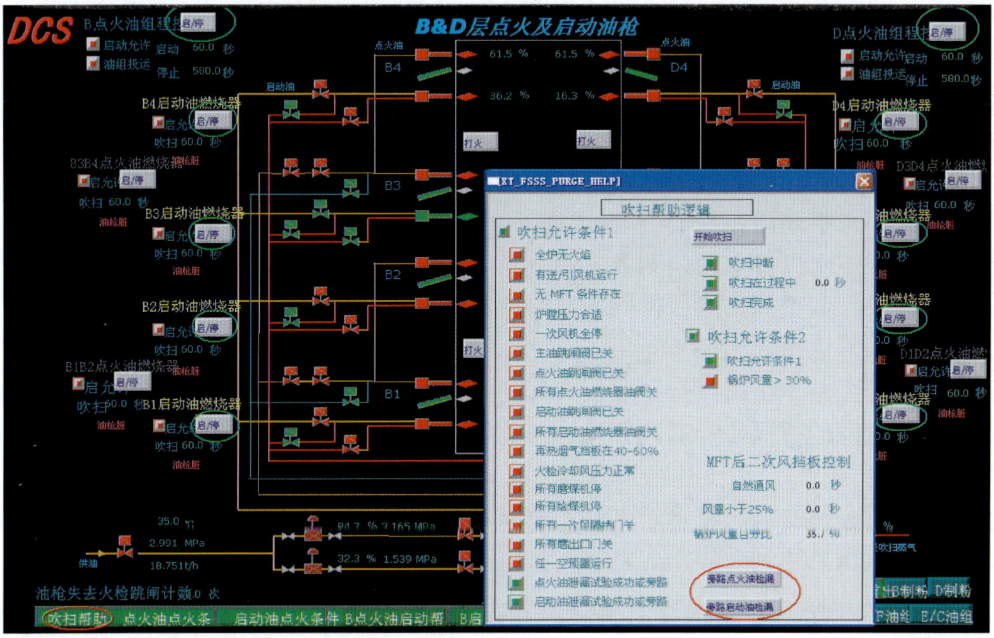

图 5-99　B&D 层点火及启动油枪

如锅炉点火失败，必须重新进行炉膛吹扫，吹扫完成后方可再次点火。

(5) 启动枪点燃，燃烧稳定后退出对应点火油枪。

(6) 锅炉点火后，为了防止省煤器汽化，必须保持 3%的最小给水流量（57t/h），直到锅炉蒸发量超过这个值。

(7) 在 DCS 锅炉“吹灰总貌”，投入空气预热器连续吹扫。

(8) 在 DCS“锅炉电视开关”画面，投入工业电视。

(9) 在 DCS“烟温监测系统”，投入烟温探针，见图 5-100。

严格控制炉膛出口烟温低于 540℃。当炉膛出口烟温达到 580℃时，退出炉膛烟温探针。

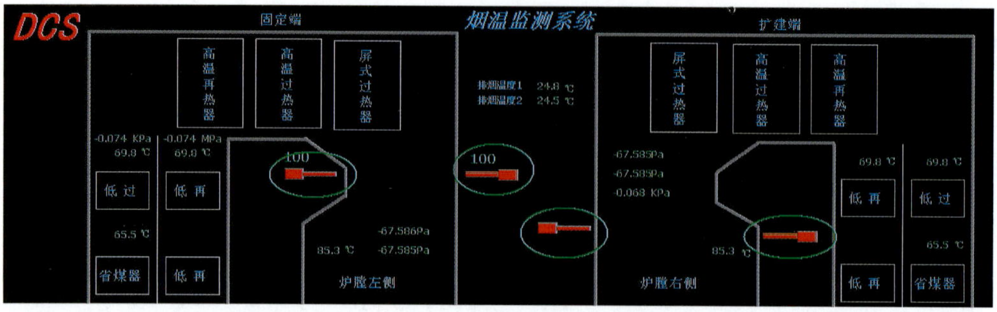

图 5 - 100　烟温监测系统

2. 投汽轮机旁路

锅炉起压后即可在就地“汽轮机主再热蒸汽系统”（见图 5 - 101）和汽轮机 DCS“主再热蒸汽系统”（见图 5 - 102），投入高压旁路和低压旁路运行。随着锅炉的升温、升压，高、低压旁路阀逐渐开大。

在锅炉转直流前，通过高、低压旁路控制主汽压力在 8.4MPa 以下运行，投旁路操作如下：

（1）投低压旁路。①在就地“汽轮机主再热蒸汽系统”（图 5 - 101 灰色标记），打开低压旁路三级减温水手动门；在 DCS 汽轮机“主再热蒸汽系统”（图 5 - 102 灰色标记），打开低压旁路三级减温水母管电动门和各支管电动门。②在 DCS 汽轮机“主再热蒸汽系统”，先全开低压旁路喷水截止阀，然后将低压旁路喷水调节阀的实际开度调至 2%以上，最后投入低压旁路减压阀，见图 5 - 102 黄色标记。

（2）投高压旁路。将高压旁路减压阀开到 2%以上，打开高压旁路喷水截止阀，根据高压旁路后蒸汽温度的情况，开启高压旁路减温水调节阀，见图 5 - 102 红色标记。高压旁路后蒸汽温度高于 360℃，高压旁路减压阀会强关，所以要控制好高压旁路出口温度。

当通过高压旁路的蒸汽流量较大时，减温水可投入自动，高旁出口温度设定在 250℃以上。在机侧蒸汽压力达到 8.4MPa 之前，高压旁路减压阀一般用手动控制。

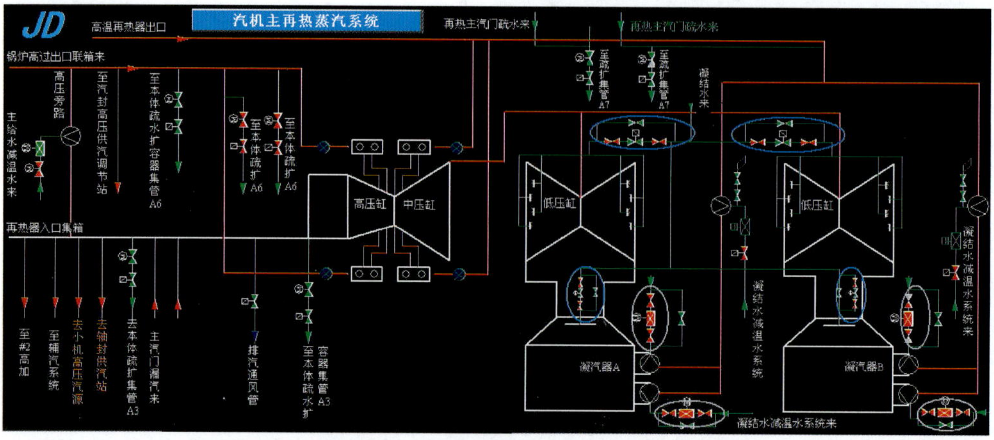

图 5 - 101　汽轮机主再热蒸汽系统

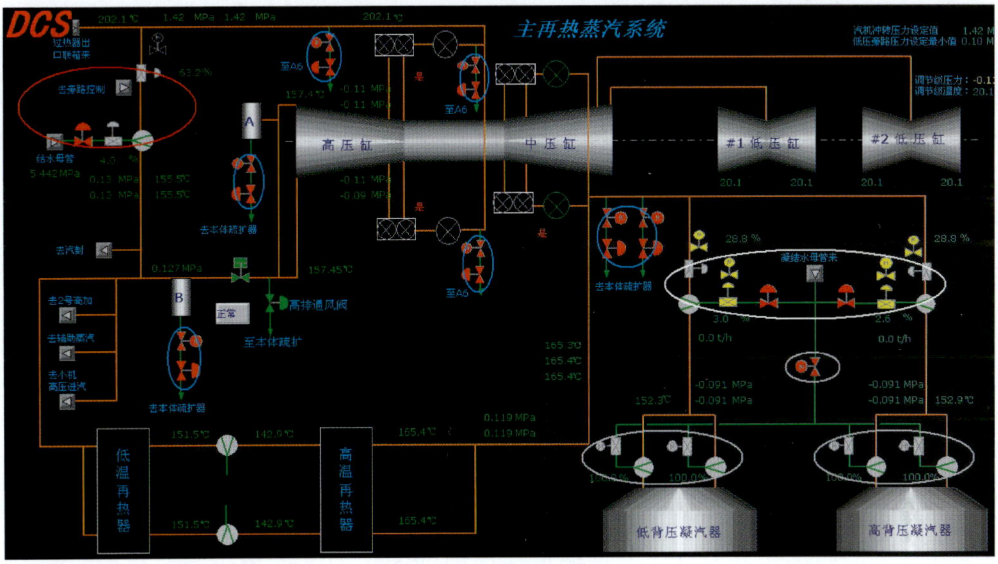

图 5-102　主再热蒸汽系统

3. 关空气门疏水门

当过热蒸汽压力达到 0.3MPa 时，在 DCS 锅炉“汽温调节系统”和“疏水排污系统”，关闭启动分离器后过热蒸汽系统各空气门和疏水门；当再热蒸汽压力达到 0.3MPa 时，关闭再热蒸汽系统各空气门和疏水门；当过热器压力达到 0.5MPa 时，关闭炉顶棚出口联箱及后包墙下联箱疏水门。以上操作见图 5-103 蓝色标记和图 5-84 蓝色标记。

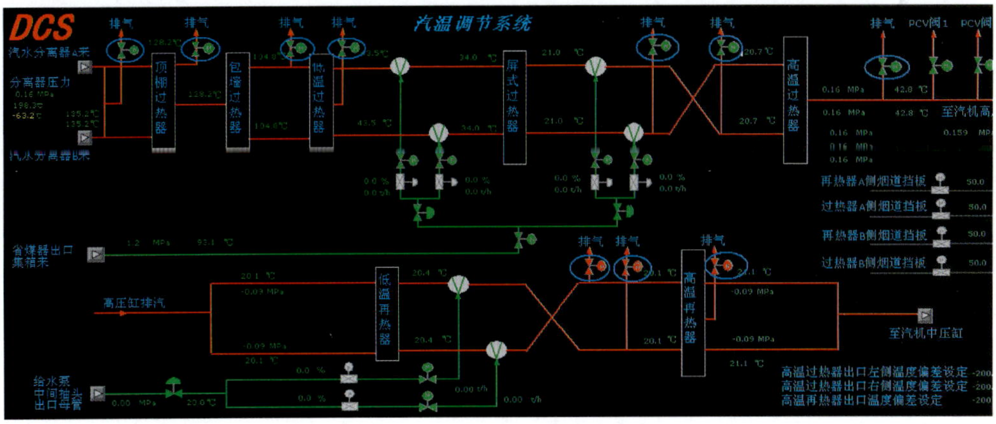

图 5-103　汽温调节系统

4. 投扩容器减温水

在 DCS“凝结水系统”上操作，投本体疏水扩容器减温水、投加热器疏水扩容器减温水，见图5-69蓝色标记。注意到就地“凝结水系统”开疏扩减温水的就地门，见图 5-104。

5. 热态清洗

顶棚过热器出口温度达到 190℃，锅炉开始热态清洗。如启动分离器储水罐排水 Fe≥500μg/L，则应采用开式清洗，否则采用闭式清洗。

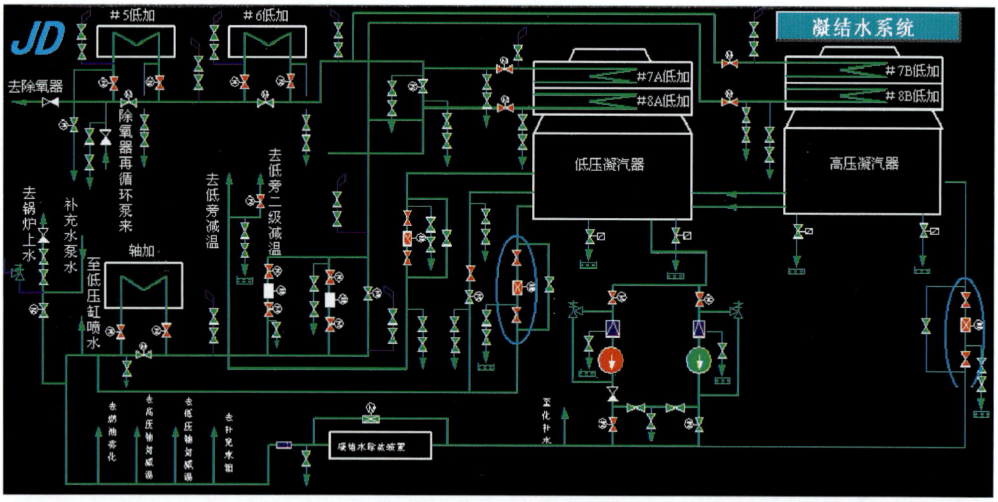

图 5-104 凝结水系统

热态清洗期间应停止升温升压，可适当降低启动油压力，维持启动分离器水温在（190±10)℃范围内。

启动分离器储水罐排水 Fe≤50×10^{-9}，热态清洗结束，按原速率继续升温升压。

6. 升温升压

（1）按锅炉冷态启动曲线（冲转前部分）升温升压，见图 5-105。

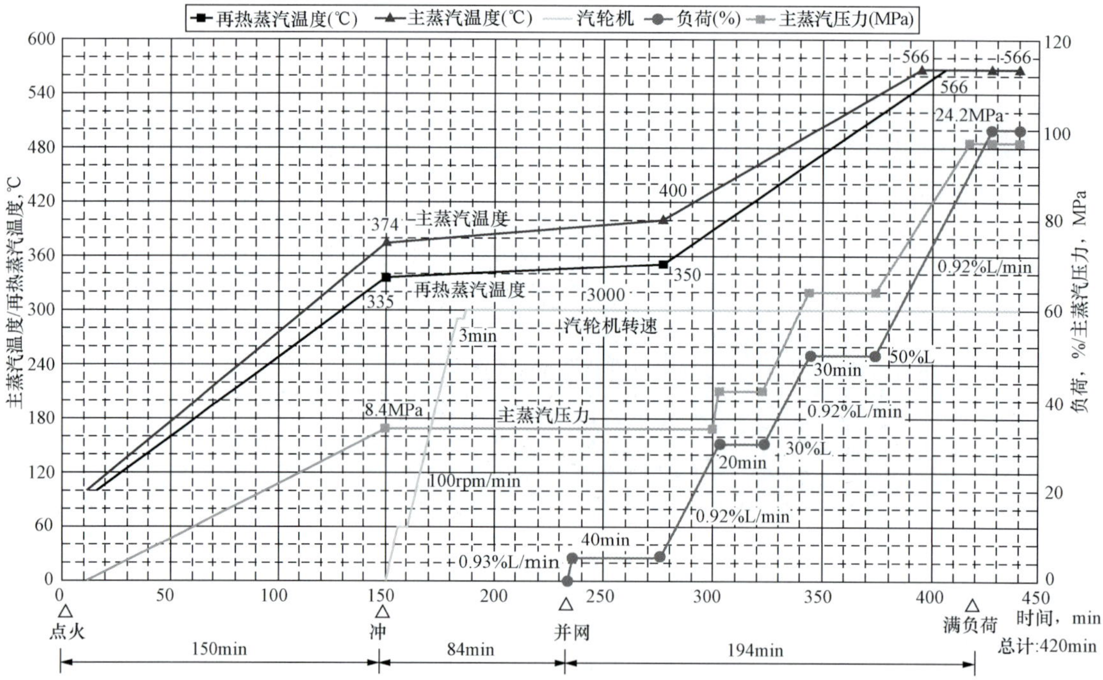

图 5-105 锅炉冷态启动曲线

（2）随着汽压的升高，注意调整电动泵勺管位移，提高给水压力，维持给水流量 420t/h。

（3）高、低压旁路均投入后，根据运行的需要，适当调整高压旁路减压阀，同时配合调整低压旁路减压阀。高压旁路蒸汽温度达到250℃时，投入高压旁路减温自动；低压旁路蒸汽温度达到70℃时，投入低压旁路减温自动。随着主蒸汽温度的升高，要适当关小高压旁路压力调节门，使主蒸汽压力、温度尽可能同步达到冲转参数（压力8.4MPa，温度374℃）。

（4）机侧主蒸汽压力达到8.4MPa时，投入高压旁路减压阀自动，压力定值在DCS汽轮机“主再热蒸汽系统”设定（右上角）。再热蒸汽压力大于0.4MPa时，可投入低压旁路减压阀自动，压力定值不能直接设定，只能在DCS“主再热蒸汽系统”设定最小值（右上角），实际设定值是通过自行计算形成的。高压旁路压力自动的定值和低压旁路压力调节的最小值也可在“MCS帮助”菜单中的“旁路控制系统”设定，见图5-106。

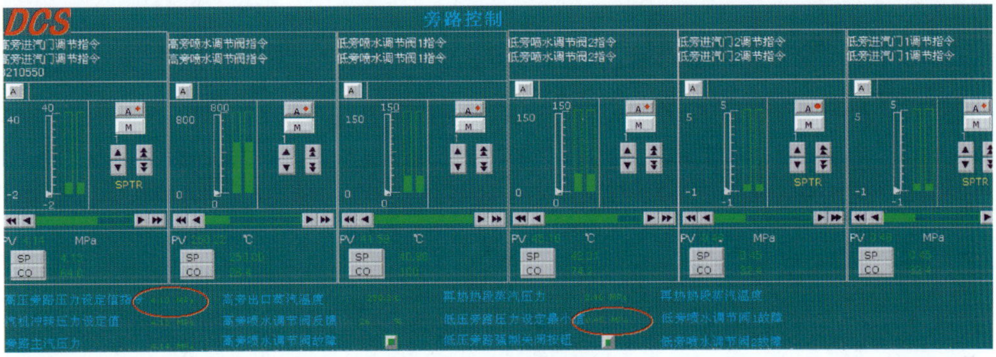

图5-106 旁路控制

第五节 汽轮机冲转

一、冲转条件

主蒸汽压力8.4MPa，再热汽压力不大于0.728MPa，主蒸汽温度374℃，再热汽温335℃，两侧汽温偏差小于14℃，主汽温高于再热汽温且偏差最大不超过83℃；凝汽器真空大于－85kPa。

二、冲转操作

（1）在DEH的“自动控制”画面，点击“远方挂闸”键挂闸，挂闸成功后，中压主汽门RSV1和RSV2开启，见图5-107绿色标记。

（2）在DEH的“自动限制”界面，设定“阀位限制”120%。

（3）在DEH的“自动控制”画面，按“运行”键，使NO变为YES，检查高压调速汽门全开，控制方式为“自动AUTO”，见图5-107红色标记。

（4）设定转速目标值为600r/min，设定升速率为每分钟100r/min，按“运行/保持”键，开始升速，见图5-108。汽轮机冲转后，在就地“主机盘车装置”界面确认盘车装置脱开，盘车电机自停，否则应手动停用；在汽轮机就地“汽机主再热蒸汽系统”，开启低压缸喷水就地门，见图5-101蓝色标记；在DCS“凝结水系统”，投入低压缸喷水调节门自动（定值约0.6MPa），控制低压缸排汽温度小于79℃，见图5-69绿色标记。

（5）转速升至600r/min，保持4min，对机组振动、串轴、真空、胀差及轴承温度进行检查。

说明：汽轮机大、小修后启动，转速升至600r/min稳定后，需做摩擦检查。检查方法：

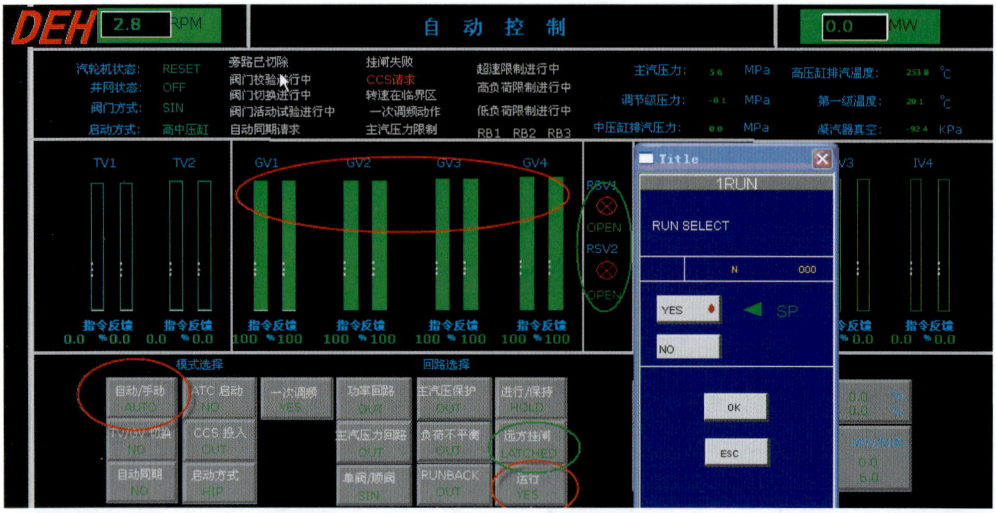

图 5-107 自动控制（一）

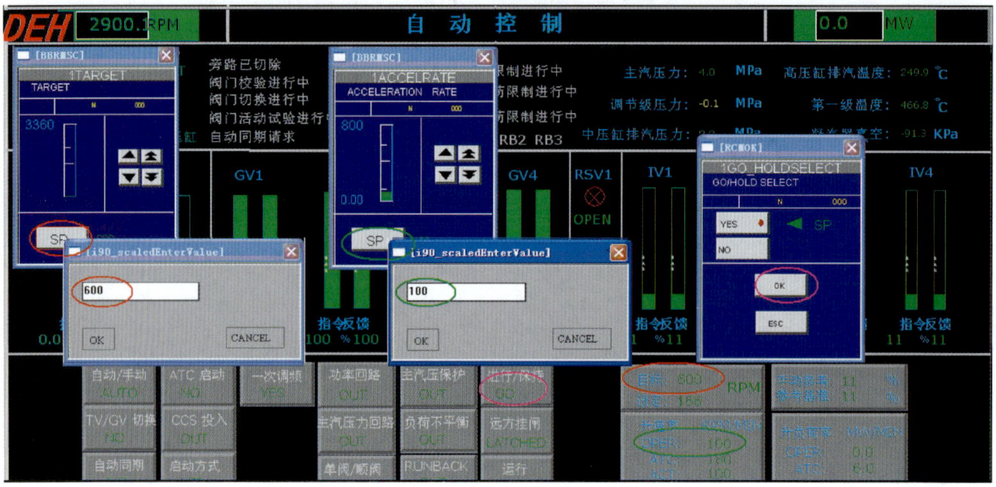

图 5-108 自动控制（二）

汽轮机打闸，检查确认高、中压主汽门和调速汽门关闭，汽轮机转速下降后，到就地汽缸法兰盘和轴瓦盖处用听音棒听音，判断是否发生金属摩擦，也可配合观察转速惰走曲线，判断摩擦情况；摩擦检查正常后，机组重新挂闸冲转。仿真不做摩擦检查。

（6）设定目标转速 2000r/min，升速率 100r/min，确认后升速；转速升至 2000r/min，根据需要进行高速暖机（低压胀差小于 2mm 时，应进行暖机）。

说明：本机组 600r/min 以下为中压调门控制方式，高压主汽门关闭；600r/min 至 2900r/min 为高压主汽门—中压调速汽门联合控制方式（TV/IV）；方式切换将自动进行。

（7）汽轮机转速升至 700r/min 时，在 DCS“主机润滑油”界面检查顶轴油泵自动停止，否则应手动停用。

（8）升速过程中，可以通过“低压加热器抽汽及疏水”系统，投入低压加热器运行。投入方法为：先依次投入 8、7、6、5 号低压加热器水侧运行，然后开启 6、5 号低压加热器进汽逆止门、电动门，投入低压加热器汽侧运行，使低压加热器随机滑启，见图 5-109。当低压加热器不具备随机滑启条件时，应依压力由低到高逐台投入低压加热器汽侧，投入间隔不少于 10min。

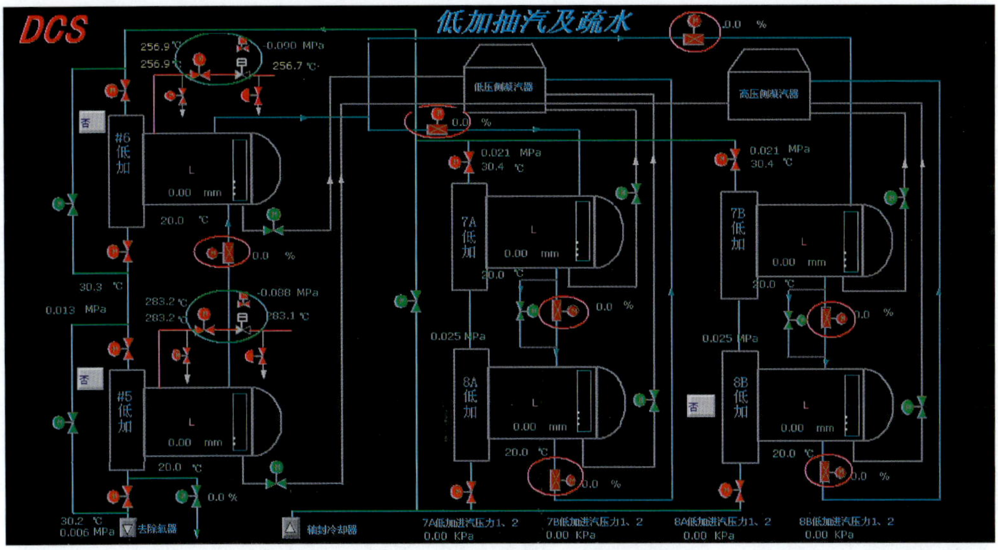

图 5-109　低压加热器抽汽及疏水系统

低压加热器投入运行后，应及时投入各低压加热器疏水系统，各疏水调节门投自动，水位定值设为 350mm。

在汽轮机就地“低压加热器疏水及空气系统”，投入低压加热器连排空气门（排至凝汽器），见图 5-110 绿色标记；低压加热器疏水投运过程中，注意开各低压加热器疏水就地门，见图 5-110 红色标记。

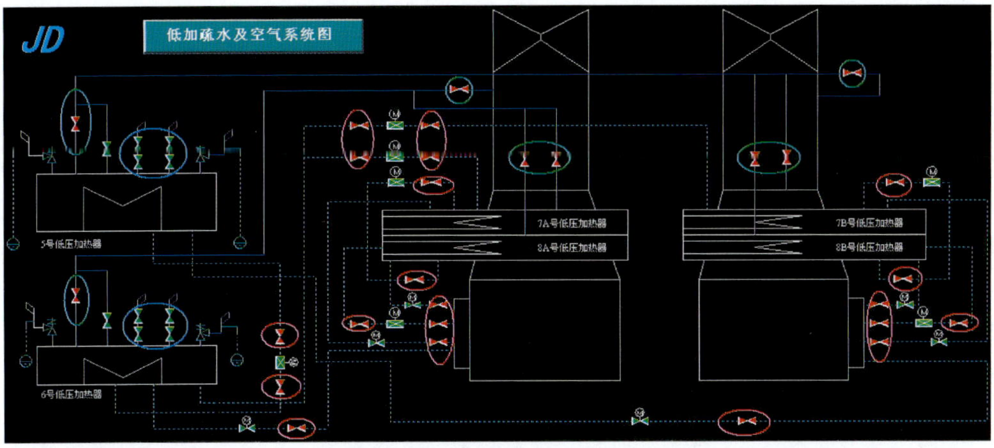

图 5-110　低压加热器疏水及空气系统

低压加热器投停中注意事项：

1）应严格控制加热器出口水温温升率，低压加热器出口温升率不大于 56℃/h，不能超过 110℃/h。低压加热器温度变化率以 2℃/min 为宜，不大于 3℃/min。

2）加热器投入时应注意，先投水侧，后投汽侧；停止时先停汽侧，后停水侧。

3）机组正常运行中，加热器投入时，应先投入凝结水精处理装置。

（9）高速暖机完成后，设置目标转速 2900r/min、升速率 100r/min/min，按“运行/保持”键，机组继续升速。

（10）汽轮机转速2600r/min，在就地“汽轮机主再热蒸汽系统”，开启凝汽器喉部喷水就地门，操作位置见图5-101红色标记。在DCS汽轮机“凝结水系统”，检查凝汽器喉部喷水门自动开启，否则应手动开启（50%左右），操作位置见图5-69黄色标记。

（11）汽轮机转速达到2900r/min时，进行阀切换，汽轮机转速控制从TV/IV（高压主汽门/中压调速汽门联合控制）切换至GV（高压调门控制）方式，见图5-111。

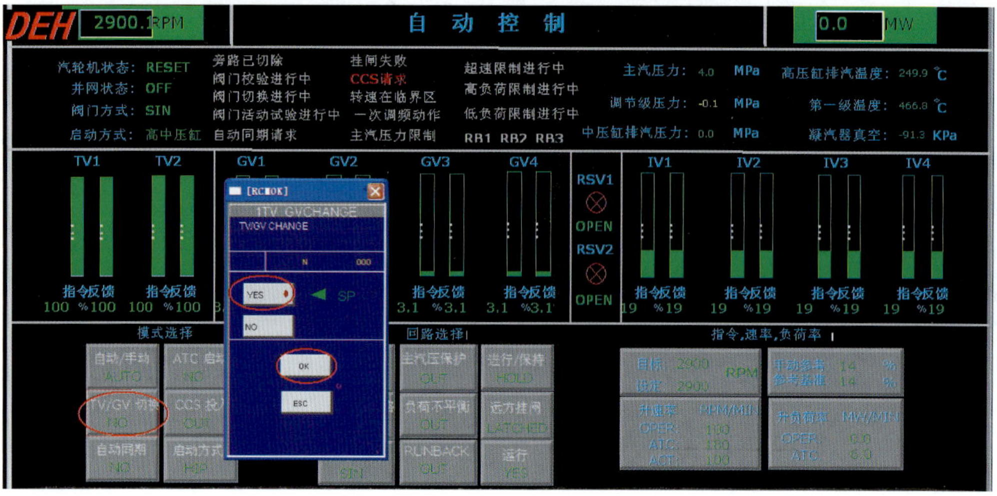

图5-111　自动控制

（12）阀切换结束后，设置目标转速3000r/min、升速率每分钟50r/min，继续升速至3000r/min。

（13）汽轮机转速达到3000r/min稳定后，停止交流润滑油泵运行并投入连锁，停止密封油备用泵运行并投入连锁。

（14）高压加热器随机滑启。在汽轮机就地“高压加热器疏水及空气系统”，开各高压加热器对空排气门（如#3高压加热器汽侧压力为负值，则不开该加热器对空排气门）；在DCS汽轮机“高压加热器抽汽及疏水系统”，先投入高压加热器水侧运行（见图5-112红色标记）；再依次开启#3、#2、#1高压加热器进汽的止回阀和电动阀投入汽侧运行，见图5-112绿色标记；将高压加热器疏水投自动，水位定值设320mm，见图5-112蓝色标记。高压加热器投入运行后，关闭各高压加热器对空排气门，开启各高压加热器至除氧器的连排空气门。

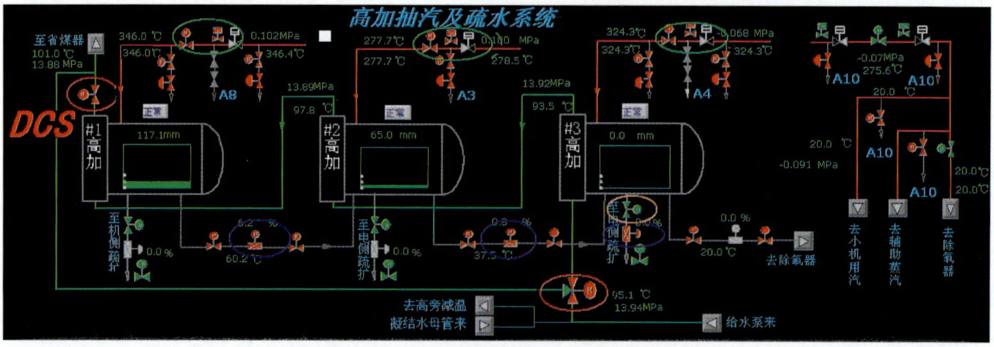

图5-112　高压加热器抽汽及疏水系统

待 3 号高压加热器水位至 300mm 左右时，开 3 号高压加热器至电侧疏水扩容器电动门（也称危机疏水电动门），见图 5 - 112 黄色标记。

（15）汽轮机转速达到 3000r/min 后，关闭高压主汽门前疏水门，准备并网。

第六节 并 网

一、检查并网前必须满足的条件

（1）在电气就地“3 号机 6.9 米层 MCC3 段接线图”中，合上“3 号机起励电源”开关，见图 5 - 113。合闸操作方法为：①切换开关打到就地位；②按红色合闸按钮，合闸指示灯亮；③切换开关打回远方位。

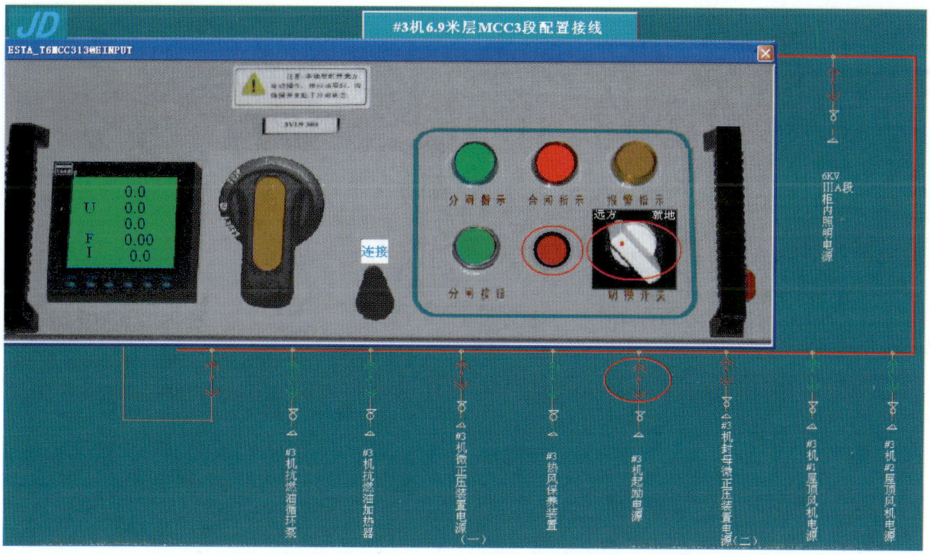

图 5 - 113 合 3 号机起励电源

（2）打开 DCS“发变组及励磁”系统图，合上 3303 发电机出口隔离开关，见图 5 - 114。

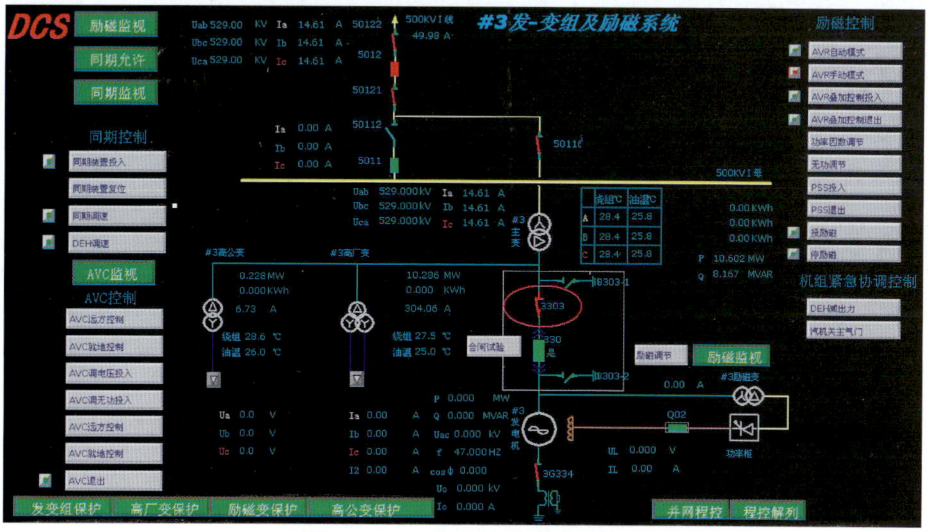

图 5 - 114 发变组及励磁系统

（3）投发电机PT。进入就地“电气主接线图”，分别合上1PT、2PT、3PT的三个交流一次保险和控制回路保险；合上发电机中性点接地开关；见图5-115蓝色标记。

在就地“电气主接线图”中投入PT二次保险，见图5-115红色标记。

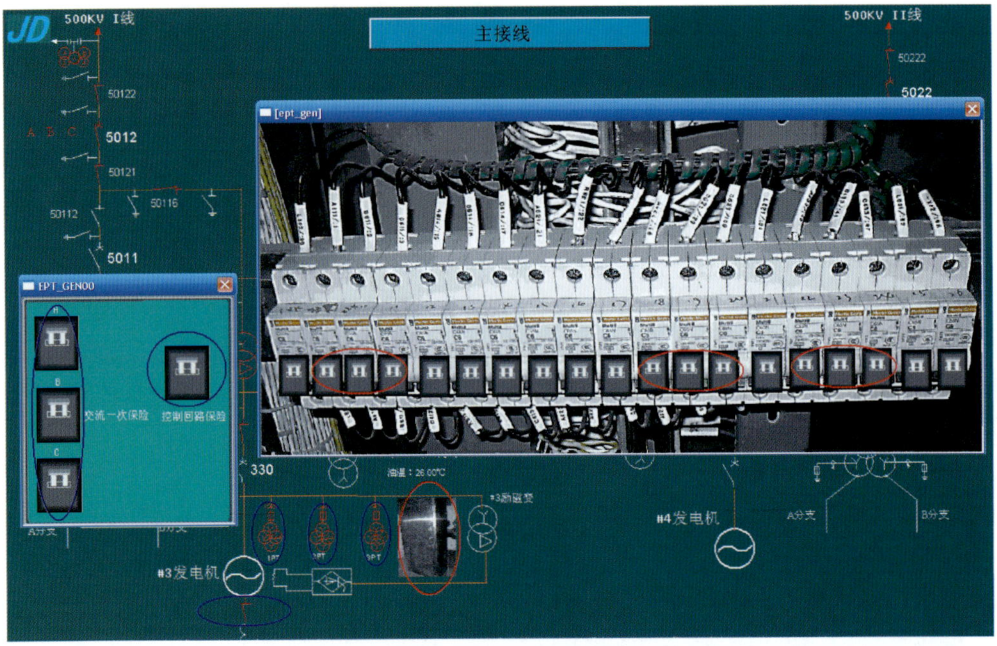

图5-115 主接线

（4）在电气就地“励磁巡检”图上，将励磁装置分别打到“AUTO”、“CH. I”、“REMOTE”，见图5-116红色标记（注意：如果发电机PT未投，此处投不上自动）。

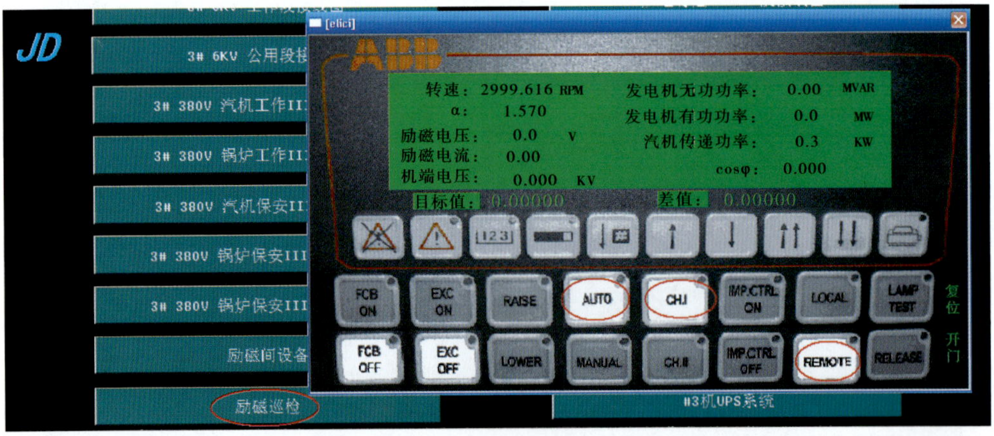

图5-116 励磁巡检

（5）打开电气就地“励磁间设备”，将左侧ER柜励磁装置开关全部合上，见图5-117。

将右侧5个功率柜（EG1～EG5）的风扇开关全部投入，见图5-118（以上操作要用鼠标点击柜门把手才能打开柜门，进行操作）。

图 5-117 ER 柜及励磁装置内部小开关

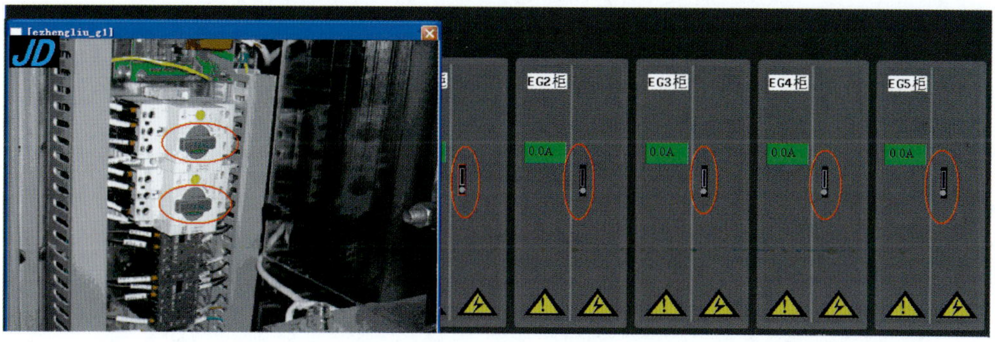

图 5-118 功率柜及内部的风扇小开关

(6) 在电气就地“同期表盘”上，将同期闭锁开关打到“TJJ 投入”位；合上同期表电源，见图 5-119。

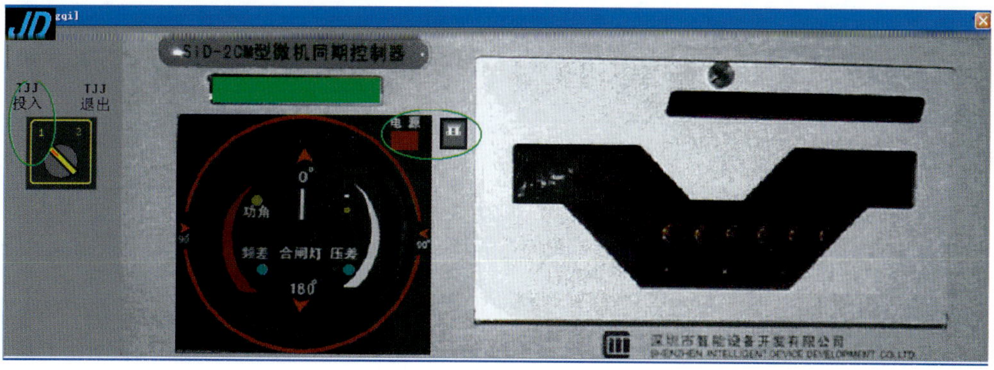

图 5-119 同期表电源开关

(7) 进入电气就地“机组保护”图，投保护压板。

发电机—变压器组保护 A1 柜压板：1 排 4、1 排 6 并网后投入，1 排 10 和备用不投入，其他全部投入；双向的压板全部投向右侧，见图 5-120。

发变组保护 B1 柜压板按 A1 柜投入。

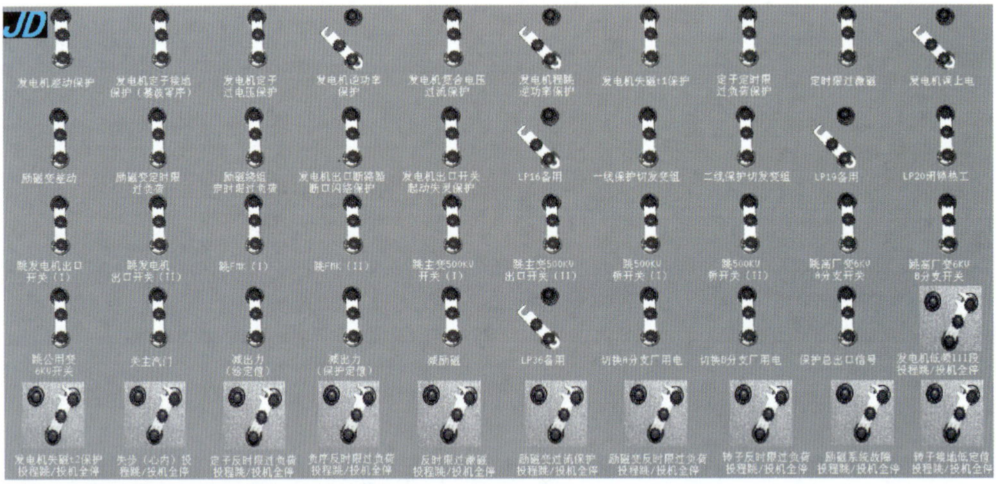

图 5-120 发变组保护 A1 柜压板

非电量保护通信柜压板：先复位绿色按钮，1 排 1 并网后投入，1 排 8、3 排 9 和备用不投入，其他全部投入；双向的压板全部投向右侧，见图 5-121。

图 5-121 非电量保护通信柜压板

（8）检查 DCS 电气“发电机并网程控”界面，“发电机开关同期合闸允许”中的条件全部满足，见图 5-122。

二、并网操作

本仿真机采用程控或手动两种并网方式，现在大型机组很少采用手动并网，因此重点介绍程控并网。程控并网又分为单步运行和连步运行两种并网方式。

当“发电机并网程控启动”栏中的“允许”信号灯为红色时，方可进行并网操作。

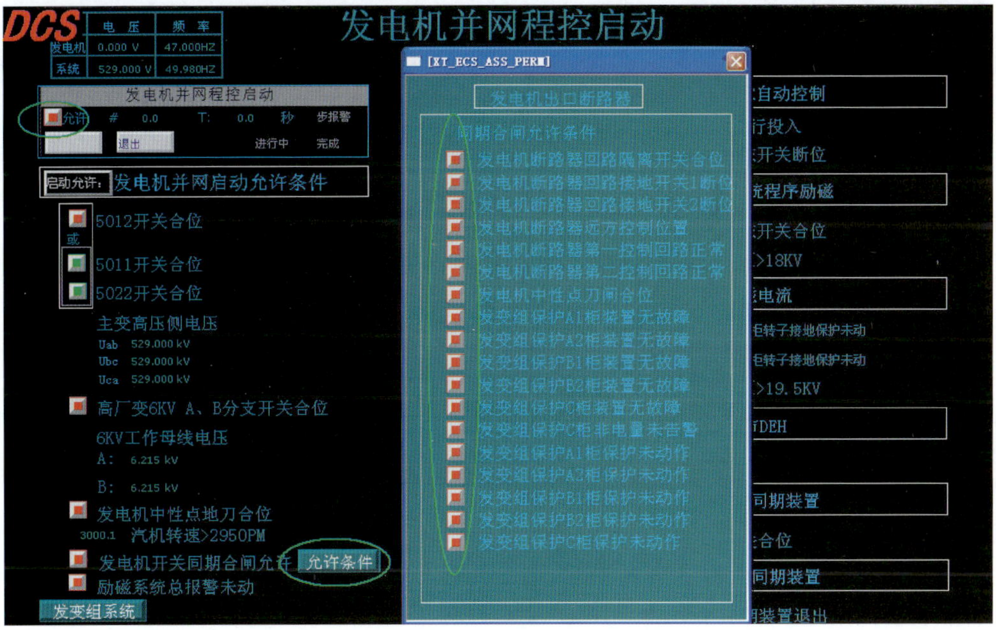

图 5 - 122　并网程控

1. 单步程控并网

(1) 在 DCS 电气“发电机并网程控启动”界面，单击机组启动按钮（空白键），在弹出的“机组启动复位”窗口上单击“单步”后点“OK”，机组开始执行单步并网程控操作；本步完毕后会有“单步”字样出现，见图 5 - 123 左。

(2) 单击“退出”按钮，在弹出“机组启动执行”面板中点“投入”后点击“OK”，此时并网操作第一步开始执行，操作步骤计数器开始记数；以后每步的投入都要如此操作；注意每个步骤投入时都要等按钮上的小红点返回到“退出”位置才能操作，见图 5 - 123。

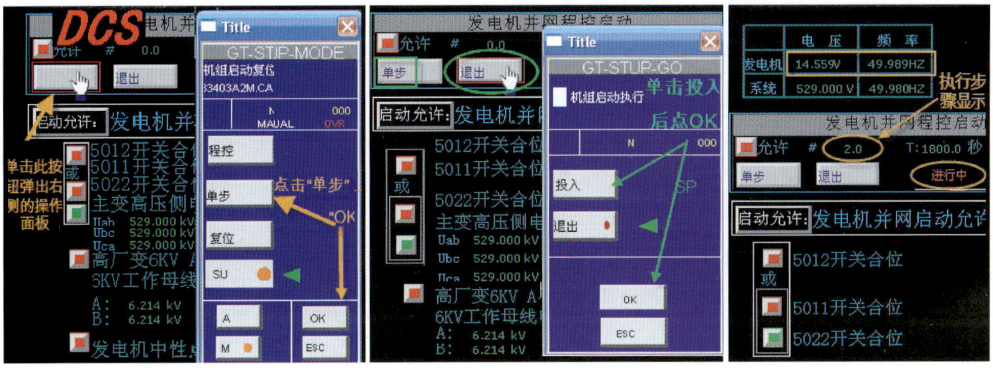

图 5 - 123　并网程控操作及执行步骤显示

(3) 当第三步执行完毕后，第四步操作方法：先将第四步投入，然后将画面切换到“DEH”中的“自动控制”画面；在“自动同期请求”信号发出后点击左下角的“自动同期”按钮，将同期装置投入，见图 5 - 124。

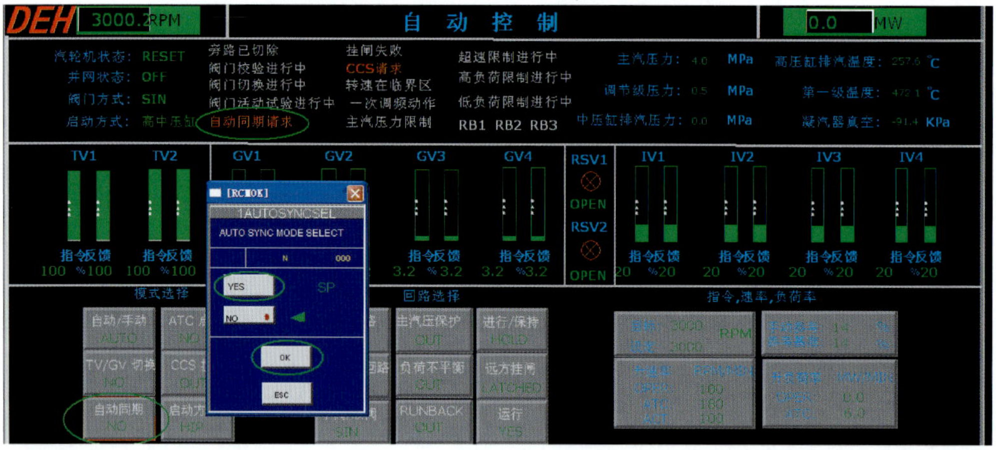

图 5-124　投自动同期

（4）在“机组启动执行”窗口中点“投入”后点击“OK”，开始执行第五步，就地同期表盘会有同期数据显示并有红色光标移动，当同期条件全部满足后发电机出口开关会自动合闸并网，第五步结束。

（5）在“机组启动执行”窗口中再点击“投入”，点击“OK”，执行第六步，退出发电机准同期装置。

（6）整个并网过程执行完毕后，要在就地的同期表盘将同期表的开关拉下，并网过程结束。并网结束后，要将“机组保护”中A1柜和B1柜中的1排4、1排6压板投入，将非电量保护柜中1排1压板投入。

2. 连步程控并网

（1）在DEH“自动控制”界面，点击左下角的“自动同期”按钮，将同期装置投入。

（2）在DCS电气“发电机并网程控启动”界面，单击机组启动按钮（空白键），在弹出的“机组启动复位”窗口上单击“程控”后点“OK”，机组进入连步程控并网状态，本步完毕后会有“程控”字样出现。

（3）单击“退出”按钮，在弹出的“机组启动执行”面板中点“投入”后点击“OK”，机组开始执行连步程控并网操作，直至并网带初负荷。

（4）并网过程执行完毕后，在就地同期表盘上将同期表开关拉下。并网结束后，要将就地“机组保护”A1柜和B1柜中的1排4、1排6压板投入，将非电量保护柜中1排1压板投入。

第七节　并网后的操作（升负荷）

一、初负荷阶段的操作

本机组并网后自动带初负荷10MW左右，可用阀位控制或功率控制升负荷至额定负荷的5%（30MW），暖机40min。

1. 阀位控制

在DEH“自动控制”界面，设定阀位目标值30%，设定阀位升速率4MW/min，按

“进行”键，升负荷至25MW左右按“保持”键，由于惯性作用，负荷会升到30MW左右，见图5-125红色标记。

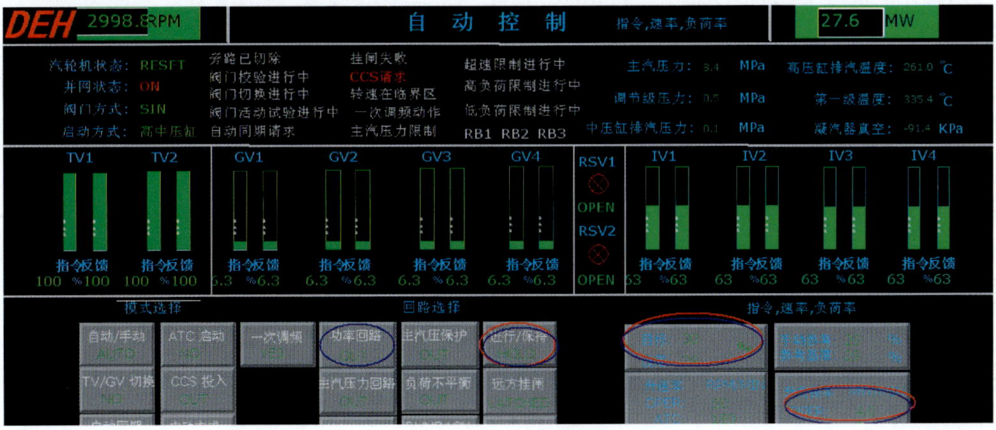

图5-125　自动控制

2. 功率控制

在DEH“自动控制”界面，投入功率自动，此时“目标”与“设定”值应一致，设定负荷目标值30MW，设定升负荷率4MW/min，按“进行/保持”键，升负荷至30MW，见图5-125蓝色标记。

3. 投另一套引送风系统

在DCS锅炉风烟系统画面，按引风机启动条件启动另一台引风机，缓慢开启该引风机静叶，关小原引风机静叶，使两台引风机出力尽量均衡并维持炉膛负压－100～－50Pa，投入该引风自动。

按送风机启动条件启动另一台送风机，缓慢开启该送风机动叶，关小原送风机动叶，使两台送风机出力尽量均衡并维持送风量。

4. 启动制粉系统

并网后，检查制粉系统启动条件满足，可以根据需要启动制粉系统。启动条件如下：

(1) 炉膛点火允许；

(2) 任一台一次风机运行1min后；

(3) 一次风温度大于180℃；

(4) 无跳磨条件；

(5) 两煤仓任一煤位正常；

(6) 本层点火油在投运；

(7) 密封风/一次风差压不低；

(8) 润滑油系统正常；

(9) 在远控位置；

(10) 磨煤机轴承温度正常；

(11) 磨煤机电机线圈温度正常。

启动方法见第六章第一节。

二、负荷由30MW升至180MW

低负荷暖机结束后，采用阀位控制方式，升负荷至180MW。

（1）在DEH主画面设定阀位目标值90%，设定阀位速率4MW/min，逐渐增加机组负荷；控制主、再热蒸汽升温率不超过2℃/min，随着机组负荷的增加，通过“运行/保持”键和汽轮机旁路门开度，按冷启曲线控制主蒸汽参数（压力、温度）。

（2）负荷升至60MW后，检查汽轮机高压段疏水全部关闭，否则手动关闭。

（3）负荷高于90MW，检查高压旁路逐渐关小直至全关（通过控制燃烧率与机组功率的配合实现），高压旁路从定压运行模式转入跟随模式。

（4）视情况投入过热器一级减温水，检查过热器一、二级减温水、再热器减温水调节阀均在自动位。

（5）负荷升至120MW，检查汽轮机中、低压段疏水全部关闭；检查低压缸喷水自动停用（否则手动停用），低压缸排汽温度正常。

负荷升至120MW（20%），停止除氧器再循环泵。

（6）机组负荷在150MW（25%）左右，给水流量为420t/h左右，通过控制汽温、汽压，在主汽压力大于8.9MPa之前完成锅炉运行的直流转换。压力大于8.9MPa，检查361阀自动关闭，锅炉汽水从循环态转为直流态（湿/干态），投入361阀暖管系统运行。

（7）检查给水流量自动调节正常，当给水旁路调节门开度大于95%且给水泵转速达5500r/min，将给水管道切换至主给水运行。

（8）负荷180MW左右，检查低压旁路逐渐关闭，高压调速汽门开度90%，尽量维持蒸汽压力不变，开始暖机。

（9）当冷段再热蒸汽压力达到大于0.9MPa时，开启冷段再热蒸汽至辅汽联箱供汽电动门，将冷段再热蒸汽供汽调节门投自动，定值设为0.9MPa。

三、180MW暖机

负荷180MW，暖机30min，同时完成下列检查操作。

1. 检查轴封自密封

负荷180MW，轴封系统进入自密封状态，轴封辅汽供汽调节门应已自动全关，检查投入低压轴封减温水自动。

2. 切换除氧汽源

机四抽压力达0.25MPa，除氧器汽源切换至四抽，除氧器滑压运行（注意除氧器压力、温度、水位的变化）。

3. 切换高压加热器疏水

当3号高压加热器汽侧压力与除氧器压力之差大于0.25MPa，将高压加热器疏水切至除氧器。

4. 启动第二台磨煤机

启动F制粉系统，启动方法见第六章第一节。F层制粉系统投入运行正常后，增加F磨出力，根据热负荷上升以及燃烧状况的稳定，逐支且缓慢退出D层启动油枪。

5. 启动一台汽动给水泵

升负荷至额定负荷的30%以上（180MW），可启动第一台汽动给水泵，启动方法见第六章第二节。

四、负荷由 180MW 升至 350MW

负荷 180MW，高压调节门开度 90%，从此开始滑压运行。通过调整燃料量、风量和给水，升温、升压、升负荷。

（1）维持升温率不超过 2℃/min、维持升压率不超过 0.2MPa/min。

（2）根据氧量情况及时增加炉风量。

（3）负荷至 240MW 左右，启动 D 层点火油枪，启动 D 制粉系统，逐渐增加 D 制粉系统出力。

（4）将运行的 3 台制粉系统出力调平后投入 D 制粉系统自动控制。

（5）机组负荷升至 300MW，启动第二台循环泵。

（6）升负荷至 350MW。

五、350MW 暖机

负荷 350MW，暖机 30min，同时进行下列操作。

1. 启动第二台汽动给水泵

负荷至 350MW 稳定后，采用四抽供汽，按汽动泵的启动方法，投入第二台汽动给水泵运行，停电动给水泵备用。将两台汽动给水泵投入自动运行。

2. 投入协调控制

在炉侧投入一次风自动、给煤自动、容量风自动、给水自动的前提下，投入燃料主控自动，投入锅炉主控自动；在机侧投入 CCS 遥控的情况下，投入汽轮机主控自动。机、炉主控均投入自动，则机组即投入了协调控制。

3. 其他操作

（1）停止 B 层启动油枪运行。

（2）所有启动油枪停止完毕后，停止空气预热器连续吹灰，投入所有电除尘（未仿）。

六、协调控制升负荷至 400MW

（1）在 CCS 主画面设定负荷目标值 400MW，设定变负荷率 6MW/min，选择滑压运行，以协调方式升负荷。

（2）启动 B 层点火油枪运行，启动 B 制粉系统，投入 B 制粉系统自动；运行稳定后，视燃烧情况停运所有点火油枪。

（3）负荷至 400MW 稳定后，将汽轮机由单阀运行切换至顺序阀运行。

七、协调控制升负荷至 600MW

（1）在 CCS 主画面设定负荷目标值 600MW，设定变负荷率 6MW/min，继续升负荷。

（2）启动 C 制粉系统，投入 C 制粉系统自动。

（3）启动 E 制粉系统，投入 E 制粉系统自动。

（4）负荷至 540MW，检查机组转入定压运行方式。

（5）负荷至 600MW，全面检查机组各参数正常。

（6）负荷至 600MW，视情况可停止 E 制粉系统运行。

八、冷态启动注意事项

（1）机组点火、升压、冲转、并网、带负荷各阶段的操作，应按照该机组冷态启动曲线来控制参数，见图 5-105。

（2）电动泵运行时，在锅炉升压过程中应注意及时调整电动泵转速，保证给水流量正常。

（3）机组启动初期及低负荷阶段，燃烧率的增加应平稳缓慢，尽量避免使用过、再热器减温水，防止喷水过早、过多造成水塞甚至汽轮机水冲击。

（4）启动过程中、后期，根据沿程汽水、管壁温度上升情况及时投用减温水。

（5）注意监视凝汽器、除氧器、加热器的水位变化，及时调整，维持水位在正常范围内。

图 5－126 所示为超临界压力直流锅炉本体布置，图 5－127 所示为 600MW 超临界压力机组 DEH 系统。

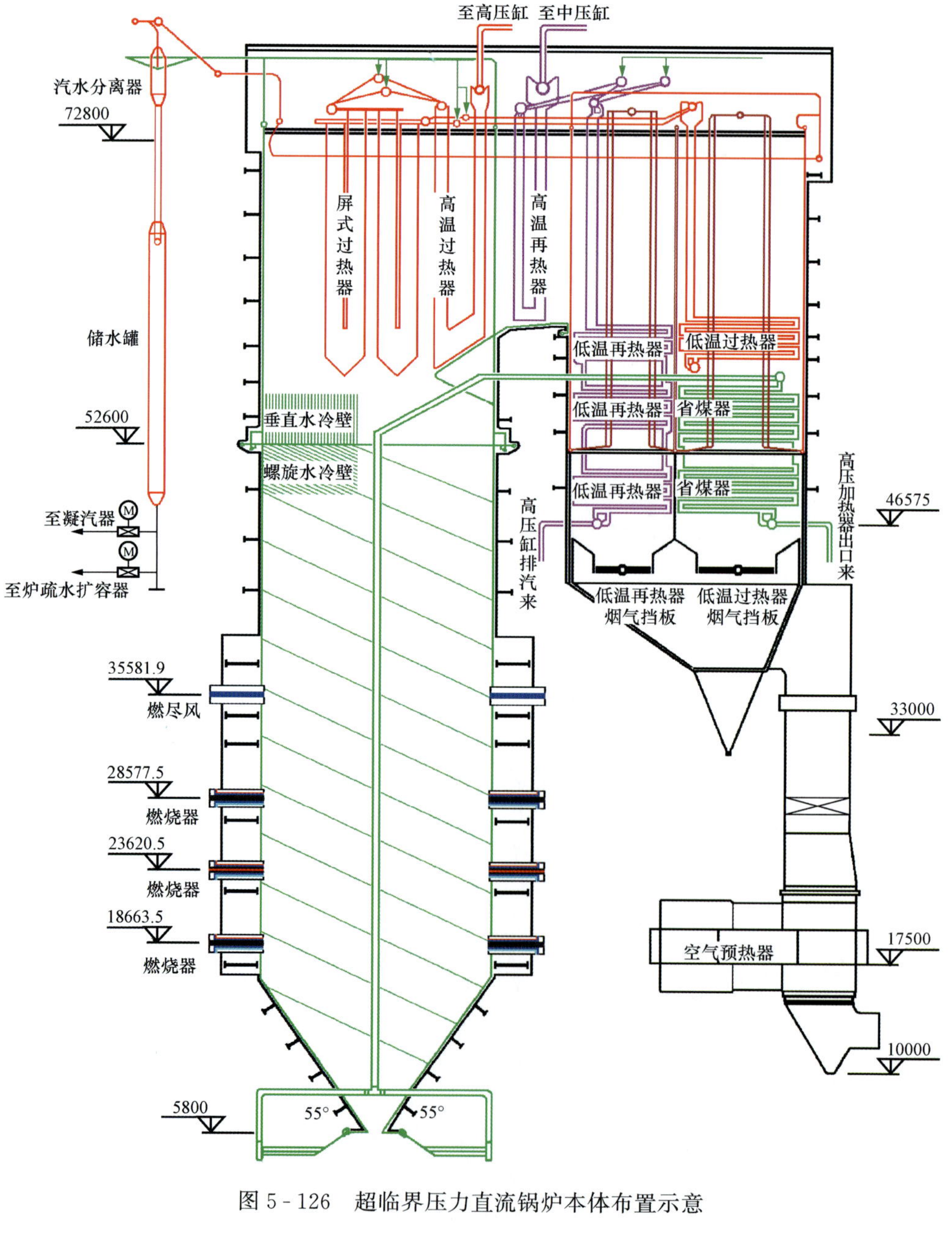

图 5－126　超临界压力直流锅炉本体布置示意

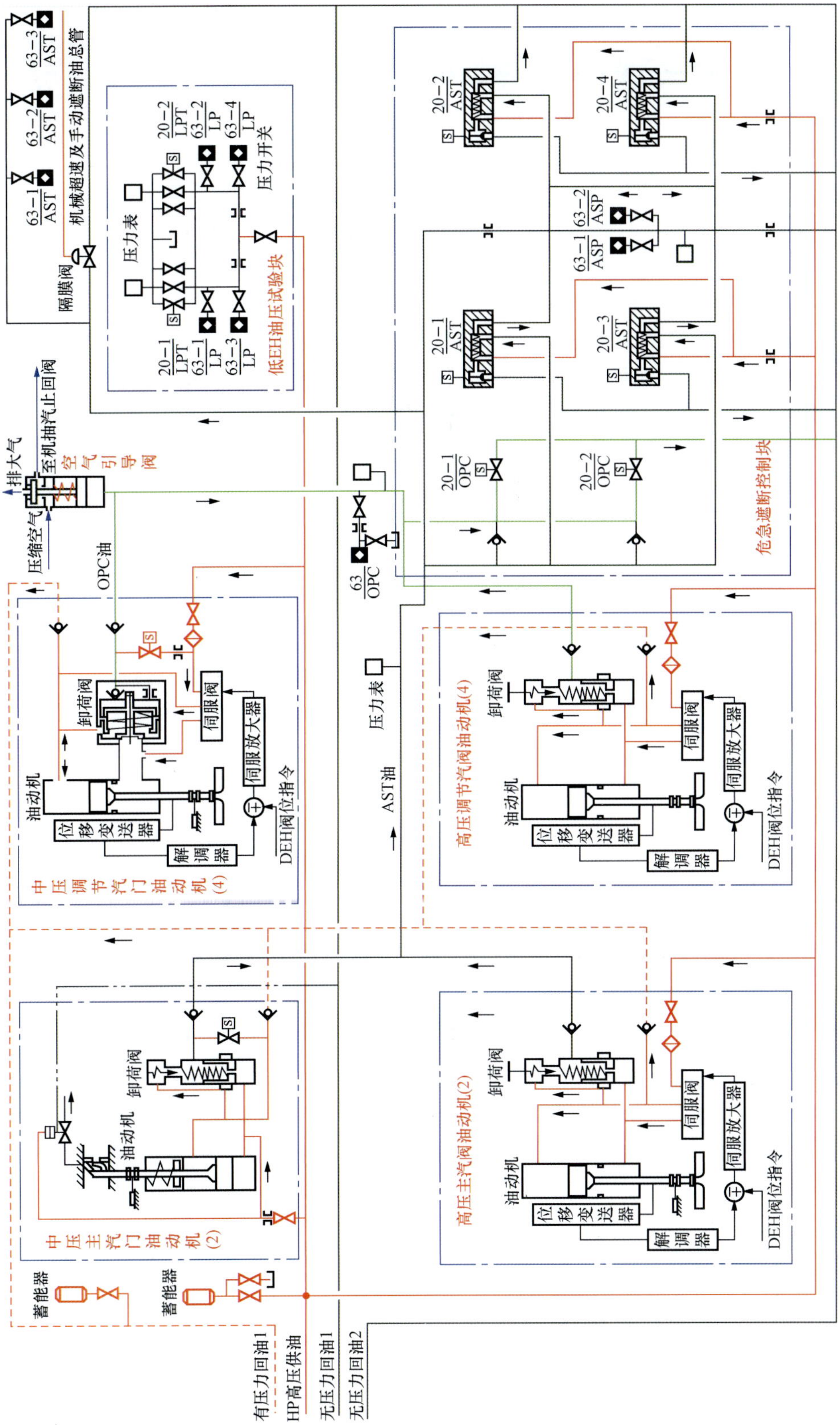

图5-127 600MW超临界压力机组DEH系统

第六章　主 要 辅 机 运 行

机炉辅机的运行，在机组启、停过程中多已讲述，本章只介绍两种主要辅机的运行。

第一节　制粉系统的运行

本机组锅炉配有六套双进双出钢球磨直吹式制粉系统，分别与布置在炉膛前、后墙的六层煤粉喷燃器相对应。机组满负荷运行时，五套制粉系统运行，一套备用。机组启动过程中，各制粉系统对应着相应层喷燃器按自下而上的顺序投入；机组停运过程中，各制粉系统对应着相应层喷燃器按自上而下的顺序停止。

制粉系统的启、停均有两种方法，即顺控启、停和手动启、停，本书只介绍手动启、停。

一、制粉系统启动

在启动第一套制粉系统前，应先启动一次风机（两台一次风机也可同时启动并列运行）和密封风机（一台运行，一台备用）并调整其风压，然后投该制粉系统对应的点火油枪、磨煤机油站、减速机润滑油泵，待磨煤机启动允许条件满足后，投运磨煤机。一次风机和密封风机为六套制粉系统公用，启动其他各套制粉系统时，要注意调整一次风压和密封风压，当一次风压较低时，可考虑启动另一台一次风机。

（一）投一次风机

1. 投一次风机润滑油系统

（1）在锅炉就地“一次风机 A 电机润滑油系统”，“一次风机 B 电机润滑油系统”，开一次风机油站各相关就地门，开一次风机电机油站各相关就地门，见图 6-1。

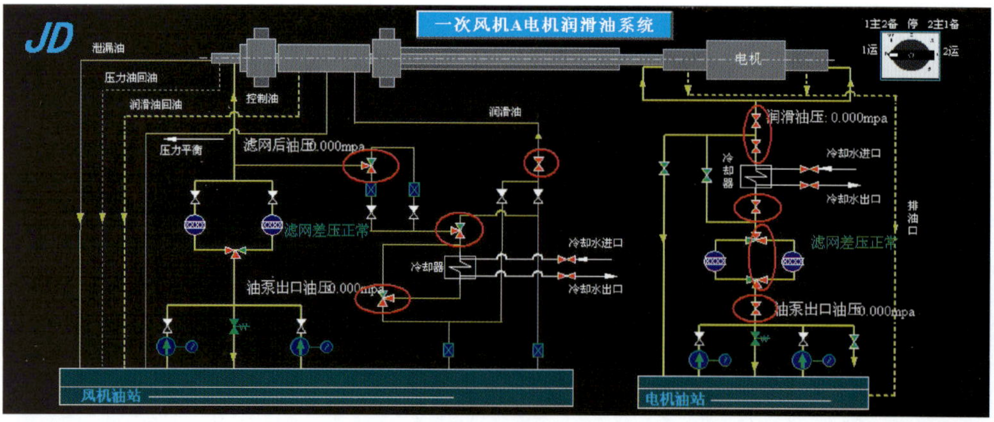

图 6-1　一次风机 A 电机润滑油系统

（2）在锅炉 DCS“一次风机油站”，启动 1 号一次风机油泵，启动 1 号一次风机电机油泵，投连锁，见图 6-2。同样方法启动 2 号一次风机油泵，启动 2 号一次风机电机油泵，投连锁。

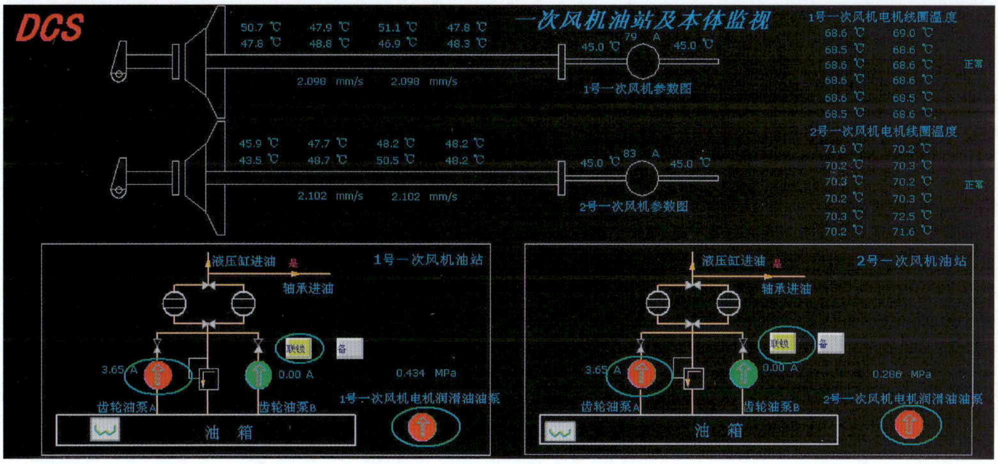

图 6-2 一次风机油站

2. 投一次风机

在 DCS 锅炉风烟系统画面，一次风机启动条件满足后启动一台一次风机，热一次风出口门自动联开，打开一次风机出口隔绝门，调整一次风机动叶开度，使一次风压为 8～9kPa，见图 6-3 红色标记。由于此时一次风量比较小，待一台磨煤机启动运行正常后将一次风压投入自动。

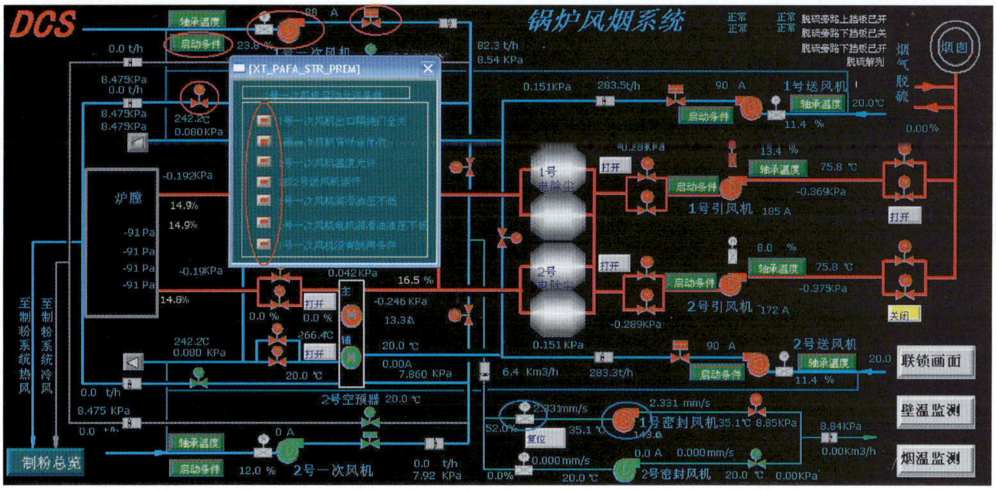

图 6-3 锅炉风烟系统

（二）投密封风机

启动一台密封风机，联开出口门，调整密封风机入口挡板至 50%以上，保持密封风与一次风压差不低 2～4kPa，见图 6-3 蓝色标记。

（三）投点火油枪

投入待启动磨煤机对应层的点火油枪（A 层），见图 6-4。

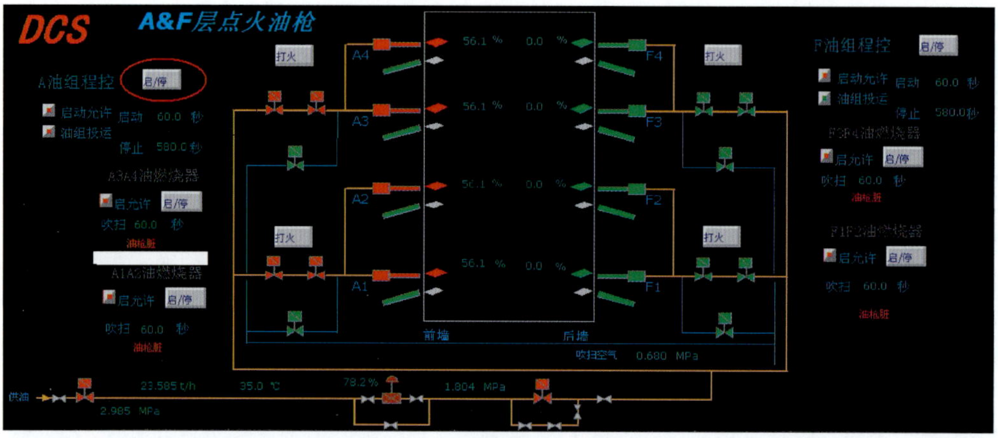

图 6-4 A&F 层点火油枪

（四）投磨煤机油站

在锅炉就地“磨煤机 A 润滑油系统”开相关就地门，见图 6-5。

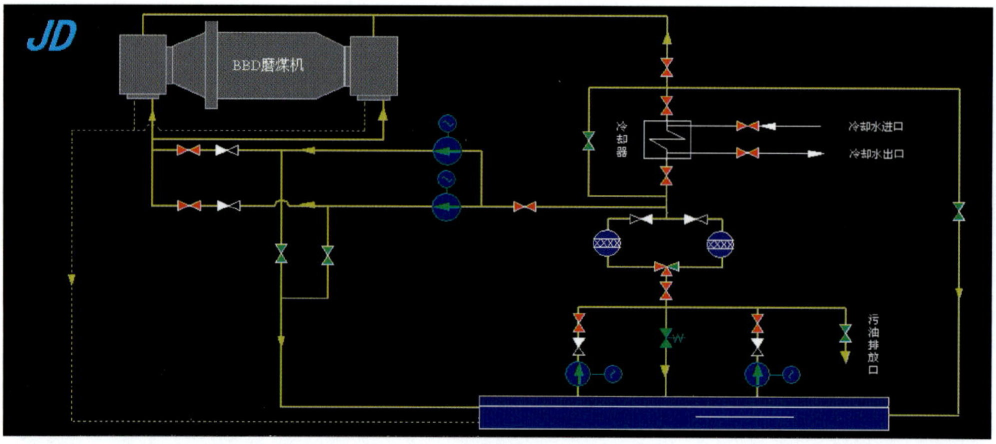

图 6-5 磨煤机润滑油系统

在 DCS“A 磨油站”，启动磨煤机低压油泵，待压力 OK 信号出现后，启动高压油泵，见图 6-6。

（五）手动启动制粉系统

在 DCS 锅炉“二次风箱”界面，开启对应层燃烧器两侧二次风调节挡板 60%左右，调节层二次风/炉膛差压 1.0～1.5kPa，（也可置自动位，自动定值设为 1.0～1.5kPa）；在 DCS 锅炉“三次风系统”，检查三次风门已开至燃煤位置。

进入所要启动的制粉系统界面（见图 6-7），打开启动允许条件窗口，按下述步骤调整满足启动条件（说明：启动条件所列项目中，磨煤机分离器出口温度正常为 65～100℃；一次风入口温度保持 180～280℃；润滑油系统正常为高压油泵启动之后延时 60s）。

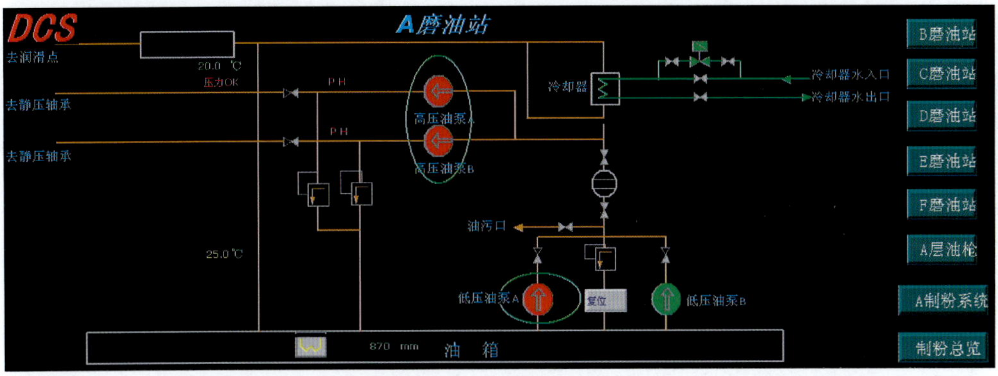

图 6-6　A 磨煤机油站

（1）检查制粉系统所有风、煤闸门均关闭，慢传电机停运。

（2）打开粉管清扫风门吹扫 1min 后关闭。

（3）打开各粉管关断门。

（4）全开磨煤机密封风入口电动门，调整入口调节门，维持密封风/一次风差压 2～4kPa。

（5）启动大齿轮密封风机，并投入连锁；投入给煤机密封风（未仿）；启动减速机润滑油泵。

（6）检查关闭对应层燃烧器冷却风门。

（7）开启磨煤机进口一次风电动隔离总门、调节总门。

（8）开启磨煤机冷风门、热风门，待旁路风门、容量风门开启后，通过调整冷、热风门开度，控制磨煤机进口一次风温在 180～280℃之间。

（9）快速开启两侧旁路风门 30%（保证粉管风速在 21～25m/s）。

（10）开启容量风门 5%。

（11）分离器出口温度达到 65℃时暖磨结束。

（12）启动磨煤机主电机，确认磨煤机电流、料位显示正常。

（13）开启给煤机出口下煤闸门。

（14）启动给煤机，开启给煤机进煤闸门；增加给煤机转速，给煤量控制在 12t/h 左右。

（15）料位接近正常值（400～500mm），投入给煤机自动，偏置设定为 0。

（16）投入冷热风门及磨进口一次风调节总门自动（保证分离器出口温度在 80～100℃）。

（17）给煤之后可以逐渐开大负荷风至 30%左右，并逐步关小旁路风门，见图 6-7。

（18）投粉后，随着锅炉汽压的升高，应及时调整电泵勺管，提高给水压力。

（19）磨煤机启动运行正常后，调整一次风压，调整给煤量，按启动曲线保持汽温、汽压和负荷。将磨煤机两侧负荷风门投入自动。

给煤机指令面板设定说明：图 6-8 中，是 A 制粉系统给煤指令的两个操作面，右侧面板中 PV 值为两侧指令值的平均值，SP 值为该侧给煤机指令相对于平均值的偏置；左侧面板的 SP 值为磨煤机内料位值，SP 为料位设定值（手动情况下跟踪实际值）。料位自动调节在左侧（左右侧视具体磨煤机不一定相同，这里只是对 A 磨）面板中设定。

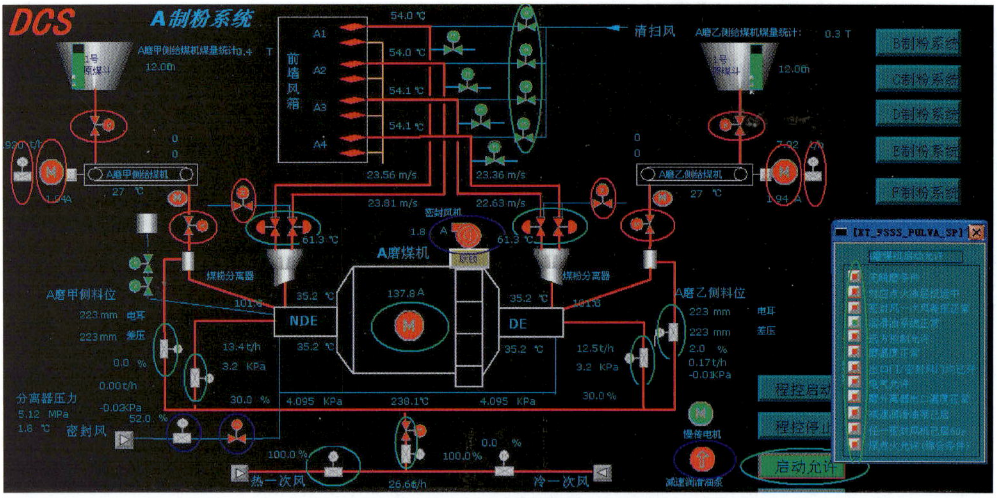

图 6-7 制粉系统

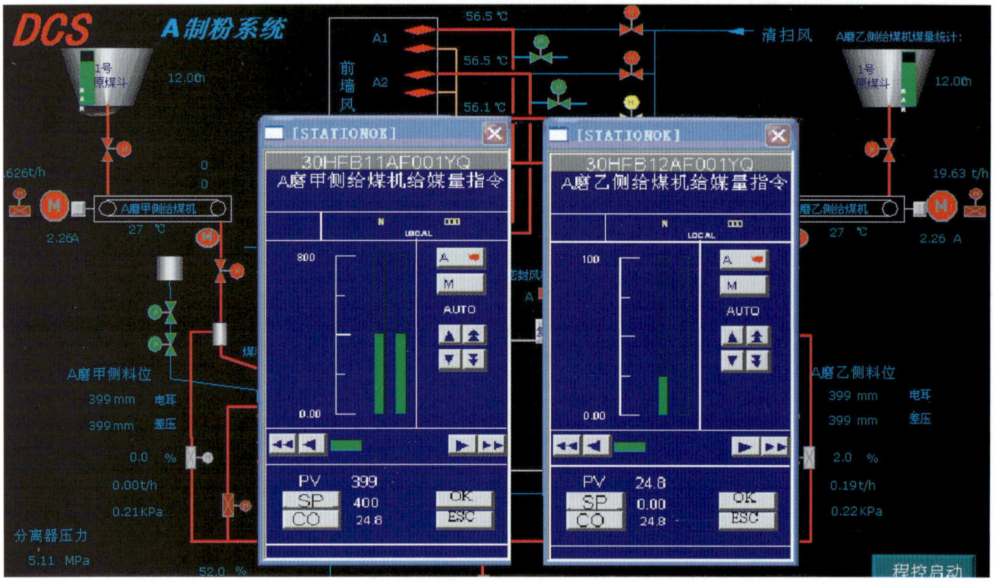

图 6-8 制粉系统

二、制粉系统运行维护

（1）加强对制粉系统电机电流、风量、风速、风压、差压、温度等各重要参数的监视，根据综合表现判断其运行状态。

（2）正常运行中，应尽量均衡各磨煤机及磨两侧出力（也就是各煤火嘴出力），并根据机组负荷及磨出力及时启动或停用磨煤机，保证磨煤机出力在合适范围内。

（3）给煤机启动前应先开启出口煤闸门，启动后再开启进口煤闸门；停运时应先关闭进口煤闸门，走空给煤机后才能停运给煤机，最后关闭出口煤闸门，防止积粉。

（4）润滑油箱的油位在750mm以上，油温保持在30～40℃。

（5）一次风管内的风速在21～25m/s，如出现低报警，停磨后进行检查、吹扫，吹扫时间不得小于 2min，防止堵管。

（6）粉管温度控制在 80℃左右，应低于 100℃，如与分离器出口温度相差较大，立即查找原因，防止粉管着火。

（7）一次风电动调节总门后的压力保证 5～8kPa 范围，一般为 7kPa 左右。

（8）磨煤机大瓦温度保持低于 55℃，润滑油冷油器出口油温保证在 40～45℃。

（9）分离器出口温度保证 80～100℃，一次风入口温度保证在 180～280℃。

（10）磨煤机尽量不采用单进单出方式运行，不得已而采用时，应加强调整，在偏差及各参数不超限的前提下维持短时间运行。

（11）差压料位在 400～500mm、煤位电耳信号在 10%～30%。

（12）低压油泵出口压力在 0.4～0.6MPa，滤网压差不超过 0.05MPa。高压油泵出口压力大于 6MPa。

（13）大齿轮雾化压缩空气压力大于 0.25MPa，大齿轮密封风盒风压在 0.4kPa。

（14）磨煤机密封风与一次风压差控制在 2～4kPa。

（15）主电机线圈温升小于 100℃，主电机轴承温度小于 70℃。

（16）主减速机润滑油温度在 45～55℃之间，油量大于 90L/min，润滑油压 0.08～0.25MPa，冷却水压力 0.2～1MPa。

三、制粉系统的停运

1. 手动停运

在要停运的制粉系统界面图上进行下列操作，见图 6-7。

（1）关小热风门及两侧旁路风门，开大冷风门维持粉管风速在 21～25m/s 范围内。

（2）根据燃烧情况投入对应的点火油枪稳燃。

（3）解除给煤机速度调节自动，手动缓慢降低给煤机转速至最低值。

（4）关闭给煤机进口煤闸门，走空给煤机后停运，关闭给煤机出口煤闸门。

（5）磨煤机料位到 0mm 后，启动高压润滑油泵，逐渐关小磨煤机进口热风门，开大冷风门，控制分离器出口温度 80～100℃，停止磨煤机主电机。

（6）检查关闭冷风门、热风门、容量风门、磨煤机进口一次风隔离总门、各粉管关断门，关闭各密封风门。

（7）开启各粉管清扫风门，吹扫 2min 后关闭。

（8）检查各燃烧器三次风门自动关闭（对于 B/D 不自动关，应手动至燃油位）（在 DCS 锅炉三次风系统），打开燃烧器冷却风门，关小对应层两侧二次风调节挡板（在 DCS 锅炉二次风箱）。

（9）检查大齿轮密封风机和润滑油站，应分别延时 30s 和 3min 后自停，否则手动停运。

2. 紧急停运

（1）在锅炉 DCS“锅炉制粉总貌”，点击各磨煤机“打闸”按钮，紧急停运磨煤机。

（2）主电机停止后，联跳给煤机，联启高压油泵。

（3）连锁将自动关闭该制粉系统除密封风系统的所有风挡板和煤闸门，手动关闭各密封风门。

（4）非 MFT 工况，吹扫粉管 2min。

（5）主电机停止后，大齿轮密封风机延时 30s 停止，润滑油站延时 3min 停运。

（6）紧急停运后，投入慢传电机，开启急停磨煤机惰化蒸汽电动门 10min 后关闭（本仿真未仿）。

第二节　汽动给水泵运行

一、启动汽动给水泵

1. 准备工作

（1）检查小汽轮机“润滑油系统”工作正常，盘车运行。

（2）在汽轮机就地“小汽轮机汽源轴封和疏水系统”，投入小汽轮机轴封蒸汽系统；投小汽轮机疏水系统，见图 6-9。

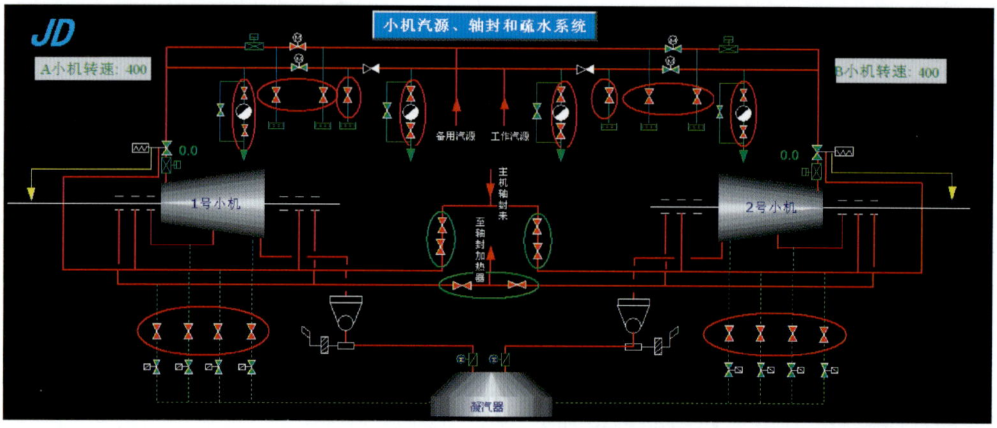

图 6-9　小汽轮机汽源轴封和疏水系统

（3）在 DCS 上“小汽轮机汽源及疏水系统”，开小汽轮机供汽门（第一台汽动泵采用辅助蒸汽供汽，第二台汽动泵采用四段抽汽供汽），见图 6-10。在同一图上，开小汽轮机排汽蝶阀，开供汽母管和汽缸疏水电动门。

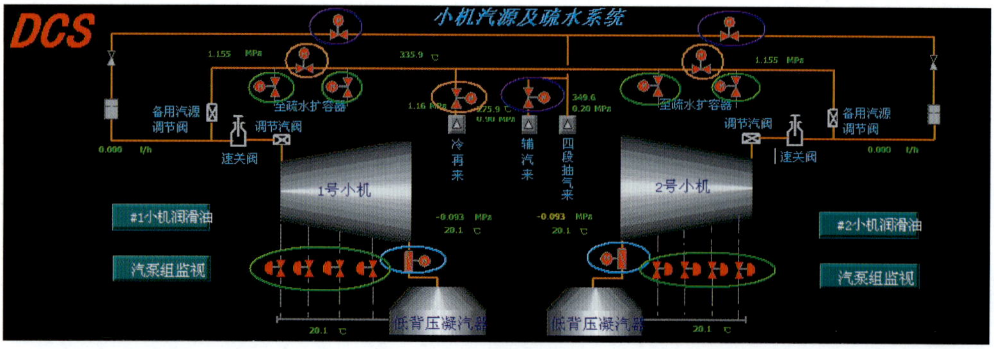

图 6-10　小汽轮机汽源及疏水系统

（4）通过汽轮机“DEH&MEH”，打开“MEH 系统帮助”，按帮助操作满足汽泵的启动条件，见图 6-11。启动前置泵，满足“前置泵运行”条件；启动小汽轮机第二台主油泵，满足“给水泵润滑油压高”条件。

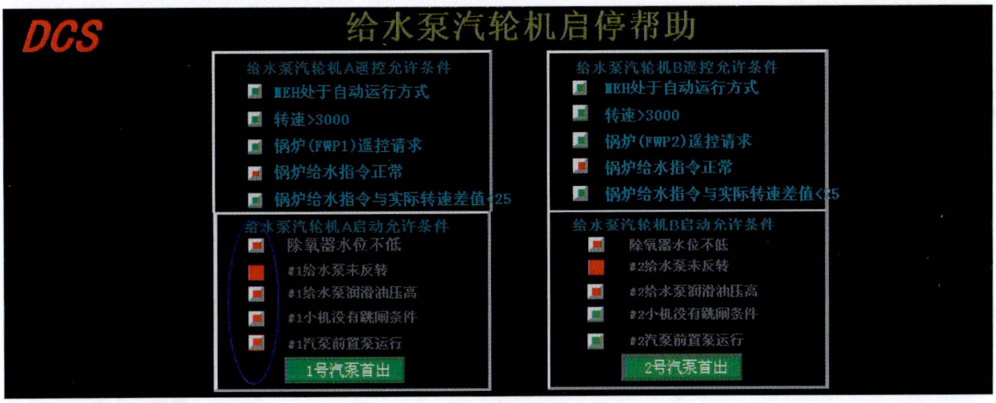

图 6-11 给水泵汽轮机启停帮助

2. 启动前置泵

（1）检查除氧器水位正常。

（2）检查汽动泵再循环电动门、调节门开启，汽动泵出口电动门关闭。

（3）启动汽动泵前置泵，出口流量小于 400t/h，汽动泵再循环门应开启。

3. 启动汽动泵

（1）小汽轮机启动条件满足后，在“小汽轮机 A 控制画面”，检查小汽轮机盘车 400r/min正常，按“跳闸复位”键，小汽轮机挂闸，见图 6-12 绿色标记。

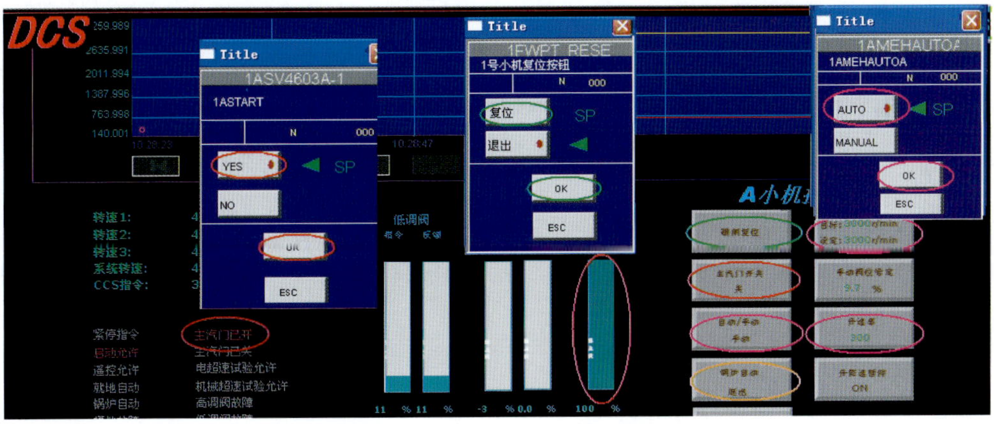

图 6-12 小汽轮机 A 控制画面

（2）按“主汽门开关”键，开启主汽门，见图 6-12 红色标记。

（3）按“自动/手动”键，投入自动控制方式；设定转速目标值 3100r/min，设定升速率为每分钟 300r/min，开始升速，见图 6-12 粉色标记。

4. 并泵

小汽轮机升速至 3100r/min，在“A 小汽轮机控制界面”投入锅炉自动（见图 6-12 黄色标记），MEH 开始接受 DCS 遥控指令。

在汽轮机 DCS“给水除氧系统”（见图 6-13），通过“汽泵控制操作器”，缓慢增加汽动泵转速，提高汽泵出口压力。当泵出口压力等于或略大于给水母管压力时开泵出口门，注意给水流量变化，注意再循环门开度变化，保持给水流量稳定，开启汽动泵中间抽头。

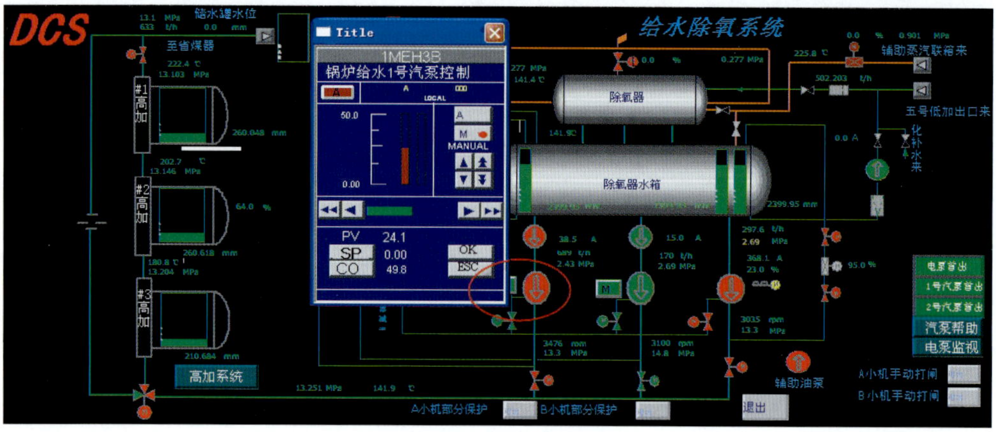

图 6-13　给水除氧系统

待机组负荷升至350MW左右并稳定时，按同样方法投入另一台汽动给水泵运行。

二、汽动泵组的正常停运

（1）汽动泵停止前应试转备用工作油泵、直流油泵及顶轴油泵正常，检查小汽轮机盘车连锁已投入。

（2）根据需要启动电泵运行正常。

（3）若待停小汽轮机在给水流量自动模式下运行，切除给水流量自动，手动减少待停泵给水流量指令，检查小汽轮机转速下降。

（4）关闭中间抽头电动门，逐步降低汽动泵转速，注意运行泵转速应相应提高；在待停泵转速降低温过热器程中，应注意汽动泵流量和当前给水流量监视，并根据待停泵流量缓慢调整再循环门开度。

（5）当汽动泵流量达400t/h时，应检查再循环阀自动开启，否则手动开启再循环门。

（6）汽动泵负荷全部转移到运行泵时，全开再循环门，关闭汽动泵出口门，将转速降至3000r/min。

（7）在控制盘上或就地打闸小汽轮机，检查前置泵跳闸，主汽门、调节汽门关闭，小汽轮机转速下降，开启小汽轮机本体疏水阀。

（8）当小汽轮机转速降至500r/min时，小汽轮机备用主油泵、顶轴油泵应自启动正常，盘车进油阀开启，自动油盘车，若润滑油压低会联启另一台主油泵。

（9）根据需要联系化学关闭汽动泵前置泵进口加药门、取样门（未仿）。

（10）关闭小汽轮机排汽蝶阀，关闭小汽轮机本体疏水门，退轴封。

（11）小汽轮机停机后连续盘车时间应不小于24h，轴承温度小于70℃且盘车已停，可停止油泵运行。

（12）汽动泵组的正常停运注意事项。

1）在关给水泵出口门时，应检查待停给水泵应确已不打水，且给水泵出口压力和母管压力不能相差太大，防止影响给水压力，或出口电动门因压差大不能关闭。出口门关闭过程中应注意给水流量变化。

2）小汽轮机停运，及时投入连续盘车，若连续盘车不能投运，应立即关闭小汽轮机排汽蝶阀，退出对应小汽轮机轴封，手动连续盘车，在轴封退出完毕后，应每隔 10min 手动盘车一次。

3）关闭汽动泵出口电动门后再停泵。

4）小汽轮机脱扣后，应及时关闭小汽轮机汽缸、平衡管疏水，防止冷气倒入小汽轮机汽缸。

5）停泵后应加强现场检查，如因出口止回阀关不严而反转时，应关闭出口电动门，联系检修人员处理，此工况禁止停运小汽轮机油系统。

6）在小汽轮机停轴封时，应先手动摇紧排汽蝶阀，并严密监视主机真空，防止因小汽轮机疏水带气影响凝汽器真空。

7）至凝汽器和至地沟疏水禁止开启，防止影响真空。

8）关闭小汽轮机排汽蝶阀后，关闭各疏水气动门，但是要每隔 30min 依次开启一次，开启时注意对主机真空的影响。

9）停小汽轮机后，应严密监视小汽轮机盘车转速。

第七章　机 组 运 行 维 护

第一节　机 组 控 制 方 式

机组的控制方式一般可分为协调控制方式、手动控制方式和汽轮机DEH控制方式，可根据机组运行的不同工况和条件，选择适合的控制方式。

一、机组协调控制方式

协调控制系统主要通过锅炉燃烧率和汽轮机调速汽门来调节机组负荷和主蒸汽压力，使机组负荷快速跟随负荷指令，并保持主蒸汽压力在允许的范围内。

协调控制系统广义上应包括机组所有的调节，狭义上指以锅炉指令和汽轮机指令为调节量，以电负荷和主蒸汽压力为被调量组成的联合调节系统，它有以下几种主要方式。

（一）机跟炉方式

机跟炉方式（TF）下，汽轮机主控自动，调节主蒸汽压力；锅炉主控可以自动也可以手动（本机组手动），调节机组功率。这种方式主蒸汽压力的调节品质比较好，但负荷调节性能差，负荷的响应延迟大，负荷的波动大。这种方式对机组比较有利，但不能满足电网的负荷控制要求。

（二）炉跟机方式

炉跟机方式（BF）下，锅炉主控自动，调节主蒸汽压力；汽轮机主控可以自动也可以手动（本机组手动），调节机组功率。这种方式机组负荷的调节品质比较好，但主蒸汽压力调节性能差、波动大。这种方式对电网比较有利，但相对而言不利于机组的安全、稳定运行。

（三）协调方式

汽轮机主控和锅炉主控都为自动，汽轮机指令和锅炉指令随负荷指令协同变化，使机组有较好的负荷响应性能，并且保证主蒸汽压力在允许的安全范围内。

1. 机跟炉为基础的协调控制方式

在机跟炉为基础的协调控制方式（CCTF）下，负荷指令变化时，通过负荷指令的前馈作用，使汽轮机指令和锅炉指令同步变化，这种方式比纯机跟炉方式负荷响应要好，但由于直流炉蓄热较小，调速汽门变化时引起的负荷变化较小，而且压力变化较大，因此对机组的影响较大。本机组主要采用这种协调控制方式。

2. 炉跟机为基础的协调控制方式

在炉跟机为基础的协调控制方式（CCBF）下，负荷指令变化时，通过负荷指令的前馈作用，使锅炉指令超调变化，汽轮机指令快速调节电负荷，但当主蒸汽压力有较大变化时，要求汽轮机指令协助调节主蒸汽压力，防止主蒸汽压力变化过大。这种方式比纯炉跟机方式主蒸汽压力变化小，但波动较大。本机组不采用这种协调控制方式。

3. 直接能量平衡协调控制方式

直接能量平衡（DEB）方式相当于炉跟机方式，直接能量平衡控制系统以能量信号为定值，以热量信号为被调量，以燃烧率为调节量，组成一个汽轮机负荷要求与锅炉热量的直接能量平衡调节系统。本仿真机组未设计这种控制方式。

二、手动控制方式

手动控制方式（BM），是一种比较低级的控制方式，其适用范围是机组启动及低负荷阶段，或高负荷但协调不能投入的状态下。

该方式下，汽轮机主控和锅炉主控都在手动状态，单元机组的运行由操作员手动操作，机组的目标负荷指令跟踪机组的实发功率，为投入更高级的控制模式做准备。机组功率变化通过手动调整汽轮机调阀控制；主蒸汽压力设定值接受机组滑压曲线设定，实际主蒸汽压力和设定值的偏差作为被调量，由燃料、给水以及旁路系统共同调节。

三、DEH 控制方式

DEH 系统接受汽轮机转速、发电机功率和高、中压缸第一级后压力三种反馈信号，有操作员自动、自动汽轮机控制、远方遥控方式、自动同期方式、手动等五种方式。

1. 操作员自动方式

操作员自动方式（OPER AUTO）是汽轮机的主要控制方式，在此方式下，可以投入 DEH 控制器的所有功能。在大范围转速控制区域，设定汽轮发电机组的升速率和目标转速。执行 TV-IV 转换和 TV-GV 转换。在机组同步并网后，建立负荷变化率和目标负荷。投入或切除压力反馈回路和功率反馈回路。确定在线运行的极限。

2. 自动汽轮机控制方式

自动汽轮机控制方式（ATC）是一个随机组运行而自动运行的功能程序，一般不会选择。

3. 远方遥控方式

在远方遥控方式（REMOTE）下，DEH 的目标值和设定值是 DCS 系统外给出的信号。选择遥控方式必须满足下列条件：

（1）在操作员自动方式；

（2）发电机必须并网并带上负荷；

（3）遥控信号必须有效；

（4）遥控允许接点必须闭合。

4. 自动同期方式

在自动同期方式（AUTO SYNC）下，接受来自自动同期装置的升、降信号，来调整设定值使发电机达到同步转速，在此方式下不能改变目标值和速率值。在并网时如选择 DEH 方式，则进入到此方式中。选择自动同期方式必须满足下列条件：

（1）控制系统在操作员自动或 ATC 方式下；

（2）汽轮机转速必须受调节汽门控制；

（3）发电机出口 GCB 开关必须在断开位置；

（4）自动同期装置允许接点必须闭合。

5. 手动方式

手动方式（TM）是最原始的操作方式，由操作人员直接通过增/减按钮来实现开/关调速汽门。在 DEH 操作站上也可以实现此功能。

第二节 运行参数的监视与调整

一、负荷调整

(1) 在AGC方式下，机组负荷指令受调度控制；在机炉协调控制模式下，负荷指令由值班员设定。

(2) 变负荷过程中，应加强沿程汽水、风、烟温度及受热面壁温监视，检查燃烧、风量、给水、汽温、汽压等自动调节正常，必要时手动干预配合负荷变化。

(3) 如采用手动方式调整机组负荷，应注意风、煤、水的加减幅度不要过大，负荷变化幅度超过50MW时，应小幅度、多次数地分阶段操作。

(4) 正常运行调整的升、降负荷的速率不应超过10MW/min，达到目标负荷后全面检查机组各运行参数是否正常。

(5) 如果加负荷时磨煤机裕量不足，应及时增启制粉系统。

(6) 若减负荷后运行磨煤机平均煤量可能低到25t/h以下时，要根据机组带低负荷时间的长短选择停止一套制粉系统运行或启动点火油枪助燃。

二、给水调整

(1) 机组不论启、停，负荷在0～150MW范围内，应维持420t/h左右的最小循环流量运行，保证水冷壁管有足够的冷却。

(2) 主给水流量在30%BMCR以下由主给水旁路调节阀来调节给水量。

(3) 主给水流量接近30%BMCR时逐渐全开主给水电动阀，视给水流量变化，逐渐全关主给水旁路调节阀。

(4) 正常运行中给水调整原则：根据燃料量调整给水量；根据启动分离器出口温度修正给水流量；根据一、二级减温水流量与给水流量的比值修正给水流量。

(5) 在给水调整的过程中，应注意中间点温度和过热度合适，防止水煤比失调造成参数的大幅度波动。

(6) 燃烧工况阶跃扰动、给水自动失灵或跳手动等造成水煤比失衡，应将给水切至手动方式，参考前10min稳定运行时的水煤比，调节给水量使之重新恢复平衡，但应尽量避免燃烧和给水同时调节；给水自动调节不稳定，波动较大时，应考虑退出燃烧自动。

(7) 手动调整给水流量时，加减指令应慢速，频率不得过快，CCS转速与实测转速之差不得大于700r/min，否则汽动泵跳本机（CCS转速与实测转速之差不得大于1000r/min，否则跳汽泵），同时注意监视给水泵指令和给水量的变化，各泵出力基本一致。

(8) 启动分离器温度和机组负荷均偏高（偏低）时，应优先降低（增加）燃料量。

(9) 启动分离器温度偏高（偏低），而机组负荷低于（高于）目标负荷时，应优先增加（降低）给水量。

(10) 蒸汽量与锅炉负荷之间的对应关系见表7-1。

表7-1 蒸汽量与锅炉负荷之间的对应关系

	BMCR	THA	70%THA	50%THA	40%THA	30%THA	高压加热器全切
过热蒸汽（给水）	1913	1664.1	1226	807.8	660.7	520	1461.5

续表

	BMCR	THA	70%THA	50%THA	40%THA	30%THA	高压加热器全切
再热蒸汽	1582.1	1388.2	1040.1	700.4	577.4	457.8	1433.5
一级减温	76.5	66.6	49	32.3	39.7	31.2	58.52
二级减温	76.5	66.6	61.4	40.4	26.5	26	58.52

三、燃烧调整

1. 燃烧调整的目的

(1) 在保证机组安全的前提下通过合理配风充分提高燃烧的经济性。

(2) 使煤粉燃烧稳定，防止燃烧器灭火，提高机组变负荷能力。

(3) 在炉膛内形成合理的温度场、适当的煤粉着火点和合理的氧化、还原氛围，以降低锅炉受热面热偏差以及防止炉膛和燃烧器结焦。

(4) 使煤粉实现分级燃烧，减少 NO_x 排放量；炉膛配风合理，煤粉着火点适中，煤粉燃烧稳定无闪烁。

2. 燃烧调整的要求

(1) 通过火焰电视的火焰显示，认真监视炉内燃烧情况及煤粉着火距离，正常燃烧时火焰应呈金黄色，有良好的充满程度，煤粉射流扩散角合适，不偏斜，不冲刷水冷壁。

(2) 经常观察火检运行情况，尤其是启停磨煤机和低负荷期间，应及时调整煤粉浓度，保证火检强度足够，如发现火检故障立即通知检修处理。

(3) 调整好送、引风量，保持炉膛负压在－100～－50Pa之间，防止变正压。

(4) 正常时烟气含氧量应控制在3%～6%之间，当燃用灰熔点过低或油、煤混烧时，为防止结渣，可适当提高氧量值。

(5) 正常运行中，前后墙燃烧器尽量对称投入，以减少热偏差；高负荷情况下，应使各层燃烧器出力尽量均衡，避免局部热负荷过高烧损火嘴。

(6) 当负荷变化时，如幅度不大，可用改变磨煤机容量风量的方法来调整，如果幅度较大，可用启停整台或半侧磨煤机来实现。

(7) 启停磨煤机过程中，机组负荷增减应主要通过调整该磨煤机容量风门实现，其他磨煤机可以微调；需要注意的是停磨煤机操作时，应保持或增加运行磨煤机的负荷，防止运行磨煤机负荷过低，不能维持自身燃烧器着火。

(8) 手动调节燃烧时，高负荷下，加负荷应先加二次风后加容量风，负荷降低时，应先减少容量风再减少二次风，低负荷时相反。

(9) 根据煤质变化、燃烧器投停情况，合理分配各风箱（包括燃尽风室）二次风，尽可能保证燃烧完全。

(10) 调整燃料量的同时，给水应配合调节，防止煤水比严重失调，造成参数的大幅度波动。

(11) 当负荷过低或其他情况导致燃烧不稳时，应及时投入点火油枪稳燃。

(12) 有油枪运行时，值班员应经常就地检查油枪雾化、着火情况，及时发现并消除内漏、外漏等异常，防止燃油系统起火。

(13) 保证受热面的清洁，按规定定期吹灰、除焦。

(14) 积极了解煤质变化情况，以便根据燃料特性及时调整运行工况，并做好事故预想。

(15) 定期对飞灰、炉渣进行取样分析，以便及时对煤粉细度、燃烧等进行调整。

四、汽温调整

1. 调整原则

(1) 在保证各部金属温度不超限的前提下尽量维持额定的蒸汽参数，以保证机组运行的经济性。

(2) 调整机组烟温偏差，防止单侧温度异常，造成蒸汽带水或单侧管壁超温。

(3) 蒸汽温度变化均匀，防止温度骤变造成短时蒸汽品质恶化或大的热应力。

2. 主蒸汽温度的调整

(1) 锅炉正常运行时，主蒸汽温度在机组35%～100%BMCR负荷范围内应控制在(566±5)℃，两侧蒸汽温度偏差小于10℃。

(2) 煤水比是调整主蒸汽温度的主要手段，而中间点温度的变化能快速反应煤水比变化，维持该点温度稳定才能保证主蒸汽温度的稳定。

(3) 中间点蒸汽过热度的变化反应了工质在水冷壁中蒸干点位置变化，为保护水冷壁不超温和防止过热器进水，应注意：

1) 在达到临界压力前的直流工况下，该过热度应在5～15℃范围内；

2) 在超过临界压力后，该点蒸汽温度应维持在（410±15)℃的范围内，异常工况下，应不超出（410±30)℃范围。

3. 中间点过热度和机组负荷的调整

中间点过热度和机组负荷均偏高（偏低）时，应优先降低（增加）燃料量；中间点过热度偏高（偏低），而机组负荷低于（高于）目标负荷时，应优先增加（降低）给水量。

(1) 主蒸汽一、二级减温水是主蒸汽温度调节的辅助手段。一级减温水用于保证屏式过热器不超温并调整左右侧温度偏差，二级减温水用于对主蒸汽温度的精确调整。

(2) 锅炉低负荷运行时要尽量避免使用减温水，防止减温水不能及时蒸发造成受热面积水。

(3) 投用减温水要注意，减温后的温度必须保持20℃以上过热度，防止过热器积水。

(4) 在一、二级减温水手动调节时要考虑到汽温调节的惯性和迟滞性，注意监视减温器后汽温的变化，不要猛增、猛减，要根据汽温偏离要求值的大小及减温器后温度变化情况及时调整减温水量，若有其他操作，应派专人调节，并加强联系。

(5) 在高压加热器投退、启停给水泵、负荷变化、投退制粉系统或油枪、吹灰除焦、炉底大量漏风等情况下，要特别注意蒸汽温度的监视和调整。

(6) 在主蒸汽温度调整过程中要加强受热面金属温度监视，以金属温度不超限为前提进行调整，若金属温度超限，必要时要适当降低蒸汽温度或降低机组负荷，并积极查找原因进行处理。

4. 再热蒸汽温度调整

(1) 锅炉正常运行时，再热蒸汽温度在机组50%～100%BMCR负荷范围内应控制在(566±5)℃的范围内，两侧蒸汽温度偏差小于14℃，同时，受热面沿程工质温度、受热面金属温度不超过规定值。

(2) 尾部烟气挡板是再热蒸汽温度的主要调节手段，开大再热器侧、关小过热器侧挡板，可提高再热蒸汽温度，反之降低。调节过程中应注意避免两侧挡板同时关闭。

(3) 再热器事故减温水用于再热蒸汽温度超限（571℃）时的事故减温，正常运行中要尽量避免开启，在使用减温水时，应保证减温后蒸汽有20℃以上过热度。

(4) 锅炉低负荷运行时要尽量避免使用减温水，防止减温水不能及时蒸发，造成受热面积水。

(5) 如用手动方式调节再热蒸汽温度，要考虑到汽温调节的惯性和迟滞性，不要猛开、猛关烟气挡板，事故减温水的调节要注意减温器后蒸汽温度的变化，防止再热蒸汽温度振荡过调。

(6) 当再热蒸汽温度、烟气挡板开度不能维持在正常范围、事故减温水需保持一定开度时，要对系统进行检查分析。检查制粉系统运行方式是否合理；燃烧器执行机构是否损坏，燃烧器配风挡板位置是否正确；燃烧器是否损坏；煤质是否严重偏离设计值；炉膛和燃烧器是否严重结焦；蒸汽吹灰是否正常投入；烟气挡板是否损坏。

(7) 在负荷变化，启、停制粉系统，投停油枪，吹灰除焦、炉底大量漏风、煤质变化等情况下，要加强蒸汽温度的监视和调整。

(8) 再热蒸汽温度的调整要以金属温度不超限为前提，金属温度超限时要适当降低蒸汽温度或降低机组负荷，并积极查找原因进行处理。

五、二次风的调整

1. 燃尽风二次风挡板开度

燃尽风二次风挡板开度推荐值见表7-2。

表7-2 燃尽风二次风挡板开度推荐值

		SAP	AAP1	AAP2	AAP3	AAP4	SAP
AAP SAP	中心风挡板	100	100	100	100	100	100
	内二次风调风器	100	25	25	25	25	100
	内二次风调风器外挡板	—	100	100	100	100	—
	外二次风调风器	—	25	25	25	25	—
	外二次风调风器外挡板	—	100	100	100	100	—

2. 燃烧器运行时风门推荐设定值

燃烧器运行时风门推荐设定值见表7-3。

表7-3 燃烧器运行时风门推荐设定值

		BN1	BN2	BN3	BN4
上排燃烧器	内二次风挡板	100	100	100	100
	外二次调风器	50	50	50	50
中排燃烧器	内二次风挡板	100	100	100	100
	外二次调风器	50（>80）	50（>80）	50（>80）	50（>80）
下排燃烧器	内二次风挡板	100	100	100	100
	外二次调风器	50	50	50	50

注 表中括号内值为燃油时开度。

(1) 表中数据为厂家推荐值，实际开度将由试验及煤质变化确定，运行中只有煤粉燃烧器外二次风调风器可调，其余各挡板或拉杆未征得专工同意，不得随意调整。

(2) 中层燃烧器外二次风门开80%（燃油位，适用于投启动油枪或锅炉吹扫），开50%（燃煤位，适用于投粉），0%（关位，适用于其余所有情况）。

(3) 上、下层燃烧器外二次风门开50%（燃煤位，适用于投粉或炉吹扫），0%（适用于其余各种情况）。

(4) 燃烧器冷却风门，未投粉应保持开启，投粉时关闭。

(5) 燃烧器各层风箱进口调节挡板用于各层风室风量分配，不能用作总风量调节，在无燃料投入时关闭，炉吹扫时全开；启动油枪投运时手动维持某一点火开度，当一层煤粉燃烧器全部投入后才能置自动位。

六、汽轮机正常运行调整

(1) 每小时抄表一次，按规范要求进行巡回检查，如在运行方式改变、加减负荷或设备存在缺陷时，应加强检查。

(2) 每个班次测量一次油管道附近热力管道表面温度不高于50℃。

(3) 下列情况应对汽轮机进行听音检查：

1) 启、停机时；

2) 交接班时；

3) 负荷急剧变化时；

4) 汽轮机声音变化时。

(4) 经常监视负荷，真空，主、再热蒸汽温度、压力，油系统各部压力、温度，前置泵、凝结水泵、内冷水泵、开式水泵、闭式水泵、真空泵、密封油泵、小汽轮机主油泵电流的变化，凝结水压力、给水压力，凝汽器、除氧器、闭式水箱、主油箱等水位与油位的变化，氢压在正常范围内。对异常变化的参数进行分析并做记录，再热汽温应维持566℃（可在向下24℃范围内变化），主蒸汽温度应控制在566℃（可在向下24℃范围内变化）。

(5) 机组运行中要求轴承振动不超过30μm或轴振不超过76μm，超过时应设法消除。

(6) 主油箱油位低至1808mm时，应及时启动油净化器或联系检修补油；净油箱油位低于300mm，小汽轮机油箱油位低至800mm、EH油箱油位低至500mm时，应及时联系加油，并查明油位降低的原因，予以消除，密封油箱自动补油不正常时应及时手动补油，并联系处理。

(7) 加热器应保持正常水位运行，有L、H信号时应调整水位设定值及时消除报警，控制加热器疏水端差在5.6～11℃之间。若疏水端差到11～28℃，则疏水冷却段可能部分进汽，应及时调整水位。

(8) 维持轴封母管压力在溢流状态0.021MPa（表压）左右运行，低压缸与小汽轮机汽封不冒汽、不吸气。

(9) 维持高、低压凝汽器之间的差压小于10.1kPa。

(10) 正常运行时，维持空侧密封油与氢气差压在0.084MPa左右，当第一备用油源投入时该差压维持在0.056MPa左右，空氢侧密封油差压维持在±490Pa范围内。

(11) 各水泵轴承振动值小于0.06mm，各轴承油温和金属温度在限额内，法兰有少量水滴出，排水畅通，电机线圈温度正常，油质良好，油量足够，冷却水畅通。

(12) 开式水、密封油、主机润滑油、小汽轮机调节油、小汽轮机润滑油、凝结水泵进口、内冷水、前置泵进口、给水泵进口、闭式水泵进口、电动泵耦合器等滤网堵塞应及时清洗或联系清洗。

(13) 抗燃油滤清器硅胶变成红色表明已失效，应及时联系更换处理。

(14) 按规定做好设备定期试验与轮换工作。

(15) 及时进行凝汽器胶球清洗。

(16) 机组配汽运行方式：本机组采用变压运行方式，即汽轮机调速汽门保持90%左右开度不变，通过调节改变锅炉压力来调节机组负荷。

1) 本机组变负荷调峰可采用定—滑—定运行方式。①负荷在30%ECR以下或90%ECR以上采用定压运行；②负荷在30%～90%ECR时采用滑压运行。

2) 变负荷运行期间，推荐按以下调节方式运行：①高负荷正常运行期间，负荷变动较大且频繁，应选用节流调节方式（即SIN模式）；②若机组长期稳定在低于额定负荷，应选择喷嘴调节方式（即SEQ模式）。

(17) 顺序阀运行。

1) 满足切换条件后，汽轮机单阀切换至顺序阀运行。

2) 阀切换完毕，应加强监视1、2瓦温度、振动不超限，应适当降低主蒸汽压力，尽量避免出现GV1开度小于20%的工况。

3) 负荷反馈退出时，应注意阀位手动参考值变化，如退出时阀位指令异常波动，应及时手动设定目标值，再按“进行”键。

第三节 正常维护、试验

一、日常检查维护、试验和轮换

1. 每班进行的定期工作

(1) 油箱油位计活动及油位核对。

(2) 内冷水箱、除氧器、凝汽器及各加热器就地与DCS水位核对。

(3) DCS光字牌报警试验。

(4) 磨煤机添补钢球。

(5) 空压机及出口母管、储气罐放水、排污。

(6) 空气预热器吹灰。

2. 每日进行的定期工作

(1) 凝汽器胶球清洗。

(2) 排污泵启停试验。

(3) 氢气干燥器放水。

(4) 小汽轮机油净化器切换。

(5) 受热面吹灰。

3. 每周进行的定期工作

(1) 轴封系统压力定期检查、调整试验。

(2) 开式水滤网清洗。

(3) 轴封加热器、低压加热器水位定期检查、调整试验。

（4）主机主汽门、调速汽门活动试验。

（5）小汽轮机速关阀活动试验。

（6）主机高压启动油泵（密备油泵）启停试验。

（7）主机交流油泵启停试验。

（8）主机直流油泵启停试验。

（9）小汽轮机主油泵启停试验。

（10）小汽轮机直流油泵启停试验。

（11）备用 EH 油泵启停试验。

（12）空、氢侧密封交、直流油泵启停试验。

（13）给水泵辅助油泵启停试验。

（14）煤仓降煤位。

（15）磨煤机出口分离器、回粉管清理。

（16）励磁整流柜滤网清洗。

（17）柴油机启动试验。

（18）事故照明切换试验。

4．设备定期轮换和试验

（1）每 10 天进行一次轮换和试验的设备如下：

循环水泵；EH 油泵；小汽轮机主油泵；主油箱排烟风机；防爆风机内冷水泵；开式水泵；闭式水泵；真空泵；循环水泵润滑水泵；小汽轮机油净化器；氢气干燥器；磨煤机润滑油泵；引风机油站油泵；送风机油站油泵；空气预热器油站油泵；供油泵启动及油枪、点火枪推进、吹扫试验；送、引、一次风机动叶、静叶、烟气挡板活动试验；空压机轮换试验。

（2）每 30 天进行一次轮换和试验的设备如下：

抽汽止回阀活动试验；热力系统阀门测温检漏；二次风门开度核对校验；密封风机轮换试验；火检风机轮换试验；PCV 阀开关试验；燃油跳闸阀活动试验；继电保护压板投退核对；测量发电机轴承绝缘；高中压主汽门全行程试验；真空严密性试验；HPT（TST）电磁阀试验；OSP（OPC）电磁阀试验；电动泵启停试验；补油泵（油净化器）启停试验；主机顶轴泵启停试验；主机盘车电机空载启停试验；主机交流润滑油泵、直流事故油泵、低油压联动试验；小汽轮机交流润滑油泵、直流事故油泵低油压联动试验；主机机械超速遮断装置注油试验。

二、试验方法

1．注油试验

为确保危急遮断飞锤在机组一旦出现超速时，能迅速飞出遮断汽轮机，需经常对飞锤进行活动试验。该试验可在机组定速后或正常运行中进行，由值长下令，专工主持，机长监护下进行，并对油温、动作转速做好试验记录。

（1）允许条件：

1）机组运行正常；

2）转速在 2985～3015r/min 之间；

3）高中压胀差稳定；

4）试验手柄、遮断手柄位置正确，指示正常。

(2) 试验步骤：

1) 检查低压保安油压正常；

2) 将试验手柄打至“试验”位置且不能松动；

3) 检查注油门手轮完好，缓慢开启注油试验注油门，检查注油试验阀后油压缓慢上升；

4) 检查遮断手柄由“正常位”移至“遮断位”，检查机组转速不下降，机组确未遮断，记录飞锤动作时注油油压；

5) 关闭注油试验注油门，确认试验油压缓慢至零；

6) 复位遮断手柄至“正常”位置，保持3min，松开遮断手柄，检查遮断手柄已经至“正常”位置，如未在“正常”位置，说明汽轮机未复位，应再次复位，并保持3min；

7) 检查遮断手柄已至“正常”位置，将试验手柄打至“运行”位置，确认机组运行正常。

(3) 试验注意事项：

1) 试验必须三人进行，一人监护，两人操作；

2) 试验期间试验手柄应始终保持在“试验位”；

3) 试验前必须确认试验手柄、遮断手柄位置正确，指示正常；

4) 如发生遮断手柄不能复位至“正常”位置，不得松开试验手柄，应及时汇报，并通知集控室做好停机的事故预想；

5) 试验前检查注油门状态正确，试验中注油门开启正常无卡涩，试验后确认注油门关闭严密，试验过程中有异常应汇报。

2. 超速试验

(1) 试验目的：

1) 检查危急遮断器动作转速的准确性和整定其动作转速，危急遮断器动作转速整定值3240～3360r/min；

2) 检查电超速保护动作的准确性，本机组规定电超速保护的整定值为3300r/min；

(2) 汽轮机在下列情况下应做超速试验.

1) 汽轮机安装完毕，首次启动时；

2) 汽轮机经大修后，首次启动时；

3) 做过任何有可能影响超速保护动作值的检修后；

4) 停机一个月以上，再次启动时；

5) 甩负荷试验之前；

6) 每隔六个月。

(3) 汽轮机存在下列情况之一，严禁做超速试验：

1) 汽轮机经过长期运行后停机，其健康状况不明时；

2) 大修之前严禁试验；

3) 严禁在额定参数或接近额定参数下做试验；

4) 控制系统，调节阀或主汽阀存在问题时；

5) 各主汽阀或调节阀严密性不合格时。

(4) 试验要求。

1) 超速试验应在同一情况下进行两次，两次动作转速差不应超过18r/min。机组大修后的超速试验应进行三次，前两次动作转速差不超过18r/min。第三次和前两次平均数之差不应超过30r/min。各次动作转速均应在3240～3360r/min范围内。

2）该试验应有生产厂长或总工在场，汽轮机主管或专工主持，机长监护。升速操作由主值操作。

3）试验前核对集控与机头转速，并备有便携转速表与振动表，升速过程中加强联系，危急遮断器手柄处设专人负责，以备在紧急情况下立即打闸停机。

4）汽轮机在主蒸汽参数为5.88～6.86MPa，450～500℃（在满足试验条件的情况下，参数尽可能低）的条件下，带60MW左右负荷连续运行4h后，检查汽轮机及控制系统各项要求完全合格，逐渐减负荷到零，然后解列，维持3000r/min运行，主蒸汽和再热蒸汽通过旁路调整维持不变。

5）试验前应先做手动打闸试验，确认打闸停机功能正常，投入"轴向位移"、"润滑油压低"、"低真空"、"MFT"、"振动大跳机"、"高中、低压胀差"保护。

6）检查各轴承润滑油温在38～45℃之间。

7）注油试验后不得马上做超速试验，注油试验应在带10%负荷前进行试验且合格。

8）每次试验在3200r/min转速以上停留时间不得超过1min，转速已达到试验的超速保护动作值而超速保护未动作时，应立即打闸停机待查明原因并采取相应正确措施后方可继续试验。

9）试验过程中，必须有专人严密监视汽轮机组振动情况并与试验主持人保持密切联系，若振动增大，未查明原因并采取措施前不得继续试验，振动异常应立即打闸停机。

（5）试验步骤。

1）DEH电气超速试验的步骤：①由热工人员屏蔽TSI保护线；②PGP上进入"OVER SPEED TESTS"画面后，选择"电气超速试验"；③速率设为（50～60）r/min；④目标转速设为3200r/min；⑤在PGP"GO"（可按"HOLD"暂停），转速应逐渐升高。

以上操作后机组将跳闸，控制系统自动记录跳闸转速值，并显示在PGP画面上，记录动作转速。

2）机械超速试验：PGP进入"OVER SPEED TEST"画面后，选择"机械超速试验"，按照电超速试验步骤升速，检查飞锤动作正常，记录动作转速。

3）TSI电气超速试验：由热工人员恢复TSI保护线，将超速试验钥匙打到"电气超速试验"位，操作方法同DEH电气超速试验。

3. 单阀/顺序阀转换

在启动过程中，为减少高压缸的热应力，通常采用单阀方式启动，在正常运行过程中，为减少高压调节阀的节流损失，通常采用顺序阀方式；热态、极热态启动时，由于热应力较小，如蒸汽参数较高，若采用单阀方式启动，阀门开度太小，引起控制不稳，此时可转为采用顺序阀启动。

（1）操作步骤：

1）检查机组运行稳定，在协调运行方式或DEH功率回路投入方式；

2）在DEH自动控制画面选择"单阀/顺序阀"，发出转换指令，整个切换约10min时间。

（2）切换以及顺序阀运行期间注意的事项。

1）阀转换期间应投入协调或功率回路，功率回路相对响应速度较快。

2）转换期间应密切注意阀门的转换情况，同时注意负荷，压力不应有较大波动。

3）阀切换可在360～550MW之间进行。

4）转换期间应注意抗燃油管路不应有较大振动。

5）切换期间严密监视1、2瓦温度、振动变化。

6）注意各调门顺序动作正常；滑压运行曲线，会导致1、2瓦温度偏高，因此负荷变化时，压力应取低限，然后再根据瓦温情况提高主蒸汽压力。调整主蒸汽压力时应注意尽量避免GV1开度过小或GV2微开的工况。

7）加减负荷、主蒸汽压力变化均会导致高压调速汽门开度变化，上述参数变化时必须加强1、2瓦温度、振动的监视，瓦温达到96℃，应适当降低主蒸汽压力，降低主蒸汽压力无效应及时汇报。

8）阀切换时，应记录切换开始前负荷、主蒸汽压力、锅炉燃料指令、给水流量、汽轮机阀位指令，以便切换后进行对比或异常情况下据此进行调整，切换过程中监屏人员应严密监视上述参数变化。

9）功率回路退出时，应注意阀位手动参考值变化，如退出时阀位指令异常波动，应及时手动设定目标值，再按“进行”键。

10）异常情况下，主蒸汽压力或负荷波动，应及时检查瓦温变化，必要时退出协调，手动调节调速汽门开度。

4. 阀门活动试验

阀门活动试验可对主汽阀，调节阀均进行全行程试验，也可进行部分行程活动实验（中压主汽门除外）；阀门活动试验可分组试验，也可单个阀门试验（考虑到中压主汽门单独试验扰动积极大，不建议进行单个阀门试验）试验；按高压、中压、左、右分为4组进行，试验过程中投入负荷反馈，高压部分试验时机组负荷应尽量在“主蒸汽进汽阀试验推荐负荷和参数范围”（见附表1，负荷在30～415MW之间最佳）。

（1）试验允许条件.

1）所有主汽阀（TV/RSV）全开；

2）没有阀门进行在线校验；

3）没有阀门进行活动试验；

4）阀门试验已经结束；

5）TV/GV、IV伺服卡工作正常；

6）负荷在30～415MW内（高压部分）；

7）自动状态；

8）CCS方式退出；

9）单阀方式；

10）油开关合闸；

11）旁路切除。

（2）分组试验。

1）检查机组负荷在许可范围，单阀运行方方式，DEH在“自动”方式，功率回路投入。

2）进入阀门活动实验画面。

3）选择对应的试验阀门：TV1。

4）相应GV1、GV3缓慢关闭，GV1、GV3关闭到位，然后TV1缓慢关闭，关闭到位后缓慢开启；然后GV1、GV3缓慢开启，检查机组负荷、压力变化稳定。

5）DEH提示TV1试验完毕，确认各阀门开度正常。

6）选择对应的试验阀门：TV2。

7）相应GV2、GV4缓慢关闭，GV2、GV4关闭到位，然后TV2缓慢关闭，关闭到位后缓慢开启；然后GV2、GV4缓慢开启，检查机组负荷、压力变化稳定。

8）DEH提示TV2试验完毕，确认各阀门开度正常。

9）选择对应的试验阀门：RSV1；对应IV1、IV3缓慢关闭，IV1、IV3关闭到位，RSV1关闭，然后开启，对应IV1、IV3缓慢开启；检查机组负荷、压力变化稳定。

10）DEH提示RSV1试验完毕，确认各阀门开度正常。

11）选择对应的试验阀门：RSV2；对应IV2、IV4缓慢关闭，IV2、IV4关闭到位，RSV2关闭，然后开启，对应IV2、IV4缓慢开启；检查机组负荷、压力变化稳定。

（3）单个阀门试验：单个阀门试验（考虑到中压主汽门单独试验扰动积极大，不建议进行单个阀门试验）试验只能试验单个阀门，试验条件与分组试验相同，只需要在阀门活动实验选择单个阀门试验即可。对于GV活动试验，阀门开度应在10%以上，动作到5%结束，对于TV活动试验，阀门活动在15%左右。

5．主汽门严密性试验

选择主汽门严密性试验，DEH将TV/RSV阀位指令设置为零，TV/RSV关闭。GV、IV缓慢开启。试验结束点击“TV/RSV”或选择“STOP ALL LEAKTEST”，试验结束，机组自动跳闸。

6．调速汽门严密性试验

选择调速汽门严密性试验，DEH将GV/IV阀位指令设置为零，GV/IV关闭。TV、RSV缓慢开启。试验结束点击“GV/IV”或选择“STOP ALL LEAKTEST”，试验结束，机组自动跳闸。

7．静态ETS保护试验（机组处于停机冷态下）

（1）启动一台抗燃油泵。

（2）启动密备油泵。

（3）汽轮机挂闸。

（4）按“运行”键，查各阀门动作正常。

（5）联系热控发出ETS跳机信号。

（6）观察汽轮机是否跳闸，各汽门是否关闭，若已跳闸则表明试验成功。

（7）热工复位后汽轮机重新挂闸，由热控继续触发其他ETS信号。

（8）试验完毕，停抗燃油泵及密备油泵。

8．真空严密性试验

（1）试验条件。

1）汽轮机负荷在450MW以上且运行稳定正常。

2）三台真空泵均工作正常。

3）凝汽器在试验前的真空值高于90kPa。

（2）试验步骤。

1）检查大、小汽轮机轴封系统是否工作正常，必要时可适当开大主机及小汽轮机轴封。

2）关闭待停真空泵入口气动门，停止运行真空泵，注意凝汽器真空应缓慢下降同时作好记录，时间不少于8min。

3）试验中真空下降至－88kPa，排汽温度高于58℃时应停止试验。

（3）真空严密性试验评价结果如下：

下降率	评价
≤0.13kPa/min	优秀
≤0.27kPa/min	合格

下降率＝记录末真空值－记录前真空值/记录时间

第四节　机组启动、运行限制值

一、TSI监视参数

（1）轴向位移：报警值：－0.9mm，＋0.9mm；停机值－1.00mm，＋1.0mm。

（2）盘车状态，转子偏心报警值：0.076mm；转子晃动度变化0.02mm，不得启动机组。

（3）高压胀差：报警值：9.52mm，－3.8mm；停机值10.28mm，－4.56mm。

（4）低压胀差：报警值：15.24mm，－0.26mm；停机值16mm，－1.02mm。

（5）轴振（峰—峰值）：正常值：小于0.076mm，报警值0.127mm，停机值：0.254mm。

（6）轴承盖振动：正常值：小于0.03mm，报警值0.05mm，停机值：0.08mm。

二、油系统

（1）润滑油压：正常值：0.08～0.15MPa，报警值：0.08MPa，停机值：0.06MPa，停盘车值：0.031MPa。上述油压在润滑油温度32℃以上时整定。

（2）抗燃油：抗燃油温度应在38～55℃之间运行，抗燃油压正常值12.41～15.17MPa，报警值：11.03MPa，停机值：9.3MPa。

（3）润滑油温度：正常值：35～45℃；润滑油回油温度：应小于71℃，报警值77℃，停机值：82℃MPa。

（4）支持轴承金属温度正常值：90℃，报警值：107℃，停机值：113℃MPa。

（5）推力轴承金属温度正常值：85℃，报警值：99℃，停机值：107℃MPa。

（6）凝汽器压力报警值：12.7kPa，停机值：20.3kPa；高、低凝汽器背压之差接近10.1kPa报警，达到11.8kPa手动停机。

（7）高排蒸汽温度停机值：427℃。

（8）低压缸排汽温度报警值：80℃，停机值：121℃。

第八章 机 组 的 滑 停

第一节 滑 参 数 停 运

当机组需停运较长时间时，一般采用滑参数停运方式。

一、停运前的准备

（1）接到停机指令，各岗位值班人员对所属设备、系统运行情况进行一次全面检查。

（2）做好辅助蒸汽、轴封及除氧器汽源切换的准备工作，使切换具备条件。

（3）高、低压旁路暖管备用，确认低压旁路暖管阀门在适当开度。

（4）对炉前燃油系统全面检查一次，确认系统备用良好，对油雾化蒸汽系统充分疏水。

（5）停炉前应对锅炉受热面（包括空气预热器）全面吹灰一次。

（6）分别进行主机交流润滑油泵、直流润滑油泵、氢密封油备用泵、空侧直流密封油泵、顶轴油泵、盘车电机、小汽轮机直流油泵、盘车电机试转，检查连锁正常投入，若试转不合格，非故障停机条件下应暂缓停机，待缺陷消除后再停机。

（7）全面记录一次蒸汽及汽缸金属温度，从开始减负荷起，应每隔一小时记录一次。

二、滑参数停运的规定

（1）滑参数停运需参照机组冷态启动曲线参数控制主蒸汽、再热蒸汽的降温、降压速度。

（2）严密监视调节级金属温降小于102℃/h，各抽汽管道上下金属温差小于38℃。

三、降负荷至350MW

（1）在主控画面，设定负荷目标值350MW，降负荷率5～10MW/min，减负荷至350MW。此阶段应尽量使用协调控制。

（2）减负荷过程中，出现蒸汽压力高报警、蒸汽温度低报警时，应减小降负荷速率；出现凝结水母管压力高报警时，应在DCS汽轮机凝结水系统，开凝结水再循环门，提高凝结水再循环流量；出现给水泵汽轮机冷油器温度异常时（温度低），应减少冷却水流量。

（3）减负荷过程中，主控画面出现闭锁减信号时，应暂停减负荷，同时按闭锁减条件，查找原因并调整。闭锁减条件如下：

1）主蒸汽压力实际值比其设定值高0.3MPa以上；

2）负荷指令达到低限值；

3）锅炉给粉指令达到最小值；

4）送风指令达到最小值；

5）引风指令达到最小值；

6）给水泵指令达到低限值。

（4）负荷降到90%（540MW），在主控画面，投入滑压运行方式，应确认高压调速汽门的开度在90%左右，主蒸汽压力随着负荷下降而下降。

（5）机组负荷减至510MW时，根据情况停用第一台磨煤机（E磨）。

（6）机组负荷减至420MW时，根据情况停用第二台磨煤机，保留A、B、F磨煤机运行。

(7) 将汽轮机进汽方式切换至单阀控制（节流调节）方式，逐渐降低温过热器热、再热汽温，降低压力设定值，按冷态启动曲线下滑。

(8) 负荷降至350MW时进行下列操作：

1) 将给水负荷转移到另外一台汽泵上，保持另一台汽泵备用；

2) 将锅炉主控切换至手动，汽轮机主控在自动，将机组控制方式切至汽轮机跟随模式；

3) 根据停机需要投入高、低旁路；

4) 空气预热器投入连续吹灰；

5) 投入D1、D2、D3、D4点火油枪，待对应启动油枪投入且燃烧稳定后退出；

6) 投入B1、B2、B3、B4点火油抢，停止B制粉系统运行；

7) 投入B1、B2、B3、B4启动油抢，燃烧稳定后退出对应点火油枪。

(9) 当两台一次风机动叶开度小于25%时，停止一台一次风机运行。

(10) 燃料主控手动方式调整锅炉燃料量。

(11) 将辅助蒸汽供汽切换至邻机供汽，检查投入辅汽供除氧器调节门自动。关闭冷再热器至辅助蒸汽调节门、电动门。

四、降负荷至180MW

(1) 在汽轮机跟随模式下将机组负荷降至180MW，降负荷速率10MW/min。注意控制降压速率，保证负荷180MW时，主蒸汽压力在8.4MPa左右。

(2) 机组降压过程中根据汽轮机调节门的开度手动调整主蒸汽压力定值，维持汽轮机调节门开度在90%左右。

(3) 四段抽汽压力小于0.25MPa，将除氧器供汽由四抽汽切换至辅助蒸汽。

(4) 3号高压加热器汽侧压力低于除氧器压力0.25MPa时，将高压加热器疏水切换至凝汽器。

(5) 解除A、F制粉系统给煤自动。

(6) 停止A制粉系统运行。

(7) 在减负荷过程中，应加强对风量、中间点温度及主蒸汽温度的监视，若自动失灵，应及时手动控制，调整风量、燃水比及减温水流量。

(8) 负荷降至180MW时进行下列操作：

启动电动给水泵，停止汽动给水泵运行，检查小汽轮机盘车自投；停汽动给水泵前应先关闭汽动给水泵出水门，防止因给水流量大幅下降造成MFT。

五、联系化学将炉内水处理切换至AVT（加氨、联氨）方式运行，降负荷至0MW

(1) 以10MW/min速率继续降低负荷。

(2) 停止F制粉系统运行。

(3) 所有磨煤机停止后，停止制粉系统密封风机运行，停止一次风机运行。

(4) 确认轴封汽源切换正常，检查调整轴封汽温使轴封供汽温度与转子表面温度相匹配，两者温差应小于或等于121℃，并保证轴封蒸汽过热度大于或等于14℃，汽压正常。

(5) 检查除氧器水位自动调节正常，注意凝结水流量、凝汽器、除氧器水位。

(6) 给水流量降低至475t/h时，切除给水泵自动，改给水管旁路运行，用给水旁路调节门维持流量不变。

(7) 当启动分离器储水罐见水后，检查主汽压力应降低至 8.4MPa，否则应停止减燃料，适当开大汽轮机调节门进行降压，必要时稍微增加燃料，防止储水罐水位升高。

(8) 当启动分离器储水罐见水，并且主蒸汽压力低于 8.4MPa，开启疏水排凝汽器电动门及疏扩减温水门，水位高于 12m 时，检查 361 阀自动开启、动作正常，关闭 361 阀暖阀系统各阀门。

(9) 负荷减至 120MW，检查汽轮机中、低压部分疏水门正常开启。

(10) 负荷降至 100MW，停止 1、2、3 号高压加热器运行。

(11) 除氧器汽源切换至辅助蒸汽，关闭四抽汽至除氧器供汽电动门，检查除氧器运行正常。

(12) 负荷减至 90MW，查低压缸喷水阀是否自动开启，低压缸排汽温度是否正常。

(13) 负荷减至 60MW，检查汽轮机高压部分疏水门是否正常开启。

(14) 监视汽轮机缸温、差胀、缸胀、轴向位移、振动的变化，如超过极限值，应立即打闸停机。

六、解列停机

(1) 检查机组负荷减到零，无功负荷接近于零。

(2) 启动主机交流润滑油泵和氢密封油备用泵，检查运行正常，接到值长打闸命令后，应核对功率表显示，调节级后压力与调节门开度位置对应关系是否正确，确认负荷已经小于零，汽轮机打闸停机。正常情况下，严禁机组带负荷解列。

(3) 检查发电机解列灭磁，汽轮机转速下降，高、中压主汽门、调速汽门关闭，抽汽电动门、止回阀及高压缸排汽均关闭，高压缸排汽通风阀开启。

(4) 拉开发电机出口刀闸。

(5) 断开发电机出口开关的控制电源以及出口刀闸的操作及动力电源。

(6) 接到值长命令后，将发电机转冷备用。

(7) 发电机解列应遵守下列规定：

1) 除紧急停机外，解列发电机必须有值长的命令方可进行；

2) 正常情况下，应由汽机打闸并通过热工保护来跳开发电机出口开关；

3) 发电机解列灭磁时应通过各电流、电压指示来确定开关确在断开位置。

七、停炉

(1) 依次停止各启动油枪和点火油枪运行。

(2) 锅炉 MFT 后，检查 MFT 自动动作正常，开启再热器系统各疏水门。

(3) 维持炉膛风量在 30%以上，对炉膛进行不少于 10min 的通风吹扫。

(4) 吹扫结束后，根据需要停运送、引风机，关闭各风、烟挡板。

(5) 锅炉储水罐上水至高位后停运电动给水泵。

(6) 根据需要关闭有关的加药、取样门。

(7) 退出空气预热器密封装置运行。

(8) 启动分离器压力降到 0.6～0.8MPa 时，开启水冷壁及过热器系统各疏水门带压放水。

(9) 启动分离器压力降到 0.3MPa 时，开启过热器系统各空气门。

(10) 停炉 6～8h 后，视情况可开启烟道挡板进行自然通风冷却。

（11）当炉膛出口温度降至150℃以下时，可停运火检冷却风机。

（12）空气预热器入口烟温下降至150℃，停运空气预热器。

八、汽轮机惰走

（1）汽轮机打闸后，严密监视各部轴承油温、油压，振动，低压胀差变化，机组发生强烈振动时，应破坏真空降速。

（2）检查汽缸各疏水门状态正常，疏扩减温水开启，疏扩温度正常。

（3）停用主机EH油系统。

（4）停运密封油备用泵。

（5）转速下降至2600r/min，检查低压缸排汽温度正常。

（6）高、低旁及361阀关闭后，停止真空泵运行。

（7）转速降至600r/min，检查顶轴油泵联启，顶轴油压力在10～12MPa之间，检查盘车喷油电磁阀开启，喷油压力正常。

（8）检查主蒸汽管道疏水门关闭，转速降至300r/min，开启真空破坏门。

（9）转速至零，盘车装置啮合正常后，投入盘车，就地检查机组动静部分声音正常。记录惰走时间、转子偏心及晃动度、盘车电流及摆动值，当盘车电流大并伴有异音时应查明原因，及时汇报处理。

（10）记录转子惰走时间。

（11）真空到零，退轴封。

（12）开启再热器疏水门，再热器降压。

（13）确认辅助蒸汽无用户，退出辅助蒸汽联箱运行。

（14）调整冷油器出水门，维持润滑油温30～40℃。

（15）根据发电机进水温度，关小或关闭内冷水冷却器冷却水出水门，根据情况停用内冷水泵；机组停机8h后，开始内冷水反冲洗，反冲洗应正、反交替进行，冲洗是否合格以化学监督为准。

（16）降低内冷水压力至0.2MPa，发电机氢气压力排放至0.22MPa。

（17）退出氢冷器冷却水，防止氢温过低引起发电机结露。

（18）当排汽温度小于50℃关闭凝汽器循环水出水门，根据循环水母管压力可停用一台循环泵。

（19）确认下列条件满足，停运凝结水泵：

1）低压缸排汽温度及汽轮机疏水扩容器不喷水时温度小于40℃，确认无汽水进入凝汽器；

2）给水泵盘车已经退出，凝结水系统的用户已停用。

（20）检查闭式水各用户已经无需供水，停止闭式水系统运行。

（21）检查凝补水各用户已经无需供水，停止凝补水系统运行。

（22）当高压缸内上壁调节级处金属温度小于150℃，检查机组偏心及晃动度正常，停止主机盘车及顶轴油泵。

（23）当高压缸内上壁调节级处金属温度小于140℃，停止主机油循环。

（24）停机后做好重点参数监视及记录，直至机组下次热态启动或高压内缸内上壁温度小于150℃为止；并采取可靠隔离措施，防止汽轮机进入冷汽、冷水。

第二节 滑参数停运及停运后的注意事项

（1）接到停机命令后，首先试各油泵开启正常，油压正常。任一油泵不能启动或油压不正常，应及时汇报，并消缺后，机组才允许滑停。

（2）机组滑参数停运应按照机组滑停曲线控制主蒸汽和再热蒸汽的温度、压力，见图8-1。

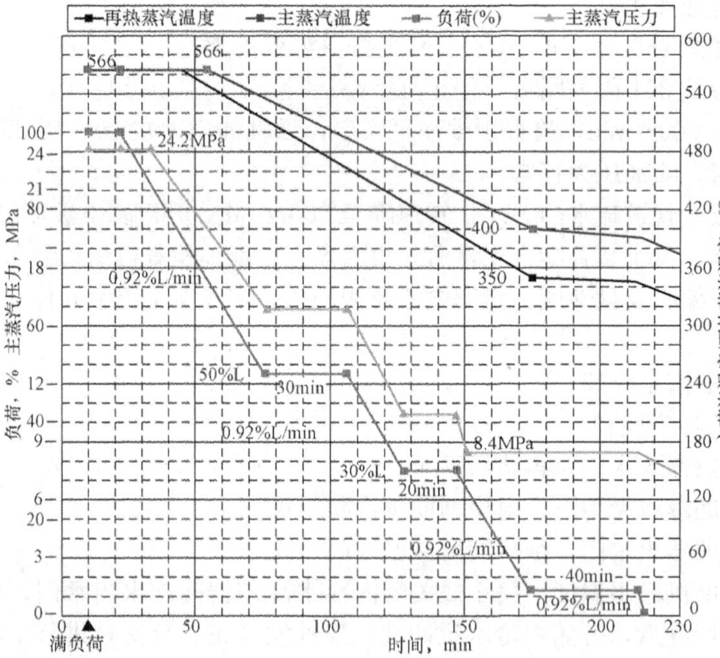

图8-1 滑参数停运曲线

（3）控制主蒸汽与再热蒸汽的温差在允许范围内，汽轮机的高中压胀差符合规程要求。

（4）主蒸汽温度下降30℃时，应稳定5～10min再降温；当调节级后蒸汽温度降至低于高压内缸调节级处法兰内壁金属温度30℃时，应渐停降温。

（5）主、再热蒸汽温下降速度小于2℃/min，主、再热蒸汽压下降速度小于0.1MPa/min，调节级蒸汽温度变化率小于1.7℃/min。

（6）检查调整轴封汽温使轴封供汽温度与转子表面温度相匹配，两者温差应小于或等于121℃，并保证轴封蒸汽过热度大于或等于14℃，轴封蒸汽压力正常。

（7）机组在降有功负荷时，励磁应相应地调整，维持机端电压正常。

（8）在减负荷过程中，应加强对风量、中间点温度及主蒸汽温度的监视，若自动失灵，应及时手动控制，调整风量、燃水比及减温水流量。

（9）在正常情况下的解列，应将机组负荷减至小于零，逆功率出现之后，机组打闸，关主汽门，热工保护动作将发电机与系统解列。

（10）停运过程中，应加强对主、再热蒸汽参数及其偏差的监视，尤其是主蒸汽过热度，若小于56℃，应立即打闸停机。

（11）加强对汽缸上下温差、低压缸排汽温度、转子偏心度、各轴承振动、差胀、轴承金属温度等参数的监视，超限时应立即停止汽轮机运行。

（12）锅炉燃油期间应注意检查调整燃油系统参数正常、油枪雾化良好、燃烧稳定，空气预热器投入连续吹灰，加强对沿程烟温、受热面壁温的监视，防止超温现象发生。

（13）磨煤机、油燃烧器停止后应充分吹扫。

（14）汽轮机盘车装置如因故不能投入，立即采用手动盘车，每15～20min盘动转子180°，并设法尽快恢复连续盘车运行。

（15）如果盘车在运行中跳闸，应立即试投一次，如投入不成功，并确认是阻力大引起，则表明转子已弯曲，应改用定期180°的手动盘车，严禁强行投入连续盘车，同时高中压缸疏水改为定期疏水。

（16）在连续盘车期间，汽缸内有明显的金属摩擦声，且盘车电流大幅度晃动（非盘车装置故障）应立即汇报相关领导，停止连续盘车，改为手动盘车进行直轴，直至可以恢复使用盘车装置为止。

（17）盘车运行期间，润滑油温应在27～40℃之间，保持发电机密封油系统运行正常，定时倾听高低压轴封声音。

（18）停机后，应注意上、下缸温差，主、再热蒸汽管道的上、下温差和加热器水位及压力、温度的变化，如出现上、下缸温差急剧增大，应立即查明进水或冷汽的原因，切断水、汽来源，并排除积水。

（19）凝汽器真空破坏后，如非异常情况，禁止开启主蒸汽管道疏水，如开启必须严密监视疏扩温度和凝汽器真空值，并做好防止疏水返汽至汽缸的隔离措施。

（20）锅炉熄火后，应严密监视空气预热器进、出口烟温，发现烟温不正常升高和炉膛压力不正常波动等再燃烧现象时，应立即采取灭火措施。

（21）加强对炉膛、烟道、制粉系统各部温度监视，防止出现积粉自燃现象。

（22）汽轮机高低压旁路退出后，检查高旁减温水电动门确已关闭。

（23）停机后防止汽轮机进入冷汽、冷水的措施：

1）汽轮机停机后必须专人监视；

2）高、低压旁路退出后，检查高旁减温水气动门、手动门确已关闭，高旁后温度正常；

3）停机后，应注意上、下缸温差，主、再热蒸汽管道的上、下温差和抽汽管道，加热器水位及压力、温度的变化，如出现上、下缸温差急剧增大，应立即查明进水或冷汽的原因，切断水、汽来源，并排除积水加强汽轮机本体各参数的监视；

4）注意除氧器、凝汽器、加热器水位监视，有高报警应及时查明原因并消除；

5）确认轴封进汽电动门已关闭，轴封母管疏水开启，轴封母管已消压，轴封加热器疏水切换至地沟；

6）确认低压轴封减温水截止门、旁路门已经关闭；

7）确认所有高、中、低压轴封滤网疏水开启；

8）确认本体各疏水门正常开启，疏水温度正常变化。

第九章　事　故　处　理

第一节　锅炉事故处理

一、事故及故障停炉

1. 出现下列任一情况时，MFT 动作

(1) 手动 MFT。

(2) 主蒸汽压力高。

(3) 炉膛压力高Ⅱ值。

(4) 炉膛压力低Ⅱ值。

(5) 炉膛风量低Ⅱ值。

(6) 主给水流量低Ⅰ值，延时 20s。

(7) 主给水流量低Ⅱ值，延时 3s。

(8) 两台空气预热器跳闸。

(9) 两台引风机跳闸。

(10) 两台送风机跳闸。

(11) 无油燃烧时两一次风机跳闸。

(12) 火检冷却风丧失，风压低至 5kPa 延时 1min。

(13) 全部给水泵跳闸。

(14) 锅炉负荷小于 30%ECR 时，汽轮机跳闸。

(15) 全炉膛灭火。

(16) 失去所有燃料。

(17) 再热器失去保护。

(18) 再吹扫请求。

(19) FSSS 电源丧失。

2. 出现下列任一情况时，应手动 MFT 紧急停炉

(1) MFT 应动作而未动作时。

(2) 给水、蒸汽管道破裂，不能维持正常运行或威胁人身设备安全时。

(3) 省煤器、水冷壁爆管，不能维持正常运行时。

(4) 过热器、再热器严重爆管不能维持汽温、汽压时。

(5) 锅炉压力急剧上升，高低压旁路和所有安全门拒动无泄压手段造成锅炉超压时。

(6) 炉膛烟道内发生爆燃时，主设备损坏或尾部烟道发生再燃烧，排烟温度大于 250℃时。

(7) 锅炉灭火时。

(8) 锅炉热控仪表电源中断，无法监视、调整锅炉主要运行参数时。

(9) 再热蒸汽中断。

3. 出现下列任一情况时，应请示值长要求故障停炉

(1) 炉内承压部件因各种原因泄漏，运行中无法消除时。

(2) 炉水、蒸汽品质严重恶化，经多方处理无效时。

(3) 锅炉严重结焦、堵灰，无法维持正常运行时。

(4) 两台电除尘器各电场均停电，短时间内无法恢复时。

(5) 安全门起跳却无法回座时。

(6) 锅炉受热面严重超温，经多方处理无效时。

(7) 燃油系统严重泄漏，无法保证正常供油或有火灾危险时。

(8) 油角电磁阀有缺陷，不能正常动作时。

4. 锅炉 MFT 后的处理

(1) 检查所有运行磨煤机、给煤机、一次风机、密封风机、汽动给水泵跳闸，启动油和点火油快速关断阀关闭，过热器一、二级减温水气动总门关闭，再热器事故减温水气动总门关闭，上述设备和阀门未动作应手动关闭。

(2) 检查 FSSS 联动的其他设备联动正常，否则手动干预。

(3) 检查炉膛负压自动跟踪正常，炉膛负压自动跟踪不正常应解除自动，手动进行调整，防止炉膛负压超限引起送、引风机跳闸。

(4) 锅炉主汽压力达 27MPa，PCV 阀不动作，立即手动开启 PCV 阀泄压。

(5) 非操作员主动停炉的 MFT，应尽快查明 MFT 动作的原因，确认锅炉是否可以重新启动，如不能启动，则按停机处理。如可以启动，则开启高、低旁对锅炉泄压，并尽快恢复相关设备运行，检查具备炉膛吹扫条件，进行炉膛吹扫，机组按极热态启动恢复运行。

(6) 注意监视锅炉排烟温度和热风温度，防止尾部受热面再燃烧。

(7) 如因引风机跳闸而紧急停炉时，或者引风机已解列，应开启空气预热器进口烟道挡板及引风机进出口烟气挡板，保持锅炉自然通风 15min。此后如果引风机可以启动，则应启动送、引风机，逐渐调整满足锅炉吹扫风量，完成锅炉灭火后的吹扫工作。

二、锅炉 RB

1. 现象

(1) 发事故声、光报警，OIS 站显示 RB 原因。

(2) 故障跳闸设备状态指示闪烁。

(3) 部分制粉系统跳闸。

(4) 机组负荷快速下降。

2. 原因

机组协调控制方式下，且运行磨煤机台数大于或等于 4 时，出现下列任意情况：

(1) 两台汽动给水泵运行，一台汽动给水泵跳闸。

(2) 两台送风机运行一台跳闸。

(3) 两台引风机运行一台跳闸。

(4) 两台一次风机运行一台跳闸。

(5) 凝汽器水位高Ⅱ值。

(6) 除氧器水位高Ⅱ值。

3. 处理

(1) 检查RB动作正常。有B磨在运行，直接切除C磨。B磨停运且D磨在运行，延时10s切除F磨。

(2) 若RB动作不正常应立即手动干预，切除上层磨煤机，保留下层三台磨煤机运行并投入其点火油枪助燃，降负荷至300MW。

(3) 加强对给水、汽温调节的监视，必要时手动干预，保证过、再热器管壁金属温度正常，避免汽温大幅度下降。

(4) 加强主蒸汽压力监视，严防超压，并注意与汽温匹配度，必要时开启PCV阀手动泄压，保证足够的过热度。

(5) 当两台并列运行的设备其中一台跳闸时，应检查将跳闸设备出口隔离门关闭，将对应运行设备加到允许的最大出力，并加强运行设备的检查，维持相关设备运行正常。

(6) 系统运行相对稳定后调整燃料量、给水量、风量保证机组在低于允许的最大出力下稳定运行，联系检修、热工人员查找RB原因，消除故障后恢复机组正常运行。

三、水冷壁泄漏

1. 现象

(1) 炉管检漏装置报警。

(2) 就地检查可能听到炉膛内有泄漏声，炉膛不严密处有炉烟喷出，如果水冷壁炉膛外泄漏能看到泄漏处冒汽、冒水。

(3) 炉膛压力变正，并大幅度波动，引风机电流比正常运行时增大。

(4) 给水流量不正常地大于蒸汽流量，机组负荷降低。

(5) 泄漏点后沿程壁温升高。

(6) 水冷壁严重泄漏可能造成燃烧不稳，电除尘器工作不正常，特别严重时可能造成炉膛灭火。

2. 原因

(1) 水冷壁管材质存在缺陷、焊接质量不良或后期制造、安装对管材产生损伤。

(2) 给水品质长期不合格，使水冷壁管内结垢严重，造成管材腐蚀减薄。

(3) 水冷壁管内部杂物堵塞、水动力工况不正常等原因造成管内质量流量低，喷燃器损坏、配风不合理、炉膛严重结焦等原因造成炉膛局部热负荷高，上述原因造成部分水冷壁内工质流量与管外热负荷不相适应，造成管壁超温爆管。

(4) 炉膛内热负荷不均或水动力工况不正常造成水冷壁管间温差过大，炉膛膨胀受阻，锅炉冷却和升温速度过快造成应力撕裂水冷壁管。

(5) 水冷壁吹灰器位置不正确，疏水未疏尽，吹损管壁。

(6) 炉膛内大块焦渣脱落，砸坏水冷壁管或炉膛发生爆炸，使水冷壁管损坏。

(7) 操作不当，锅炉经常超压导致管材应力疲劳。

(8) 机组长期运行，管材磨损老化。

(9) 邻近承压管泄漏，吹损水冷壁管。

3. 处理

(1) 水冷壁泄漏不严重，能维持运行时，应采取降压降负荷措施，并注意监视各受热面沿程温度和水冷壁金属温度，申请停炉。

(2) 在水冷壁泄漏处增设围栏并悬挂标示牌，防止汽水喷出伤人。

(3) 若泄漏严重，爆破点后金属温度急剧升高或管间温度偏差超过允许值无法维持正常运行时，应立即手动MFT。

(4) 确认爆管后，应加强检查尾部烟道和空气预热器烟温变化情况。注意引风机振动、出力变化情况。

(5) 注意电除尘的工作情况，加强巡视检查，防止电除尘电极积灰和灰斗、管道及空气预热器等堵灰。

(6) 停炉后应保留送、引风机运行，待不再有汽水喷出后再停止送、引风机运行。

四、省煤器泄漏

1. 现象

(1) 炉管检漏装置报警。

(2) 就地检查可能听到省煤器部位有泄漏声，如果泄漏严重，省煤器灰斗不严密处冒烟、喷汽。

(3) 省煤器、空气预热器、电除尘器灰斗、仓泵、输灰管道可能堵灰，空气预热器可能积灰，电除尘可能工作不正常。

(4) 给水流量不正常地大于蒸汽流量，机组负荷降低。

(5) 沿蒸汽流向，泄漏点后沿程温度升高，减温水调节门不正常开大，泄漏严重可能造成金属管壁超温。

(6) 引风机静叶开大，电流增大。

2. 原因

(1) 省煤器管材质存在缺陷、焊接质量不良或后期制造、安装对管材产生损伤。

(2) 省煤器防磨罩安装位置不正确或磨损掉落过多、检修周期过长造成管壁磨损减薄爆管。

(3) 给水品质长期不合格，管材腐蚀减薄造成爆管。

(4) 省煤器处发生再燃烧造成省煤器管超温损坏。

(5) 邻近承压管泄漏，吹损省煤器管。

(6) 吹灰器位置不正确，疏水未疏尽，或吹灰过于频繁吹损管壁。

3. 处理

(1) 省煤器泄漏不严重，能维持运行时，应采取降压降负荷措施，并注意监视各受热面沿程温度和水冷壁金属温度，申请停炉。

(2) 在省煤器人孔、灰斗处增设围栏并悬挂标示牌，防止汽水喷出伤人。

(3) 若泄漏严重无法维持运行或爆破点后工质温度急剧升高时，应立即手动MFT。

(4) 注意监视除灰系统和空气预热器的工作情况，加强巡视检查，如除灰系统或空气预热器堵灰严重，电除尘器无法正常工作应请示停炉处理。

(5) 停炉后，应保留送、引风机运行，待不再有汽水喷出后再停止送、引风机运行。

五、过热器泄漏

1. 现象

(1) 炉管检漏装置报警。

(2) 就地检查可能听到过热器部位有泄漏声。

（3）电除尘可能工作不正常，除灰系统、空气预热器可能堵灰。

（4）给水流量不正常地大于蒸汽流量，机组负荷降低。

（5）引风机静叶开大，电流增大。

（6）沿蒸汽流动方向，泄漏点后沿程温度升高或减温水调节门不正常开大。

2. 原因

（1）过热器管材质存在缺陷、焊接质量不良或后期制造、安装对管材产生损伤。

（2）过热器防磨罩安装位置不正确、掉落过多、检修周期过长造成管壁磨损减薄爆管。

（3）蒸汽品质长期不合格，管内积盐造成管材长期超温爆管。

（4）制粉系统运行方式不合理造成炉膛热负荷不均或设计不当部分过热器管长期超温爆管。

（5）过热器管内杂物堵塞造成流量低，管材超温爆管。

（6）调整不当造成过热器进水或过热器严重超温造成短期超温爆管。

（7）过热器超压或邻近承压管泄漏造成的吹损。

（8）过热器吹灰器位置不正确，疏水未放尽，或吹灰过于频繁吹损管壁。

3. 处理

（1）若过热器泄漏不严重，泄漏点后沿程温度能维持正常运行，应及时汇报并降压降负荷运行，为防止泄漏点吹损其他管屏或相邻管子流量降低超温损坏应及早安排停炉处理。

（2）若过热器爆管，泄漏点后温度急剧升高无法维持正常运行或相邻管金属温度严重超过允许温度应立即停炉处理。

（3）维持运行期间注意监视除灰系统和空气预热器的工作情况，加强巡视检查，如除灰系统或空气预热器堵灰严重，电除尘器无法正常工作应请示停炉处理。

（4）停炉后，应保留送、引风机运行，待不再有汽水喷出后再停止送、引风机运行。

六、再热器泄漏

1. 现象

（1）炉管检漏装置报警。

（2）就地检查可能听到再热器部位有泄漏声。

（3）电除尘可能工作不正常，除灰系统、空气预热器可能堵灰。

（4）引风机静叶开大，电流增大。

（5）泄漏点后沿程温度升高。

2. 原因

（1）再热器管材质存在缺陷、焊接质量不良或后期制造、安装对管材产生损伤。

（2）再热器防磨罩安装位置不正确、掉落过多、检修周期过长造成管壁磨损减薄爆管。

（3）蒸汽品质长期不合格，管内积盐造成管材长期超温爆管。

（4）制粉系统运行方式不合理或炉膛热负荷不均或设计不当、管屏积灰不一致使再热器产生热偏差，部分再热器管长期超温爆管。

（5）再热器管内杂物堵塞造成通流量低，管材超温爆管。

（6）再热器长期超温运行造成长期超温爆管。

（7）事故减温水使用不当造成再热器进水或再热器严重超温造成短期超温爆管。

（8）锅炉启动期间再热器干烧，烟气温度超过再热器管材许用温度超温损坏。

(9) 再热器吹灰器位置不正确，疏水未疏尽或吹灰过于频繁吹损管壁。

3. 处理

(1) 再热器泄漏不严重，泄漏点后沿程温度能维持正常运行，应及时汇报并降压降负荷运行，为防止泄漏点吹损其他管屏应及早安排停炉处理。

(2) 如再热器爆管，泄漏点后温度急剧升高无法维持正常运行或相邻管金属温度严重超过允许温度应立即停炉处理。

(3) 维持运行期间注意监视除灰系统和空气预热器的工作情况，加强巡视检查，如除灰系统或空气预热器堵灰严重，电除尘器无法正常工作应请示停炉处理。

(4) 停炉后，应保留送、引风机运行，待不再有汽水喷出后再停止送、引风机运行。

七、空气预热器着火、尾部烟道再燃烧

1. 现象

(1) 空气预热器处或尾部烟道负压波动。

(2) 空气预热器出口风温、排烟温度不正常升高，烟气氧量不正常的降低。

(3) 从烟道门孔处发现火星或冒烟。

(4) 空气预热器发生二次再燃烧时，空气预热器电流增大并摆动，外壳温度升高，严重时空气预热器卡涩。

(5) 炉膛氧量显示严重偏低或至零。

2. 原因

(1) 锅炉开炉前或灭火后，吹扫不彻底。

(2) 启动过程中和低负荷时炉膛温度过低或过剩空气量小，投粉过剩、过早，造成燃烧不完全，加之烟速低，造成烟道内沉积燃料。

(3) 正常运行中煤粉过粗、煤质太差、配风不当、缺氧燃烧、炉底大量漏风等原因使燃烧不完全。

(4) 锅炉长期低负荷运行，煤油混烧，空气预热器吹灰不及时。油枪雾化不良，油滴沉积在受热面上并黏附大量未燃尽的煤粉。

(5) 烟道漏风。

(6) 未按规定对烟道和空气预热器进行吹灰。

3. 处理

(1) 某处温度不正常升高时，立即采取调整燃烧和对应部位受热面吹灰等措施，使烟气温度降低；锅炉运行中省煤器进口烟温应低于520℃，空气预热器进口烟温应低于450℃。

(2) 经采取措施无效，当尾部烟道烟温突升30℃，缓升50℃即判断发生尾部烟道再燃烧，或排烟温度继续不正常地升高到250℃时，应手动MFT紧急停炉，此时绝对不能通风。

(3) 停炉后立即停运引、送风机，关闭各烟风挡板，严禁通风。

(4) 继续投入蒸汽吹灰，手动投入空气预热器连续吹灰方式运行，使空气预热器内充满蒸汽。如无法灭火则应退出空气预热器吹灰装置，打开空气预热器消防水喷淋阀，开启空气预热器底部疏水阀，投入消防水灭火。

(5) 如火势不减，烟温继续升高，应启动给水泵、开启高、低压旁路以防管子过热损坏。

(6) 待火熄灭、烟温降至正常后，停止灭火和吹灰，缓慢开启人孔确认无火源后启动引风机通风5～10min。

（7）在上述处理中，其他操作按热备用停炉处理。

八、主蒸汽温度异常

1. 现象

（1）主蒸汽温度异常报警。

（2）温度指示值越限。

（3）温度过低导致过热度严重不足时，汽轮机发生水冲击。

2. 原因

（1）给水自动调节失灵，或操作员手动调节失当，造成水煤比失衡（即能量供需平衡破坏）。

（2）减温水自动失灵、阀门卡塞或减温器在解列后阀门内漏。

（3）给水泵切换操作失当，或给水泵跳闸，造成给水流量大幅度波动。

（4）给水系统及减温水系统阀门误开关。

（5）中间点温度或主蒸汽温度测点故障，造成误调节。

（6）燃料特性突变，制粉系统启、停或跳闸，燃烧主控手动时燃料量变动太快太猛，RB动作等原因造成炉内燃烧大幅度波动，给水调节虽然及时动作使水煤比相对稳定，但因蒸汽和烟气侧迟滞性不同，造成汽温超限。

（7）烟道内发生二次燃烧。

（8）受热面严重结焦、积灰或炉风量不当。

（9）炉底水封破坏，漏入大量冷风。

（10）水冷壁、过热器泄漏或安全门启、回座。

（11）高压加热器投、退，造成给水温度和蒸汽流量大幅度变化。

（12）启动过程中，361阀自动调节失灵或卡死在小开度，造成过热器进水。

3. 处理

（1）正常运行中，操作员在手动方式调整燃烧、给水或风量等参数时，应平缓均匀，禁止振荡调节，对各相关系统乃至相关专业的调节应加强联系和配合。

（2）发现汽温异常报警后，应根据表计综合指示，判断测点指示正确性，如系测点故障，及时联系热控人员处理，故障测点对给水、汽温调节有影响时，还应将给水或减温水切至手动调节。

（3）如确认给水调节失灵，应立即将给水切手动，参照正常运行时段的水煤比进行给水流量粗调，稳定中间点温度在410℃左右，汽温恢复正常后可试投给水自动调节，如失败应及时联系处理。

（4）减温水自动失灵，要及时切手动维持主蒸汽温度在额定值，并联系处理。

（5）检查给水、减温水系统阀门有无误动作，有则恢复正常并查明原因作相应处理。

（6）减温水全开（全关）仍无法维持正常的汽温，可适当降低（提高）中间点温度设定值，适当降低（增大）炉风量，并检查受热面结焦、积灰情况，联系厂家人员吹灰，必要且具备条件（如负荷）时可改变投运制粉系统台数或出力分配。

（7）如炉底水封破坏，应立即投入足够数量的点火油枪稳燃，并降低炉风量，维持炉膛微正压运行，严密监视并控制主、再热汽温，同时联系辅机人员处理。在关断门关闭后可视煤质及炉内热负荷情况退出部分点火油枪，在水封建立，关断门开启正常后再恢复原运行方式。

(8) 减温器解列状态，因阀门内漏严重造成汽温低，应将内漏阀门摇紧，并做好记录，待条件具备时进行检修处理。汽温回升需要再次开启时，应先手动摇开少许，避免电机过载损坏或无法开启。

(9) 给水泵跳闸，制粉系统跳闸，RB 动作，高压加热器投、退时，应加强给水、汽温调节监视，必要时手动干预。

(10) 机组启动过程中，加强对启动分离器下储水罐水位监视，杜绝出现过热器进水现象。

(11) 因水冷壁、过热器泄漏或安全门启、回座造成主蒸汽温度异常，按相应受热面泄漏进行处理。

(12) 烟道内发生二次燃烧，按尾部烟道再燃烧处理。

(13) 蒸汽过热度不足，使汽轮机发生水冲击或过热汽温 10min 内突降 50℃，应紧急停止机组运行。

九、再热蒸汽温度异常

1. 现象

(1) 再热蒸汽温度异常报警。

(2) 再热蒸汽温度指示越限。

(3) 温度过低导致过热度不足时，汽轮机发生水冲击。

2. 原因

(1) 调温烟气挡板自动失灵、执行机构销子断脱、卡塞或人员手动调节失当。

(2) 水冷壁、过热器、再热器严重泄漏、高压加热器投退或安全门起回座，均会造成烟气侧温度分布、蒸汽侧流量分配大幅度变化，导致再热蒸汽温度变化超限。

(3) 炉膛风量失当或炉底水封破坏。

(4) 燃料特性突变，制粉系统启、停或跳闸，燃烧主控手动时燃料量变动太快太猛，RB 动作等原因造成炉内热负荷大幅度波动。

(5) 事故减温水误开或阀门内漏。

(6) 尾部烟道再燃烧。

3. 处理

(1) 综合各表计指示，判断其正确性，如表计指示有误，联系热控人员处理。

(2) 在煤质变化、高压加热器投退、安全门起回座、制粉系统启停时，应加强对再热蒸汽温度的监视和调整。

(3) 温度偏高（偏低），可手动关小（开大）再热器侧调温烟气挡板，适当开大（关小）过热器侧调温烟气挡板，注意两侧开度和前后差压，严禁两侧烟气挡板同时关闭运行。

(4) 发现调温烟气挡板自动失灵、执行机构销子断脱、卡塞，应及时联系处理。

(5) 必要时可采用改变运行制粉系统台数、风量或机组负荷的方法调节再热蒸汽温度。

(6) 温度超高限，及时、适量开启事故减温水。

(7) 如再热蒸汽温度异常由受热面泄漏、烟道再燃烧引起，应按上述方法控制好再热汽温，并按规程相关规定处理。

（8）因再热蒸汽过热度不足，导致汽轮机发生水冲击，或再热汽温10min内突降50℃，应紧急停止机组运行。

十、锅炉汽水受热面超温

1. 现象

（1）锅炉汽水受热面超温报警。

（2）受热面部分测点显示温度超高限。

2. 原因

（1）启动前疏水不充分或减温水投入过早、过剩，在立式布置的蛇形管中形成水塞。

（2）检修工艺不良或减温器损坏，管内残留杂物。

（3）机组长期未清洗、清洗效果不好、水质不合格或停炉保养措施不力，造成管中结垢、积盐严重。

（4）受热面严重结焦。

（5）机组负荷过高，煤质太差。

（6）燃料增加速度太快、幅度太大。

（7）给水、汽温调节失当，造成煤多水少，受热面内汽水温度超出设计值。

（8）烟道发生二次燃烧造成烟道内受热面超温。

（9）启动初期循环流量不足，造成水冷壁超温。

（10）启动初期给水温度太低，过热器冷却流量不足；燃料投入过快、过多，炉膛出口烟温超过规定值，造成过热器、再热器超温。

3. 预防和处理

（1）锅炉启动前应对受热面充分疏水。

（2）启动初期应按规定建立足够的循环流量，保证水冷壁的充分冷却。

（3）机组并网前，炉膛出口烟温不能超过540℃，否则应适当减少燃料或减慢增加燃料的速度。

（4）机组冷态启动时，给水温度在冷态清洗完成后应逐渐提高至较高值，使在等量的燃料下能产生更多的蒸汽，并在点火前投入高低压旁路，保证过热器、再热器的充分冷却。

（5）冷态启动初期，因汽压受高低压旁路开度、给水未饱和度影响较大，且过热器、再热器冷却流量很低，故升温升压速率应以启动分离器温度为准，并比启动后期及正常运行的速率要低。

（6）提高检修工艺，加强质量监督，定期检查减温器笛管有无破损，避免受热面内存留杂物。

（7）加强水质监督、处理，完善并落实停炉保养措施，按规定对各受热面进行清洗，减轻管子内壁的结垢和积盐。

（8）根据煤质变化及时调整燃烧，经常检查消除炉膛及烟道各部漏风，以形成良好的炉内空气动力场，防止或减轻结焦，使各受热面处温度分布合理，受热均匀。

（9）维持合适的风量，一、二次风率和燃尽风率，定期检查油枪雾化着火情况，避免出现烟道再燃烧。

（10）按规定定期除焦、吹灰。

（11）手动增加燃料量时，应控制速率，小幅多次分阶段操作，待给水自动调节跟上并稳定后再进行下一次操作，避免因自动调节的滞后性造成煤水比严重失衡。

（12）如因给水、汽温自动失灵导致受热面超温，应及时切手动调节，维持稳定、合适的煤水比例。

（13）发现受热面超温报警，应立即查找对应受热面温度，并确认报警的正确性。

（14）确认受热面超温，可适当降低机组负荷和汽水流程温度，根据机组所处阶段对照上述超温原因，查明原因并进行相应处理。

十一、安全门故障

1. 现象

（1）汽压达到或超过安全门动作压力时，安全门拒动。

（2）汽压未达到安全门动作压力时，安全门误动。

（3）安全门起跳后，汽压降低至回座压力以下，而安全门仍不回座或回座后关不严。

2. 原因

（1）安装、检修工艺不良，校验不准确。

（2）运行中安全门零部件变形卡涩，弹簧失效等使启闭受阻，动作不灵活。

（3）长期关闭，阀芯与阀座互相粘住或其他部件锈死。

（4）频繁启闭使密封面被冲刷损坏。

（5）阀芯与阀座间有杂物，结合不严密。

3. 处理

（1）当汽压达到或超出安全门起跳压力而拒动时，应手操安全门（过热器系统先操PCV阀）强制起跳，并适当降低热负荷。

（2）安全门起跳后，汽压降到了回座压力以下还不回座，对PCV阀则关闭PCV阀前手动门，对其他安全阀，应就地检查，人工回座并联系检修处理。

（3）当所有安全门均拒动无泄压手段时，应立即停止锅炉运行，当部分安全门故障时，锅炉蒸发量应控制在其余正常安全门的总排气量之内。

（4）安全门起跳后，汽压回到回座压力以下，经采取各种措施仍不回座，汽温、汽压等参数无法维持时应立即停炉。

（5）有条件时应对启闭不正常的安全门进行重新校验。

（6）处理过程中应密切注意汽温、汽压、机组负荷、炉内燃烧情况，防止事故扩大。

十二、炉膛结焦，烟道积灰

1. 现象

（1）从炉膛看火孔可发现焦块，炉膛温度升高。

（2）如有大块焦渣悬在冷渣斗上方时，冷灰斗发暗，灰量减少。

（3）燃烧器周围结焦或搭桥，将扰乱炉内空气动力场，影响燃烧，严重时，煤粉射流受阻，粉管一次风动压降低、静压升高，火检不好。

（4）炉膛结焦使汽温和各部分烟温升高。

（5）炉膛出口对流管排粘灰堵塞时，炉膛压力增大甚至变正，而后部各点压力下降，烟气含氧量增加。

（6）烟道内各对流受热面积灰时，将使汽温降低，排烟温度升高。

2. 原因

(1) 燃煤灰熔点低，含硫量高，煤粉中金属含量高。

(2) 长期超出力运行或缺氧运行。

(3) 燃煤偏离设计煤种较大，而燃烧器配风未做相应调整，一、二次风速，一、二次风率和燃尽风率配比不当。

(4) 油枪长期漏油或雾化不良，造成油滴携带粉尘黏附在受热面上。

(5) 出渣设备故障，出渣、除焦不及时，造成焦渣堆积、蔓延。

3. 处理

(1) 按规定定期对炉膛和烟道进行除焦、吹灰。

(2) 定期对燃油系统进行检查，及时消除油枪漏油和雾化不良缺陷。

(3) 发现有结焦倾向时，应适当增大炉膛风量，根据当前煤质情况适当调整燃烧器配风，必要时降低机组负荷运行。

(4) 结焦或积灰严重难以正常运行，或危及受热面安全时，要及时申请停炉除焦、清灰，利用停炉机会对受热面进行调整修理，并冲洗受热面。

十三、两台送风机运行，一台送风机跳闸

1. 现象

(1) OIS站报警显示“送风机故障”，若本侧对应的引风机联动跳闸则同时报警显示“引风机故障”。

(2) 若本侧引风机未联动跳闸，则炉膛负压迅速增大。

(3) 炉内风量急剧减少。

(4) 空气预热器入、出口氧量降低。

(5) 若本侧对应的引风机联动跳闸，则炉膛压力增大且变正。

2. 处理

(1) 若本侧引风机未联动跳闸，增加未跳闸送风机出力至最大，注意送风机振动，防止送风机失速，同时减少两引风机出力，调整炉膛负压正常。

(2) 若本侧引风机联动跳闸，增加未跳闸引、送风机出力至最大，注意风机电流和振动，防止风机过负荷或失速；同时调整炉膛负压至正常。

(3) 退出机组协调控制，迅速投入A、F层点火油枪，停运C、E磨煤机，保留下面四台磨煤机运行，机组降负荷至360MW左右。

(4) 注意加强给水监视，确认给水自动调节正常，中间点温度以及过、再热汽温正常。

(5) 查明风机跳闸原因，若原因消除则恢复运行。

(6) 若RB动作，则按RB处理。

十四、两台引风机运行，一台引风机跳闸

1. 现象

(1) OIS站报警显示“引风机故障”，若本侧对应的送风机联动跳闸，则同时报警显示“送风机故障”。

(2) 炉膛压力变正且迅速增大。

(3) 炉内风量急剧减少。

(4) 空气预热器入、出口氧量增大。

（5）若本侧对应的送风机联动跳闸，则炉膛压力增大且变正。

2. 处理

（1）若本侧送风机未联动跳闸，增加未跳闸引风机出力至最大，注意引风机电流和振动，防止引风机过负荷或失速；同时减少两送风机出力，调整炉膛负压至正常。

（2）若本侧送风机联动跳闸，增加未跳闸引、送风机出力至最大，注意风机电流和振动，防止风机过负荷或失速；同时调整炉膛负压正常。

（3）退出机组协调控制，迅速投入A、F层点火油枪，停运C、E磨煤机，保留下面四台磨煤机运行，机组降负荷至360MW左右。

（4）注意加强给水监视，确认给水自动调节正常，中间点温度以及过、再热汽温正常。

（5）查明风机跳闸原因，若原因消除则恢复运行。

（6）若RB动作，则按RB处理。

十五、两台一次风机运行，一台一次风机跳闸

1. 现象

（1）OIS站报警显示“一次风机故障”。

（2）炉膛负压增大。

（3）空气预热器进、出口氧量增大。

（4）一次风压迅速降低，磨煤机出力降低。

2. 处理

（1）迅速将燃烧自动切至手动，适当降低燃烧指令（防止燃烧指令剧增造成一次风母管失压），增加未跳闸一次风机出力至最大，注意风机电流和振动，防止一次风机过负荷或失速，同时注意一次风母管风压变化情况和炉膛负压变化情况，维持一次风母管风压和炉膛负压正常。

（2）减小引、送风机出力，调整炉膛负压正常。

（3）退出机组协调控制，迅速投入A、F层点火油枪，停运C、E磨煤机，保留下面四台磨煤机运行，减负荷至400MW左右。

（4）注意加强给水监视，确认给水自动调节正常，中间点温度以及过、再热汽温正常。

（5）查明风机跳闸原因，若原因消除则恢复运行。

（6）若RB动作，则按RB处理。

十六、两台汽泵运行，一台汽泵跳闸

1. 现象

（1）OIS站报警显示“给水泵故障”。

（2）给水流量急剧下降。

（3）中间点温度，过、再热汽温急剧升高。

（4）机组负荷降低。

2. 处理

如电动泵联启成功，则进行如下操作。

（1）立即手动增加电动泵和运行汽动泵转速（应防止两台给水泵转速偏差过大，一台给水泵不出力），给水流量可增加至1600t/h左右，同时加强分离器中间点温度的监视，调整相应的给水流量。

(2) 迅速停运C或E磨煤机，维持4～5台磨煤机运行，机组降负荷至500MW左右。

(3) 监视一次风、引风自动调节应正常，并适当减少送风，维持氧量正常。

如电动泵联启不成功，则进行如下操作。

(1) 立即手动增加运行给水泵转速，给水流量可增加至1200t/h左右，同时启动电动给水泵升转速至并加强分离器中间点温度监视，调整相应的给水流量。

(2) 迅速停运C或E磨煤机，维持4～5台磨煤机运行，机组降负荷至500MW左右。监视一次风、引风自动调节应正常，并适当减少送风，维持氧量正常。

如电泵手动启动不成功，则进行如下操作。

(1) 立即手动增加运行给水泵转速，给水流量可增加至1200t/h左右，并加强分离器中间点温度监视，调整相应的给水流量。

(2) 迅速投入A、F层点火油枪，停运C、E磨煤机，维持4台磨煤机运行，机组降负荷至350MW左右。

(3) 监视一次风、引风自动调节应正常，并适当减少送风，维持氧量正常。

十七、燃油系统常见故障

1. 常见故障

(1) 燃油系统中法兰、阀门填料室、油枪与金属软管接口、压力表管接头处漏油。

(2) 燃油管道在弯头等强度较弱处爆破。

(3) 油角电磁阀不能正常开启、关闭或内漏。

(4) 油枪雾化不良。

(5) 油枪、点火枪进退不到位。

(6) 油中带水，燃油压力低或失压。

(7) 冬季油温低或冻结，流动困难。

(8) 油管蒸汽吹扫手动门关不严，蒸汽漏入油管导致燃油温度过高。

(9) 油管蒸汽吹扫手动门及吹扫逆回阀关不严，燃油漏入蒸汽管道。

2. 处理

(1) 每班对燃油系统金属软管、阀门、管道法兰等巡视两次。

(2) 燃油系统向外泄漏时，应查明泄漏点，设法将其隔离，但应尽量缩小隔离范围，努力维持锅炉稳定运行，同时做好必要的安全措施，加强检查防止起火，一旦发生火灾，应及时扑灭。

(3) 各油跳闸阀应定期进行试验，确保动作正确、关闭严密。

(4) 油角阀等关闭不严而内漏时，应及时隔离并尽量缩小隔离范围，联系检修处理。

(5) 发现燃油管道爆破或起火，应立即切断该炉燃油，组织人员迅速灭火。威胁人身或设备安全时，应立即停炉，故障消除后，请示有关部门决定是否开炉。

(6) 有油枪投运时，应经常就地检查其着火、雾化情况，发现雾化不良，应及时停用并联系检修处理。

(7) 每月逢10、20、30日（二月为最后一天）定期做油枪、点火枪推进、吹扫试验。

(8) 油中带水要及时通知油库值班员放水，油压低或燃油失压及时启动备用油泵并联系油泵房值班员检查处理。

(9) 冬季燃油流动困难时，应联系油泵房值班员按规定投用油罐区蒸汽加热和油管伴热以提高油温，并打油循环，禁止采用明火加热。

十八、空气预热器跳闸

1. 现象

(1) 空气预热器电流到零，辅助电机自动投入，相应声光信号报警。

(2) 辅助电机不能投入时，空气预热器停转报警。

(3) 跳闸侧排烟温度迅速升高，一、二次风温大幅度降低。

2. 原因

(1) 空气预热器内有异物卡塞。

(2) 漏风控制装置自动调节不当，间隙过小。

(3) 减速箱轴承损坏。

(4) 超越离合器损坏或液力耦合器缺油。

(5) 电气故障。

(6) 辅助电动机未自投。

3. 处理

(1) 一台空气预热器跳闸，辅助电机应自动启动，否则应手动启动，严密监视故障空气预热器侧风烟温度。

(2) 若跳闸前无明显过电流现象，可强合主电机一次，成功则继续运行。

(3) 强合不成功或启动后电流超限，立即停止，并检查辅助电动机运行正常，快速降低机组负荷至300～350MW。

(4) 若辅助电动机也不能正常运行，空气预热器停转，则应立即关闭跳闸空气预热器进口烟气挡板，隔离一、二次风，并手动盘车。

(5) 如果是因为密封装置卡涩，应立即将其紧急提升至高位，再投入空气预热器。

(6) 如主电机未跳闸，电流偏小，而有“空气预热器停转”报警，则可判断为超越离合器或减速机故障，应立即退出该空气预热器运行并隔离，并手动盘车，联系检修人员处理。

(7) 单台空气预热器运行时，应特别加强运行空气预热器监视，必要时应将其密封装置适量提升或暂时退出，防止因大量烟气集中通过一个空气预热器造成异常变形而跳闸。

(8) 加强对排烟温度的监视，必要时降低机组负荷。

(9) 若短时间或运行中不能消除故障，应申请停炉处理。

十九、空气预热器电机过流或电流摆动大

1. 现象

(1) 空气预热器电机过流报警，电流明显大于正常值。

(2) 电流摆动幅度大。

(3) 若因机械卡涩，则就地可听到异常摩擦声音。

2. 原因

(1) 空气预热器转子卡涩或异物卡住。

(2) 空气预热器传动装置故障或轴承损坏。

(3) 空气预热器密封元件间隙过小。

(4) 空气预热器内发生二次燃烧。

3. 处理

(1) 就地对空气预热器各部进行检查，查明原因。

(2) 密封间隙过小，应将发生摩擦的那组扇形板手动提升适当位置，联系热控人员处理。

(3) 发生二次燃烧，则按“空气预热器着火”处理。

(4) 其余故障，则应加强电流监视和就地巡查，联系检修处理，必要时停止空气预热器运行。

二十、空气预热器着火

1. 现象

(1) 排烟温度急剧升高。

(2) 一、二次风温异常升高。

(3) 空气预热器进、出口烟气差压增大。

(4) 电机电流增大并大幅度摆动。

2. 原因

(1) 长期低负荷带油运行。

(2) 燃烧不完全。

(3) 未按规定吹灰。

3. 处理

(1) 严密监视空气预热器进、出口风烟温度，特别是锅炉启停过程中，风烟温度不正常升高或火灾报警系统有报警时，应引起重视，排烟温度超过正常值30℃且继续上升，则可能已着火。发生着火，应立即投入空气预热器吹灰灭火。

(2) 蒸汽灭火无效时，应报告值长紧急停炉，停止所有风机，维持空气预热器低速转动，关闭各风烟挡板使空气预热器密闭，同时开启空气预热器底部疏水门，投入消防水灭火。

(3) 确认火熄灭后，退出消防水灭火，待放尽余水后关闭疏水门，打开各空气预热器进出口风烟挡板启动引风机进行通风干燥。

(4) 对空气预热器进行全面检查，做好恢复准备，若损坏严重，则由检修处理。

二十一、风机振动大

1. 现象

(1) 风机振动大声光报警。

(2) 风机电流不正常升高或电流摆动剧烈。

(3) 就地风机声音异常。

(4) 风机轴承振动指示超过正常值。

2. 原因

(1) 地脚螺栓松动。

(2) 风机进异物或掉叶片，内部出现摩擦卡死现象。

(3) 风机轴承损坏。

(4) 风机进入不稳定工作区。

3. 处理

(1) 立即解除自动调节，手动降低其出力。

(2) 对风机进行全面检查，查明原因并消除，恢复其正常运行。

(3) 如风机振动原因为喘振，应立即手动关小喘振风机的动叶，直到喘振消失为止，同时适当关小正常风机动叶，以防止其过负荷或连锁喘振。

(4) 在调整风机动叶的同时，要注意炉膛负压和氧量，必要时手动干预，适当降低机组负荷，待相关参数稳定后，再将两台风机出力调平。

(5) 振动大现象无法消除，应汇报相关领导，申请降负荷停运该风机进行处理。

二十二、磨煤机断煤

1. 现象

(1) 断煤的给煤机电流异常增大或变小。

(2) 磨煤机煤位降低，电流下降。

(3) 磨内钢球撞击声增大，断煤信号动作。

(4) 输粉管温度升高，自动状态下冷风门开大，热风门关小。

2. 原因

(1) 煤斗堵煤。

(2) 煤斗煤位低。

(3) 给煤机进、出口煤闸门误关。

(4) 给煤机联轴器销子断脱、断链。

3. 处理

(1) 煤斗堵煤时，派人至就地敲煤，无效则停止给煤机，关闭给煤机出口渣板和给煤机密封风门，进行人工疏通。

(2) 当煤斗煤位指示低时，应及时联系燃运上煤。

(3) 煤斗因故未及时上煤，造成煤斗空仓时，应及时停运给煤机，关闭给煤机下煤闸板，避免热风反吹烧毁给煤机皮带。

(4) 磨煤机单进双出方式下运行，应控制好分离器出口温度和温差，可适当增大停运给煤机密封风压力。

(5) 煤闸门误关时，应手动开启，查明原因作相应处理。

(6) 销子断脱或断链时，应停止给煤机，联系检修处理。

(7) 在给煤机停运期间，应维持密封风压力始终高于一次风压 2～4kPa，如停运时间较长，磨煤机煤位难以维持，应关闭停运侧除密封风外的各风门挡板，维持半磨运行，直至故障消除后再恢复运行。

二十三、磨煤机堵煤

1. 现象

(1) 磨煤机声音沉闷，差压增大，料位显示偏高，出口温度降低。

(2) 磨煤机电流增大，严重堵塞时电流异常减小。

(3) 磨煤机进、出口冒粉。

(4) 分离器堵塞时，其前设备及管道会出现较大正压，进出口压差大。

(5) 一次风管风速、温度降低。

（6）机组负荷下降，自动状态下的各制粉系统指令明显增大。

2. 原因

（1）料位（差压）信号失灵，造成给煤自动失灵。

（2）煤太湿，堵塞磨煤机入口。

（3）分离器长期未清理，被木块木屑堵塞，或因回粉管锁气器动作不正常造成分离器堵塞。

（4）制粉系统出力过高。

（5）风门挡板自动失灵，造成风压、风速、风量不够。

（6）监视不力，手动调节失当。

3. 处理

（1）加强制粉系统监视，应能从各种表计的综合表现判断制粉系统是否存在异常和表计的准确性。

（2）表计故障应解除相关自动、手动调节，维持制粉系统及机组稳定运行，联系热控处理。

（3）如果分离器堵塞，应停止该制粉系统进行分离器清理、疏通。

（4）如确认磨煤机堵煤，应立即降低给煤机转速，关小旁路风门，开大容量风门疏通，必要时停止两侧给煤机运行。

（5）如堵塞严重经上述处理无效，应采用间停间开磨煤机的方法加强抽粉，仍无效则停止该制粉系统，进行人工疏通、抽粉。

二十四、制粉系统自燃

1. 现象

（1）自燃处风粉温度异常升高。

（2）自燃处管壁金属发热、颜色异常。

（3）检查门处有火苗或烟雾冒出。

（4）有大的爆炸声。

2. 原因

（1）制粉系统停运前未把给煤机、磨煤机走空，积煤、积粉时间过长。

（2）煤挥发分过高，磨煤机出口温度过高，煤粉过细。

（3）煤中含有易燃易爆物品。

（4）制粉系统明火作业，未做好安全措施。

（5）制粉系统停运后热风门关闭不严。

3. 防范措施

（1）消除系统死角，减少水平管段以避免煤粉沉积。

（2）保证任何负荷下风粉混合物都具有足够的流速。

（3）维持制粉系统稳定运行，避免频繁堵煤、断煤，严格控制磨煤机出口煤粉细度和温度。

（4）对准备停运较长时间的磨煤机，停运前应将给煤机和磨煤机都走空，粉管进行充分吹扫。

4. 处理

(1) 当认为有着火或着火危险时，应投入惰化系统惰化以消除火险。

(2) 维持盘车状态，切断风（包括密封风）、煤。

(3) 通入惰化蒸汽，每个分离器出口粉管保留一根通畅，吹扫 15min。

(4) 如认为仍有火险，重复惰化过程。

(5) 火势较大时应洒水冷却着火部位。

(6) 如发生爆炸，应紧急停运制粉系统，隔绝风、煤并进行灭火，确认火势熄灭后再进行修复等处理。

第二节 汽轮机事故处理

一、出现下列情况之一时，应破坏凝汽器真空紧急停机

(1) 汽轮机转速超过危急保安器动作转速而危急保安器拒动。

(2) 轴向位移超过保护动作值而保护未动。

(3) 汽轮机发生水冲击或主、再热蒸汽温度 10min 内急剧下降 50℃以上。

(4) 机组突然发生剧烈振动，达到保护动作值而保护未动作或机组内部有明显的金属撞击声。

(5) 汽轮机断叶片。

(6) 汽轮机任一轴承断油或推力轴承金属温度达 107℃、支持轴承金属温度达 113℃。

(7) 轴承或端部轴封摩擦冒火时。

(8) 轴承润滑油压下降至 0.06MPa，而保护未动作。

(9) 主油箱油系统大量泄漏，油位急剧下降至低油位线以下，无法维持油箱油位。

(10) 机组周围或油系统着火，无法很快扑灭并已严重威胁人身或设备安全。

(11) 厂用电全部失去。

(12) 循环水中断。

二、在下列情况下，应进行故障停机

(1) DEH 系统故障使调节系统工作失常，不能增减机组负荷。

(2) 机组胀差增大，虽经调整，仍继续上涨或下降达到限制值。

(3) 真空下降，凝汽器压力达 20.3kPa。

(4) 机组甩负荷后，空转运行超过 15min。

(5) 发电机按电动机方式运行超过 1min。

(6) 转子轴向位移增大达到－1.0mm，＋1.0mm。

(7) 发电机、励磁系统发生火灾。

(8) 发电机定子内冷水中断时间达到 30s，不能恢复供水而保护未动作或发电机出水温度升高达到 85℃时。

(9) 系统频率高至 51.5Hz，低至 47.5Hz。

(10) 低压缸排汽温度高于 121℃。

(11) 高压缸排汽温度升高，采取措施无效，高于 427℃。

(12) 任一侧主汽门关闭且打不开。

（13）主、再热蒸汽温度差超过限制值。

（14）机组启动过程中，在中速暖机之前，轴承振动超过 0.03mm。

（15）机组启动过程中，通过临界转速时，轴承振动超过 0.10mm 或相对轴振动值超过 0.254mm。

（16）正常运行中轴振大于 254μm 或轴承振动突然增加 50μm。

（17）高压外缸上、下缸温差超过 50℃，高压内缸上、下缸温差超过 35℃。

（18）机组正常运行时，主、再热蒸汽温度在 10min 内突然下降 50℃。

（19）任一保护达到停机值，而保护拒动。

（20）主、再热蒸汽管爆破，大量泄漏。

（21）其他主热力系统爆漏，无法隔离，直接危及主设备及人员安全。

三、破坏凝汽器真空紧急停机的处理步骤

（1）在集控室手动按下“紧急停机”按钮或就地手拉汽轮机跳闸手柄，确认汽轮机跳闸，发电机解列，检查确认高中压主汽门、调速汽门、高压缸排汽止回阀、抽汽止回阀关闭，汽轮机转速下降。

（2）开启凝汽器真空破坏门。

（3）检查主机润滑油泵自动联启，否则手动启动，停运高压密备油泵。

（4）切换辅汽汽源至邻机，检查轴封汽源自动切换正常，轴封汽源切换至辅助蒸汽供汽，调整轴封压力。

（5）检查汽轮机本体及主、再热汽管道、抽汽管道疏水门开启，锅炉联动 MFT，检查 FSSS 动作正常，检查锅炉主蒸汽压力升高情况，达到条件安全门开启，注意安全门复位。

（6）停运真空系统，关闭主、再热蒸汽管道至凝汽器疏水。确认高、低压旁路处于关闭状态。

（7）确认启动分离器排水至凝汽器电动门处于关闭状态。注意 361 阀调整启动分离器水位正常。

（8）关闭汽轮机本体所有至凝汽器疏水，关闭各段抽汽止回阀前所有疏水门，对汽轮机进行闷缸，每小时开启 5min 进行疏水。

（9）真空到 0kPa，停运轴封汽。

（10）转速至 0r/min，检查盘车自动投入正常。若自投不成功，应手动投入，若不能投入盘车，应监视转子偏心度的弯化，采用定期手动盘车 180°。记录转子惰走时间、偏心度、盘车电机电流及摆动值、缸温等。

（11）停机过程中应注意机组的振动、润滑油温、密封油油氢差压正常。

（12）运行人员应到现场仔细倾听机组内部声音，当内部有明显的金属撞击声时，严禁立即再次启动机组。

（13）其他操作与正常停机相同。

四、故障停机的处理步骤

（1）启动主机润滑油泵，确认油泵运行正常。

（2）在集控室手动按下“紧急停机”按钮或就地手拉汽轮机跳闸手柄，确认发电机解列，检查汽轮机转速下降；检查确认高中压主汽门、调速汽门、高压缸排汽止回阀、抽汽止回阀关闭。

(3) 切换辅助蒸汽汽源至邻机，检查轴封汽源自动切换正常，轴封汽源切换至辅助蒸汽供汽，调整轴封压力。

(4) 检查汽轮机本体及主、再热汽管道，抽汽管道疏水门开启，锅炉联动 MFT，检查 FSSS 动作正常，检查锅炉主蒸汽压力升高情况，达到条件安全门开启，注意安全门复位。

(5) 停运真空系统，关闭主蒸汽管道至凝汽器疏水。确认高、低压旁路处于关闭状态。

(6) 真空到 0kPa，停运轴封汽。

(7) 转速至 0r/min，检查盘车自动投入正常；若自投不成功，应手动投入，记录转子惰走时间、偏心度、盘车电机电流、缸温等。

(8) 停机过程中应注意机组的振动、润滑油温、密封油油氢差压正常。

(9) 运行人员应到现场仔细倾听机组内部声音，当内部有明显的金属撞击声时，严禁立即再次启动机组。

(10) 其他操作与正常停机相同。

五、汽轮机水冲击

1. 现象

(1) 汽轮机轴向位移骤然增加，推力轴承温度明显增加，胀差异常变化。

(2) 汽轮机振动明显增加。

(3) 汽轮机上下缸温差明显增加。

(4) 抽汽管道有水击声。

(5) 汽轮机调节级压力异常增加。

(6) 严重时，轴封处、阀盖处会冒蒸汽。

(7) 蒸汽温度异常下降。

2. 原因

(1) 锅炉汽温调节失灵，主、再热蒸汽温度急剧下降，蒸汽带水进入汽轮机。

(2) 蒸汽管道疏水不畅。

(3) 加热器管子破裂，大量给水进入汽侧或加热器水位调节失灵，造成加热器满水，加热器保护拒动或抽汽阀门不严，水从加热器导入汽轮机。

(4) 轴封蒸汽温度不够或轴封减温水调节门动作不正常，水带入汽轮机轴封腔室。

(5) 7、8 号低压加热器满水，直接进入汽轮机。

(6) 抽汽管道低位疏水点调节门动作不正常，造成管道积水进入汽轮机。

(7) 高压缸排汽止回阀处疏水不畅，导致进水。

(8) 轴封风机故障停运，备用轴封风机未联启。

3. 处理

(1) 报警确认，汇报值长。

(2) 汽轮机水击事故处理主要原则：切断水击汽源，同时加强疏水，另外，要根据不同情况的原因，采取不同措施。

(3) 如主蒸汽、再热蒸汽温度急剧下降，当过热度低于 20℃，或主蒸汽、再热蒸汽每 10min 下降 50℃，且无法维持，应立即手动脱扣汽轮机。如无其他水击现象，可不破坏真空，但应打开所有疏水点。

(4) 如加热器满水应立即解列相应加热器，当汽轮机上下缸温差超过 50℃，胀差、轴向位移明显变化，应立即脱扣汽轮机，破坏真空。

（5）如抽汽管疏水不畅，造成抽汽管积水，倒入汽轮机的水量不大，上下缸温差、差胀、轴向位移可能还没有变化，应立即打开抽汽管低点疏水门。若进冷水、冷汽不严重，可不作停机处理，但如轴向位移等重要参数已接近限额，仍应脱扣停机，破坏真空，打开所有疏水门。

（6）如轴封供汽不正常，进冷水、冷汽时，应检查轴封减温水。若减温水调门故障全开，应关闭其手动隔绝门。

（7）7、8 号低压加热器满水会直接进低压缸。当发现 7、8 号低压加热器满水，同时汽轮机有进冷水冷汽现象，应按紧急停机处理，打开所有疏水门。

（8）汽轮机进冷水、冷汽后，若造成转子弯曲、动静摩擦，惰走时间将大大缩短，为判定汽轮机损坏程度，紧急停机后，应严密监视汽轮机各种变化，记录各项重要参数。

（9）紧急停机后，如盘车电流增加，保护动作，盘车投不上，严禁强行盘车，但油系统仍应正常投入。

（10）程度很轻的进冷水、冷汽，汽轮机运行参数没有明显变化，可不作停机处理，加强运行调整。

六、汽轮发电机组振动大

1. 现象

（1）OIS 站报警显示“汽轮发电机振动大”。

（2）OIS 站显示汽轮机各轴承振动，相对轴振动达报警值。

（3）就地实际测量振动大。

2. 原因

（1）转子存在较大的不平衡。

（2）汽轮机动静产生摩擦。

（3）汽轮机膨胀受阻或不均匀，使部件变形。

（4）汽轮机断叶片，或内部部件脱落。

（5）汽轮发电机组轴系扭振。

（6）汽轮机进冷汽、冷水。

（7）汽轮机轴承工作不正常，油膜不稳定。

（8）油膜振动或蒸汽振动。

（9）发电机气隙不均匀等电气原因。

（10）发电机失步。

（11）电网系统振荡。

3. 处理

（1）机组启动过程中因振动异常停机必须回到盘车状态，应全面检查，认真分析，查明原因。当机组已符合启动条件时，连续盘车不少于 4h 才能再次启动，严禁盲目启动。

（2）汽轮机在升速过程中，若轴振缓慢增加，应寻找原因，如属膨胀不均匀，可增加暖机时间，如振动随转速增加而增加，可降速处理，降到轴振在 76μm 以内，稳定一段时间后再升速。

（3）机组启动过程中，在过临界转速前，轴承振动超过 30μm，应立即打闸停机。

(4) 汽轮机在升速过程中，临界转速范围不允许停留，过临界转速时，轴承振动超过100μm或轴振值超过126μm，应立即打闸停机，严禁强行通过临界转速或降速暖机。

(5) 机组运行中要求轴振不超过76μm或轴承振动不超过30μm，超过时应设法消除，当轴振大于254μm应立即打闸停机；当轴振变化$\pm$50μm或轴承振动变化$\pm$15μm，应查明原因设法消除，当轴承振动突然增加50μm，应立即打闸停机。

(6) 汽轮机在升负荷时，振动增大，应停止升负荷进行暖机，如暖机时振动不消除，降负荷暖机30min，直到振动稳定后。当相对轴振动变化$\pm$50μm应汇报领导，设法处理。

(7) 正常运行中因断叶片振动异常增大，并听到汽轮机内部有金属摩擦声时，应立即打闸停机，并破坏凝汽器真空。不论振动有何变化，发现汽轮机内部有金属摩擦声或撞击声，应立即打闸破坏凝汽器真空停机，并禁止重新启动。运行中发现轴封部有明显摩擦甚至冒火花时，应立即打闸破坏凝汽器真空停机。

(8) 检查以下参数并相应处理：

1) 润滑油压是否下降；

2) 各轴承进口油温、密封油温是否过高或过低；

3) 各轴承回油温度或轴承金属温度是否过高；

4) 轴向位移是否增大，推力瓦温度是否过高；

5) 主蒸汽及再热汽是否带水或温度下降过快；

6) 排汽温度、发电机氢温、主励风温是否过高；

7) 汽缸膨胀是否均匀或受阻；

8) 判断汽轮机叶片是否断脱；

9) 轴封系统及凝汽器真空是否异常。

七、汽轮机超速

1. 现象

(1) OIS站画面上显示机组转速严重超限。

(2) 报警显示汽轮机跳闸。

(3) 就地转速表显示汽轮机严重超速。

(4) 报警显示汽轮机危急遮断器飞锤动作。

(5) 报警显示汽轮机高、中压主汽门、调速汽门关闭。

2. 原因

(1) 正常运行时，发电机突然甩去全部负荷。

(2) 汽轮机跳闸后，高、中压主汽门，调速汽门，各段抽汽止回阀卡涩或不能关严。

(3) 机组发生强烈振动，导致轴系断裂。

3. 处理

(1) 机组超速，超速保护应动作，否则应立即手动打闸，检查各主汽门、调速汽门、抽汽止回阀关闭。

(2) 必要时开启PCV阀、低压旁路消压。

(3) 启动交流润滑油泵，检查油压、油泵电流正常。

(4) 检查机组转速已开始下降，否则立即查明原因，进行处理。若为高、中压主汽门，调速汽门，各段抽汽止回阀卡涩或不能关严造成超速，应确认所有给水泵跳闸，并采取措施，消除汽源压力。

（5）将轴封汽源切至辅助蒸汽。

（6）将除氧器加热切换至辅助蒸汽。

（7）检查汽轮机所有本体疏水开启。

（8）其他操作与正常停机相同。

（9）严密监视停机时各种参数变化，记录惰走时间和打印惰走曲线，记录汽轮机缸温等参数，对机组进行全面检查。

（10）检查机组报警，查明超速的原因，原因不明禁止再次启动机组。

八、轴向位移增大

1. 现象

（1）OIS站画面报警窗显示“汽轮机轴向位移大”。

（2）OIS站画面显示汽轮机推力瓦温升高。

（3）OIS站画面显示推力轴承回油温度升高。

2. 原因

（1）推力轴承内部损坏。

（2）汽轮机水冲击。

（3）汽轮机负荷剧烈的发生变化。

（4）加热器突然停运。

（5）汽轮机剧烈振动，动静摩擦。

（6）叶片严重结垢或脱落。

（7）凝汽器真空变化。

（8）热工仪表指示错误。

3. 处理

（1）当发现轴向位移增大时，应核对有关表计指示正确，确认轴向位移增大。

（2）检查推力轴承温度、回油温度、胀差、振动等变化情况。

（3）负荷与蒸汽流量骤变应迅速稳定负荷并调整蒸汽参数至正常值。

（4）发现汽轮机推力轴承温度升高，应立即停止加减负荷，寻找原因，采取措施后轴向位移仍不能恢复应立即减负荷。

（5）如是汽轮机发生水冲击，按汽轮机进水和轴向位移中危害的大值处理。

（6）轴向推力增大，且推力轴承内部及汽轮机内部有摩擦声或机组剧烈振动时应按紧急停机处理。

（7）轴向位移大于等于1.0mm或小于等于−1.0mm时应立即停机。

九、凝汽器真空降低

1. 现象

（1）OIS站凝汽器真空指示降低。

（2）OIS站汽轮机低压缸排汽温度显示上升。

（3）“凝汽器真空低”声光报警。

（4）真空泵电流异常增大。

（5）凝汽器中凝结水过冷度增大。

（6）相同负荷下蒸汽流量增加，调节级压力升高。

2. 原因

（1）循环水系统故障。

（2）轴封系统故障。

（3）凝结水系统故障。

（4）凝汽器真空系统故障。

（5）凝汽器水位高。

（6）机组与负压系统相连的管道漏空气。

3. 处理

（1）发现真空降低时，应迅速核对其他凝汽器真空表与OIS站凝汽器真空显示值并核对低压缸排汽温度变化，只有在真空降低同时排汽温度相应升高时，才可判断为凝汽器真空真正降低。

（2）真空降低时，应迅速查找原因，投运备用真空泵、循环泵，设法恢复凝汽器真空。

（3）凝汽器真空下降且短时间无法查明原因或采取措施恢复稳定，应立即适当降低机组负荷。

（4）真空急剧降低（如循环水中断）达停机值时立即打闸停机。

（5）真空降低及减负荷过程中，应注意监视以下各项。

1）真空降低时，要特别注意监视低压缸的振动情况，发现机组振动比原先明显增大时，应采用超前降负荷的办法来消除振动，如减负荷无效且振动继续增大时，当轴振大于254μm时，应立即故障停机。

2）真空降低温过热器程中，应注意监视低压缸排汽温度，当排汽温度达79℃时，低压缸喷水阀应自动打开，否则应手动打开。如排汽温度达121℃且运行15min应手动故障停机。

3）真空降低时，高、低压旁路系统在自动方式应切为手动，当凝汽器真空降到28kPa时，禁止投低旁。

（6）循环水量减少、凝汽器进出口温差增大时，应增大循环水量。

（7）循环水泵掉闸，立即启动备用泵，向系统供水，保护动作时按停机处理。

（8）凝汽器水位升高时应注意检查以下事项。

1）确认凝汽器水位指示正确，非虚假水位。

2）停止凝汽器补水。

3）如除氧器水位偏低，应适当加强除氧器补水，降低凝汽器水位。

4）因凝结水泵跳闸备用泵未联启导致水位高，应立即启动备用泵运行。

5）检查凝结水泵出口至除氧器上水管路，各阀门有无误关，如有则及时恢复正常状态，操作不动时及时走误关阀门对应的旁路。

6）在停止凝汽器补水后，水位仍然持续上升，应关严有内漏现象的补水阀门，如无内漏，则为凝汽器钢管泄漏，联系化学化验水质并进行相应处理。

7）在除氧器水位已在高位，而凝汽器水位过高严重影响真空度时，可开启5号低压加热器出口放水排地沟门。

(9) 除盐水故障时，如凝汽器补水时除盐水管道未充满水，应关闭补水门，并立即向凝补水箱补水。

(10) 运行真空泵故障应立即启动备用真空泵。

(11) 轴封系统故障时的处理方法。

1) 检查轴封母管压力是否正常。若压力低，检查轴封三路汽源和溢流阀门是否正常，及时调整轴封母管压力至正常值。如压力升高缓慢、则应采取相应措施恢复轴封汽，否则减负荷停机，控制汽源失去时，应维持轴封汽母管压力正常。轴封汽失去时应注意监视汽轮机负胀差不得超过限额值。

2) 检查轴封加热器U形水封是否破坏。轴封加热器水位过低，调整轴封加热器疏水门保持轴封加热器水位，并向水封管注水。

3) 如果轴封加热器严重泄漏，不能维持轴封系统运行时，汇报领导申请停机。

(12) 检查小汽轮机真空系统是否泄漏，若小汽轮机真空系统泄漏使凝汽器真空不能维持在报警值以上时，应立即启动电泵，停止泄漏的小汽轮机并关闭其排汽蝶阀。如有小汽轮机停运，应检查停运小汽轮机排汽蝶阀是否关严。

(13) 检查凝汽器真空破坏阀是否误开，水封是否正常。

(14) 检查凝汽器热水井底部放水手动门、气动门是否关严。

(15) 检查凝泵密封水是否正常。

十、机组负荷骤变

1. 现象

(1) 机组有功负荷表计突变。

(2) 系统频率有可能摆动。

(3) 机组主汽压力等参数发生摆动。

(4) 各加热器水位发生波动。

(5) 就地汽轮机调速汽门晃动。

(6) 汽轮发电机发出有节奏的声音。

(7) “电压回路断线”光字牌有可能报警。

2. 原因

(1) 发电机所在系统发生振荡。

(2) 发电机励磁系统发生故障。

(3) 汽轮机调速、控制系统故障。

(4) 锅炉运行异常。

(5) 低压旁路误动或回热加热器解列。

(6) 机组重要辅机发生故障。

3. 处理

(1) 机组负荷摆动时，值班人员应注意机炉电各参数的变化，及时判断产生波动的原因。并做出相应处理。并根据情况及时汇报有关领导。

(2) 若DEH控制系统工作不正常，则应将汽轮机控制切至“手动”方式运行。

(3) 若汽轮机调速系统工作不正常，联系检修处理，如不能维持运行，应申请停机；如调速汽门卡涩不得强行增减负荷。

(4) 检查发电机励磁系统工作是否正常，联系检修进行处理。

(5) 机组各大辅机出力是否正常，查找原因予以消除后再调整辅机出力恢复正常运行，如出现 RB，按机组 RB 处理。

(6) 如因系统振荡原因，引起机组负荷摆动，则联系网调尽量保持本机组负荷稳定，增加机组无功，听候调度命令。

(7) 如锅炉运行异常，要相应调整汽轮机进汽量，稳定蒸汽参数，先维持机组在新的负荷下稳定运行后，再根据事故原因进行处理。

(8) 机组负荷骤降时，应注意监视小汽轮机、除氧器汽源切换正常。

(9) 注意调节轴封汽压力，凝汽器、除氧器、各加热器水位。

(10) 注意监视机组的瓦温、回油温度、轴向位移、振动等正常。

十一、润滑油油压下降、油位不变

1. 原因

(1) 主油泵、注油器工作失常。

(2) 压力油管漏油到油箱内或轴承箱内。

(3) 润滑油泵或氢密封油备用泵出口止回阀不严。

(4) 主油泵出口管道漏入空气。

2. 处理

(1) 当润滑油母管油压降至 0.075MPa 时，应启动氢密封油备用泵和交流润滑油泵查明原因，必要时应停机处理。

(2) 润滑油压降至 0.07MPa 时，直流润滑油泵应联启，否则应手启油泵，润滑油压降至 0.06MPa 时汽轮机自动跳闸，否则应破坏凝汽器真空紧急停机，注意各瓦温变化。

(3) 润滑油压下降，应密切监视各轴承温度、回油温度及回油流量情况，如推力轴承、支持轴承温度异常升高接近限额时，应破坏凝汽器真空紧急停机。

十二、润滑油油压不变、油位下降

1. 原因

(1) 油位计工作不正常。

(2) 油箱事故放油门、放水门或滤油门误开。

(3) 冷油器钢管轻微泄漏。

(4) 密封油系统泄漏，密封油箱油位过高使油漫入发电机。

(5) 油净化装置故障或水封破坏，跑油。

(6) 操作大、小汽轮机润滑油净化系统时，误放油或油箱间相互串油。

(7) 系统回油管道漏油。

2. 处理

(1) 若属于事故放油门、放水门或滤油门误开，应及时关严。

(2) 根据油箱油位情况及时补油。

(3) 停止故障冷油器运行。

(4) 调整密封油箱油位正常。

(5) 停止故障油净化装置运行。

(6) 迅速查明漏油处，联系维护及时消缺。

十三、润滑油油压、油位同时下降

1. 原因

(1) 油系统的设备或压力油管路漏油至油箱外。

(2) 冷油器故障大量漏油。

2. 处理

(1) 启动备用润滑油泵维持压力。

(2) 油箱油位下降较多时，应设法补油。

(3) 油压、油位无法维持达停机值时，应破坏凝汽器真空立即停机并对发电机排氢，做好防火措施。

(4) 发生漏油后，如不能与系统隔绝处理或热力管道已渗入油，应立即停机处理。

(5) 若为冷油器泄漏，则切除故障冷油器运行，联系检修人员处理。

十四、润滑油油箱油位上升，油压不变

1. 原因

(1) 轴封间隙过大，蒸汽与润滑油接触造成油中进水。

(2) 冷油器泄漏，投运时操作不当使油中进水。

(3) 操作大、小汽轮机润滑油净化系统时，误补油。

2. 处理

(1) 投运主机、辅助油净化器。

(2) 适当降低轴封母管压力。

(3) 增启一台轴封风机。

(4) 投运、切换冷油器时严格按操作票操作。

十五、EH 油系统故障

1. 现象

(1) OIS 站抗燃油油压显示下降，“EH 油压低”报警。

(2) 就地 EH 油箱油位指示下降。

(3) OIS 站 EH 油油温显示升高。

2. 原因

(1) 运行 EH 油泵故障。

(2) EH 油系统泄漏。

(3) EH 油系统卸载阀故障。

(4) EH 油泵出口滤网差压大或出口安全门漏。

(5) EH 油冷油器内漏。

(6) EH 油箱油位过低。

3. 处理

(1) EH 油压降至 11.03MPa 时，备用泵应自动启动，否则手动启动。

(2) 检查运行泵若故障，启备用泵，停运行泵检修。

(3) 检查 EH 油泵出口滤网差压大时，应切换 EH 泵并联系检修清洗滤网。

(4) 就地检查卸载阀定值是否正确。

(5) 检查 EH 油系统有无泄漏。

(6) 确认 EH 油冷油器泄漏时，应切换冷油器运行。

(7) 油箱油位低时，应补油至正常油位。

(8) EH 油压降至 9.3MPa 时，机组自动脱扣，否则手动停机。

十六、油系统着火

1. 原因

(1) 油系统泄漏至高温部件。

(2) 电缆着火或其他火情引起。

2. 处理

(1) 立即组织灭火，汇报并联系消防部门。

(2) 汽轮机油系统着火应用干式灭火器、1211 灭火器、石棉布进行灭火，不准用水和沙子（地面着火可用沙子），主油箱着火时开启水喷雾消防系统，当火势不能很快扑灭，严重威胁设备安全时，应破坏真空紧急停机。

(3) 火势威胁主油箱或油系统时，在破坏真空紧急停机的同时开事故放油门时放油速度应适当，以使转子静止前润滑油不中断。

(4) 油系统着火时，禁止启动氢密封油备用泵，必要时应降低润滑油压，不得已时可停止油系统运行。

(5) 油系统着火威胁到发电机氢气系统时，在破坏真空紧急停机的同时，发电机进行事故排氢。

十七、DEH 系统异常

1. 现象

(1) OIS 站 DEH 画面“DEH 异常”报警。

(2) DEH 系统计算机异常时，DEH 由原“自动”方式跳为“手动”控制。

(3) 在汽轮机启动过程中 DEH 异常时，则 DEH 不能稳定地调节转速或定速后不能稳定控制汽轮机保持 3000r/min，汽轮机转速会出现较大波动。

(4) 在汽轮机并列带负荷运行时，DEH 异常将引起负荷摆动，主蒸汽温度、主汽流量等参数大幅度波动。

2. 处理

(1) 如 DEH 自动调节异常，应切为手动控制，监视负荷、主蒸汽参数、转速变化，故障消除后重新投入自动方式。

(2) 若热工 UPS 系统或 DEH 系统失电，应立即故障停机。

(3) DEH 系统故障，致使一些重要参数无法监控，不能维持机组运行时，应故障停机。

十八、汽轮机高压加热器解列

1. 现象

(1) OIS 站报警显示“高压加热器解列”。

(2) 机组负荷上升。

(3) 主、再热蒸汽温度下降。

(4) 给水温度下降。

(5) 锅炉中间点温度下降，过热度减少。

(6) 汽轮机轴向位移增大。

（7）主机推力轴承温度上升。

2. 处理

（1）若机组额定负荷运行，解除机组协调控制，迅速手动降低给水流量至1550t/h左右，若负荷仍上升则继续降低给水流量，并调整锅炉燃烧，适当增加燃料量，调节主、再热汽温度正常；同时监视汽轮机各抽汽压力，控制在限制值以下。

（2）机组负荷低于540MW时，若须维持原负荷运行，应降低给水流量300t/h左右，同时调整锅炉燃烧，调节主、再热蒸汽温度正常。

（3）机组负荷低于540MW时，若允许增加负荷，则给水流量只作适当调整，仅须加强锅炉燃烧，调节主、再热蒸汽温度正常。

（4）检查高压加热器跳闸动作结果正常，否则手动干预。

（5）查明高压加热器跳闸原因，设法消除。

（6）高压加热器故障解除后，恢复高压加热器运行。

（7）事故处理过程中注意监视分离器储水罐水位，若因储水罐满水引起过热汽温下降按相关规程处理。

十九、两台汽动泵运行，一台汽动泵跳闸

1. 现象

（1）OIS站报警显示“汽泵组故障”。

（2）给水压力急剧下降。

（3）机组负荷下降。

（4）锅炉中间点温度升高。

（5）主蒸汽温度上升。

2. 处理

（1）增加运行汽泵转速至最大处力，同时检查电泵应联启，否则手动启动电泵运行。

（2）退出机组协调控制，迅速停止上层煤粉燃烧器对应的磨煤机运行，保留三层煤粉燃烧器运行并投油稳燃，降低机组负荷到300～350MW，调整水煤比正常。

（3）调整过、再热蒸汽温度正常，若汽温上升太快超过允许范围则按汽温异常处理，同时注意监视锅炉各受热面壁温，防止超温。

（4）电动泵并入运行后可逐渐增加给水流量，同时增加锅炉燃烧（锅炉负荷增加，可退油运行），逐渐提高机组负荷至所需值（500MW以下）。

（5）增加汽泵转速时应注意防止运行汽动泵超负荷或失速，并注意小汽轮机目标转速与实际转速之差，防止小汽轮机跳至本机位甚至跳闸。

（6）查明汽动泵跳闸的原因，若消除则恢复汽动泵运行。

二十、主机盘车投不上

1. 原因

（1）润滑油压低或油压正常信号故障。

（2）顶轴油压低或油压正常信号故障。

（3）单个或多个轴承顶轴油压至零或偏低，或分配阀关闭，转子未顶起。

（4）主动齿轮与从动齿轮未啮合好或电磁阀故障齿轮不能啮合。

（5）汽轮机动静部分摩擦或卡涩。

(6) 电气或热控回路有闭锁启动条件。

2. 处理

(1) 使润滑油压恢复正常，若油压正常告电气和热控人员查处。

(2) 顶轴油泵工作是否正常，若油压正常告检修人员查处。

(3) 打开油分配阀，恢复顶轴油压。

(4) 可转动盘车电机手轮，人工啮合。

(5) 若汽轮机动静部分摩擦或卡涩，应将转子高点置于最高位置，关闭汽缸疏水，保持上下缸温差，监视转子弯曲度，当确认转子弯曲度正常后，再手动盘车180°。若当时缸温大于180°，应采取手动盘车措施使转子翻动，严密监视转子晃动度的变化，当弯曲度较大时，应采用手动盘车180°，并报告有关领导来现场处理，盘车正常后应及时投入连续盘车。

(6) 严禁用吊车强行盘车。

(7) 如盘车投不上，应及时闷缸，切断各相关汽源，并及时汇报。

(8) 停机后的3h内，每隔3～4min盘动180°。

(9) 停机超过3h，每隔10min盘动180°，直至排汽温度小于50℃。

二十一、循环水泵房厂用电中断

1. 现象

电流至零，出水压力下降或到零，声音变化，电源指示灯全部熄灭，照明熄灭。

2. 处理

(1) 确认泵未反转，试合原运行泵电机开关，无效时，迅速启动备用泵。

(2) 迅速手动关闭故障泵液控蝶阀。

(3) 原运行泵或备用泵试启动无效时，等候送电。

二十二、循环水泵运行中掉闸

1. 原因

(1) 厂用电中断或开关误动。

(2) 循环泵机械卡涩、过负荷。

(3) 循环泵电机故障。

2. 处理

(1) 厂用电中断引起则按厂用电中断规定处理。

(2) 其他原因引起掉闸，应迅速开出备用泵供水，没有备用泵时，允许对掉闸泵合闸一次，但下列情况不得重合：

1) 机械卡涩或出现损坏；

2) 发生要求立即停电动机的人身事故后；

3) 电机或电缆短路或损坏；

4) 导瓦或轴承温度高掉闸，且温度没有回到允许值或超温后设备是否损坏情况不明。

二十三、循泵轴承温度升高

1. 原因

(1) 油位过低或断油，油质恶化或油中带水。

(2) 冷却水量不足或断水。

(3) 轴承损坏或安装不良。

2. 处理

(1) 加强检查，及时加油，发现油质不良及时换油。

(2) 冷却水量不足及时调整阀门开度，或提高冷却水压力。

(3) 轴承温度升至 75℃时应及时停泵。

二十四、闭式水系统运行泵故障跳闸

1. 原因

(1) 电气热偶保护动作。

(2) 闭式水泵电机故障。

2. 处理

(1) 运行泵跳闸，备用泵应自启动，否则应手动启动。

(2) 检查闭式水母管压力应维持正常。

(3) 检查故障泵跳闸原因，联系检修处理。

二十五、闭式水箱水位低

1. 原因

(1) 闭式水箱补水调节门失灵。

(2) 凝结水压力低。

(3) 闭冷水系统泄漏严重。

(4) 闭式水补水水源切换时，切换顺序不对，导致闭式水补水管与凝汽器补水连通，系统返水至凝汽器。

2. 处理

(1) 如闭式水箱补水调节门失灵应手动调节水箱水位正常。

(2) 如闭式水系统泄漏，则设法隔离泄漏点，如因泄漏而压力维持不住，可适当降负荷，减少闭式水用户，同时严密监视各用户温度。

(3) 如凝结水压力低，则切换补水方式，启动凝结水补水泵向闭式水箱补水。

(4) 立即启动凝结水补水泵向闭式水箱补水或切换至凝结水补水，禁止两路水源并联运行。

二十六、闭式水母管压力低

1. 原因

(1) 闭式水泵进口滤网堵或进、出口门故障。

(2) 运行泵组异常，出力降低。

(3) 闭式水系统泄漏。

2. 处理

(1) 备用泵启动后，检查出口母管压力应恢复正常。

(2) 检查滤网压差，如压差增大，则联系检修清洗或更换滤网。

(3) 全面检查闭式水系统，如有泄漏则设法隔离泄漏点。

(4) 如两台泵运行而出口母管压力仍持续下降，不能维持各用户参数正常，则申请故障停机。

(5) 如闭式水冷却器泄漏，则切换闭式水冷却器运行。

二十七、开式泵跳闸的处理

(1) 运行的开式泵跳闸，备用泵应联启，否则手动启动；若备用开式泵无法联启时，检查跳闸开式泵无明显故障，可以强合一次跳闸开式泵。

(2) 开式泵均停，暂不能恢复，应立即切除次要用户的供水，确保主机、小汽轮机冷油器和内冷水冷却器的正常运行，并监视闭式水温的上升速度，及时调整闭式水用户供水量的分配，必要时可关小凝汽器循环水出水门以提高开式水压，或增启一台循泵。

(3) 必要时先减无功负荷，再减有功负荷，控制发电机各部温度不超限，否则继续减负荷，直至停机。

(4) 处理过程中应严密监视发电机氢温、内冷水温，各定子线圈、铁芯温度，大小汽轮机油温。

二十八、凝结水泵跳闸

1. 原因

(1) 凝泵轴承温度保护或电气保护动作。

(2) 凝汽器水位低二值。

(3) 凝泵或电机故障。

2. 处理

(1) 应确认备用凝泵联启，否则手动启动。

(2) 若为凝汽器水位低二值跳泵，应远方、就地核对凝汽器水位，查找水位低原因，消除故障后调整凝汽器水位和除氧器水位至正常值。

(3) 如备用泵联启不成功，在确认无明显故障的条件下可强行启动一次跳闸泵。不成功应按凝结水中断处理，打闸停机。

(4) 查明故障泵跳闸原因，联系检修处理。

二十九、低压加热器水位异常升高

1. 原因

(1) 水位计失灵或假水位。

(2) 低压加热器钢管泄漏或爆破。

(3) 低压加热器正常疏水调整门失灵或卡涩。

2. 处理

(1) 核对低压加热器凝结水出口温度、疏水温度，判断是否低压加热器泄漏。

(2) 若低压加热器正常疏水调整门失灵或卡涩，将低压加热器正常疏水调整门自动切为手动调节，并开大调整门，同时查看是否有阀门误关。

(3) 水位升高至高二值，检查相应低压加热器危急疏水门应开启，否则手动开启。

(4) 若低压加热器泄漏，水位继续升高，应汇报值长，及时隔离低压加热器。

三十、低压加热器出口凝结水温度异常下降

1. 原因

(1) 低压加热器水位高。

(2) 连续空气门未开，汽侧积聚空气影响热交换。

(3) 低压加热器钢管结垢，传热性能下降。

(4) 凝结水进水温度下降。

(5) 低压加热器进汽电动门、抽汽止回阀卡涩或未开足。

(6) 低压加热器水侧旁路门泄漏。

(7) 凝结水流量突增。

2. 处理

(1) 低压加热器水位高，按水位高处理。

(2) 若低压加热器汽侧积聚空气，应开启启动排空气门排尽空气后，开启连续排空气门。

(3) 全开低压加热器进汽电动门、抽汽止回阀。

(4) 关严低压加热器水侧旁路门，否则联系检修处理。

三十一、EH系统油压摆动

1. 原因

(1) EH油安全阀及备用油泵出口止回阀内漏。

(2) EH油箱油位低。

(3) EH油泵故障。

(4) EH油系统严重泄漏。

2. 处理

(1) EH油压摆动时，应立即检查EH油安全阀及备用油泵出口止回阀、各主汽门、调节门、小汽轮机调门工作情况，必要时联系检修处理。

(2) 检查EH油箱油位，必要时联系检修加油。

(3) 必要时切换至备用泵运行。

(4) 若不能消除EH油压摆动并难以维持机组的正常运行，应申请停机。

(5) 若EH油系统严重泄漏，应立即故障停机。

三十二、EH油压下降

1. 原因

(1) EH油箱油位低。

(2) EH油系统泄漏。

(3) EH油泵故障。

(4) EH油泵进、出口滤网堵塞。

(5) EH油系统溢流阀误动。

(6) 备用EH油泵出口止回阀不严。

2. 处理

(1) 当油压降至备用泵联启值时，确认备用泵联启正常，否则手动启动。

(2) 若两台EH油泵运行仍无法维持EH油压，应做好停机准备。

(3) 当达到停机保护值时，保护应动作正常，否则手动停机。

(4) 发现EH油系统泄漏，应在尽量维持EH油压的前提下，隔离泄漏点，并及时联系补油。若漏油严重不能隔离，应申请故障停机。

(5) 检查溢流阀动作情况，若误动应及时联系检修处理。

(6) 若运行泵滤网差压高，应启动备用泵，停止运行泵并联系检修处理。

(7) 运行泵工作失常，应切至备用泵运行并联系检修处理。

三十三、EH 油泄漏处理

(1) 当确定为系统泄漏时，应及时检查泄漏点，并尽快隔离。

(2) 当泄漏点在冷油器内部时，应切至备用冷油器运行，隔离运行冷油器，并联系检修处理。

(3) 当泄漏严重，无法维持 EH 油箱油位时，联系及时加油，并做好停机准备。

(4) 当油位低引起油压下降时，按油压下降进行事故处理。

三十四、除氧器振动

1. 原因

(1) 除氧器进水突增或突降。

(2) 除氧器进汽突增或突降。

(3) 给水突增或突降，造成除氧器水位快速波动。

(4) 高压加热器大量疏水突然进入除氧器。

2. 处理

(1) 调整除氧器进水，保持凝结水流量平稳变化。

(2) 正常运行时加减负荷率不超过规定值，启动时保证辅助蒸汽至除氧器加热用汽压力的稳定。

(3) 保持给水流量平稳变化，调整除氧器水位。

(4) 切换高压加热器疏水时应缓慢进行，提前进行暖管。

三十五、除氧器含氧量增大

1. 原因

(1) 联胺加药不足或中断。

(2) 进汽不足或中断。

(3) 除氧器压力突然升高。

(4) 排气管堵塞。

(5) 除氧头内喷嘴堵塞或脱落严重。

2. 处理

(1) 调整联氨加药。

(2) 增大进汽或切换汽源。

(3) 注意保持负荷平稳。

(4) 停机处理。在未经处理以前，应采取相应的措施。

三十六、除氧器超压

1. 检查

(1) 检查辅汽至除氧器调门是否漏流过大。

(2) 检查四段抽汽至除氧器压力是否超限。

(3) 检查 3 号高压加热器至除氧器疏水调节门是否开度合适，是否疏水带汽。

(4) 检查连续排污压力是否超压。

(5) 检查凝结水流量是否过小。

2. 处理

(1) 尽量减少辅助蒸汽至除氧器调门漏流。

（2）四段抽汽至除氧器压力超限应降低机组负荷，查找超限原因。

（3）调整3号高压加热器水位正常。

（4）调整连续排污量，连续排污压力超压时必须关闭锅炉连续排污截止门，开大连续排污至连续排污扩容器调整门。

三十七、高压加热器水位异常升高

1. 原因

（1）高压加热器钢管泄漏或爆破。

（2）正常疏水调整门失灵或卡涩。

（3）3号高压加热器疏水至除氧器电动门、调整门误关或开度不够。

（4）机组负荷下降或除氧器压力异常升高，3号高压加热器与除氧器压差低造成高压加热器疏水不畅，危急疏水门未开。

（5）高压加热器水位计故障或虚假水位。

2. 处理

（1）判断是否虚假水位。

（2）核对负荷与疏水调整门开度，检查给水温度及疏水温度变化情况，判断是否钢管泄漏。

（3）将疏水调整门切为手动，并开大疏水调整门。

（4）检查除氧器运行情况，压力不正常应及时调整。检查3号高压加热器与除氧器差压，若差压小应及时开启3号高压加热器危急疏水门。

（5）如处理无效水位继续升高，应及时汇报值长，及时退出高压加热器。

（6）如水位升高到高一值时，检查“高压加热器水位高一值”报警。

（7）如水位升高到高二值时，检查“高压加热器水位高二值”报警，危急疏水门应自动开启，否则手动开启。

（8）如水位升高到高三值时，检查“高压加热器水位高三值”报警，检查该高压加热器危急疏水门打开，1、2、3号高压加热器进汽电动门及一、二、三抽抽汽止回阀关闭，一、二、三抽抽汽止回阀前和进汽门前的气动疏水门自动打开，高压加热器进口三通门自动打开，高压加热器出口门自动关闭，给水走旁路，高压加热器退出运行。

（9）如保护不动作，应手动关闭各进汽门及抽汽止回阀，打开高压加热器进口三通门，关闭高压加热器出口门，退出高压加热器运行。

（10）如水位正常，而高压加热器保护误动，必须查明原因，消除故障后方可再行投用，否则必须经总工程师批准并订出具体措施后方可再行投用。

三十八、高压加热器给水温度下降

1. 原因

（1）高压加热器水位升高。

（2）高压加热器汽侧积聚空气，连续排空气门未开。

（3）高压加热器进水温度下降。

（4）高压加热器进汽门电动、抽汽止回阀卡涩或未开足。

（5）高压加热器进口三通门自动打开或高压加热器旁路泄漏。

（6）高压加热器钢管结垢，传热不佳。

（7）给水流量突然增加。

2. 处理

（1）高压加热器水位升高，按水位高处理。

（2）若高压加热器汽侧积聚空气，应开启启动排空气门排尽空气后，开启连续排空气门。

（3）若进汽压力与给水温度同时下降，应对照主机负荷、给水流量，检查进汽门、抽汽止回阀是否开足。

（4）若高压加热器进水温度下降，应检查除氧器压力、温度，并适当调整。

（5）检查高压加热器进口三通门是否误开或泄漏。

第三节 电气事故处理

一、系统振荡

1. 现象

（1）发电机、线路电流表、电压表、功率表的指示周期性地剧烈摆动；（同步振荡振幅较小，异步振荡振幅较大）。

（2）发电机频率表在升高或降低方向摆动；如果电压崩溃引起的系统振荡，发电机频率（转速）均会有不同程度的升高。

（3）发电机、线路电压周期性摆动如靠近振荡中心，电压波动幅度最大，并周期性地降到接近于零，白炽灯忽明忽暗非常明显，发电机发出有节奏的嗡—嗡的轰鸣声。

（4）发电机强励动作。

（5）由于无功不足引起的电压崩溃（负荷稳定破坏）事故，在严重时将造成系统振荡，因而具有振荡事故的特点。对于区域性的电压崩溃事故，在该区域内配电线路电流激增，母线电压显著下降，用户马达停转，系统频率升高。

（6）异步振荡时，上述特征较明显。同步振荡时，系统频率能保持相同，各电气量的波动范围相对较小，经及时调整或由于系统阻尼，振荡可能在有限的时间内衰减从而进入新的平衡运行状态。

2. 处理

（1）不待调度命令，立即增加发电机无功，提高系统电压，发电机定子、转子电流按事故过负荷规定进行监视（AVR 在“自动”方式时不应调整励磁），但系统电压、发电机电压最高不得超过额定电压的 105%。

（2）当频率升高时，不待调度命令立即减少发电机有功，但不得使频率低于 49.9Hz。

（3）当频率降低时，应增加发电机的有功负荷，但不得超负荷或使频率高于 50.1Hz。

（4）因发电机失磁引起电网振荡，应迅速在失磁允许时间内恢复励磁，否则，应不待调度指令将机组解列。

（5）系统发生振荡时，未得到值班调度员的允许，不得将发电机从系统中解列（根据现场事故规程为保机组和厂用电安全者除外）。

（6）系统振荡过程中应停止系统的倒闸操作，并注意厂用电的安全。

（7）系统振荡消除后应立即调整发电机有功、无功负荷，使系统恢复正常运行，并通知各值班人员对辅机运行情况进行全面检查。

二、系统电压异常

1. 现象

(1) 系统电压低于或高于网调要求值。

(2) 系统电压低于或高于系统安全值。

(3) 系统电压低报警。

2. 处理

(1) 立即调整励磁电流，使系统电压恢复，但不得使转子过流或失磁。

(2) 如调整至极限后仍然无法满足要求，应汇报调度，并要求调度调整。

(3) 如有必要，可减少发电机有功以防止定子、转子电流过大。

(4) 如果因电压太低导致发电机过负荷跳闸，按事故停机处理。

(5) 监视厂用电系统的电压。

三、系统频率异常

1. 现象

(1) 频率表指示上升或下降。

(2) 汽轮机转速升高或降低。

(3) 机组负荷出现相应变化。

(4) 机组振动、声音发生异常变化。

2. 处理

(1) 当频率低于49.8Hz，不待调度命令立即增加发电机有功输出。

(2) 当频率高于50.5Hz，不待调度命令立即减少发电机有功输出。

(3) 严密监视频率变化在机组频率运行限制值内。

(4) 频率在48.5～51.5Hz期间，允许长时间运行。

(5) 频率在47.5～48.5Hz期间，允许运行3min停机。

(6) 频率在47～47.5Hz期间，允许运行1min停机。

(7) 频率低于47Hz或高于51.5Hz时，立即停机。

(8) 频率发生变化时，应注意监视机组的蒸汽参数、轴向位移、振动、轴承温度、润滑油压等控制指标不超限额，否则应作相应的处理。

(9) 频率下降时，应注意监视机组的监视段压力及主汽流量不得超过高限值。

(10) 当频率下降时，应加强监视辅机的运行情况，当辅机出现出力不足、电机过热等现象时，视需要可启动备用辅机。

(11) 在低频率运行时，当出现定子过电流或过励磁时，应按允许运行的最短时间控制机组运行。

四、厂用电全部中断

1. 现象

(1) 交流照明熄灭，事故照明灯亮，光字牌报警。

(2) 锅炉MFT，汽轮机跳闸，发电机解列灭磁。

(3) 厂用电母线电压降到零，交流电机停转，电流至0。

2. 原因

(1) 两条 500kV 线路跳闸或失压。

(2) 主变压器跳闸且 6kV 母线备用电源自投不成功。

3. 处理

(1) 确认发电机已解列灭磁，汽轮机转速下降，高压主汽阀、高压调节阀、中压主汽阀，中压调节阀关闭，高压缸排汽止回阀、各抽汽止回阀关闭。

(2) 确认主机直流事故油泵、小汽轮机直流事故油泵及空侧直流油泵自启动，否则手动启动。

(3) 确认锅炉 MFT 动作，所有燃料已切断，给水泵已跳闸，过、再热器减温水截止门、调节门已关闭。

(4) 立即检查柴油发电机自启动成功，否则手动启动柴油机。检查 380V 各保安段供电正常，启动相应的保安负荷，停运各直流油泵。

(5) 确认直流系统、UPS 运行正常。

(6) 若 6kV 母线备自投未动作且备用电源正常，检查无“限时速断”、“复合电压过流”、“零序过流”保护动作时，应在工作电源开关断开的情况下强送备用电源一次，不成功不得再送。

(7) 若 6kV Ⅲ、Ⅳ母线均失压，为保证 3 号（4 号）机组事故停机，且 01 号启备用变压器备用正常且未带一期负荷时，应联系投入 1、2 号机快切闭锁，用 01 号启备用变压器供 6kV Ⅲ（Ⅳ）段。

(8) 6kV 母线失压暂无法恢复时，应破坏真空停机紧急停机。

(9) 厂用电中断后，应手动断开 6kV 母线上所有未跳闸的负荷开关并将设备连锁切除。

(10) 手动关闭可能有汽水倒入凝汽器的阀门。

(11) 轴封汽源切至辅汽供汽，辅助蒸汽切至邻机。

(12) 检查空气预热器运行情况，维持其转动状态。

(13) 锅炉自然通风 15min 后闷炉，注意分离器储水罐水位。

(14) 机组惰走过程中，应注意监视润滑油压、油温及各轴承金属温度和回油温度。

(15) 尽早通知化学将机组的加药系统停运，并且退出取样系统。

(16) 注意仪用气压力。

(17) 厂用电恢复后，机组的启动程序原则上按机组热态启动的顺序进行，应先启动凝结水泵。

(18) 喷水减温后待排汽温度达 50℃时，再向凝汽器缓送循环水。

五、厂用电部分中断

1. 现象

(1) 该段母线电压指示为零，母线上负荷电流为零。

(2) 该段母线上低电压保护投入的设备跳闸。

(3) 该段母线上的运行设备跳闸后，其备用设备联启。

2. 原因

厂用电工作电源事故跳闸，备用电源未自投或自投未成功。

3. 处理

（1）若6kV母线备自投未动作且备用电源正常，检查无“限时速断”、“复合电压过流”、“零序过流”保护动作时，应在工作电源开关断开的情况下强送备用电源一次，不成功不得再送。

（2）若机组未跳闸，锅炉未灭火，应立即投油助燃；检查机组RB动作正常。

（3）若机组已跳闸，应按机组手动停止运行后的步骤处理。

（4）立即启动未自启的备用设备和复位已自启设备的开关。

（5）故障段上的未跳闸的设备应手动断开。

（6）查明原因，尽快恢复厂用电。

（7）对应母线上的设备跳闸，若机组发生RB，则热机按RB处理，若造成锅炉MFT，则按MFT处理。

（8）检查该母线上设备跳闸，备用设备联启并退出连锁，维持机组运行稳定。

（9）母线电压恢复后，恢复机组正常运行方式，并做好各项记录。

六、发电机在下列情况时，应紧急解列发电机

（1）危及人身安全。

（2）发电机、励磁系统或发电机互感器冒烟、着火、爆炸。

（3）发电机内部发生氢气爆炸。

（4）发电机组有明显故障，而保护拒动。

（5）发电机内有摩擦、撞击声，振动超过允许值。

（6）发电机大量漏水或大量漏氢，且伴有定、转子接地。

七、发电机在下列情况时，应申请停机

（1）发电机无主保护运行。

（2）转子电流、电压严重偏移正常工况值。

（3）当发电机线棒层间温差达14℃、线棒出水温度达85℃或温差达到12℃时，在确认测温元件无误后，应申请立即停机。

（4）发电机主开关SF_6气体压力严重下降且较长时间无法恢复。

八、发电机异常的处理方法

（1）当定子绕组冷却水中断时，断水保护延时30s解列发电机。

（2）当发电机运行负载不平衡时，应设法使持续负序电流不超过额定电流的8%，且每相电流不大于额定电流；当负序电流或A值超过10时，应在停机时安排抽转子检查处理，并在停机时对处理过的部件进行复查。

（3）当发电机冷氢温度高于额定值时，每升高1℃时，定子电流相应减小2%。但不得在冷氢温度超过50℃运行。

（4）发电机正常运行时二组氢气冷却器全部投入，以维持机内冷氢温度恒定。当停止一台氢气冷却器运行时，发电机的负荷应降至额定负荷的80%以下继续运行。

九、发电机温度异常

1. 现象

（1）任意两个上层线棒或两个下层线棒的出水温差达到8℃。

（2）任意两个线棒层间温差达到10℃。

(3) 任一出水支路出水温升或总出水管出水温升达到31℃。

(4) 任一出水支路或总出水管出水温度达到85℃。

(5) 任一线棒层间温度达到90℃。

2. 处理

(1) 检查内冷水系统近期内是否有操作导致内冷水水质是否恶化，检查内冷水流量是否正常。

(2) 当以上任一温度或温差达到报警时，应立即汇报上级，联系检修检查测点测量是否正确。

(3) 如报警不是测点故障造成，立即汇报。

(4) 保持功率因数和电压恒定，减少15%～20%负荷，以5%为一级，逐级减少，确认是否是测点故障。

(5) 降低发电机负荷（定子电流）并适当增加内冷水压力，使异常的温度或温差降低到报警值以下。

(6) 在确认测点测量正确时，达到以下任一条件时，立即解列发电机：

1) 任意两个上层线棒或两个下层线棒的出水温差达到12℃。

2) 任意两个线棒层间温差达到14℃。

3) 任一出水支路或总出水管出水温度达到85℃。

十、发电机漏氢

1. 现象

发电机氢压下降速度增快，补氢次数明显增加，补氢量增大。

2. 处理

(1) 汇报上级，立即寻找漏氢点并设法阻止漏氢的发展，在中性点引线盒内和封闭母线壳内的氢气含量大于或等于1%时，应送入二氧化碳气体，发电机申请减负荷停机，在不等其停止转动前就开始排氢。在密封油箱的含氢量大于或等于1%时，应送入二氧化碳气体，并调整密封油压，如无效，发电机应减负荷停机。

(2) 如密封油油压低，立即设法调整到正常值。

(3) 如发电机外部漏氢，立即采取措施进行隔离；联系补氢，恢复正常氢压。

(4) 如氢压继续下降，补氢仍不能保持正常氢压时，则应降发电机负荷，使各部温度保持正常，并请示领导停机。

十一、发电机定子升不起电压

1. 现象

(1) 发电机定子电压指示很低或为零。

(2) 转子电压表有指示，而电流表无指示。

(3) 转子电流表有指示，而电压表无指示或指示很低。

(4) 转子电流表无指示、电压表无指示。

2. 处理

(1) 立即停止升压，查励磁调节柜和功率柜有无故障信号、运行是否正常。

(2) 检查起励装置是否正常，是否有输出。

(3) 检查变送器电源是否正常。

(4) 检查电压互感器是否正常，一、二次插头是否接触良好。

(5) 检查电压互感器二次开关是否合好。

(6) 检查转子回路是否开路，电流表计回路是否正常。

(7) 检查转子回路是否短路，电压表计回路是否正常。

(8) 检查励磁调节器、励磁变压器是否正常。

(9) 根据当时有无报警、光字及表计测量等现象做综合判断。

(10) 未查明原因不得再次升压。

十二、发电机氢系统爆炸、着火

1. 现象

(1) 氢气泄漏点发出轻微爆炸声，并有明火。

(2) 发电机内部有异常声音。

(3) 发电机内部各部温度异常。

(4) 发电机内部氢压波动较大。

2. 处理

(1) 立即发电机排氢，用二氧化碳灭火。

(2) 若发电机内部爆炸，应立即解列发电机，汽轮机紧急停机，并紧急排氢，向发电机内充入二氧化碳灭火，并保持转子盘车转速。

(3) 维持发电机密封油及冷却系统正常。

十三、发电机非同期并列

1. 现象

(1) 发电机各表计剧烈摆动。

(2) 发电机声音异常。

(3) 机组振动异常增大。

2. 处理

(1) 若机组无强烈声响及振动，表计摆动很快趋于缓和，则不停机，立即进行外部检查并汇报领导，决定是否继续运行。

(2) 如机组发生很大冲击和引起强烈振动，表计摆动剧烈且不衰减，立即解列发电机，并对发电机进行全面检查，并联系检修进行必要的电气试验。

(3) 查明非同期并列的原因，消除并确认无问题后，方可重新并列。

(4) 重新并列前必须进行发电机零起升压，无问题后方可并列。

十四、发电机逆功率运行

1. 现象

(1) 发电机有功指示为负值。

(2) 无功表指示通常升高。

(3) 定子电流减小，转子电压、电流表指示正常。

(4) “逆功率动作”信号发出。

2. 处理

(1) 若逆功率保护动作跳闸，则待查明原因，排除故障后，重新并网。

(2) 若逆功率保护未动作跳闸，应立即增加有功负荷，应在信号发出后的保护动作时限内不能恢复时将发电机解列。

十五、发变组保护动作跳闸

1. 现象

(1) 事故警铃响，发电机出口开关、500kV线路断路器、桥断路器、灭磁开关跳闸、厂用电切至备用电源。

(2) 汽轮机跳闸，锅炉MFT动作。

(3) 发电机各表计全部显示到零。

(4) 相应保护动作信号发出。

2. 处理

(1) 检查保护动作结果正确。

(2) 应检查厂用电自投情况，保证厂用电电源的正常运行，特别注意保安电源是否正常。

(3) 检查机组保护、故障录波装置的启动情况，并根据相应波形初步确定故障性质。

(4) 确认故障后，进行隔离移交检修处理。

(5) 未查明原因不得向变压器组送电。

(6) 如系保护误动，进行必要的电气试验合格后，经领导批准、调度同意方可向变压器组送电，将发电机重新并列。

十六、发电机保护动作跳闸

1. 现象

(1) 事故警铃响，发电机出口开关、灭磁开关跳闸。

(2) 汽轮机跳闸，锅炉MFT动作。

(3) 发电机各表计全部显示到零。

(4) 相应保护动作信号发出。

2. 处理

(1) 检查保护动作结果正确。

(2) 检查厂用电供电正常。

(3) 检查机组保护、故障录波装置的启动情况，并根据相应波形初步确定故障性质。

(4) 对动作保护的保护范围内的全部设备进行全面检查。

(5) 检查发电机有无绝缘烧焦的气味或其他明显的故障现象。

(6) 外部检查无问题，应测量发电机定、转子绝缘电阻是否合格及各点温度是否正常。

(7) 确认故障后，进行隔离移交检修处理。

(8) 未查明原因不得将发电机升压。

(9) 经上述检查及测量无问题，发电机零起升压试验良好后，经领导批准、调度同意方可将发电机并列。

十七、发电机失磁

1. 现象

(1) 转子电流表指示到零或在零点摆动，转子电压表指示到零或在零点摆动。

(2) 无功表指示为负值。

(3) 有功、定子电压表指示降低，定子电流表指示大幅度升高，并可能摆动。

（4）转子的转速超过额定值。

（5）失磁保护动作信号发出，失磁保护动作。

2. 处理

（1）若失磁保护动作跳闸，对励磁回路进行检查。

（2）若失磁保护拒动，应解列发电机。

（3）若励磁调节器手动调节方式运行，失磁信号发出，而保护未出口，可立即增加励磁。

十八、发电机电压回路断线

1. 现象

（1）“保护柜电压回路断线”信号发出。

（2）发电机定子电压表、有功或无功功率表指示降低或至零。

（3）发电机电度表指示不动，发电机频率表指示异常或为零。

（4）AVR 切到另一通道运行。

2. 处理

（1）检查发电机励磁系统运行正常。

（2）发电机出口 2 号 TV 断线应退出 A1 柜的发电机低频、发电机定子过电压、发电机逆功率、发电机失磁、发电机复合电压过流、发电机过激磁保护、发电机失步保护。

（3）发电机出口 3 号 TV 断线应退出 B1 柜的发电机低频、发电机定子过电压、发电机逆功率、发电机失磁、发电机复合电压过流、发电机过激磁保护、发电机失步保护。

（4）故障未消除，不得调整发电机有功负荷，同时通知汽轮机监视参数，维持发电机运行，无功负荷按发电机励磁电流表监视。

（5）检查 TV 一、二次回路保险是否熔断，若 TV 一次保险熔断时，应向上级申请并做好安全措施后将 TV 停电测量绝缘合格后进行更换；保险更换后再次熔断后不得再次更换。

（6）恢复正常后投入停用的保护。

十九、定子绕组进水压力低

1. 现象

定子绕组进水压力低报警。

2. 处理

（1）启动备用内冷水泵。

（2）检查阀门开启是否正确。

（3）检查过滤器、内冷水冷却器是否堵塞并及时处理。

二十、内冷水箱水位异常

1. 现象

内冷水箱水位高或低报警。

2. 处理

（1）检查水位控制器是否正常，如不正常应改用人工补、排水。

（2）对整个内冷水系统进行检查，是否有泄漏。

（3）若内冷水冷却器发生泄漏，应切换至备用冷却器运行。

二十一、内冷水电导率高

1. 现象

内冷水电导率高或高高报警。

2. 处理

(1) 若离子交换器出水电导率高，应先通过人工化验方法核实离子交换器出口水电导率应在规定值以下，否则应更换树脂；如电导率仪故障，应及时处理。

(2) 若离子交换器出水电导率正常而定子绕组进水电导率高，应检查流经离子交换器的水量是否过小，检查补水电导率是否合格。

(3) 定子绕组进水电导率高达 9.5μS/cm 且呈继续升高趋势时，应申请停机，电导率高达 9.9μS/cm 时应立即停机。

二十二、发电机定子线棒或导水管漏水

1. 现象

(1) 定子线棒内冷水压升高。

(2) 氢气漏气量增大，补氢量增大，氢压降低。

(3) 内冷水箱压力升高。

2. 处理

(1) 从发电机排污门放出液体化验，判断是否内冷水泄漏。

(2) 检查内冷水箱压力升高是否由发电机定子线棒或导水管漏水引起。

(3) 若确认发电机定子线棒或导水管漏水，则应立即解列停机。

二十三、发电机转子接地

1. 现象

(1)“发电机转子接地”保护报警。

(2) 转子接地保护Ⅰ段动作于报警，转子接地保护Ⅱ段动作于跳闸。

2. 处理

(1) 转子接地保护跳闸时，按主开关跳闸处理。

(2) 转子接地保护发信尚未跳闸时，按下述步骤进行处理：

1) 对发电机励磁系统如碳刷架、励磁交直流封闭母线、励磁变低压侧等进行全面检查，有无明显接地；

2) 检查发电机大轴接地碳刷接触情况，禁止在接地保护投入的情况直接将大轴接地碳刷提起或进行调整；

3) 联系继保人员用高阻万用表测量发电机转子正、负极对地及极间电压，换算绝缘电阻；

4) 综合判断为保护误发信号时，应退出转子接地保护，尽快进行处理。如属发电机大轴接地碳刷接触不良，应退出转子接地保护注入交流电源，将接地碳刷处人工接地，并采取相应的防范措施后，方可处理大轴接地碳刷。

(3) 综合判断确定为励磁回路接地无法消除时，联系调度将发电机负荷平稳转移后停机。

(4)“发电机转子接地”信号发出后，若转子电流表数值指示剧增，转子电压和无功负荷降低，定子电压降低，功率因数升高甚至进相，严重时可能发生机组出现较大振动和失步

现象，应立即解列发电机，并切断励磁。

（5）查找接地过程中，发电机有失磁或失步现象时，应立即解列停机。

（6）处理过程中要防止人为造成两点接地。

二十四、发电机三相电流不平衡

1. 现象

（1）发电机三相电流差别增大，发电机负序电流指示增大。

（2）发电机冷、热风温度升高。

（3）机组产生 100Hz 的倍频振动。

（4）发电机不对称过负荷保护定时限部分动作于报警，反时限部分动作于跳闸。

2. 处理

（1）发电机不对称过负荷保护跳闸时，按主开关跳闸处理。

（2）发电机三相不平衡电流超过规定值，应首先核对发电机、主变压器三相电流表，机组振动情况等，检查是否由于表计或仪用电流互感器回路故障引起。

（3）以下情况应降低机组无功负荷，无效时向调度申请降低机组有功负荷，使定子电流不平衡度降低到允许值以内。经处理仍然无法使定子电流不平衡度降到安全范围时，应设法将机组解列：

1）发电机任一相电流大于额定值；

2）定子最大相电流与最小相电流超过 10%（1749A）；

3）负序电流超过 8%（1400A）。

（4）若不平衡电流是由于机组内部故障引起，应立即将故障的机组解列。

（5）若不平衡电流是由于系统原因引起，应立即汇报调度尽快消除，以保证发电机继续运行。

（6）发电机带不平衡电流运行期间，应严密监视发电机各部温度和机组振动情况，如果发现不平衡电流增大，温度异常升高，应立即停机。

二十五、发电机非全相

1. 现象

（1）发电机主开关分合闸指示灯运行或并网时红灯亮，解列或跳闸时绿灯亮，但若因机构卡，则可能红、绿灯均不亮。

（2）主开关一相或二相电流近似为 0。

（3）不对称过负荷、负序过流保护可能动作。

2. 处理原则

（1）若并网过程中发生非全相，则应立即将发电机与系统解列；若解列过程中发生非全相，则立即再拉一次主开关。在以上处理中若主开关拉不开，则汇报上级，电气维持励磁，并通知热机维持额定转速，但不得增加负荷。并用 500kV 线路断路器、桥断路器将发电机与系统解列。

（2）若运行中发生非全相，且机组能维持正常运行，则立即减负荷至最大相定子电流不超过 1500A（按负序电流不超过额定电流的 8%计算），并用 500kV 线路断路器、桥断路器将发电机与系统解列。

（3）若因运行中保护动作而致非全相，或非全相运行时已灭磁（已拉开灭磁开关），或机组不能维持额定转速，则立即拉开500kV线路断路器、桥断路器将发电机与系统解列。

二十六、发电机、励磁机滑环碳刷冒火花

（1）检查碳刷在刷握内是否有振动、跳动及卡住现象。

（2）调整碳刷压力适宜，使各碳刷压力均匀。

（3）若由于碳刷表面脏污引起，且火花不强烈时，可用不掉纤维的干净布浸少量酒精擦拭，擦拭时注意勿使火花落至布上引起燃烧或使布卷入机体内。

（4）经上述处理无效时，应减小励磁电流，但应注意不能进相，如不能消除，应通知检修处理。

二十七、发电机转子匝间短路

1. 现象

（1）发电机转子电流大于同负荷下的正常值。

（2）发电机振动增大。

2. 处理

（1）若引起转子振动或转子电流明显增大（变化达10%），应立即降低负荷使振动或转子电流在允许范围，并尽快申请停机检查。

（2）若机组振动保护动作，按事故停机处理。

二十八、励磁变压器超温跳闸

1. 原因

（1）励磁电流高。

（2）变压器冷却差。

（3）变压器线圈短路。

2. 处理

（1）如果跳闸原因为励磁电流太高或变压器冷却效果太差，按“报警复位”按钮，并重新启动机组。

（2）如励磁变故障，应隔离后由检修人员处理。

（3）检查发电机励磁电流是否太高，检查励磁电流限制器的设置。

（4）检查超温第一级报警是否首先响应。

二十九、励磁变压器过流、过负荷或差动保护动作

1. 原因

（1）由于励磁电流过大或励磁回路中出现短路。

（2）在过负荷的情况下，就会由自动紧急切到手动。

2. 处理

（1）如果调节器由自动方式紧急切换到手动方式，则复位报警，并调整发电机励磁电流正常。

（2）如果调节器运行在“手动通道”以高励磁电流运行，则复位报警并重新启动机组。

（3）如调节器运行在自动通道跳闸，则检查励磁限制器的功能和励磁电流传感电路。

（4）若因励磁回路短路跳闸，查出故障点，交检修处理。

三十、变压器出现下列情况时，应汇报上级，通知检修处理

(1) 变压器正常负荷及冷却条件下，温度不断上升。

(2) 防爆门破裂或压力释放阀打开。

(3) 变压器漏油，使油面下降到极限以下（能看见油位）。

(4) 变压器油色显著变化。

(5) 套管有裂纹且有放电痕迹。

(6) 接头发热、变色。

(7) 变压器冷却装置故障。

(8) 有载调压装置卡涩。

(9) 变压器内部声音不正常。

(10) 变压器轻瓦斯保护动作，放气检查为可燃性气体。

三十一、有下列情况之一者，应紧急停止变压器运行

(1) 发生直接威胁人身安全的紧急情况。

(2) 套管爆炸或破裂，大量漏油，油面突然下降。

(3) 套管端头发热熔化。

(4) 变压器冒烟着火。

(5) 变压器外壳破裂。

(6) 压力释放阀动作，向外喷烟、火、油。

(7) 内部声音异常且有爆破声。

(8) 变压器漏油，油面突然降至瓦斯继电器以下。

(9) 变压器保护或断路器拒动。

三十二、变压器温度异常升高的处理方法

(1) 检查变压器温度与所带负荷和环境温度是否相符。

(2) 检查变压器的冷却系统运行是否正常。

(3) 检查变压器的三相电流是否平衡。

(4) 对于室内变压器应开启通风系统，加强室内通风。

(5) 经上述检查未发现异常时，应立即汇报上级，联系检修进行处理。

(6) 如温度继续上升，可适当降低变压器的负荷，倒备用变压器运行，严重时立即请示上级，停止变压器的运行。

三十三、变压器轻瓦斯保护动作

1. 现象

发变组C柜变压器轻瓦斯保护动作。

2. 原因

因漏入空气，油位降低，二次回路故障或是变压器的内部故障而造成的。

3. 处理

(1) 若瓦斯继电器内有气体时，按表9-1鉴定气体的颜色及是否可燃，从而决定处理方法。

(2) 通知化学取油样，根据色谱分析，综合判断处理。

表 9-1　　瓦斯继电器内有气体的处理方法

气体性质	故障性质	处理方法
无色、无味、不可燃	漏入空气	放气后继续运行
黄色、不易燃	木质故障	停止运行
淡灰色、强烈臭味、可燃	纸质故障	停止运行
灰色、黑色、易燃	油故障	停止运行

（3）确认信号动作是因油中的空气溢出或强油循环系统吸入空气而引起的，而且信号动作的时间间隔越来越短时，可能会造成跳闸时，应申请倒备用变压器运行，如无备用变压器，则应申请将重瓦斯保护改投信号位置，联系检修查明原因，加以消除。

（4）如检查发现内部有放电声或不正常的声音时，应停电检查。

三十四、变压器冷却器组跳闸

（1）将自动投入的备用冷却器组改投到"运行"位置；将跳闸冷却器组改投到"退出"位置，查明跳闸原因，判断事故性质。

（2）如果是空气开关跳闸，应检查回路中有无短路故障点。处理中，若试投时再次跳闸，故障未消除，不能再次投入运行。

（3）如果是热继电器动作，可在恢复热继电器位置时，查明是油泵电机或是某只风扇电机过载。

（4）确认热继电器损坏，将其对应的风扇电源停电，通知检修处理。

三十五、变压器冷却器全停的处理措施

（1）及时汇报上级或调度，密切注意变压器上层油温的变化。如果故障难以在短时间内查明并排除，应随时做好变压器跳闸的准备。

（2）一般情况下，冷却器工作电源失去，电源自动切换不成功，立即就地手动切换电源，并联系检修检查。处理过程中，应尽量用冷却器备用电源，恢复冷却器工作，再检查处理冷却器工作电源的问题。

（3）回路中有短路故障，外部检查未发现明显异常，只能断开各冷却器组的空气开关，逐组试送，以防止多次向故障点送电，防止事故扩大。

三十六、变压器过负荷

（1）检查各侧电流是否超过规定值，并汇报上级。

（2）检查变压器的油位、油温是否正常，同时将全部冷却器投入运行。

（3）及时调整运行方式，如有备用变压器，应投入。

（4）联系上级，及时调整负荷分配情况。

（5）如属正常过负荷，可根据正常过负荷的倍数确定允许时间，并加强监视油位、油温，不得超过允许值，若超过时间，则应立即减少负荷。若属事故过负荷，则过负荷倍数及时间，应依制造厂的规定执行。

（6）应对变压器及其有关系统全面检查；如发现异常，应汇报处理。

（7）对于干式变压器应及时清理变压器室进出风口处的堵塞物和积尘。

三十七、重瓦斯保护动作

1. 现象

变压器两侧断路器跳闸，重瓦斯保护动作，备用电源自动投入。

2. 处理

(1) 对变压器进行外部检查，检查瓦斯保护动作是否正确，通知检修采油样和气体进行分析，以鉴定变压器内部是否存在故障。

(2) 若气体是可燃性的，不得将变压器送电投运。

(3) 若气体是空气，外部检查无异常，应查明瓦斯保护动作原因，进行必要的电气试验及二次回路检查，经领导批准后方可投入运行。

三十八、变压器自动掉闸

(1) 根据掉牌、光字信号检查何种保护装置动作，在变压器掉闸时，有何种外部现象(如外部短路、变压器过负荷及其他等) 如检查结果证明变压器跳闸，不是由于内部故障所引起，而是由于外部过负荷、短路或保护、二次回路故障所造成的则变压器可不经外部检查而重新投入运行。

(2) 如出口短路造成的，则应进行必要的电气试验，检查确无问题后方可投运。

(3) 若因变压器有内部故障跳闸时，应进行内部检查，排除故障后方可投运。

(4) 如果原因不明，则必须进行相应检查、试验以查明掉闸原因，在未查明原因之前，不得将变压器投入运行。

三十九、变压器着火

(1) 若保护动作跳闸时，应立即检查变压器各侧开关断开，并断开刀闸、停止冷却装置电源进行灭火。

(2) 若保护未动作跳闸时，应立即手动断开变压器各侧开关及刀闸、冷却系统电源，进行灭火。

(3) 通知消防队进行灭火。

(4) 灭火应使用 CO_2、CCl_4 及 1211 灭火器等。

(5) 对于装设有喷淋装置的变压器，可采用消防水喷淋灭火。

第十章 仿真机组参数定值

第一节 锅炉各系统参数定值

一、汽水系统

（1）PCV 阀处主蒸汽压力：27MPa，高一值 PCV 阀开启；26.19MPa，低一值 PCV 阀回位。

（2）锅炉侧主蒸汽压力：26.162MPa，高一值报警；28.302MPa，高二值 MFT 动作。

（3）主给水流量低：361.56t/h，低一值报警；281.21t/h，低二值三取二停炉（延时20s）；241.038t/h，低三值三取二停炉（延时 3s）。

（4）汽水分离器储水罐水位：9m，低一值报警；1.5m，低二值报警；1m，低三值全关 361 阀。15.4m，高一值报警；19m，高二值光字牌报警并全开 361 阀。

（5）锅炉侧主蒸汽温度：557℃，低一值报警；579℃，高一值报警。

（6）锅炉侧再热蒸汽温度：549℃，低一值报警；577℃，高一值报警。

二、燃烧系统

（1）炉膛压力：1000Pa，高一值报警；3000Pa，高二值，三取二锅炉跳闸。－1000Pa，低一值报警；－2000Pa，低二值三取二锅炉跳闸。

（2）密封风机入口风压：14kPa，高一值报警。

（3）密封风机出口风压：10kPa，低一值报警，工作的密封风机运行 60s 后风压还低自动启动备用密封风机。

（4）一次冷风总管压力：8kPa，低一值报警。

（5）一次热风总管压力：7kPa，低一值光字牌报警。

（6）火检冷却风机滤网差压：1kPa，高一值报警。

（7）火检冷却风机出口压力高：10kPa，高一值报警。

（8）火检冷却风机出口压力低：6kPa，低一值报警，切换风机运行；5kPa，低二值三取二延时 1min MFT 动作。

（9）点火油快关阀前后差压：低于 0.05MPa，油泄漏试验不成功。

（10）启动油快关阀前后差压：低于 0.05MPa，油泄漏试验不成功。

（11）启动油压力高/低：低于 2.1MPa 下限，油泄漏试验不成功；充油达不到 2.5MPa 上限，则充油失败。

（12）点火油压力高/低：低于 2.1MPa 下限，油泄漏试验不成功；充油达不到 2.5MPa 上限，则充油失败。

（13）点火油快关阀后压力低：0.8MPa，低一值报警；0.49MPa，低二值三取二点火油 OFT 动作。

（14）启动油快关阀后压力低：0.8MPa，低一值报警；0.55MPa，低二值三取二启动油 OFT 动作。

（15）燃油雾化蒸汽压力低：0.39MPa，低一值报警；0.29MPa，低二值启动油 OFT

动作。

（16）燃油雾化蒸汽温度：150℃，低报警；235℃，高报警。

（17）炉膛烟温：540℃，高一值报警；580℃，高二值烟温探针退出。

（18）燃烧器密封风与一次风压差：0.5kPa，低报警，取非作为启动磨煤机的允许条件。

（19）燃烧器风粉温度：70℃，低且磨煤机在运行时低报警；120℃，高报警。

（20）粉管风速异常：21m/s，低报警；40m/s，高报警。

三、烟风系统

（1）密封风机轴承温度：75℃，高一值报警；85℃，高二值风机跳闸。

（2）密封风机振动大：4.44mm/s，高一值报警；6.66mm/s，高二值风机跳闸。

（3）一次风机电机润滑油流量低：3L/min，报警（就地）。

（4）一次风机电机润滑油箱油温开关：达到30℃，高一值断开加热器（就地）。

（5）一次风机电机润滑油箱油位开关：560mm，就地低报警（油箱高度为750mm）。

（6）一次风机电机润滑油站滤网前后差压大：0.1MPa，高报警（就地）。

（7）一次风机电机润滑油压力低一值：0.1MPa，联启备用泵，并报警（就地）。变送器信号高于0.1MPa允许启一次风机。

（8）一次风机电机润滑油压力低二值：0.06MPa，低报警。

（9）一次风机电机润滑油站滤网后温度开关：50℃，高报警（就地）。

（10）一次风机油箱液位低：低于油箱油位的75%报警，启油泵和电加热器的闭锁条件，低自停加热器。

（11）一次风机油箱温度：20℃，低一值报警；50℃，高一值报警并断开加热器。

（12）一次风机油泵出口滤网差压大：0.35MPa，高报警。

（13）一次风机压力油压力低：0.8MPa，启备用泵并报警、取非为一次风机启动条件。

（14）一次风机压力油压力正常：2.5MPa，风机启动条件之一。

（15）一次风机润滑油流量低：3L/min，低报警。

（16）一次风机轴承温度：95℃，高一值报警；110℃，高二值风机跳闸，低于80℃启动允许。

（17）一次风机电机轴承温度：70℃，高一值报警；80℃，高二值风机跳闸，低于70℃启动允许。

（18）一次风机电机线圈温度：110℃，报警。

（19）一次风机喘振大：0.5kPa，报警，并关小动叶10%。

（20）一次风机振动大：6.3mm/s，高一值报警；10mm/s，高二值风机跳闸。

（21）炉膛与一次风差压低：1.5kPa，低一值报警；0.8kPa，低二值报警。

（22）送风机油箱油位低：243mm，油箱高度为500mm，报警，取非作为启油泵和加热器的闭锁条件，低停加热器。

（23）送风机油箱温度：15℃，低一值报警；23℃，高一值断加热器；50℃，高二值报警。

（24）送风机油箱油温就地开关：15℃，L报警；50℃，H报警。

（25）送风机油站油泵出口压力低：0.7MPa，启动备用泵，延时10s关动叶，取非作为启送风机允许条件。

（26）送风机油站油泵出口压力高：7MPa，跳备用油泵并报警。

（27）送风机油站滤网前后差压大：0.25MPa，高报警。

（28）送风机轴承温度：85℃，高一值报警；100℃，高二值风机跳闸；低于 85℃作为启风机条件。

（29）送风机电机轴承温度：85℃，高一值报警；95℃高二值风机跳闸；低于 85℃作为启风机条件。

（30）送风机电机线圈温度：110℃，高报警。

（31）送风机振动大：2.3mm/s，高一值报警；5.9mm/s，高二值风机跳闸。

（32）送风机喘振大：500Pa，高报警，并关小动叶 10%。

（33）引风机润滑油流量低：16L/min，低报警。

（34）引风机油箱油位开关：560mm，就地低报警（油箱高度为 750mm）。

（35）引风机油站滤网前后差压大：0.1MPa，高报警。

（36）引风机电机润滑油压力低一值：0.1MPa，联启备用泵，并报警（就地）。变送器信号高于 0.1 允许启引风机。

（37）引风机电机润滑油压力低二值：0.06MPa，报警。

（38）引风机油站滤网后温度开关：50℃，高报警（就地）。

（39）引风机冷却风机出口压力：0.3kPa，低报警，启备用冷却风机。

（40）引风机轴承温度：90℃，高一值报警；100℃，高二值风机跳闸；低于 90℃允许启风机，高于 70℃启备用冷却风机。

（41）引风机电机轴承温度：85℃，高一值报警；95℃，高二值风机跳闸，低于 85℃允许启风机。

（42）引风机电机线圈温度：110℃，高报警。

（43）引风机油箱油温开关：30℃，高一值断开加热器（就地）。

（44）引风机喘振大：5kPa，高报警，并关小静叶 10%。

（45）引风机振动大：4.6mm/s，高一值报警；5.6mm/s，高二值风机跳闸。

（46）空气预热器导向轴承油泵出口压力开关：0.1MPa，低报警并联启备用泵。

（47）空气预热器支撑轴承油泵出口压力开关：0.1MPa，低报警并联启备用泵。

（48）空气预热器导向轴承油温度：45℃，低一值停止油泵；55℃，高一值启动油泵；70℃，高二值报警。

（49）空气预热器支撑轴承油温度：45℃，低一值停止油泵；55℃，高一值启动油泵；70℃，高二值报警。

（50）排烟温度高：160℃，高报警。

四、制粉系统

（1）磨煤机油箱油位：300mm，低报警（模拟量）。

（2）磨煤机油箱油位开关：160mm，低报警且延时 5s 自停加热器，低取非后允许启低压油泵；660mm，高报警（油箱高度为 780mm）。

（3）磨煤机油箱油温：40℃，低一值允许启动加热器；30℃，低二值报警；48℃，高一值断开加热器。

(4) 磨煤机油站油泵出口滤网差压：0.2MPa，高报警。

(5) 磨煤机润滑油压低：0.12MPa，低一值联启备用泵并报警且自动停高压油泵，无低一值允许停一台低压油泵；0.08MPa，低二值跳闸磨煤机并报警；0.15MPa，油压正常，允许启高压油泵并作为启动磨煤机的条件。

(6) 磨煤机油站冷油器后润滑油温度：低于38℃自关冷却水进水电磁阀，高于45℃自开；48℃，H画面报警；55℃，高二值画面报警。

(7) 磨煤机润滑油流量低：24L/min，低报警。

(8) 磨煤机油站高压油泵出口压力高：5MPa，磨煤机启动允许条件。

(9) 磨煤机回油滤网差压：0.3MPa，高报警。

(10) 磨煤机电机轴承温度：85℃，高一值报警；95℃，高二值磨煤机跳闸；低于85℃允许启动磨煤机。

(11) 磨煤机电机线圈温度：110℃，高报警。

(12) 磨煤机大瓦温度：53℃，高一值报警；57℃，高二值磨煤机跳闸；低于53℃允许启磨煤机。

(13) 给煤机温度高：50℃，高一值报警；70℃，高二值跳闸给煤机、关给煤机出口电动门。

(14) 磨煤机分离器温度：40℃$<t<$180℃，延时20s允许启磨煤机和给煤机。

五、金属壁温报警定值

(1) 螺旋水冷壁出口管壁温度：485℃，高报警。

(2) 上部水冷壁出口管壁温度：522℃，高报警。

(3) 凝渣管出口管壁温度：501℃，高报警。

(4) 水平烟道侧水冷壁出口管壁温度：520℃，高报警。

(5) 水平烟道底部出口管壁温度：502℃，高报警。

(6) 汽水分离器筒体内壁温度：420℃，高报警。

(7) 汽水分离器筒体外壁温度：420℃，高报警。

(8) 顶棚出口管壁温度：544℃，高报警；
534℃，高报警；
514℃，高报警；
504℃，高报警；
500℃，高报警。

(9) 水平烟道包墙上部管壁温度：532℃，高报警；
526℃，高报警。

(10) 后竖井前包墙上部管壁温度：532℃，高报警。
后竖井后包墙上部管壁温度：532℃，高报警。
后竖井侧包墙上部管壁温度：522℃，高报警。
后竖井中隔墙上部管壁温度：514℃，高报警。

(11) 低温过热器出口管壁温度：545℃，高报警。

(12) 屏式过热器出口管壁温度：600℃，高报警。

(13) 高温过热器出口联箱内壁温度：590℃，高报警。

(14) 高温过热器出口联箱外壁温度：590℃，高报警。

(15) 高温过热器出口管壁温度：600℃，高报警。

(16) 低再出口管壁温度：565℃，高报警。

(17) 高再出口管壁温度：600℃，高报警。

(18) 所有安全门动作报警温度：150℃，高报警。

第二节 汽轮机各系统参数定值

一、汽轮机蒸汽系统

(1) 四段抽汽至辅助蒸汽联箱压力：低至 0.67MPa，SCS 开冷再至辅助蒸汽联箱电动门。

(2) 辅助蒸汽至除氧器启动用汽压力：低至 0.15MPa，SCS 报警。

(3) 冷再热汽至辅助蒸汽压力：低至 1.12MPa，SCS 报警。

(4) 辅助蒸汽联箱蒸汽压力：0.6MPa，SCS 低报警；1.3MPa，SCS 高报警。

二、汽轮机控制油系统

(1) EH 油箱油位高（零位在油箱底部）：914mm，SCS 高报警。

(2) EH 油箱油位低一：438mm，SCS 报警。

(3) EH 油箱油位低二：295mm，SCS 报警，与 LLL 相与不允许启 EH 油泵。

(4) EH 油箱油位低三：194mm，SCS 报警；与 TV1、TV2 主汽门均关闭相与停 EH 油泵。与 LL 相与不允许启油泵；自停加热器。

(5) EH 油箱油温：21℃，SCS 低报警；50℃，SCS 高报警并退加热器。

(6) 1、2 号 EH 油泵出口滤网压差：0.69MPa，高 SCS 报警。

(7) EH 母管油压低：9.8MPa，SCS 低报警。

(8) EH 油压力低：11MPa，SCS 联启备用泵。

(9) EH 油压低：9.3MPa，ETS 跳机。

(10) EH 跳闸油压力低：6.89MPa，DEH（3 取 2 汽轮机可挂闸）。

(11) EH 跳闸油压力低：6.89MPa，汽轮机已挂闸（开关接常开）。

(12) 超速保护跳闸母管压力低：6.89MPa，SCS 报警（开关接常开）。

(13) 自动停机先导压力高：9.3MPa，ETS（AST 电磁阀已复位）。

(14) 自动停机先导压力低：4.14MPa，ETS（AST 电磁阀已动作）。

三、汽轮机润滑油系统

(1) 交流润滑油泵出口压力：0.072MPa，SCS 低报警。

(2) 直流事故油泵出口压力：0.072MPa，SCS 低报警。

(3) 润滑油油箱真空：0.5kPa，SCS 高报警，启备用风机。

(4) 1 号润滑油滤油器进出口差压：0.05MPa，SCS 高报警。

(5) 2 号润滑油滤油器进出口差压：0.05MPa，SCS 高报警。

(6) 主油泵出口压力低：1.8MPa，SCS 低报警启密备用油泵。

(7) 润滑油压低：0.075MPa，ATR 方式有用。

(8) 润滑油母管压力：0.075MPa，低一值联启交流油泵。

(9) 润滑油压力：0.075MPa，低一值联启交流油泵。0.07MPa，低二值联启直流油泵。0.06MPa，低三值ETS跳机。

(10) 主机润滑油压力（连锁盘车）：0.031MPa，跳盘车。

(11) 空气连锁盘车排气压力：0.14MPa，就地盘车PLC用。

(12) 顶轴油泵进口压力高于最小允许值0.021MPa，允许启备用泵。

(13) 顶轴油母管压力低至6.5MPa，联启备用泵。

(14) 主机润滑油箱液位（零位在油箱底部）：1656mm，低一值报警；1391mm，低二值报警，停电加热器；1960.4mm，高一值报警；2500mm，高二值报警。

(15) 主油箱油位每10min下降15mm，SCS报警。

(16) 油箱温度高至30℃，退加热器。

(17) 主机油箱温度：25℃，SCS低报警；65℃，SCS高报警。

四、发电机水、氢、油系统

(1) 定子线圈温度高：80℃，SCS高报警。

(2) 线圈温差：8℃，SCS高报警。

(3) 定子铁芯温度高：110℃，SCS高报警。

(4) 定子出线出水温差：8℃，SCS高报警。

(5) 发电机出线套管出水温度超过发电机下层线圈出水温度：1℃，SCS高报警。

(6) 内冷水进出水温差（出水温度高于进水温度）：30℃，SCS高报警。

(7) 发电机上层出水温度、下层出水温度、发电机套管出水温度任一测点大于内冷水进水温度：30℃，SCS高报警。

(8) 冷却器热氢温度：65℃，SCS高报警。

(9) 定子出线出水温度高：75℃，SCS高报警。

(10) 定子线圈出水温度高：75℃，SCS高报警。

(11) 定子线圈出水温差（上/下层）：8，SCS高报警。

(12) 发电机冷氢温度1（H）：50℃，SCS高报警。

(13) 发电机冷氢温度2（H）：50℃，SCS高报警。

(14) 凝结水至定子冷却水流量：15L/min，SCS高报警。

(15) 定子冷却水箱水位（液位计水侧取样管中心为零水位）：600mm，低报警，开补水阀；800mm，高报警，关补水阀。

(16) 1号定子冷却水泵前后差压：140kPa，SCS低报警。

(17) 2号定子冷却水泵前后差压：140kPa，SCS低报警。

(18) 定子冷却水滤网前后差压（H）：60kPa，SCS高报警。

(19) 发电机氢、水压差（L）：35kPa，SCS低报警。

(20) 定子冷却水进出水压差：180kPa，SCS低一值报警，联启备用泵；110kPa，SCS低二值2/3电气延时30s跳机。250kPa，SCS高一值报警。

(21) 定子冷却水母管压力：0.22MPa，低一值联启备用泵并报警；0.35MPa，高一值报警。

(22) 定子冷却水水箱压力：42kPa，SCS高报警。

(23) 定子冷却水进水温度：53℃，SCS高报警。

（24）定子冷却水出水温度：85℃，SCS高报警。

（25）补氢气母管压力高：0.52MPa，SCS高报警。

（26）发电机氢气露点：－20℃，SCS低报警；0℃，SCS高报警。

（27）氢侧密封油箱油位低（中心线为零位）：－100mm，SCS低报警，跳加热器。

（28）氢侧密封油冷油器出口油温：50℃，跳电加热器。

（29）空侧密封油冷油器出口油温：50℃，跳电加热器。

（30）氢侧滤油器压差：50kPa，SCS高报警。

（31）空侧滤油器压差：50kPa，SCS高报警。

（32）空侧油压、氢气压差低：35kPa，SCS低报警，启直流备用泵。

（33）1号氢侧密封交流油泵进出口压差：35kPa，SCS高报警，如不高允许自启备用泵。

（34）2号氢侧密封交流油泵进出口压差：35kPa，SCS高报警，如不高允许自启备用泵。

（35）空侧密封交流油泵进出口压差：35kPa，SCS高报警。

（36）空侧密封直流油泵进出口压差：35kPa，SCS高报警，如不高允许自启备用泵。

（37）氢油分离器排烟风机前后差压低：250Pa，SCS低报警，允许启备用风机。

（38）氢侧密封油母管压力低：0.5MPa，SCS压力低启备用泵。

（39）空侧备用密封油压低：0.5MPa，SCS低报警。

（40）发电机套管冷却水流量：33.75kPa，低一值报警；19.494kPa，低二值三取一报警，三取二跳机（保护暂未投）。

五、凝汽器，凝结水系统

（1）低背压凝汽器液位（底部为零位，正常液位1050mm）：1300mm，MCS高一值报警。

（2）低背压凝汽器液位（HH）：1540mm，SCS高二值报警，开泄水阀，关低旁。

（3）低背压凝汽器液位（H）：1300mm，SCS高一值报警，与除氧器水位HH相与开泄水阀。

（4）低背压凝汽器液位（L）：650mm，SCS低一值报警，禁止启动凝泵，与LL相与停两台凝泵。

（5）低背压凝汽器液位（LL）：152mm，SCS低二值，与低一值、高背压低一值相与停两台凝泵。

（6）高背压凝汽器液位（底部为零位）：680mm，MCS低报警，与低背压低一值、低二值相与停两台凝泵；1330mm，MCS高报警。

（7）除氧器循环泵入口滤网差压高：0.06MPa，SCS高报警。

（8）1号凝结水泵入口滤网差压高：0.06MPa，SCS高报警。

（9）2号凝结水泵入口滤网差压高：0.06MPa，SCS高报警。

（10）1号凝结水补充水泵入口滤网差压：0.05MPa，SCS高报警。

（11）2号凝结水补充水泵入口滤网差压：0.05MPa，SCS高报警。

（12）3号凝结水补充水泵入口滤网差压：0.05MPa，SCS高报警。

（13）凝结水母管压力：2.2MPa，SCS低报警，凝泵在工频方式下联启备用泵。

（14）凝结水母管压力：1.2MPa，凝泵在变频方式下SCS低报警。

（15）1号低压缸喷水阀门后压力高：0.14MPa，DEH高报警。

（16）2号低压缸喷水阀门后压力高：0.14MPa，DEH高报警。

（17）1号凝结水泵电机线圈温度：110℃，SCS高报警。

（18）1号凝结水泵轴承温度：85℃，SCS高一值报警，90℃，SCS高二值跳闸。

（19）1号凝结水泵电机轴承温度：85℃，SCS高一值报警，90℃，SCS高二值跳闸。

（20）2号凝结水泵电机线圈温度：110℃，SCS高报警。

（21）2号凝结水泵轴承温度：85℃，SCS高一值报警，90℃，SCS高二值跳闸。

（22）2号凝结水泵电机轴承温度：85℃，SCS高一值报警，90℃，SCS高二值跳闸。

（23）凝结水母管压力：2.2MPa，变频方式SCS低报警；4MPa，变频方式SCS高报警。

（24）凝结水母管压力变化速率：－0.3MPa/20S，变频方式SCS低报警；0.3MPa/20S，变频方式SCS高报警。

（25）1号水环真空泵疏水罐（罐底面零位）：820mm，液位低禁止启真空泵；880mm，液位高禁止启真空泵。

（26）2号水环真空泵疏水罐：820mm，液位低禁止启真空泵；880mm，液位高禁止启真空泵。

（27）3号水环真空泵疏水罐：820mm，液位低禁止启真空泵；880mm，液位高禁止启真空泵。

（28）1号水环真空泵气动蝶阀前压力：5kPa，SCS低报警；12kPa，SCS高报警，联启真空泵。

（29）2号水环真空泵气动蝶阀前压力：5kPa，SCS低报警；12kPa，SCS高报警，联启真空泵。

（30）3号水环真空泵气动蝶阀前压力：5kPa，SCS低报警；12kPa，SCS高报警，联启真空泵。

（31）低背压凝汽器真空低三值（低压1号缸）：20.3kPa，ETS跳机。

（32）高背压凝汽器真空低三值（低压2号缸）：20.3kPa，ETS跳机。

（33）低背压凝汽器真空低二值（低压1号缸）：14.7kPa，SCS启备用真空泵。

（34）低背压凝汽器真空（低压1号缸）：17kPa，MCS报警，禁止开低旁。

（35）高背压凝汽器真空低二值（低压2号缸）：14.7kPa，SCS启备用真空泵。

（36）高背压凝汽器真空（低压2号缸）：17kPa，MCS报警，禁止开低旁。

（37）高、低背压凝汽器真空低一值：－88kPa，报警。

（38）高背/低背差：2.5kPa，报警。

（39）1号真空泵环形断流阀前后差压大：3kPa，开启1号真空泵环形断流阀。

（40）2号真空泵环形断流阀前后差压大：3kPa，开启2号真空泵环形断流阀。

（41）3号真空泵环形断流阀前后差压大：3kPa，开启3号真空泵环形断流阀。

（42）低背压低压缸排汽温度：75℃，低一值关喷水门；80℃，高一值开喷水门；排汽温度110℃，ATR停机；转速高于2600r/min，负荷低于15%额定负荷时，强开喷水门。

（43）高背压低压缸排汽温度：75℃，低一值关喷水门；80℃，高一值开喷水门；排汽温度 110℃，ATR 停机；转速高于 2600r/min，负荷低于 15％额定负荷时，强开喷水门。

(44) 汽轮机侧疏水扩容器温度：30℃，低一值关喷水门；80℃，高一值开喷水门，DEH 高报警。

(45) 电侧疏水扩容器温度：30℃，低一值关喷水门；80℃，高一值开喷水门，DEH 高报警。

六、加热器

(1) 除氧器水箱水位（L）：500mm，SCS 低一值报警，不允许开溢流阀，关除氧器紧急放水阀。

(2) 除氧器水箱水位（LL）：300mm，SCS 低二值报警、2/3 跳三台给水泵，跳两台小汽轮机盘车，跳两台小汽轮机前置泵，停除氧器再循环泵。

(3) 除氧器水箱水位（H）：2800mm，SCS 高一值报警，与低背压水位高信号相与开凝结水母管至凝补水箱泄水阀；无水位高信号时，关除氧器紧急放水阀及溢流门。

(4) 除氧器水箱水位（HH）：3000mm，SCS 高二值报警，开溢流门。

(5) 除氧器水箱水位（HHH）：3200mm，SCS 高三值报警，与高一值或高二值相与开紧急放水阀，关四抽进汽门，开疏水门。

(6) 1、2、3 号高压加热器液位：400mm，高一值报警；450mm，高二值报警，开紧急放水门；500mm，高三值报警，与高一值或高二值状态信号相与切除高压加热器运行。250mm，低一值报警；150mm，低二值报警，关紧急疏水门。

(7) 5 号低压加热器液位：400mm，高一值报警；500mm，高二值报警，开 5 号低压加热器紧急放水门；750mm，高三值报警，与高一值或高二值状态信号相与切除 5 号低压加热器运行。300mm，低一值报警，关 5 号低压加热器紧急疏水门。

(8) 6 号低压加热器液位：400mm，高一值报警；500mm，高二值报警，开 5、6 号低压加热器紧急放水门；750mm，高三值报警，与高一值或高二值状态信号相与切除 6 号低压加热器运行。300mm，低一值报警，关 5、6 号低压加热器紧急疏水门。

(9) 7A 号低压加热器液位：400mm，高一值报警；500mm，高二值报警，开 6 号、7A 低压加热器紧急放水门；700mm，高三值报警，与高一值或高二值状态信号相与切 7A、7B、8A、8B 低压加热器运行。300mm，低一值报警，关 6 号、7A 低压加热器紧急疏水门。

(10) 8A 号低压加热器液位：400mm，高一值报警；500mm，高二值报警，开 8A、7A 低压加热器紧急放水门；700mm，高三值报警，与高一值或高二值状态信号相与切 7A、7B、8A、8B 低压加热器运行。300mm，低一值报警，关 8A、7A 低压加热器紧急疏水门。

(11) 7B 号低压加热器液位：400mm，高一值报警；500mm，高二值报警，开 6 号、7B 低压加热器紧急放水门；700mm，高三值报警，与高一值或高二值状态信号相与切 7A、7B、8A、8B 低压加热器运行。300mm，低一值报警，关 6 号、7B 低压加热器紧急疏水门。

(12) 8B 号低压加热器液位：400mm，高一值报警；500mm，高二值报警，开 8B、7B 低压加热器紧急放水门；700mm，高三值报警，与高一值或高二值状态信号相与切 7A、7B、8A、8B 低压加热器运行。300mm，低一值报警，关 8B、7B 低压加热器紧急疏水门。

(13) 除氧器压力（HH）：1MPa，SCS 报警。

(14) 一段抽汽管上，下壁温差大：38℃，报警，开一段抽汽止回阀前，后疏水门。

(15) 二段抽汽管上，下壁温差大：38℃，报警，开二段抽汽止回阀前，后疏水门。

（16）三段抽汽管上，下壁温差大：38℃，报警，开三段抽汽止回阀前，后疏水门。

（17）四段抽汽至除氧器管上下壁温差大：38℃，报警，开止回阀前，后疏水门。

（18）四段抽汽至小汽轮机管上下管壁温差大：38℃，报警，开止回阀前，后疏水门。

（19）五段抽汽管上，下壁温差大：38℃，报警，开五段抽汽止回阀前，后疏水门。

（20）六段抽汽管上，下壁温差大：38℃，报警，开六段抽汽止回阀前，后疏水门。

（21）汽封冷却器水位高：275mm，SCS报警。

（22）汽封压力低：0.0276MPa，开辅汽来轴封电动总门及调门前电动门。

（23）汽封母管压力低：0.0241MPa，SCS报警。

（24）四抽至除氧器压力低：0.2MPa，关四抽至除氧器电动门。

（25）冷再热疏水罐A液位（HH）：75%量程，开冷再疏水罐A疏水门。

（26）冷再热疏水罐A液位（H）：60%量程，SCS报警。

（27）冷再热疏水罐A液位（L）：100mm，投连锁关冷再疏水罐A疏水门。

（28）冷再热疏水罐B液位（HH）：75%量程，开冷再疏水罐B疏水门。

（29）冷再热疏水罐B液位（H）：60%量程，SCS报警。

（30）冷再热疏水罐B液位（L）：100mm，投连锁关冷再疏水罐B疏水门。

七、给水泵

（1）1号小汽轮机速关油压力（L）：0.15MPa，MEH跳本小汽轮机，允许启盘车。

（2）2号小汽轮机速关油压力（L）：0.15MPa，MEH跳本小汽轮机，允许启盘车。

（3）1号小汽轮机排汽压力（H）：0.04MPa，SCS报警。

（4）1号小汽轮机排汽压力（HH）：0.07MPa，SCS（3取2跳小汽轮机）。

（5）2号小汽轮机排汽压力（H）：0.04MPa，SCS报警。

（6）2号小汽轮机排汽压力（HH）：0.07MPa，SCS（3取2跳小汽轮机）。

（7）1号汽泵入口流量（L）：300t/h，SCS报警，延时20s跳泵，强制最小流量阀全开。

（8）2号汽泵入口流量（L）：300t/h，SCS报警，延时20s跳泵，强制最小流量阀全开。

（9）电泵入口流量（L）：300t/h，低一值SCS报警；200t/h，低二值强制最小流量阀全开；180t/h，LLL延时20s跳泵。

（10）汽泵入口压力低：1.25MPa，低一值报警；1.2MPa，低二值与开关量相与跳泵；0.15MPa，低三值关小汽轮机盘车电磁阀。

（11）电泵入口压力低：0.85MPa，低一值报警；0.7MPa，低二值与开关量相与跳泵。

（12）1号小汽轮机油箱温度高：30℃，高一值，停加热器；55℃，高二值，SCS报警。

（13）2号小汽轮机油箱温度高：30℃，高一值，停加热器；55℃，高二值，SCS报警。

（14）1号小汽轮机润滑油压力（L）：0.15MPa，低一值报警；启备用油泵。

（15）1号小汽轮机润滑油压力（LL）：0.08MPa，低二值，SCS按3取2跳泵，启直流油泵。

（16）1号小汽轮机润滑油压力（LLL）：0.04MPa，低三值，SCS关盘车进油门。

（17）2号小汽轮机润滑油压力（L）：0.15MPa，低一值报警；启备用油泵。

（18）2号小汽轮机润滑油压力（LL）：0.08MPa，低二值，SCS按3取2跳泵，启直流油泵。

(19) 2号小汽轮机润滑油压力(LLL):0.04MPa,低三值,SCS关盘车进油门。

(20) 1号给水泵润滑油压力(H):0.12MPa,SCS,允许启汽泵。

(21) 1号给水泵润滑油压力(L):0.05MPa,SCS报警,跳小汽轮机。

(22) 2号给水泵润滑油压力(H):0.12MPa,SCS,允许启汽泵。

(23) 2号给水泵润滑油压力(L):0.05MPa,SCS报警,跳小汽轮机。

(24) 给水泵汽轮机EH油压低:9MPa,低一值报警;6MPa,低二值报警,与低一值状态信号相与跳小汽轮机。

八、开、闭式冷却水系统

(1) 1、2号闭式循环泵入口滤水器前后差压(H):0.06MPa,SCS报警。

(2) 闭式循环水母管压力低:0.35MPa,低一值报警;0.3MPa,低二值联启备用泵;1.2MPa,高一值报警。

(3) 1、2号开式循环水滤水器前后差压(H):0.06MPa,高一值报警。

(4) 开式循环水母管压力低:0.15MPa,低一值报警,联启备用泵。

九、汽轮机监视

(1) 偏心报警:0.076mm,高一值报警。

(2) 汽轮机零转速:1r/min,转速低启盘车。

(3) 汽轮机转速高:3090r/min,转速高报警,OPC超速保护动作;3300r/min,三取中跳机。

(4) 大机X向振动大:0.125mm,高一值SCS报警;0.254mm,高二值ETS跳机。

(5) 大机Y向振动大:0.125mm,高一值SCS报警;0.254mm,高二值ETS跳机。

(6) 大机瓦振大:0.05mm,高一值TSI来SCS报警;0.08mm,高二值DEH27取2跳机。

(7) 高压缸差胀大:-3.8mm,低一值报警;-4.56mm,低二值ETS跳机。9.52mm,高一值报警;10.28mm,高二值ETS跳机。

(8) 低压缸差胀大:-0.26mm,低一值报警;-1.02mm,低二值ETS跳机;15.24mm,高一值报警;16mm,高二值ETS跳机。

(9) 轴向位移大:-0.9mm,低一值报警;-1mm,低二值ETS跳机;0.9mm,高一值报警;1mm,高二值ETS跳机。

十、汽轮机温度

(1) 汽轮机1号轴承回油温度:75℃,高一值报警;80℃,高二值ATR停机。

(2) 汽轮机2号轴承回油温度:75℃,高一值报警;80℃,高二值ATR停机。

(3) 汽轮机3号轴承回油温度:75℃,高一值报警;80℃,高二值ATR停机。

(4) 汽轮机4号轴承回油温度:75℃,高一值报警;80℃,高二值ATR停机。

(5) 汽轮机5号轴承回油温度:75℃,高一值报警;80℃,高二值ATR停机。

(6) 汽轮机6号轴承回油温度:75℃,高一值报警;80℃,高二值ATR停机。

(7) 汽轮机7号轴承回油温度:75℃,高一值报警;80℃,高二值ATR停机。

(8) 汽轮机8号轴承回油温度:75℃,高一值报警;80℃,高二值ATR停机。

(9) 汽轮机9号轴承回油温度:75℃,高一值报警;80℃,高二值ATR停机。

（10）汽轮机推力轴承回油温度（前）：75℃，高一值报警；80℃，高二值ATR停机。

（11）汽轮机推力轴承回油温度（后）：75℃，高一值报警；80℃，高二值ATR停机。

（12）汽轮机1号轴承金属温度：102℃，高一值报警；107℃，高二值ATR停机。

（13）汽轮机2号轴承金属温度：102℃，高一值报警；107℃，高二值ATR停机。

（14）汽轮机3号轴承金属温度：102℃，高一值报警；107℃，高二值ATR停机。

（15）汽轮机4号轴承金属温度：102℃，高一值报警；107℃，高二值ATR停机。

（16）汽轮机5号轴承金属温度：102℃，高一值报警；107℃，高二值ATR停机。

（17）汽轮机6号轴承金属温度：102℃，高一值报警；107℃，高二值ATR停机。

（18）汽轮机7号轴承金属温度：99℃，高一值报警；107℃，高二值ATR停机。

（19）汽轮机8号轴承金属温度：99℃，高一值报警；107℃，高二值ATR停机。

（20）汽轮机9号轴承金属温度：99℃，高一值报警；107℃，高二值ATR停机。

（21）汽轮机推力轴承金属温度：100℃，高一值报警；107℃，高二值ATR停机。

（22）高压缸排汽蒸汽温度（上半左侧）：42℃，高一值报警；50℃，高二值ATR停机。

（23）高压缸排汽蒸汽温度（上半右侧）：42℃，高一值报警；50℃，高二值ATR停机。

十一、旁路系统

低压缸喷水压力低：1.5MPa，MCS报警，喷水压力低且负荷小于300MW时，强制关低压旁路。

附　录

附表 1　　冷态启动机组主蒸汽压力、温度与负荷对应关系

机组负荷（MW）	主蒸汽压力（MPa）	主蒸汽温度（℃）	备　注
30	8.4	375	1. 10%ECR 负荷以下，应稳定主蒸汽温度。 2. 180MW 负荷（30%ECR）以下，机组维持主汽压力 8.4MPa 定压运行。 3. 10%～70%ECR 负荷范围内，机组以 5.3℃/10MW 的对应关系加负荷
40	8.4	375	
50	8.4	375	
60	8.4	375	
70	8.4	380.3	
80	8.4	385.6	
90	8.4	390.9	
100	8.4	396.2	
110	8.4	401.5	
120	8.4	406.8	
130	8.4	412.1	
140	8.4	417.4	
150	8.4	422.8	
160	8.4	428	
170	8.4	433.4	
180	8.4	438.7	
190	8.84	444	1. 180～540MW 负荷（30%～90%ECR）范围内，机组滑压运行，曲线斜率约 0.439MPa/MW。 2. 机组负荷 420MW（70%ECR）时，主汽温度达到额定温度，开始定温运行
200	9.28	449.3	
210	9.72	454.6	
220	10.15	459.9	
230	10.59	465.2	
240	11.03	470.5	
250	11.47	475.8	
260	11.91	481.1	
270	12.35	486.4	
280	12.79	491.7	
290	13.23	497	
300	13.67	502.3	
310	14.10	507.6	
320	14.54	512.9	
330	14.98	518.2	
340	15.42	523.6	

续表

机组负荷（MW）	主蒸汽压力（MPa）	主蒸汽温度（℃）	备　注
350	15.86	528.9	1. 180～540MW 负荷（30%～90% ECR）范围内，机组滑压运行，曲线斜率约 0.439MPa/MW。 2. 机组负荷 420MW（70%ECR）时，主汽温度达到额定温度，开始定温运行
360	16.30	534.2	
370	16.74	539.5	
380	17.18	544.8	
390	17.62	550	
400	18.06	555.4	
410	18.49	560.7	
420	18.93	566	
430	19.37	566	
440	19.81	566	
450	20.25	566	
460	20.69	566	
470	21.13	566	
480	21.57	566	
490	22.01	566	
500	22.44	566	
510	22.88	566	
520	23.32	566	
530	23.76	566	
540	24.20	566	
550	24.20	566	540MW 负荷以上，机组维持额定压力 24.2MPa 定压运行
560	24.20	566	
570	24.20	566	
580	24.20	566	
600	24.20	566	

附表 2　　蒸汽压力与饱和温度对照

压力（MPa）	温度（℃）	压力（MPa）	温度（℃）
0.004	28.981	3.0	233.84
0.005	32.90	3.2	237.44
0.008	41.53	3.4	240.88
0.01	45.83	3.6	244.16
0.012	49.43	3.8	247.31
0.014	52.58	4.0	250.33
0.015	54.00	4.5	257.41
0.017	56.62	5.0	263.92
0.019	58.98	5.5	269.94
0.02	60.09	6.0	275.56
0.05	81.35	6.5	280.83
0.1	99.63	7.0	285.80
0.2	120.23	7.5	290.51
0.3	133.54	8.0	294.98
0.4	143.62	8.5	299.24
0.5	151.85	9.0	303.31
0.6	158.84	9.5	307.22
0.7	164.96	10	310.96
0.8	170.42	11	318.04
0.9	175.36	12	324.64
1.0	179.88	13	330.82
1.2	187.96	14	336.63
1.4	195.04	15	342.62
1.6	201.37	16	347.32
1.8	207.10	17	352.26
2.0	212.37	18	356.96
2.2	217.24	19	361.44
2.4	221.78	20	365.71
2.6	226.03	21	369.79
2.8	230.04	22.115	374.12

参 考 文 献

[1] 上海新华控制技术（集团）有限公司．电站汽轮机数字式电液控制系统——DEH. 北京：中国电力出版社，2005.

[2] 胡念苏．汽轮机设备及系统．北京：中国电力出版社，2005.

[3] 肖大雏．国产600MW超临界火力发电机组技术丛书：控制设备及系统．北京：中国电力出版社，2006.

[4] 朱全利．国产600MW超临界火力发电机组技术丛书：锅炉设备及系统．北京：中国电力出版社，2006.

[5] 容銮恩．300MW火力发电机组丛书（第一分册）：燃煤锅炉机组．北京：中国电力出版社，1999.